LES MALADIES DANS L'ART ANTIQUE

Mirko D. GRMEK
Danielle GOUREVITCH

LES MALADIES
DANS
L'ART ANTIQUE

FAYARD

CHAPITRE PREMIER

Νόσος καλή, la belle maladie

L'histoire est une reconstruction du passé à partir des traces actuelles de ce qui fut, mais à la mesure de ce que nous sommes et de ce que nous savons. Tant pour l'histoire générale que pour l'histoire de la médecine, ces traces sont essentiellement des documents écrits, mais aussi tous les autres produits de l'activité humaine, la tradition orale quand elle est accessible, les constructions, les transformations du milieu naturel, les œuvres d'art et enfin, longtemps négligés par les historiens, les restes du corps humain.

C'est avec des intentions diverses que l'art antique représente le corps malade, blessé ou infirme sur des objets de différents types et de qualités artistiques inégales. La représentation des phénomènes pathologiques peut être involontaire par reproduction fidèle d'un réel qui n'est pas compris, ou intentionnelle dans l'idée de tirer une leçon de l'événement (par exemple, ne pas se révolter contre les dieux qui peuvent rendre fou ou provoquer un accident de chasse); dans ce cas, les liens avec la grande littérature sont fréquents. Les sources iconographiques du présent ouvrage sont ainsi la sculpture monumentale, la coroplastie, la peinture à fresque, la peinture de vase, la glyptique, la numismatique, la gravure sur miroir, la mosaïque, etc. Les objets pris en considération proviennent des mondes grec, étrusque et romain ainsi que, dans une moindre mesure, des peuples périphériques (Gaulois, Scythes, Parthes, Thraces, etc.). Ils s'étalent du VIe siècle avant J.-C. au IVe siècle après J.-C. Ces images constituent des sources primaires, témoins à la fois de la réalité pathologique et du regard que le public jette sur les malades[1].

Le temps a fait subir à l'art antique des ravages considérables. Bien des chefs-d'œuvre ne nous sont connus qu'indirectement; pour les inclure dans nos recherches, nous avons largement utilisé le « recueil Milliet » (1915)[2], dans lequel devaient être rassemblés tous les témoignages littéraires sur les beaux-arts dans l'Antiquité. La mort héroïque au champ d'honneur d'Adolphe Reinach, lieutenant de cavalerie âgé de vingt-sept ans, le 30 août 1914, sur le front des Ardennes, laissa le travail inachevé. Seules les pages relatives à la peinture furent publiées. Personne n'a pris le relais, et nos recherches ont été plus difficiles pour la sculpture disparue.

Y A-T-IL UNE BEAUTÉ DE LA LAIDEUR ?

Si l'on considère la maladie comme un phénomène contraire à la nature, donc comme quelque chose de laid selon les critères de la philosophie et de la médecine grecques, comment se fait-il qu'elle puisse entrer dans le domaine des beaux-arts ? Pourquoi l'art se consacre-t-il parfois à la représentation de la laideur ? Quand naît cet intérêt ? Pourquoi le spectateur ou l'acheteur y trouve-t-il du plaisir ?

Il y a là une espèce de paradoxe qui a beaucoup intrigué. Pour une appréciation esthétique des altérations pathologiques, il fallait d'abord abandonner les stéréotypes de l'art archaïque, renoncer à une vision statique, essentiellement frontale, et s'intéresser à l'aspect anatomique réel du corps humain normal au repos et en mouvement. Sir John Beazley, le célèbre spécialiste des vases grecs dont la classification fait autorité, fut fasciné par cette nouvelle anatomie artistique qui éclate en Grèce dans la première moitié du Ve siècle avant J.-C., mais malgré ses efforts il n'arriva pas à une explication satisfaisante[3]. Une intéressante hypothèse a récemment été proposée par l'historien de l'art canadien, Guy Métraux[4] : les phénomènes de la respiration, les vaisseaux sanguins, les expressions du visage, remarque-t-il, n'entrent dans le domaine de l'art que dans les années 480-450 avant J.-C., et les changements très importants que connaît alors la représentation du corps nu[5] dans la sculpture grecque sont à mettre en rapport avec le progrès des connaissances médicales pendant cette période[6].

Quelles que soient les raisons de cette animation des corps humains figurés, le fait est que la représentation de l'homme se modifie ; une nouvelle esthétique va établir le canon de la beauté[7] en attirant par là même l'intérêt pour ce qui s'en éloigne jusqu'à la laideur : les bien-portants sont chauds[8], respirent[9] et bougent, les gens fatigués transpirent[10], les fous grimacent et se contorsionnent, les malades souffrent visiblement, les blessés saignent[11] et meurent[12]. Il n'y a pas de doute que, ce faisant, les artistes espèrent répondre aux aspirations du public. De leur côté les philosophes antiques et les théoriciens de l'art, pour justifier cette intrusion de l'anecdote dans le calme intemporel de l'art archaïque et sévère, ont proposé un tour de passe-passe moralisateur, en distinguant « imiter bien » et « imiter le bien ». « Ce dont l'original fait peine à voir – dit Aristote –, nous aimons à en contempler l'image exécutée avec la plus grande exactitude, comme par exemple les formes des animaux les plus vils et des cadavres[13]. » En outre, cette contemplation du produit de l'imitation est un moyen d'apprendre et d'admirer, plaisirs humains par excellence, procurés par « la peinture, la sculpture et la poésie, et, en général, par toutes les bonnes imitations, même si l'objet imité n'est pas agréable en lui-même[14] ». Ainsi Aristote réussit-il à se démarquer de Platon qui condamne les œuvres artistiques lorsqu'elles procurent du plaisir en flattant la partie irascible de l'âme, le poète ou le peintre soucieux de plaire à la foule représentant des sujets repoussants physiquement ou immoraux. Quand il est frappé réellement par le deuil, l'homme s'efforce de dominer son « âme irascible » et de rester calme et patient, mais – déplore le philosophe – si un poète « imite un héros dans l'affliction », tout homme subit le penchant de son cœur, éprouve du plaisir et se laisse aller « à la sympathie[15] ».

Plutarque à son tour, dans son traité pédagogique *Comment lire les poètes*, offre sa clef interprétative : « Lorsque nous voyons en peinture un lézard, un singe, ou le portrait de Thersite[16], nous les regardons avec plaisir et admiration, non parce que nous les trouvons beaux, mais parce que nous les trouvons ressemblants. Car dans sa substance, ce qui est laid ne peut devenir beau; mais l'imitation, qu'elle porte sur un objet sans valeur ou sur un objet précieux, mérite l'éloge quand elle atteint à la ressemblance. Et, inversement, d'un corps disgracié présenter une image belle, ce n'est pas en donner une représentation convenable et ressemblante. Quelques peintres représentent même des scènes immorales; ainsi Timomachos peint Médée tuant ses enfants [17], Théon Oreste tuant sa mère, Parrhasios Ulysse simulant la folie [18], et Chairéphanès des femmes ayant avec des hommes des rapports indécents. [...] Nous louons non l'acte dont le peintre a fait l'imitation, mais l'art si le modèle est imité convenablement. [...] Nous évitons comme déplaisant le spectacle d'un homme malade couvert d'ulcères, mais nous aimons regarder le Philoctète d'Aristophon [19] et la Jocaste de Silanion [20] représentés avec l'aspect exact de corps à bout de forces et mourants [21]. » Rares sont les artistes qui disent encore avec Antiochus s'adressant à un homme difforme : « Comment voudrait-on te peindre puisque personne ne veut te regarder [22] ? »

MONTRER LA SOUFFRANCE

C'est dans la représentation de la douleur et des états paroxystiques, avec leurs grimaces et leurs positions anormales, que les artistes vont se surpasser et dépasser la nature ; les deux *technai* les plus nobles aux yeux des Anciens, la médecine et l'art, peuvent s'y associer. Un poème de Paul le Silentiaire [23] décrit ainsi une statue qu'il a vue à Byzance : « Ce n'est pas la nature *(physis)* mais l'art *(technê)* qui a affolé la Bacchante, en mettant de la folie dans la pierre. » C'était peut-être l'œuvre fameuse de Scopas, admirée pour son réalisme et évoquée ainsi dans une autre épigramme : « Qui est-ce ? – C'est une Bacchante. – Qui l'a sculptée ? – Scopas. – Et qui l'a rendue folle, Bacchus ou Scopas ? – C'est Scopas [24]. » La statue, aujourd'hui disparue, est connue par sa copie réduite, qui a inspiré à l'historien de l'art, Henri Lechat, le commentaire suivant : « On ne conçoit pas une créature plus hors de soi et plus violemment délirante ; ce corps tendu en

1. Le visage de Laocoon exprime une souffrance intense.
Sculpture romaine en marbre. *(Musées du Vatican)*

arc, ce cou gonflé en boule, ces yeux révulsés, cette tête qui ne
peut pas revenir en avant, tous les signes d'un état anormal
sont réunis : par-delà les exemples de pathétique et de dramatique donnés par lui, Scopas ici a fait de la beauté avec un cas
pathologique [25]. » Parmi les statues produisant un effet du
même genre sur le spectateur ému, nous présentons la tête
pathétique du fameux Laocoon, attaqué par les monstres
marins *(fig. 1)* [26]. Il a la tête tordue vers son flanc douloureux,
le visage altéré par des rides d'expression ; sa lèvre supérieure
découvre ses dents [27]. Remarquons que toute douleur n'est
pas forcément sublime, et regardons avec attendrissement un
humble ex-voto qui représente un enfant la main droite

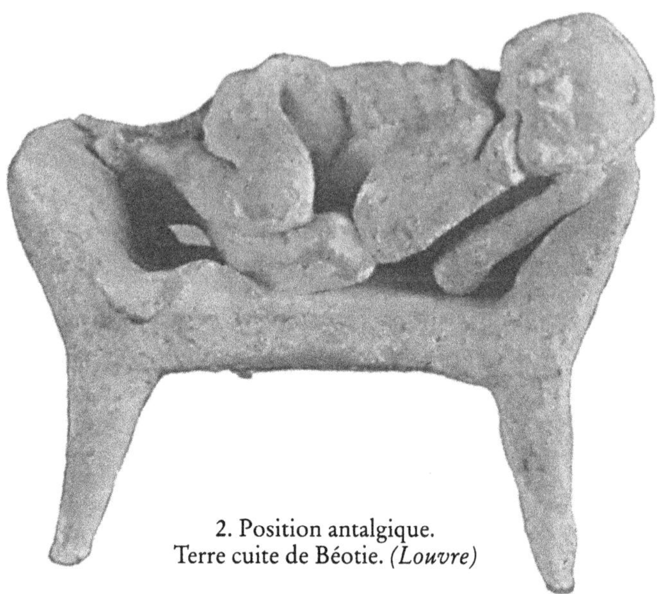

2. Position antalgique.
Terre cuite de Béotie. *(Louvre)*

posée au niveau de l'estomac pour indiquer qu'il a mal au ventre[28] ou la petite bonne femme recroquevillée en position antalgique sur un lit trop petit pour elle *(fig. 2)* [29].

LES ASTUCES DE L'ART

Par quels procédés techniques l'artiste peut-il réussir cette représentation du laid ou de l'horrible ? Plutarque, de nouveau à propos de l'iconographie de Philoctète, revient sur un détail : « Si la vue d'un mourant ou d'un malade nous remplit d'affliction, nous regardons au contraire avec plaisir et admiration le portrait de Philoctète et la statue de Jocaste, pour le visage de laquelle l'artiste ajouta, dit-on, un peu d'argent au bronze, afin que ce dernier prît bien l'apparence d'un être qui trépasse et qui s'éteint [30]. »

Ces astuces techniques, ces savoir-faire, paraissent légitimes aux Anciens. D'un tout autre ordre est l'intéressante anecdote rapportée par Sénèque le rhéteur à propos du fameux Prométhée de Parrhasios : l'artiste, voulant peindre le demi-dieu souffrant sur son rocher, aurait acheté un vieil esclave et l'aurait fait torturer pour saisir l'instant suprême. Ainsi commit-il un crime qu'on lui reproche : il a *fait* un

Prométhée au lieu d'en *peindre* un[31]. Nous pouvons rapprocher ce forfait de celui qu'on prête à certains anatomistes d'Alexandrie qui auraient pratiqué la vivisection. Effectivement, l'un des intervenants de la controverse en question fait valoir qu'après tout dans certains arts tout est permis : les médecins pour connaître les causes secrètes des maladies ont bien disséqué des entrailles. Il ajoute un détail fort intéressant pour l'histoire de l'anatomie et qui n'a guère été remarqué : « Chaque jour des membres de corps morts sont taillés, afin que puisse être connue la position des nerfs et des articulations. » Bien entendu, ce genre littéraire tellement romain qu'est la controverse d'école n'impose pas de conclusion et il est possible que Sénèque le rhéteur, plus ou moins poussé par les goûts artistiques de son temps, ait inventé ce détail macabre. Quoi qu'il en soit, le fait est que Parrhasios a bel et bien peint un Philoctète particulièrement impressionnant[32] et que les anatomistes ont été accusés d'avoir pratiqué non seulement l'autopsie de cadavres mais même la vivisection[33].

En matière d'effet artistique, il y a là quelque chose que les Romains ont du mal à accepter. Dans un registre plus trivial, Pline évoque une statue qui ornait le temple de Junon, celle d'un chien léchant sa blessure ; il précise qu'il y a là *eximium miraculum et indiscreta ueri similitudo*[34]. L'adjectif *indiscretus* marque la confusion entre l'œuvre d'art et son modèle.

LE MASQUE ET LE PORTRAIT

Pline rapporte aussi que Lysistrate de Sicyone, frère de Lysippe, aurait été l'initiateur du portrait réaliste ; il aurait en effet été « le premier à avoir modelé le portrait d'un homme dans le plâtre sur le visage lui-même et à avoir établi la méthode consistant à corriger les traits sur la cire, après l'avoir versée dans le moule de plâtre. [...] Et de ce fait, il instaura l'exactitude dans le rendu des visages, alors qu'on s'efforçait avant lui de les faire les plus beaux possible[35] ».

Pline, selon une formule très exagérée, se plaint de la disparition d'une tradition romaine fortement implantée : « La peinture des *imagines*, au moyen de laquelle on transmettait à travers les âges des représentations aussi fidèles que faire se peut, est complètement démodée *(exolesco)*[36]. » Sans doute est-il mécontent d'une mode contraire à cette pratique du portrait officiel, mode qui ne fut que temporaire. Le fait est que de telles « images » nous sont parvenues de tout l'Empire, en petit nombre toutefois à cause de la fragilité des matériaux, cire ou plâtre. Il existerait au musée de Naples une tête en cire, un masque repris, modelé et coloré, qu'on avait paré d'yeux de verre incrustés et de cheveux postiches, du IIIe siècle avant J.-C. Qui a vu le masque de la petite fille de Lyon ne saurait l'oublier, et le Berbère de Thysdrus au visage écrasé ne s'effacera pas non plus des mémoires[37]. À ces effigies, à ces véritables doubles, garants de la permanence du passé puisqu'elles peuvent autant de fois qu'on veut dupliquer la nature, on fait réellement jouer un rôle actif dans les cérémonies familiales. Les historiens de l'art ont beaucoup débattu de la relation entre le naturalisme de ces images – qui, en somme, ne sont pas vraiment artistiques, puisqu'elles exigent plus de savoir-faire que de créativité – et le vérisme minutieux de toute une lignée de portraits romains peints, allant des fresques pompéiennes aux masques des momies[38]. En tout cas, cette façon de fixer ses traits fait d'un personnage mort il y a vingt siècles une sorte d'ami que nous aimons jusqu'à son « grain de beauté » selon le mot de l'orateur Cotta[39], et dont nous scrutons les traces pathologiques[40].

LE DEHORS ET LE DEDANS

Pline admire Pythagoras de Rhégion d'avoir fait mieux que Myron et su le premier « rendre les tendons et les veines ainsi que la chevelure avec plus d'exactitude[41] ». Ce même sculpteur avait fait un Philoctète qui boitait, exposé à Syracuse au temps de Pline : « Rien qu'à le regarder, il semble qu'on sente la douleur que lui cause son ulcère[42]. » Il est remarquable que Pline décrive l'affreuse blessure du héros comme un *ulcus*, c'est-à-dire une atteinte relativement superficielle de la peau. Les blessures même mortelles sont, somme toute, assez modestes sur les images et, à de rarissimes exceptions près, aucune véritable œuvre d'art ne montre ce que, par exemple, Galien a pu voir à Pergame lorsqu'il était médecin des gladiateurs : un corps ouvert sur ses viscères[43].

Ainsi le spectateur qui contemple un corps humain devenu sujet artistique a le regard arrêté par la peau de celui-ci ; l'intérieur se laisse tout juste deviner à la distension du ventre, à la dilatation de la poitrine, au gonflement des muscles ou à la turgescence des vaisseaux sanguins. Car l'intérieur est utile mais laid, comme l'explique bien un passage de Lucien : « Je me comparais à ces statues colossales, comme en ont fait Phidias, Myron ou Praxitèle ; chacune d'elles représente audehors un Poséidon ou un Zeus d'une beauté parfaite, fait d'or et d'ivoire, et tenant en sa main droite un foudre, un éclair, un trident. Mais si vous vous baissez pour voir l'intérieur, vous apercevez des barres, des chevilles, des clous qui le traversent de part en part, des billots, des coins, de la poix, de l'argile et beaucoup d'autres choses aussi laides dissimulées dessous, sans parler d'une quantité de rats et de musaraignes qui parfois y tiennent garnison[44]. » Dans le corps humain vivant, ces « choses laides », ce sont les organes internes, parties purement utilitaires. Et l'on peut se référer à un passage de Boèce : « Si, comme dit Aristote, les hommes avaient les yeux de Lyncée pour pénétrer ce qui fait obstacle à la vue, n'est-il pas vrai qu'une fois ses viscères perçus à l'intérieur, ce fameux corps d'Alcibiade, si beau en surface, leur paraîtrait d'une laideur suprême[45] ? »

Il existe bien des objets antiques qui représentent l'intérieur du corps, mais ce sont exclusivement des ex-voto, c'està-dire des objets qui ont une fonction médico-religieuse précise. Si, parmi eux, les viscères isolés sont très nombreux, les planches anatomiques (ensembles d'organes en situation) sont rares et encore plus rares les « mannequins anatomiques » (corps avec une ouverture plus ou moins fantaisiste permettant de visualiser l'intérieur).

Le fait est que nous ne connaissons aucune représentation antique d'organe interne qui soit artistiquement soignée ; il s'agit d'objets de grande production artisanale, parfois presque industrielle, ou, dans des sites de moindre importance comme le temple de la forêt d'Halatte près de Senlis, de sculptures maladroitement fabriquées à la demande. Existerait-il donc une limite que l'art ne peut franchir et que même l'artisanat, plus pragmatique, ose à peine approcher ?

AUX LIMITES DE L'ART : LES EX-VOTO MÉDICAUX

La pratique d'offrir des ex-voto est encore vivante aujourd'hui[46]. Au sens strict, selon la formule latine *ex voto* devenue le nom commun ex-voto, il s'agit de remercier une divinité ou un Dieu unique pour une grâce reçue à la suite d'un engagement du demandeur. Cependant certains dons sont faits au dieu pour attirer son attention et sa bienveillance, avant son intervention. La grande majorité des ex-voto ne portant pas d'inscription, il n'est pas possible de comprendre exactement les raisons qu'a le fidèle d'offrir un cadeau à la divinité. Celle-ci accepte toutes sortes de dons, objets quelconques plus ou moins précieux, bijoux, qui peuvent être choisis parmi ce qu'on a sous la main, ou objets spécifiques dont l'apparence est significative d'un lien particulier, par exemple des animaux plus ou moins totémiques ou leurs représentations, comme le serpent, le chien ou le coq en ce qui concerne les dieux guérisseurs. Chacun connaît la préoccupation de Socrate mourant et le rappel qu'il fait à ses amis : « Nous devons un coq à Asclépios. » L'intérêt qu'on espère susciter chez le dieu pour la santé des corps peut aussi être matérialisé par des objets spécifiques, fabriqués *ad hoc*, et appelés ex-voto médicaux.

De tels ex-voto consistent en instruments qu'a pu utiliser le médecin, en appareils ou linges qui ne servent plus (béquilles, langes, etc.), en tableautins plus ou moins dramatiques (scènes d'intervention divine), corps malades et surtout parties affectées du corps : bois sculpté, marbre et autres pierres nobles, pierre vulgaire, terre cuite, métal fondu ou repoussé, aujourd'hui cuir, carton, cire, images peintes sur divers supports, les matériaux en sont très variés[47]. Selon l'opinion d'Adalberto Pazzini, le membre votif serait une offrande de substitution[48]. Le réalisme de toutes ces représentations est loin d'être de règle, une simple évocation étant considérée comme suffisante. Les dieux passent pour vindicatifs et bien capables de rendre sa maladie au patient qui ne tient pas sa promesse.

On pouvait espérer que l'étude des ex-voto médicaux serait un auxiliaire important de la paléopathologie proprement dite. En observant la situation en Grèce, dans le monde étrusco-italique, puis dans l'Empire romain occidental, nous constaterons que cela n'est pas tout à fait vrai. Même les ex-voto dits anatomiques sont peu exploitables pour un diagnostic rétrospectif et ne peuvent servir le plus souvent qu'à une appréciation de la distribution des fréquences selon les organes dont on se plaint. Quant à la nature même de l'affection, on peut rarement s'aventurer bien loin, car il s'agit, dans leur très grande majorité, d'objets fabriqués en masse, sans caractéristiques individuelles. Le fabricant et le marchand pouvaient espérer que le plus passe-partout serait acheté par la clientèle la plus large [49].

Le phénomène votif en Grèce

Bien que la pratique des ex-voto anatomiques connaisse son plein essor aux époques hellénistique et romaine, elle est déjà bien implantée dans la Grèce classique [50]. Un fragment de vase du Ve siècle permet de se faire une idée de l'installation des ex-voto dans les temples : une femme apporte un vase et un plateau avec divers objets, tandis qu'au mur sont suspendues deux jambes et une main *(fig. 3)* [51]. Il s'agit dans

3. Une femme apporte des offrandes à Asclépios. Fragment d'un vase grec *(Musée archéologique national, Athènes).* D'après *Efimeris archaiologiki,* 1890.

ce cas d'un temple d'Asclépios, car sur un autre fragment du même vase ce dieu, couché, nourrit un serpent sacré. Anna Maria Comella signale aussi un bas-relief de marbre d'un sanctuaire attique sur lequel une famille vient faire une offrande à un couple héroïque : derrière eux, accrochée au mur, une énorme jambe votive [52].

Une autre disposition est parfois adoptée : pieds et jambes, qui peuvent tout naturellement tenir debout, sont placés directement sur le sol ou sur des étagères ; d'autres parties du corps (têtes, demi-faces, masques) sont assorties d'une base plate. La présentation actuelle au musée de Corinthe, qui n'aurait sans doute plus l'agrément des muséographes, a le mérite de donner une idée assez exacte du bric-à-brac qui envahissait les sanctuaires. L'écroulement des temples de Gravisca en Italie en fournit une image figée pour l'éternité. Croyants et curieux visitaient ces lieux ; c'est ainsi que le général romain Paul-Émile, lors de son voyage en Grèce de 168/167, a tenu à voir le temple d'Épidaure, riche alors « des offrandes que les malades, en paiement de remèdes salutaires, avaient consacrées au dieu [53] ».

Ces ex-voto de faible valeur artistique n'ont pas toujours obtenu des chercheurs toute l'attention qu'ils méritent et il faut rendre hommage à l'archéologue Charles Thomas Newton qui le premier, au siècle dernier, s'y intéressa dans son livre sur les fouilles d'Halicarnasse et de Cnide [54]. L'ouvrage récent de Bjorn Forsén, consacré à une série exemplaire, permet de faire le point sur l'état actuel des recherches [55]. Cet auteur étudie les plaques de marbre de l'espace égéen classique figurant des parties du corps. Bon nombre d'entre elles sont accompagnées d'inscriptions dédicatoires, plus ou moins explicites. Le classement par temple permet de se faire une idée de l'importance et de la répartition des sanctuaires à fonction médicale [56].

Un ex-voto représentant une ou deux oreilles n'indique pas forcément que le dédicant souffrait d'une affection de cet organe ; il peut signifier que celui-ci désirait obtenir la bienveillante attention, l'« oreille », de la divinité. Les mains votives, elles aussi, peuvent avoir deux significations : la souffrance de ce membre ou la prière. On retrouve également cette ambivalence à propos des jambes et des pieds. Quant aux sujets incontestablement liés à des préoccupations de santé ou de procréation, les plus fréquents sont les yeux, les seins, les organes génitaux masculins et les organes féminins internes. Forsén ne croit guère à la spécialisation des dieux guérisseurs et réfute l'opinion exprimée dans l'un des livres fondateurs sur ce sujet, celui de William Rouse [57]. Dans les inscriptions éditées par Forsén, quelques détails précisent le fonctionnement mental et affectif à la source du don : un père offre un bas-relief « pour son enfant » ; un sujet une représentation d'organes génitaux « après avoir été guéri ».

4. Incubation dans un temple d'Asclépios. Stèle votive.
(Musée archéologique, Le Pirée)

Un autre type d'ex-voto médicaux en Grèce est constitué par des plaques dont les images racontent des interventions divines. Ou bien le dieu intervient sur le mode humain, comme sur une stèle d'Oropos où il réalise une intervention chirurgicale ; ou bien il agit sur un mode médico-religieux spécifique, sous la forme de son hypostase (le serpent) ou en personne. Ainsi, par exemple, un marbre du Pirée, du IVe siècle avant J.-C., divisé en deux parties de taille inégale, montre sur la scène de droite une jeune femme étendue, endormie, sur un lit bas, tournée vers le spectateur ; derrière le pied du lit, debout, Hygie et Asclépios, qui, légèrement penché en avant, tend les deux mains au-dessus de la tête et du cou de la patiente en une sorte de passe magique. La scène de gauche illustre les remerciements, avec la participation de toute la famille ; la présence d'un enfant signifie probablement que tout le monde rend grâce pour la naissance de l'héritier *(fig. 4)* [58].

LES EX-VOTO DU MONDE ÉTRUSCO-ROMAIN

Dès la fin du siècle dernier certains érudits s'intéressent aux *donaria* d'Italie[59]. Mais c'est seulement à une époque plus récente que les nombreuses fouilles de sanctuaires thérapeutiques dans ce pays, ayant fourni plusieurs milliers d'ex-voto, ont donné lieu à des publications systématiques. L'établissement d'un corpus des dépôts votifs en Italie *(Corpus delle stipi votive in Italia)* est en cours chez l'éditeur romain Giorgio Bretschneider[60].

La grande période de production dans le monde étrusque se situe entre le IVe et le IIe siècle[61]. Le matériau le plus fréquent est la terre cuite moulée. Les moules servent itérativement et s'usent rapidement, d'où une production souvent médiocre. Il se peut qu'il y en ait eu de plus raffinés en matériaux plus précieux qui, justifiant un réemploi, auraient disparu des dépôts des temples. Il est très rare que la maladie y soit incontestablement représentée. Si la peinture, qui complétait le modelage et donnait peut-être des indications sur la pathologie, est aujourd'hui réduite à des traces, les formes sont bien conservées. Les terres cuites sont solides et ne se cassent guère quand, devenues trop encombrantes, elles sont jetées dans les *favissae* (dépôts votifs)[62], ni même quand les temples s'écroulent sur elles, comme dans le sanctuaire de Gravisca. Ces pauvres trésors sont parfois confiés à des grottes naturelles qu'on referme sur eux, comme dans le sanctuaire de Campetti à Véies.

La mise en sommeil des grands sanctuaires étrusques de la période républicaine n'entraîne pas la disparition des cultes sanitaires. Bien au contraire des pratiques nouvelles apparaissent, notamment sous l'influence du culte d'Asclépios-Esculape[63]. Ce dieu s'installe à Rome sous la forme d'un serpent au début du IIIe siècle avant J.-C., à l'occasion d'une pestilence rebelle lors de la guerre samnite. Il débarque précisément sur la petite île au milieu du Tibre, fleuve préparé à l'accueillir par son ancien rôle de guérisseur[64]. Le serpent symbolique est toujours présent sur le parement marmoréen de la berge de l'île.

Sur une lampe du Ier siècle de notre ère, on voit des pèlerins qui arrivent à l'auberge près d'un temple guérisseur (dans ce cas concret, c'est un temple d'Isis en Égypte, mais l'unification des pratiques cultuelles à cette époque autorise à généraliser), une femme drapée est suivie d'un homme qui porte un enfant sur son dos ; viennent ensuite deux hommes, dont l'un porte l'autre sur son dos, ou du moins l'aide à avancer. L'enfant sera peut-être guéri et l'impotent espère ressortir sur ses jambes. Les solliciteurs satisfaits devront laisser en remerciement un bébé de pierre ou un pied de terre cuite [65].

LES PARTICULARITÉS DE L'OCCIDENT ROMAIN

En France, la découverte sensationnelle de deux dépôts votifs importants a bouleversé la connaissance qu'on avait de la situation en Gaule avant l'arrivée des Romains. Les premières fouilles du sanctuaire des sources de la Seine, situé en pleine nature, près de Saint-Seine l'Abbaye, datent de 1836, mais c'est seulement lors de la campagne de 1963 qu'on a découvert, sous un remblai, un grand dépôt de sculptures en bois [66]. Le second site d'intérêt capital pour la connaissance des ex-voto antiques en France est le temple de la source des Roches à Chamalières. Lors des fouilles de sauvetage, de 1968 à 1971, on a trouvé le plus grand ensemble gallo-romain de sculptures en bois actuellement connu, cette fois dans les lieux mêmes où ils avaient été jetés, la cuvette de la source [67].

Ces objets en bois (hêtre ou chêne) nécessitèrent des traitements particuliers après leur découverte. Ils comportent des types qui n'étaient pas encore connus pour cette partie du monde antique, notamment des planches anatomiques, d'où des flottements sur leur interprétation dans les premières publications. Le rapprochement avec le monde étrusco-italique a permis de comprendre leur signification.

Ces séries de bois sont sans doute antérieures à l'installation romaine en Gaule. Dans l'Occident romanisé, aussi bien en France (notamment à Genainville [68]) qu'en Belgique, en Allemagne ou en Angleterre, les ex-voto en pierre deviennent prépondérants. On emploie souvent le calcaire oolithique dont les incrustations peuvent donner lieu à des erreurs d'interprétation.

Certains archéologues ont cru devoir établir une règle de convergence entre source et médecine divine[69]. En fait, ce rapport est loin d'être absolu : d'une part, la présence d'une source dans un sanctuaire ne signifie pas obligatoirement que ce sanctuaire soit thérapeutique et, d'autre part, il y a des sanctuaires thérapeutiques sans traces de source. Il nous paraît arbitraire d'affirmer que, dans de tels cas, la source a « disparu » au cours du temps. Par ailleurs, la présence d'ex-voto figurant des parties du corps ne signifie pas forcément que le fidèle remercie pour un service d'ordre médical. Enfin, tout dieu guérisseur ne l'est pas exclusivement et, inversement, tout dieu peut être occasionnellement guérisseur.

Dans les temples liés à des sources on boit l'eau sacrée, on s'en asperge ou l'on s'y baigne. Plusieurs vases d'argent, offerts à la divinité une fois la cure terminée, illustrent ces pratiques médico-religieuses. Sur la poignée d'une tasse conservée au British Museum, on voit une Minerve armée poser un pied possessif sur un vase d'où sort la source ; au-dessous, deux divinités aquatiques s'appuient sur un vase de même type, de part et d'autre d'un petit temple classique et d'une fontaine où un personnage puise de l'eau dans un gobelet[70]. Or, ce récipient, datant du IIe-IIIe siècle, a été trouvé à Capheaton Hoard, non loin de Bath. Ce site impressionnant de l'Angleterre thermale a connu, grâce à ses eaux chaudes fortement minéralisées, une vie presque ininterrompue depuis l'Empire romain[71]. Faut-il donc franchir le pas et y voir avec Ralph Jackson une image de ce qui s'y passait sous la protection d'une Minerve confondue avec une déesse locale (Sul ou Sulis)[72] ?

Une coupe du IIe siècle de notre ère provenant d'Otañes (Castro Udiales), au Nord de l'Espagne, montre bien plusieurs scènes de la vie quotidienne dans un sanctuaire thérapeutique de source : la déesse Salus Umeritana, allongée, s'appuie sur un vase renversé d'où jaillit l'eau qui va à un bassin ; un serviteur puise avec une louche et remplit un bidon ; cette eau est versée dans un grand tonneau placé sur une charrette ; elle sera vendue aux patients qui ne peuvent pas se déplacer ; un autre jeune homme dépose sur un autel de petits ex-voto ; un vieillard barbu, manifestement souffrant, est

5. Scènes
de la vie dans
le sanctuaire d'une
divinité des eaux.
Coupe provenant
d'Otañès en Espagne
(collection privée).
Dessin d'après Baratte, 1992.

assis sur un fauteuil et tend la main pour prendre un gobelet ; satisfait d'être guéri, il fait un sacrifice sur un autel *(fig. 5)*[73].

Si l'on remplace la déesse par la Sainte Vierge, cette imagerie convient parfaitement à la situation créée par la christianisation. Grégoire de Tours, que la politique obligeait à de fréquents voyages, se plaint au VIe siècle que les habitants de la Gaule représentent encore en bois ou en bronze les membres dont ils souffrent et les accrochent aux arbres ou les posent près des fontaines. Le clergé chrétien combattra ces restes des pratiques païennes en se les appropriant[74].

AUTRES SOURCES ICONOGRAPHIQUES

La place de ces objets, tant les ex-voto représentant des parties du corps que les scènes de la vie médico-religieuse dans les temples, est donc essentielle à notre enquête. Mais d'autres supports – grotesques et objets apotropaïques – contribuent également de façon très particulière à notre projet, en éclairant aussi bien les idées que les Anciens se font de la maladie que la réalité pathologique.

L'usage est d'appeler grotesques de petits objets bon marché qui utilisent difformités et maladies pour provoquer le rire, non pas en les copiant purement et simplement, mais en s'en inspirant pour les traiter le plus souvent de manière caricaturale. Il nous paraît donc peu vraisemblable que ce soient des ex-voto ; on n'en a d'ailleurs jamais trouvé dans des sanctuaires guérisseurs. Ils proviennent surtout d'Asie mineure (Smyrne, Myrina, Tarse, Troie) et d'Égypte hellénistique (Alexandrie). Jaimee Uhlenbrock imagine que la grande ville qu'était Smyrne a pu attirer une foule de déshérités de toutes sortes qui espéraient y gagner leur pain : les sujets se seraient donc d'eux-mêmes imposés aux artistes [75]. Si elle ne peut être prouvée, l'hypothèse est ingénieuse. « Le ridicule, comme l'écrit Paul Richer, est l'enfant de la maladie ; le rire, chez la foule égoïste ou chez l'enfant sans pitié, naît de la souffrance et des larmes [76]. » Toujours est-il que Smyrne et Alexandrie deviennent à l'époque hellénistique les deux métropoles de la maladie, de la misère et de la laideur. De cette population, nous connaîtrons tel sujet souffrant de paralysie faciale avec l'air de faire une grimace, telle dame obèse faisant des mines de coquette ou dévoilant indécemment ses appats, et tant d'autres.

Proches de cette série, de très petites terres cuites représentent des sujets indubitablement pathologiques, avec un réalisme digne du musée Dupuytren. Du plus grand intérêt pour l'historien de la médecine, elles restent bien énigmatiques. On a pu les prendre pour des modèles destinés à l'apprentissage de la médecine : pour Alfred Laumonnier, elles auraient facilité l'enseignement à l'école médicale de Smyrne [77] ! L'hypothèse ne nous paraît pas vraisemblable [78]. De ces petites sculptures collectionnées au XIXe siècle, on ignore presque toujours la provenance, ce qui n'en facilite pas l'interprétation, mais laisse courir l'imagination du savant. Félix Regnault préférait y voir des objets apotropaïques, c'est-à-dire destinés à détourner de ceux qui en étaient propriétaires les maux qu'elles représentaient, ou même des espèces de porte-bonheur comme le sont les phallus qui ornaient les seuils des maisons ou les lampes [79]. Il n'est pas toujours facile de trancher, mais des séries cohérentes et bien fournies comme celle des personnages portant la main à la gorge et étouffant doivent en effet être interprétées dans ce sens [80].

ÉTUDES SUR LA MALADIE DANS L'ART ANTIQUE

S'il est vrai que chacun est voyeur peu ou prou et que, tout comme la sexualité[81], la laideur et la maladie des autres exercent une fascination certaine, la représentation du corps malade dans l'art antique a suscité relativement peu d'études érudites. Certains auteurs ont néanmoins publié depuis le début du siècle des ouvrages ou des articles particulièrement marquants dans lesquels se combinent à des degrés divers compétence médicale et compétence archéologique.

En Allemagne, Friedrich Schatz, professeur de gynécologie-obstétrique à Rostock, bâtit la thèse selon laquelle l'apparence de bien des dieux et des héros de la mythologie gréco-romaine s'inspirerait de malformations véritables : Héphaïstos le boiteux, Polyphème à l'œil unique, les Sirènes à la queue de poisson, Janus à double tête, plus exactement à double face (monstre diprosope), Atlas, qui ne portait pas la Terre mais une volumineuse hernie occipitale du cerveau, ou encore Prométhée, qui souffrait d'une hernie ombilicale. Schatz souffrait lui, évidemment, de l'esprit de système [82].

Le chirurgien berlinois Eugen Holländer s'intéressait, lui aussi, à la tératologie, mais son champ de recherche, beaucoup plus vaste, englobait toute la pathologie et toutes les périodes historiques. Il a publié plusieurs beaux livres consacrés aux malades dans la sculpture et la peinture anciennes, dont un seulement aborde l'art gréco-romain [83]. Quant aux travaux du médecin collectionneur Theodor Meyer-Steineg, ils eurent un grand retentissement, grâce en particulier à la collaboration de l'illustre Karl Sudhoff [84].

En France, les nombreux articles du docteur Félix Regnault, souvent peu précis en ce qui concerne les données archéologiques et assez fantaisistes au sujet du diagnostic médical, ont le mérite d'aborder ce sujet pour la première fois d'une manière qui se voulait exhaustive. Il se lança parfois dans des essais de portée générale [85], mais préféra étudier des collections ou examiner les signes des maladies sur les objets antiques suivant les disciplines médicales et les divers appareils du corps humain [86].

Le docteur Paul Richer, professeur à l'École des Beaux-Arts à Paris, entreprit, pour compléter ses cours, une *Nouvelle anatomie artistique du corps humain*, dans laquelle il réserva un volume à l'art grec [87]. En fervent admirateur, il l'apprécie aussi dans ses productions bizarres (les hermaphrodites) et pathologiques, à propos desquelles il s'explique ainsi : « *Les formes pathologiques*. Voilà un titre bien fait pour surprendre lorsqu'il s'agit de l'art grec qui s'est complu [...] à créer dans ses athlètes le type par excellence de la vigueur et de la santé [88]. Il est vrai que c'est aux basses époques que nous trouvons les spécimens les plus nombreux qui relèvent de la pathologie. Toutefois, même à la grande époque, nous pouvons relever des signes dont les attaches avec la médecine sont intéressantes à signaler, et c'est par ces derniers que nous commencerons ce chapitre, qui se divisera ainsi : les stigmates de l'athlétisme ; les possédés des dieux ; les grotesques ; les nains, les bouffons, les idiots ; les malades et les blessés [89]. » Viendra encore un chapitre consacré aux mourants et aux morts. Cet ouvrage est pour nous plus intéressant que *L'art et la médecine* (1902), trop général, et même que *Les démoniaques dans l'art* (1887) et *Les difformes et les malades dans l'art* (1889), écrits en collaboration avec Jean-Martin Charcot, dont Richer avait été l'interne à la Salpêtrière. Rappelons aussi qu'avec Georges Gilles de la Tourette et Albert Londe, il fonda la *Nouvelle iconographie de la Salpêtrière*, à laquelle Henry Meige allait amplement collaborer [90]. Toutes ces initiatives devaient amplifier l'intérêt des médecins français pour l'iconographie de leur spécialité.

Aujourd'hui la francophonie est fort bien représentée par Véronique Dasen, archéologue, qui s'est attelée à une monographie sur les nains (1993), dans laquelle elle accumule un savoir archéologique considérable et fait un important effort de classification médicale. L'Allemagne reste présente : Jost Benedum, par exemple, est un médecin fureteur qui trouve des raretés et publie des articles ponctuels, toujours précis et passionnants. Les chercheurs des pays d'où provient la majorité des sources en question ne sont pas restés à l'écart :

signalons les contributions de Christos Bartsocas et de Stephanos Geroulanos pour la Grèce propre, d'Angélique Panayotatou pour l'Égypte hellénistique et, pour l'Italie, celles d'Angelo Galeone, d'Adalberto Pazzini, d'Enzo Greco, de Mario Tabanelli et d'Antonio Giampalmo.

Dans ce domaine, l'Amérique a fait son entrée récemment. On peut regretter que la thèse de William Edward Stevenson (1975) n'ait pas donné lieu à une publication, mais elle a servi à Robert Garland (1995) pour son enquête dans les sources littéraires, médicales et artistiques. Cet auteur a le regard du voyeur que nous évoquions ci-dessus : il veut essentiellement savoir comment les bien-portants normalement constitués voyaient les malades et les infirmes, les sourds, les aveugles, les boiteux, les bossus, les nains et les géants, les siamois. Ses inquiétudes morales, son attitude de redresseur de torts, sa façon de juger ces regards passés par comparaison avec le regard présent, « politiquement correct », sont étrangères à nos préoccupations. Nous croyons qu'il reste une place pour une recherche méthodique des maladies à symptômes visibles dans les arts de l'Antiquité qui se fonderait sur les connaissances médicales les plus actuelles et aurait l'ambition d'en éclairer la pathocénose.

Un concept nouveau : l'iconodiagnostic

Anneliese Pontius, psychiatre à Harvard, s'est intéressée à ce que l'art peut enseigner sur les maladies des civilisations non historiques. En voulant démontrer la présence ancienne de la maladie de Crouzon (dysostose craniofaciale) dans les îles Cook d'après les représentations humaines de cet isolat culturel, elle introduit en 1983 le terme d'« icono-diagnosis », qu'on peut traduire par « iconodiagnostic »[91]. Pour appliquer sa méthode, il faut que le chercheur ait une bonne formation en anatomie et en physiologie. Quant aux objets de l'enquête, les mêmes caractéristiques doivent se trouver sur un grand nombre d'entre eux et se répéter dans la longue durée. On cherche à repérer des états pathologiques dont les manifestations corporelles sont très frappantes et porteuses d'une charge émotionnelle telle que ces apparences s'imposent aux artistes, souvent aux dépens de la représentation du corps banal. D'après la définition donnée par Anneliese Pontius, cette méthode est réservée à la préhistoire, c'est-à-dire aux civilisations sans écriture et à certains isolats culturels.

Nous pensons qu'il faut élargir la définition initiale et employer la même démarche lors même qu'on entre dans l'histoire proprement dite. Nous sommes bien convaincus que l'artiste de l'Antiquité, plus encore que le « primitif », celui du moins qui domine les techniques de son art, peut et veut parfois représenter de façon parlante des aspects inhabituels du corps humain, en dehors de toute connaissance réelle des maladies qu'ils traduisent. L'ingénuité et l'acuité du regard artistique peuvent même nous faire espérer quelques images pathognomoniques d'entités morbides non encore conceptualisées.

Nous appelons donc « iconodiagnostic » le diagnostic rétrospectif des maladies fondé sur l'étude des images. Les apports de cette méthode complètent ceux de l'exégèse des écrits médicaux anciens, de la pathographie des personnages historiques et de la paléopathologie.

Dans quelques cas exceptionnels, comme celui de Philippe de Macédoine, ces quatre approches se combinent pour une connaissance plus complète de la réalité. C'est pour montrer d'emblée comment ces disciplines se fécondent mutuellement que nous commencerons par examiner des portraits d'hommes célèbres, pour lesquels nous disposons à la fois d'une « imagerie » médicale et d'un « dossier-papier » puisé dans la littérature.

CHAPITRE II

Portraits de personnalités

Les portraits de personnages célèbres constituent une source particulièrement intéressante d'information médico-historique dans la mesure où l'on peut comparer et compléter mutuellement textes et images. L'habitude d'ériger des statues et de placer dans des endroits honorifiques les bustes de personnages importants fait que, pour l'Antiquité, l'apport de la sculpture dépasse largement dans ce domaine celui des tableaux, des fresques et des mosaïques. En outre, la fragilité du support des peintures augmente ce déséquilibre.

Dans le développement historique de l'art du portrait, on passe des figures stéréotypées de la période archaïque aux statues votives et des images des héros encore très idéalisées aux portraits qui cherchent à rendre les caractéristiques individuelles du modèle. Le souci de réalisme n'arrivera à sa pleine expression qu'à l'époque romaine[1].

L'aède aveugle : Homère

Dicunt Homerum caecum fuisse, tout écolier connaît cet exemple de la grammaire latine. Quelle que soit la vérité historique concernant ce personnage aux confins du mythe et de la réalité[2], ses portraits lui donnent un regard éteint. On discute encore de la datation de sa vie et de celle des poèmes qui lui sont attribués, mais en tout état de cause il s'agit de l'époque archaïque qui ignore encore l'art du portrait. Les

images d'Homère qui nous sont parvenues et dont les arché-
types remontent à des périodes allant du ve au 1er siècle avant
J.-C. ne s'inspirent pas de l'aspect réel d'un modèle vivant
mais reproduisent le type conventionnel de l'aède aveugle
qui, malgré la critique rationaliste montante, reste la suprême
autorité morale et le symbole de la sagesse[3].

Aveugle, il l'est sur de nombreuses copies hellénistiques et
romaines, par exemple sur les bustes conservés au Louvre, à
Munich ou au Musée du Capitole à Rome[4]. La vacuité du
regard est marquée par l'absence d'iris et de prunelle[5]. On
nous rétorquera peut-être que, sur ce genre de sculpture, ces
détails pouvaient être surpeints et, par conséquent, avoir disparu aujourd'hui. Nous pensons qu'il n'en est rien et que le
globe oculaire était d'emblée figuré vide. C'est bien le sens
qu'il faut donner à cet adjectif dans la description que donne
Christodoros, auteur du temps de l'empereur Anastase (491-
518), d'un très ancien buste en bronze d'Homère qui se trouvait à Constantinople : « Il avait l'air d'un homme âgé, mais sa
vieillesse était aimable, car elle répandait sur lui une grâce
encore plus complète ; [...] il avait le front découvert ; mais
sur ce front sans cheveux resplendissait la sagesse du maître
de la jeunesse. Quant à ses deux sourcils, l'artiste ingénieux
les avait sculptés en saillie, non sans raison, car ses yeux était
privés de la lumière. Mais il n'offrait pas l'apparence d'un
aveugle : la grâce régnait dans ses orbites vides[6]. »

Sur un buste de Naples, au visage par ailleurs remar-
quablement symétrique, un œil est plus largement ouvert et
comme dévié, asymétrie qui contribue à donner l'impression
de privation de la vue *(fig. 6)*[7].

À part ce regard dirigé au-delà du monde visible, Homère
est un parangon de la santé mentale et physique. Si, sur un
tableau du peintre Galaton, exposé à l'époque de Ptolémée
Philopator dans un temple d'Alexandrie, on le voyait vomis-
sant, cette scène n'avait aucune signification médicale mais
proclamait de manière métaphorique sa supériorité de
maître : en effet, les autres poètes se pressaient autour de lui
pour puiser leur inspiration dans ses vomissures[8].

Toute figure antique de vieillard aveugle n'est pas obligatoirement le portrait d'Homère. La confusion est parfois
possible avec Stésichore, poète lyrique de la fin du viie siècle

6. Homère. (*Musée archéologique, Naples*)

avant J.-C. qui, selon la légende, aurait été frappé d'une cécité temporaire[9], ou encore Épiménide, prêtre crétois qui aurait dormi pendant un demi-siècle[10].

LE FABULISTE DIFFORME : ÉSOPE

Le fabuliste grec Ésope (VIIe-VIe siècle avant J.-C.) est un personnage aussi légendaire qu'Homère. Bien que son existence historique soit attestée par Hérodote, les données sur sa vie et sur son aspect physique sont en grande partie des inventions tardives. Il aurait été difforme et laid, objet de risée parce que bossu et bègue. Ce « personnage le plus spirituel et le plus malicieux de son temps » aurait été aussi « l'homme le plus contrefait qu'on ait jamais vu [11] ». C'est ce qui résulte notamment d'une biographie rédigée par Maxime Planude au XIIIe siècle : le marchand qui venait d'acheter Ésope, simple esclave, l'aurait acquis pour s'en servir, à cause de sa laideur et de sa difformité, comme d'une amulette, protection magique de sa maison [12].

La difformité d'Ésope n'est pas mentionnée dans les témoignages littéraires antiques. Lysippe et Aristodème de Bithynie l'ont, semble-t-il, sculpté sans infirmité particulière. Il n'empêche que, au moins à partir du Moyen Âge, la bosse du fabuliste est devenue proverbiale et qu'un magnifique buste en marbre d'homme bossu, conservé à la Villa Albani à Rome, a été considéré dès sa découverte comme un

7. Buste romain de bossu,
faussement considéré
comme portrait d'Ésope.
(*Villa Albani, Rome*)

portrait d'Ésope (*fig. 7*) [13].
Le buste en question
est certainement romain,
mais on a longtemps cru
qu'il s'agissait de la copie
d'une œuvre grecque,
peut-être du portrait
sculpté par Aristodème
ou même par Lysippe.
Cette opinion ancienne
paraît mal fondée et l'on
croit aujourd'hui plutôt
à une création romaine
originale de l'époque im-
périale. Il semble bien que
ce soit un portrait véri-
dique, inspiré par l'aspect
réel d'un sujet dont on ne
connaît pas l'identité, et
non une image type.

On est frappé par le
contraste, touchant et
admirable, entre la perfection et l'expression sereine du
visage et la déformation atroce du thorax, rendue avec une
extraordinaire précision anatomique aussi bien en ce qui
concerne les incurvations du dos que l'aspect en tonneau de
la poitrine. Quant à l'étiologie de cette cyphoscoliose, les
médecins qui, à partir de Jean-Martin Charcot, se sont penchés sur ce cas n'ont pas réussi à trancher définitivement
entre le mal de Pott, le rachitisme et une difformité congénitale [14]. L'absence des membres rend pratiquement impossible
le diagnostic différentiel. Le buste de la Villa Albani ne comporte aucun détail qui pourrait être interprété comme une
allusion au fabuliste. Il en va autrement pour une image qui
orne une kylix attique du Ve siècle avant J.-C. : on y voit un

8. Personnage difforme discutant avec un renard ; probablement une caricature d'Ésope. Coupe attique. *(Musées du Vatican)*

personnage difforme discutant vivement avec un renard *(fig. 8)* [15]. Il est donc tentant de l'interpréter comme une caricature d'Ésope. L'interlocuteur du renard a un corps contrefait sans être véritablement bossu et H. J. Kaufmann estime qu'il souffre de pycnodysostose (variété rare d'ostéochondrodystrophie), maladie génétique dont était atteint le peintre Toulouse-Lautrec [16].

LA LAIDEUR DE CERTAINS PHILOSOPHES EST-ELLE SIGNE DE MALADIE ?

Dans la prestigieuse collection de la Villa Albani se trouve une sculpture en marbre de Carrare qui pose des problèmes du même ordre que la statue dite d'Ésope : censée être la copie romaine d'une œuvre grecque perdue du IIe siècle avant J.-C. représentant le philosophe Diogène (env. 413-env. 327), elle montre avec un grand souci de réalisme un vieillard nu, chauve, voûté et marchant avec difficulté [17]. C'est un mendiant, peut-être aveugle, penché en avant et marchant à petits pas comme une personne affectée du syndrome de Parkinson ; ce n'est certainement pas Diogène qui a joui d'une robustesse exceptionnelle jusqu'à sa mort brutale à l'âge de presque quatre-vingt-dix ans [18]. Si l'on tient absolument à y voir un philosophe cynique, le meilleur candidat serait Cratès de Thèbes, qui s'apostrophait lui-même ainsi : « Tu t'en vas, mon cher bossu, tu marches vers les demeures d'Hadès voûté par l'âge [19]. » L'interprétation médicale de cette statue est particulièrement difficile car, dans son état actuel, elle est fortement restaurée [20].

Certes, c'est l'absence de caractéristiques positives et non la laideur de ce corps nu qui nous empêche de voir dans cette statue romaine le portrait d'un philosophe. L'un des « sept sages » de la Grèce, Pittacos, tyran de Mytilène (VIe siècle av. J.-C.), était obèse, avait des pieds plats et crevassés et, si l'on en croit son adversaire politique le poète Alcée, il était particulièrement laid, négligé et malpropre. Une statuette en terre cuite, trouvée à Pompéi et portant son nom en grec, représente un homme âgé, obèse, avec un visage bourru et de grosses jambes [21]. Toutefois, on ne voit sur ce corps disgracieux aucun signe particulier de maladie, de même qu'on n'en voit guère sur les images d'Hermarchos, philosophe épicurien qui promène sans honte son ventre proéminent [22]. Zénon de Citium avait, dit-on, non seulement « le corps flasque et faible » mais aussi « le cou de travers » et « le front contracté » [23]. Il est vrai que sur certains portraits de ce fondateur du stoïcisme, la tête est bizarrement penchée à droite [24], mais nous ne partageons pas l'opinion du docteur Amédée Dechambre qui y voit l'expression artistique d'un torticolis lié à la difformité de la colonne vertébrale [25].

À notre avis, il n'y a rien de vraiment pathologique non plus sur de nombreux portraits de Socrate (env. 470-399), sculptés dans le marbre ou la pierre précieuse [26]. Ces sculptures hellénistiques et romaines sont des copies d'au moins trois bustes de la période classique grecque qui nous transmettent sans doute assez fidèlement l'aspect du philosophe athénien [27]. Certes, le physique de ce grand séducteur intellectuel manque de grâce, mais sa santé était robuste [28]. Le nez a indubitablement la forme considérée dans le passé comme un signe typique de l'infection syphilitique. Typique, certes, mais non pathognomonique ; dans le passé, mais pas avant le XVIe siècle [29]. Chez Socrate, ce nez en selle n'est donc qu'une variété anatomique ou, peut-être, le résultat d'un traumatisme en bas âge *(fig. 9)* [30]. Les artistes ont bien compris que, semblable à un vieux Silène, maître des héros légendaires,

9. Socrate.
(Villa Albani, Rome)

Socrate a su, comme pédagogue d'une élite, tirer profit même de sa prétendue « laideur »[31].

Le même type de visage aux poils broussailleux, comparé déjà par les écrivains anciens à celui de Borée ou de Triton[32], caractérise un disciple de Socrate : Antisthène, fondateur de l'école cynique (env. 400 av. J.-C.). Comme en témoigne une inscription trouvée à Ostie, il y avait dans le monde romain des répliques d'un portrait de ce philosophe remontant au sculpteur Phyromachos de Céphisie. Un hermès de marbre provenant de Tivoli en offre une copie dont l'identification est assurée par l'inscription du nom d'Antisthène[33]. La similitude avec Socrate est frappante, à l'exception du nez, dont l'arête s'approche de la ligne droite qu'exalte le canon de beauté de l'art grec. La forme de la bouche suggère la perte des dents de la partie médiane de l'arcade inférieure, mais ce défaut, si défaut il y a, se devine à peine sous la barbe et les moustaches qui dissimulent les contours des mâchoires.

Un défaut d'élocution surcompensé : Démosthène

Comme sur le portrait du philosophe athénien Antisthène, on remarque sur celui de son concitoyen Démosthène (384-322 av. J.-C.) un retrait de la mâchoire inférieure. Cependant, ce détail acquiert ici une importance toute particulière à la lumière des témoignages littéraires qui insistent sur les difficultés d'élocution de cet orateur célèbre.

Démosthène qui, selon Valère Maxime, incarne « la plus haute et la plus parfaite éloquence », avait du mal à prononcer la lettre *rho* par laquelle commence le nom de son art, la rhétorique. Il sut, toujours selon cet auteur, se débarrasser de ce défaut. D'autre part, sa voix était «grêle et criarde»: il la rendit «pleine et agréable». Il avait la poitrine faible: il la rendit puissante. Pour parfaire sa prononciation, il mettait dans sa bouche de petits cailloux. Bref, il vainquit la nature [34].

Diogène Laërce précise que l'orateur aurait appris de son maître, le rhéteur Eubulide de Milet, «à se débarrasser de son impossibilité à prononcer les r [35]». En effet, la consonne «r» du grec *(rho)* est une liquide sonnante apico-dentale et sa prononciation peut être rendue difficile par un défaut d'occlusion buccale.

On peut se demander néanmoins si les difficultés d'élocution de Démosthène n'avaient pas aussi une origine psychique. Son cas est choisi par le psychiatre autrichien Alfred Adler comme exemple de «complexe d'infériorité organique», c'est-à-dire comme illustration historique de la théorie expliquant certaines réalisations personnelles extraordinaires par la surcompensation de la déficience des organes et des fonctions physiologiques. D'après les témoignages antiques, Démosthène ne bégayait pas au sens médical de ce terme mais prononçait difficilement et incorrectement certains sons et manquait de souffle. En outre, il avait l'habitude de hausser les épaules en parlant [36]. Tout cela rend très probable à la fois un vice organique dans la conformation de la bouche et un défaut particulier dans la façon de respirer (respiration haute, dite «claviculaire», parce qu'assurée surtout par les muscles du haut du thorax) [37].

On connaît une cinquantaine de bustes anciens de Démosthène s'inspirant tous du visage de la statue perdue que les Athéniens avaient érigée sur l'agora un demi-siècle après la mort du grand homme. Nous reproduisons le portrait conservé à Rome sur lequel le retrait mandibulaire et la malocclusion sont bien perceptibles malgré la barbe et une abondante moustache *(fig. 10)* [38].

On pourrait s'attendre à ce que les portraits de Pyrrhus (319-272), roi d'Épire, confirment une curieuse anomalie génétique signalée par les anciens biographes. «Il y avait sur le visage de Pyrrhus – dit Plutarque – une majesté royale qui

10. Démosthène. (*Musée national romain, Rome*)

inspirait plus de crainte que de respect. Ses dents n'étaient pas multiples, mais en haut se trouvait un os unique et continu, sur lequel la séparation des dents était à peine marquée par de légères incisions [39] ». Les deux portraits de Pyrrhus certainement authentiques qui existaient dans l'Antiquité, l'un à Athènes, l'autre à Olympie, sont perdus. Les deux têtes en marbre qu'on considère aujourd'hui comme images probables de ce souverain molosse déçoivent notre attente, car on n'y voit aucun signe de l'agénésie dentaire [40].

Malheureusement, on ne connaît pas de portrait de Dyprétina, fille de Laodicè et de Mithridate, sujet rêvé pour l'iconodiagnostic, car elle « avait une double rangée de dents qui la défigurait tout à fait [41] ».

Asymétrie faciale : Ménandre et Munatius Plancus

L'interprétation médicale des bustes identifiés comme portraits de Ménandre (env. 342-292), chef de file de la comédie grecque dite nouvelle, n'est pas moins délicate que celle du visage de Démosthène. Dans les deux cas, l'expression artistique se situe dans la zone où les variations anatomiques et les stigmates pathologiques se rejoignent et où le diagnostic rétrospectif doit soigneusement évaluer le rapport entre les mots et les images.

11. Ménandre.
*(Musée de l'Université
de Pennsylvanie, Philadelphie)*

Ayant mesuré les divers paramètres d'une tête hellénistique en marbre, conservée à Philadelphie *(fig. 11)*[42], le neurochirurgien américain Temple Fay tire d'une asymétrie certaine mais néanmoins assez discrète le diagnostic grave d'une lésion cérébrale[43]. Selon lui, le personnage figuré sur ce monument en pleine maturité virile aurait subi lors de son enfance, avant la dixième année de sa vie, une lésion de l'aire fronto-pariétale gauche du cerveau entraînant dans un premier temps une hémiplégie spastique et par la suite le sous-développement osseux et musculaire de la moitié droite du visage et du cou. En effet, sur le buste de Philadelphie, le côté droit du front est légèrement rétréci, l'orbite droite est plus petite que l'orbite gauche et l'œil droit est plus enfoncé, l'oreille droite est plus basse que la gauche, le côté droit des joues et des lèvres est moins développé que le côté gauche, le cou est légèrement dévié.

Bien que, dans un tel tableau clinique, l'atteinte cérébrale en bas âge puisse rester sans aucune influence négative sur l'épanouissement des dons intellectuels, les séquelles ne sauraient se réduire à la seule asymétrie du développement somatique : si le diagnostic de Fay est exact, ce bel homme à l'expression mélancolique devait souffrir de troubles de la motricité et probablement même de crises épileptiques.

L'opinion prévaut aujourd'hui parmi les historiens de l'art que le buste de Philadelphie est un portrait réaliste de Ménandre et qu'il remonte à un archétype du IIIe siècle

avant J.-C. dont on con-
naît plus de cinquante
copies anciennes[44]. L'asymétrie du visage se
trouve, plus ou moins
accentuée, sur tous les
exemplaires connus.

L'identification de ce
portrait est corroborée
par des objets portant
le nom de Ménandre :
une petite tête en bronze
et une mosaïque de
l'époque romaine. Sur la
tête miniature, connue
seulement depuis 1973,
l'asymétrie du visage est
très nette[45]. Plusieurs
scènes du pavement du

12. Ménandre. Mosaïque romaine de Mytilène.
D'après Charitonidis et coll., 1970.

IIIᵉ siècle après J.-C., découvert dans le quartier de Chorapha
à Mytilène, se rapportent aux pièces de Ménandre et parmi
elles se trouve son image[46]. Bien que la facture de ce portrait
soit assez grossière, on peut y constater un strabisme convergent et une asymétrie faciale qui ne semblent pas résulter de
la maladresse de l'artiste *(fig. 12)*. Il est vrai que la partie sous-
développée du visage se trouve du côté droit sur les sculptures et du côté gauche sur la mosaïque, mais cela peut
s'expliquer facilement par le fait qu'en copiant les délinéa-
ments des peintures et des mosaïques, on inverse souvent la
gauche et la droite.

L'asymétrie du visage est bien marquée aussi sur une
mosaïque de Délos du IIᵉ siècle avant J.-C. qui, comme celle
de Mytilène, montre le poète de face (l'image est également
inversée par rapport aux bustes)[47], mais n'apparaît pas, pour
des raisons évidentes, sur les reliefs et sur les jetons de théâtre
où Ménandre est représenté de profil. Enfin, sur une peinture
murale de Pompéi, ni le visage ni le torse nu du poète ne portent de trace de maladie[48].

Les renseignements sur la vie et les caractéristiques corporelles de Ménandre, glanés dans les sources littéraires, sont

assez maigres. Le lexique *Suda* le dit « strabique des yeux et aigu par l'intelligence [49] » : si ses yeux louchaient, son esprit avait un regard pénétrant. Alciphron cite, ou plutôt invente, une lettre de Ménandre à sa maîtresse, où celui-ci se lamente sur sa faible santé [50]. D'après un récit ambigu de Phèdre, il aurait eu une démarche raffinée et languissante [51]. On pourrait interpréter comme surcompensation ses aventures galantes et les risques qu'il prenait dans certains exploits sportifs : il aurait fini sa vie, à l'âge de cinquante ans, en voulant nager dans le port du Pirée.

Sans confirmer vraiment le diagnostic de paralysie spastique infantile, ces données biographiques parlent en sa faveur, mais d'autres événements de la vie du poète, notamment son service dans l'éphébie, s'accordent difficilement avec l'étiquette médicale de handicapé et excluent certainement toute forme grave ou même moyenne d'atteinte motrice chronique.

Il faut être très prudent en avançant une interprétation médicale des asymétries corporelles dans les œuvres d'art. En mesurant les dimensions des deux côtés et leurs rapports sur un bon nombre de statues et de bas-reliefs grecs du ve au iiie siècle avant J.-C. représentant des divinités, des guerriers anonymes et des personnes idéalisées et par principe non identifiables, Lambert Schneider a pu constater que les asymétries du visage et de la boîte crânienne dépassent nettement les variations anatomiques normales dans une population vivante [52]. Il résulte toutefois de ses études que l'asymétrie des sculptures grecques ne dépend pas de la position la plus probable du spectateur et ne reflète donc pas la volonté d'obtenir un effet de perspective. En revanche, une correspondance marquée existe entre l'asymétrie faciale et la position de la tête, soit en relation avec l'activité du corps dans son ensemble, soit par rapport à la position du cou. Il semble bien que, au moins pendant la période classique, les sculpteurs aient utilisé l'asymétrie exagérée du visage comme un moyen technique, un tour de métier, pour rehausser la charge émotionnelle des sentiments prêtés à leurs héros.

Les portraits romains, nous le verrons, respectent avec plus de réalisme les formes exactes du modèle vivant et on connaît au moins un visage de personnage historique de cette

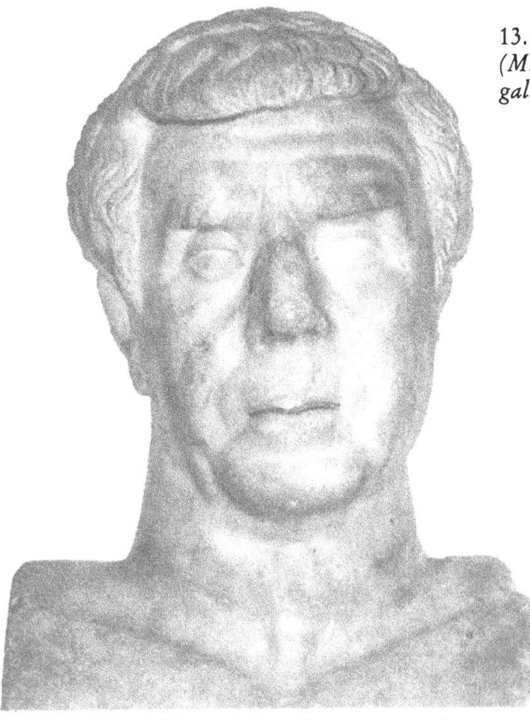

13. L. Munatius Plancus.
*(Musée de la civilisation
gallo-romaine, Lyon)*

période plus récente sur lequel l'asymétrie traduit certainement une affection nerveuse. Une belle tête en marbre du Ier siècle avant J.-C., trouvée à Lyon, passe pour le portrait de Lucius Munatius Plancus, proconsul romain qui a fondé Lugdunum en 43 avant notre ère. Ce visage d'un homme mûr aux nobles traits donne une impression de tristesse et de souffrance ; la mollesse de l'hémiface gauche et l'asymétrie des rides et des plis du visage correspondent aux signes d'une paralysie faciale qui, dans ce cas, n'est probablement qu'une partie du tableau clinique d'hémiplégie générale due à une apoplexie cérébrale *(fig. 13)*[53]. Contrairement au cas de Ménandre, cette atteinte du système nerveux a dû se produire à un âge déjà avancé du sujet. Un autre portrait de Munatius Plancus, trouvé dans un temple de la campagne romaine appartenant à sa famille[54], ressemble de façon saisissante à celui de Lyon, sauf qu'il le montre plus jeune et, justement, sans signes de maladie.

Les témoignages littéraires sur la vie de ce général romain ne disent rien de sa maladie et ignorent les circonstances de sa mort. Ils nous apprennent toutefois qu'il était chauve et que, comme plus tard plusieurs empereurs romains, cette disgrâce mineure le chagrinait profondément[55]. Sur son portrait lyonnais il porte donc indubitablement un toupet.

Cette coquetterie virile fait penser au cas de Périclès, homme politique athénien du Ve siècle avant J.-C., à qui les sculpteurs font porter un casque. Selon Plutarque, « Agaristè eut un songe où elle crut accoucher d'un lion. Quelques jours après, elle mit au monde Périclès qui, bien conformé pour le reste du corps, avait la tête allongée et d'une grosseur dispro-portionnée. C'est pour cette raison que les artistes l'ont presque toujours représenté avec un casque, ne voulant pas, semble-t-il, accuser ce défaut physique. Mais les poètes attiques, eux, l'appelaient "tête d'oignon" » [56].

En effet, toutes les copies du portrait de Périclès qui nous sont parvenues nous montrent un homme dans la force de l'âge, avec une barbe bien soignée et une chevelure que l'on devine abondante sous un grand heaume corinthien. Sous le prétexte de symboliser les vertus martiales de Périclès, ce casque à la visière encombrante camoufle en effet la dolicho-céphalie importante du porteur. Nous n'insistons pas sur ce sujet, car il s'agit d'une particularité anatomique et non d'un état pathologique[57].

LA BLESSURE DE PHILIPPE DE MACÉDOINE

Avec Périclès et Munatius Plancus, nous sommes passés des hommes de lettres à ceux qui chérissent et détiennent le pouvoir. La petite tête en ivoire représentant Philippe II (env. 382-336 av. J.-C.), père d'Alexandre le Grand, est l'un des portraits antiques les plus sensationnels, tant par les condi-tions de sa découverte en 1977 dans une des tombes royales de Vergina, que par sa perfection technique et son réalisme (*fig. 14*) [58].

Ce roi de Macédoine fut blessé lors du siège de Méthone, en 355-354, par une flèche qui pénétra dans l'orbite droite. Il devint borgne [59], mais la prompte intervention chirurgicale d'un médecin permit une relativement bonne restauration esthétique du visage. Pline loue ce praticien, Critobule de Cos [60], « pour avoir extrait une flèche de l'œil du roi Philippe et avoir remédié à la perte de son œil sans le défigurer [61] ».

Le pourtour de l'orbite garda sans doute des traces de la blessure, puisque sur les monnaies postérieures à l'accident on préféra le profil gauche du roi. Il est d'autant plus remar-quable que la figurine en ivoire montre bien une entaille cica-trisée de l'arcade sourcilière droite. La représentation de l'œil

14. Philippe II de Macédoine. Petite sculpture en ivoire *(Salonique)*.
D'après Andronikos, 1984.

droit y diffère considérablement de celle de l'œil gauche : le globe oculaire droit ne semble pas fonctionnel, bien qu'il soit conservé [62].

Cas extraordinaire s'il en fut, puisque les témoignages littéraires et iconographiques sont pleinement confirmés par une analyse paléopathologique raffinée : malgré la crémation du corps du roi, des fragments calcinés de l'os frontal, de l'os malaire et du maxillaire droits sont suffisamment conservés pour faire apparaître les traces d'une blessure cicatrisée siégeant d'une part sur le bord latéro-supérieur de l'orbite et d'autre part sur la pommette [63]. Les tentatives de reconstruction en cire de l'aspect de la tête de Philippe à partir des fragments conservés du crâne donnent des résultats qui nous semblent assez douteux[64]. Il est toutefois certain que les artistes ont embelli la réalité et adouci le visage terrifiant de ce roi borgne et balafré.

LE TORTICOLIS D'ALEXANDRE LE GRAND

La tête en ivoire de Philippe II se trouvait dans la grande tombe de Vergina à côté de quatre autres petites têtes (dépassant à peine 3 cm de hauteur) et de fragments de membres humains qui, de dimensions semblables et faits du même matériau, provenaient sans doute d'une seule composition. C'était une scène familiale qui ornait probablement un lit en bois ou un autre objet du mobilier royal. L'identification du portrait d'Alexandre (356-323), peu avant son accès au pouvoir en 336, s'impose par la comparaison avec un hermès portant son nom.

Plutarque raconte : « L'aspect physique d'Alexandre est rendu au mieux par ses statues dues à Lysippe [...] Beaucoup de ses amis et de ses successeurs s'attachèrent plus tard à imiter tout spécialement l'inclinaison du cou, légèrement penché vers la gauche, et l'aspect "liquide" *(hygrotes)* des yeux, traits fidèlement conservés par cet artiste[65]. »

On retrouve, en effet, une inclinaison sur la petite tête en ivoire *(fig. 15)*[66]. Toutefois, ce n'est pas sur cette trouvaille récente que les historiens ont constaté pour la première fois la présence d'un regard oblique. C'est à propos de

15. Alexandre le Grand.
Petite sculpture en ivoire *(Salonique)*.
D'après Andronikos, 1984.

l'hermès en marbre du Louvre, découvert par Alessandro Azara en 1797 à Tivoli et portant en grec l'inscription « Alexandre, fils de Philippe, Macédonien »[67], que le médecin parisien Amédée Dechambre a publié, dès 1851, quelques réflexions très pertinentes sur les implications pathologiques de l'aspect de « ce conquérant de l'Asie qui joignait, dit-on, la beauté à la gloire »[68].

« J'avais appris en cinquième qu'Alexandre, suivant Plutarque, penchait la tête vers l'épaule gauche. Or sur l'hermès la tête penchait à droite ; en outre, d'autres caractères de la figure [...] disaient que cette inclinaison ne dépendait pas d'une simple attitude, mais d'une vraie et bonne difformité[69]. » Les historiens de l'art, en effet, signalent presque tous une inclinaison à gauche, mais les uns la situent au cou, les autres à la tête. Dechambre constate que, sur le buste conservé au Louvre, la tête est penchée du côté droit, tandis que le cou est incliné un peu en avant et à sa base vers le côté gauche. Il résulte de cette courbure que le cou se rapproche, à son extrémité inférieure, de l'épaule gauche et que, à l'extrémité supérieure, il s'en éloigne. La tête est inclinée en direction opposée et est ramenée ainsi à la verticale. En outre, le côté droit de la face est réduit, l'œil droit situé plus bas que le gauche et le muscle sterno-mastoïdien droit raccourci. Après avoir confirmé ses impressions par des mesures exactes, Dechambre conclut que « la façon gracieuse de pencher la tête » dont parlent les anciens auteurs n'est qu'« un torticolis par rétraction du sterno-mastoïdien droit » et que ce visage dit « régulier » présente en fait « un côté atrophié, les yeux en escalier et la pommette ratatinée »[70]. Un sujet atteint de torticolis avec le muscle sterno-mastoïdien droit raccourci devrait regarder à gauche et en bas, tandis qu'Alexandre regarde un peu à droite et plutôt vers le haut : cette position, comme l'explique Dechambre, n'est pas celle du repos mais celle que le modèle ainsi atteint doit activement adopter.

Dechambre a bien montré qu'on se trompe souvent en interprétant le texte de Plutarque : celui-ci ne dit pas que la tête d'Alexandre penchait vers l'épaule gauche mais parle de « l'allongement du cou doucement incliné à gauche ». Loin de clore le débat sur l'aspect physique du roi macédonien, les explications du médecin l'ont plutôt relancé. Aux yeux de nombreux historiens, il semblait inadmissible de dépraver ainsi l'image de cette figure héroïque par excellence. La torsion du cou et le mouvement du menton et des yeux vers le haut sont assez peu marqués sur d'autres bustes ou statues qui passent pour des portraits d'Alexandre le Grand, ce qui permet d'en donner des justifications psychologiques ou esthétiques[71].

Erkinger Schwarzenberg déclare, en commentant le témoignage de Plutarque, que « le but des beaux-arts en général, et non seulement de l'art du portrait, est d'exprimer *l'ethos* de l'homme. Ce qui rend possible la tâche de l'artiste, c'est l'infaillible correspondance entre le corps et l'âme ». Ainsi, d'après lui, Lysippe aurait voulu montrer le caractère d'Alexandre plutôt que son aspect physique réel : l'inclinaison de la tête et le regard vers le haut seraient signes de la fierté et de la volonté adamantine du jeune conquérant[72]. En développant cette idée, Bente Killerich soutient que, en s'efforçant de sculpter l'âme d'Alexandre à travers son corps, l'artiste s'inspire des correspondances qui seront consignées plus tard dans les traités de physiognomonie[73]. Pour quelques autres auteurs, en revanche, Lysippe aurait cherché à rendre aussi fidèlement que possible l'aspect véritable de son modèle[74].

L'hermès du Louvre est, malheureusement, assez abîmé. Il est donc heureux qu'on ait découvert la petite tête en ivoire, portrait exécuté du vivant d'Alexandre, agréé sans doute par la famille et placé dans la tombe de son père. Or, les particularités mentionnées par Plutarque ne sont nulle part aussi clairement sculptées. Deux médecins grecs, John Laskaratos et Alexander Damanakis, se sont penchés récemment sur cet objet pour peaufiner le diagnostic proposé par Dechambre à propos de l'hermès du Louvre. Selon eux, il s'agirait bien d'un torticolis, mais la tête de Vergina permettrait de préciser que l'origine en est oculaire et non, comme le pensait le médecin français, orthopédique[75]. Le torticolis est un symptôme dont l'origine n'est pas nécessairement le sous-développement unilatéral du muscle sterno-cléido-mastoïdien ou une difformité osseuse. La position tordue de la tête est parfois due à la correction d'une affection des yeux, notamment du strabisme vertical ou de la paralysie des muscles oculaires.

En de tels cas, la torsion du cou et l'inclinaison de la tête ne sont pas figées et la personne atteinte peut librement bouger la tête. D'après les témoignages biographiques, Alexandre préférait une certaine position de la tête et une certaine direction du regard, mais était libre dans ses mouvements. L'absence d'hémiatrophie faciale sur la tête de Vergina et le silence des sources littéraires à ce propos, les dispositions et les dimensions des deux muscles sterno-cléido-mastoïdiens et l'orientation des yeux suggèrent donc fortement le diagnostic de strabisme oculaire, dû le plus probablement à la paralysie du muscle oblique inférieur de l'œil gauche (syndrome de Brown).

Ce défaut est le plus souvent congénital, mais peut résulter aussi d'un traumatisme. Lors d'une bataille, « une pierre frappa Alexandre au cou si violemment qu'un brouillard se répandit sur ses yeux et les obscurcit assez longtemps [76] », mais cela se passa en Hyrcanie vers 327, c'est-à-dire après la confection de la tête trouvée dans la tombe de Philippe II.

L'hypothèse d'un facteur génétique pourrait donner une signification inattendue à la présence de la même torsion du cou et de la même obliquité du regard sur les deux têtes d'adolescents non identifiés qui, dans la série de Vergina, se trouvent à côté de celles de Philippe II, d'Olympias et d'Alexandre. S'agit-il d'un véritable défaut physique à caractère familial ou de la pose imitative signalée par Plutarque ?

Enfin, l'hétérochromie des yeux d'Alexandre, mentionnée seulement par les auteurs byzantins, notamment le pseudo-Callisthène [77], ne repose-t-elle pas sur un malentendu, dû soit à une interprétation erronée d'une bizarre expression dans le texte de Plutarque soit à la confusion entre la forme des globes oculaires et la couleur des iris ?

DISGRÂCES SUR LES PIÈCES DE MONNAIE

La numismatique offre au diagnostic paléo-iconographique un champ particulier très prometteur dans la mesure où les monnaies comportent des portraits bien identifiables de nombreux chefs d'autrefois, mais aussi assez décevant par le caractère souvent conventionnel de ces effigies [78]. Ainsi, en prenant comme exemples Philippe II et Alexandre le Grand qu'on vient d'examiner, leurs portraits sur les monnaies et sur les gemmes ne nous donnent aucun renseignement utile du point de vue médical. Après sa blessure, Philippe y apparaît toujours de profil et du côté sain. C'était un vieux stratagème, devenu la règle dans la peinture pour les portraits des personnalités borgnes ou porteuses de cicatrices importantes sur une moitié du visage.

Pline en attribue l'invention à Apelle lui-même : « Il peignit aussi le portrait du roi Antigone qui était borgne, en usant d'un moyen qu'il imagina le premier pour dissimuler cette difformité : il le fit de trois quarts, de telle sorte que ce qui manquait réellement à l'original semblait ne manquer qu'à la peinture et il ne montra du visage que le côté qu'il pouvait montrer tout entier [79]. »

Dans la numismatique, Gélimérus, roi des Goths au milieu du VIe siècle de notre ère, est exemplaire à cet égard : affligé selon Procope du gonflement d'un œil, il apparaît pourtant, grâce à la présentation du bon profil, parfaitement normal sur ses monnaies [80].

On arrange donc l'aspect officiel des chefs pour les rendre plus « beaux ». Toutefois, l'appréciation de la beauté change tellement dans le temps et dans l'espace qu'on a pu quelquefois exagérer pour des raisons esthétiques certains traits du corps jusqu'à dépasser non seulement ce qui est notre canon de beauté actuel mais même ce que nous ressentons aujourd'hui comme la limite physiologique. C'est le cas notamment du gonflement du cou chez plusieurs rois hellénistiques (par exemple Antiochos VII de Syrie, Eumène II de Pergame et Nicomède II de Bithynie). En se fondant sur la fréquence et la répartition géographique de cet aspect particulier du cou sur des images de divinités et sur des portraits de chefs, Gerald Hart a cru tenir la preuve, par la numismatique, d'une endémie de goitre au Proche-Orient et dans le sud-est de la Grèce pendant les derniers siècles avant notre ère [81]. En fait, comme le montre bien l'effigie de Cléopâtre sur ses monnaies, la forme arrondie du cou n'est qu'un artifice de style, comme l'est aussi le ventre arrondi des vierges médiévales. Il n'y a pas de goitre sur le magnifique buste de Cléopâtre, conservé à Berlin, et il n'en est pas fait mention dans

16. Philétère, roi de Pergame

les témoignages littéraires sur les caractéristiques physiques de cette séduisante reine égyptienne.

Hart interprète aussi comme goitre le cou gonflé de Philétère (340-263 av. J.-C.), fondateur de la dynastie des Attalides à Pergame [82]. Il s'agit encore une fois, à notre avis, d'une particularité stylistique de l'époque. Cependant, il est vrai que ce personnage, obèse, joufflu, avec un double menton et de petits yeux, n'est pas un parangon de beauté *(fig. 16)* [83]. Si sur ses monnaies en argent son attitude semble assez énergique, les portraits sur une gemme et sur un hermès accusent aussi bien sa brutalité que la mollesse de ses traits [84]. Strabon révèle le fin mot de l'histoire de ce chef particulièrement rusé : il aurait été châtré par un accident dans son enfance [85].

Les portraits de Ptolémée Ier Sôter nous font passer de l'eunuchoïdisme à une autre dysfonction endocrinienne : l'acromégalie [86]. Sur les pièces d'argent de ce souverain d'origine macédonienne qui régna sur l'Égypte de 323 à 282/283, on remarque une mâchoire proéminente *(fig. 17)*. Gerald Hart interprète cette particularité comme un signe pathognomonique d'acromégalie [87]. En fait c'est seulement un indice qui aurait besoin d'être confirmé par d'autres symptômes. On trouve sur un buste de ce Ptolémée, aux allures nettement

17. Ptolémée Ier Sôter, roi d'Égypte

plus jeunes, la même forme du menton, associée à un nez de dimensions normales et à un front fuyant[88]. Est-ce pour lui ou pour son fils Ptolémée II Philadelphe qu'Érasistrate a composé un onguent contre la podagre[89]? Quoi qu'il en soit, ce roi a vécu jusqu'à l'âge alors vénérable de quatre-vingt-quatre ans, ce qui ne s'oppose nullement au diagnostic de goutte mais s'accorde difficilement avec celui d'acromégalie.

Ptolémée II ressemble fort à son père: le même menton et le visage encore plus joufflu. La tendance à l'obésité caractérise plusieurs des Lagides[90]. Les historiens antiques le soulignent surtout à propos de Ptolémée VII et de Ptolémée VIII. Ce dernier apparaît effectivement bien gras sur ses monnaies et sur un buste en diorite conservé à Bruxelles[91]. On remarque aussi, chez Ptolémée VI et Ptolémée VIII, un menton proéminent, mais sans véritable accroissement de la mandibule. Calvin Wells constate qu'il existe une « mâchoire des Ptolémées », comme il y a « la mâchoire des Habsbourg », et considère que la plupart des membres de cette dynastie souffraient d'une dysfonction endocrinienne héréditaire se manifestant par l'obésité, l'acromégalie et l'instabilité émotionnelle[92]. À notre avis, c'est aller trop loin, surtout si l'on prend en considération la fécondité de cette famille et les nombreux mariages incestueux qui auraient été sans doute catastrophiques en cas de tare génétique grave. Le menton proéminent ne se trouve pas chez tous les Lagides. Il se présente comme une particularité morphologique récessive déterminée d'emblée par les gènes et non pas produite secondairement, comme dans l'acromégalie, par l'activité hormonale de l'hypophyse.

Les effigies des personnages illustres sur les médailles anciennes offrent quelques exemples, relativement rares, de maigreur excessive. Notons deux cas célèbres: Jules César, dont il sera question plus loin, et un patricien romain, dont l'identité reste incertaine. Sur un denier portant l'inscription « Marcellinus », on voit un personnage aux joues tellement creuses et au cou tellement décharné qu'on le croirait atteint d'une maladie *(fig. 18)*. Il est généralement admis qu'il s'agit du portrait de Marcus Claudius Marcellus, général romain, héros de la deuxième guerre punique. La monnaie aurait été frappée vers 50 avant J.-C. par le consul Marcellinus, en

18. Le consul Marcellinus
ou le général Marcellus

l'honneur de son illustre ancêtre [93]. Cependant, les sources littéraires assez abondantes sur la vie de Marcellus ne mentionnent aucune maladie et surtout ne signalent pas sa maigreur. Dans une biographie bien documentée, Plutarque souligne même que le corps de Marcellus était vigoureux et qu'il n'y avait aucun genre de combat où il ne fût alerte et exercé. Ce chef militaire fut tué, sexagénaire encore en pleine possession de ses forces, lors d'une embuscade en 208 avant J.-C. Certains historiens pensent donc que son portrait sur les pièces romaines, frappées après son trépas, reproduit en fait le masque funéraire vénéré dans le laraire de la famille. Le visage déshydraté transmis à la postérité refléterait donc la paix de la mort et non les souffrances de la vie [94]. C'est bien possible, mais l'identification du portrait sur ce denier vient d'être contestée. P. Lentulus Marcellinus, qui a fait frapper cette monnaie, a probablement voulu honorer son père, le consul Cn. Cornelius Lentulus Marcellinus [95]. Malheureusement, on ne dispose d'aucun témoignage littéraire sur l'aspect et les maladies de ce patricien. La similitude avec le portrait de César n'est peut-être pas un simple hasard.

LES « VERRUES » DES ROIS PARTHES

En décrivant au début de ce siècle les monnaies des rois parthes Orodès II et Phraate IV, Warwick Wroth, conservateur au British Museum, a attiré l'attention sur la présence de petites excroissances sur le front de ces personnages. Là où l'on ne voyait avant lui que des éléments de parure, il a reconnu une sorte de verrue et, vu la filiation de leurs porteurs, il les a interprétées comme une « particularité dynastique distinctive »[96]. Cette opinion a été renforcée par le fait que la même « verrue » se trouve aussi sur les monnaies de plusieurs de leurs successeurs.

Selon le médecin numismate Gerald Hart, cette lésion de la peau ne serait pas une simple verrue mais une tumeur cutanée héréditaire, à savoir l'épithéliome adénoïde cystique ou tricho-épithéliome (tumeur de Brooke), adénome sébacé, isolé ou multiple, localisé sur le visage, de nature bénigne et transmis par un gène dominant[97].

D'après Hart, elle apparaîtrait sur les monnaies parthes avec Mithridate II, qui a régné de 123 à 88 avant J.-C. Le fondateur de la dynastie, Arsace, et ses successeurs immédiats n'en portent aucune trace et même à propos de Mithridate II la situation n'est pas claire. Sur la plupart des pièces frappées lors de son long règne, on ne note sur son effigie rien de particulier, sinon le grand nez crochu qui rappelle celui de son ancêtre Arsace[98]. C'est seulement sur un spécimen du British Museum qu'on voit une petite excroissance sur la paupière inférieure du roi[99]. Cela pourrait indiquer que le gène du trichoépithéliome était déjà entré dans la famille royale, mais que l'on considéra d'abord son expression comme un défaut esthétique dont on ne fit pas état dans les portraits. Après sa répétition chez plusieurs descendants, on commença à l'apprécier comme un signe distinctif, preuve d'origine royale.

Un nodule est présent sur le front d'Orodès II (roi à partir d'environ 58 av. J.-C.). On ne le voit que sur certaines de ses monnaies et, même dans ces cas, il pourrait s'agir d'une partie de la parure et non d'une « verrue »[100]. Ce roi, raconte Plutarque, « fut atteint d'une maladie qui tourna en hydropisie ; son fils lui fit prendre traîtreusement de l'aconit, mais le poison agit sur la maladie et fut évacué avec elle, si bien que le corps désenfla[101] ». Alors le fils étrangla son père.

Devenu Phraate IV (38-env. 2 av. J.-C.), ce roi commence son règne en supprimant, par précaution, tous les membres mâles de la famille. Ses tétradrachmes d'argent et ses pièces de bronze nous font voir, cette fois sans aucun doute, une excroissance ronde sur la tempe (*fig. 19*)[102]. Il finira assassiné par Thesmusa (ou Musa), une esclave envoyée de Rome qu'il avait élevée au rang de favorite, et par leur fils Phraatace qui épousera sa mère et la fera reine. Ce dernier porte sur la

19. Phraate IV,
roi parthe.

tempe la même « verrue » que son père, ce qui – vu l'origine étrangère de sa mère – prouve l'hérédité dominante de cette affection [103].

Le règne de Phraatace ne dure que deux ans. Sur leurs monnaies plusieurs rois qui, au cours du Ier siècle de notre ère, se succèdent assez rapidement sur le trône parthe ont sur le front des nodules caractéristiques [104]. Ainsi Vardane Ier exhibe cette particularité physique [105], peut-être comme une sorte de symbole de royauté ou plutôt de légitimité, de preuve d'ascendance royale [106].

Le tricho-épithéliome est souvent multiple et bilatéral. Nous ne savons pas si tel était le cas chez les rois parthes, car sur leurs monnaies ne figure traditionnellement que le profil gauche. C'est pourquoi une tétradrachme de Vologase nous paraît particulièrement instructive : vu de face, ce roi porte des lésions sur les deux tempes [107].

Avec le roi Gotarze II apparaît, au milieu du Ier siècle, une autre particularité : une mèche de cheveux couvre la région temporale, juste à l'endroit où devrait se trouver la tumeur [108]. Cette mèche cache-t-elle la tumeur pour des raisons esthétiques, comme le pense Hart, ou veut-elle faire croire que la marque génétique existe même chez des rois qui en seraient dépourvus ? En faveur de la première hypothèse parle le fait que Volagèse II a fait frapper deux sortes de monnaies à son effigie : les unes avec la tumeur visible, les autres avec la mèche qui la couvre[109]. Cette mèche se maintiendra sur plusieurs monnaies parthes jusqu'au début du IIIe siècle. L'iconographie numismatique fournirait ainsi la preuve de la persistance familiale de cette particularité pathologique héréditaire pendant au moins une dizaine de générations[110].

LE RÉALISME
DES PORTRAITS ROMAINS

Dans l'art du portrait, nous l'avons déjà dit, le souci de réalisme trouve sa pleine expression avec la montée du pouvoir politique de Rome. Il faut toutefois distinguer l'époque républicaine de l'époque impériale[111]. La première apprécie un art qui se veut vériste : tout en mettant en valeur la force morale du sujet, l'artiste insiste sur les traits les plus personnels du visage. On ne dissimule ni les stigmates de la vieillesse, ni la présence d'excroissances ou de taches sur la peau, ni la perte des cheveux ou des dents. Le buste d'un vieil

20. Aristocrate romain édenté.
(*Villa Albani, Rome*)

aristocrate de la fin de la République, dont le nom n'a pas été conservé, illustre bien la *grauitas romana* : début de calvitie et front traversé de rides, nez recourbé, visage buriné de plis, bouche mince, lèvre inférieure remontante et joues creusées sans doute par l'absence de dents, regard à la fois pénétrant et intériorisé des yeux enfoncés et entourés de ridules (*fig. 20*)[112].

À l'époque impé-
riale, les nécessités de
l'idéalisation du *prin-
ceps* à des fins poli-
tiques exigent des
portraits embellis; il
finira par apparaître
ainsi deux séries
iconographiques, celle
des portraits privés,
qui puisent leur inspi-
ration dans la tradi-
tion républicaine, et
celle des portraits offi-
ciels, qui exploitent
toutes les ressources
de l'art hellénistique.
Parmi les portraits
privés, admirons le
réalisme avec lequel
sont rendus les traits
d'une dame romaine
du IIIe siècle: cette
femme fut belle et se
soigne encore, comme

21. Dame romaine au visage défait.
(Musées du Vatican)

le prouve sa coiffure travaillée, mais un air de profonde tristesse règne sur son visage défait, ses paupières supérieures
sont gonflées et elle a des poches sous les yeux, sa bouche est
amèrement fermée par des lèvres minces aux commissures
tombantes *(fig. 21)*[113]. Également émouvante est, par
exemple, l'expression du visage ridé, au regard intense, d'un
responsable du temps des empereurs soldats (buste conservé
à Oslo)[114].

Un riche Romain, Publius Aiedius, enterré au Ier siècle de
notre ère sur la Via Appia en compagnie de son épouse, s'est
fait représenter avec un réalisme frappant: son visage est
vieilli, sa mâchoire inférieure ne porte pas de dents, son cou
est marqué de plis comme chez une personne qui a rapidement maigri et un nævus ou une verrue au-dessus de l'œil
gauche dépare son front[115]. Le buste d'un homme trouvé

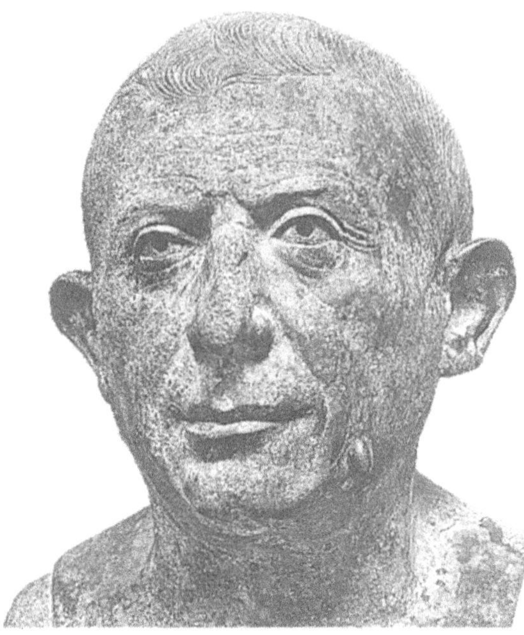

22. Un homme de la famille de L. Caecilius
Iucundus affligé d'un fibrome sur la joue.
(*Musée archéologique national, Naples*)

dans l'atrium de la maison du banquier L. Caecilius Iucundus à Pompéi porte un fibrome sur la joue *(fig. 22)* [116].

Ces personnages, comme tant d'autres sculptés par des artistes romains ou peints sans complaisance sur des plaques funéraires de la même époque provenant du Fayoum, avaient été manifestement éprouvés par la vie, mais les traits de leurs visages ne permettent pas le diagnostic d'une maladie précise [117].

LES DEUX VISAGES DE SÉNÈQUE

Dans un faciès pathétique, émacié et sillonné de rides, le spectateur est enclin à reconnaître le résultat d'une vie austère, voire ascétique. C'est ainsi que, dès 1598, Fulvio Orsini interpréta dans son recueil *Illustrium imagines* un magnifique buste en bronze d'un homme au visage éprouvé comme le portrait du philosophe Sénèque (4 av. J.-C.- 65). On en connaît une quarantaine de copies anciennes dont une, particulièrement belle, est conservée à Naples *(fig. 23)* [118]. Plusieurs générations d'amateurs d'art et d'amoureux de la philosophie antique ont admiré ce qu'ils prenaient pour l'incarnation des idéaux du stoïcisme. Le philosophe romain n'a-t-il pas loué les effets bénéfiques de la sobriété et d'une alimentation modérée[119] ? Ne s'est-il pas décrit lui-même, à un certain moment de sa vie, comme *ad summam maciem deductus*[120] ?

Au Louvre, on avait mis au siècle dernier la statue d'un vieillard grec dont la tête ressemblait au prétendu portrait de Sénèque dans une vasque pleine d'eau, en y plongeant ses deux jambes nues, pour imiter ainsi la scène de suicide du philosophe. On a créé ainsi à partir de pièces disparates un Sénèque au goût du public, mourant dans son bain après s'être fait, comme en témoigne Tacite, « couper aussi les veines des jambes et des jarrets »[121]. En fait, la statue en question est celle d'un pécheur anonyme[122].

On n'avait pas tenu compte de la découverte

23. Homme au faciès pathétique qui passa longtemps pour Sénèque.
(*Musée archéologique national, Naples*)

à Rome, en 1813, d'un hermès représentant d'un côté Socrate et de l'autre un philosophe romain au visage jusqu'alors inconnu qu'une inscription désignait sans équivoque possible comme Sénèque (*fig. 24*)[123]. La découverte était tellement surprenante et même décevante qu'on a

24. Sénèque. Hermès associant le portrait de ce philosophe romain à celui de Socrate.
(*Musées de l'État, Berlin*)

longtemps préféré ne pas en tenir compte : ce nouveau Sénèque, le vrai, était un homme obèse, d'aspect plutôt veule, ressemblant plus à Néron qu'à l'idée qu'on se faisait de son vertueux précepteur.

En fait, selon les témoignages littéraires, Sénèque fut maigre à un certain moment de sa jeunesse quand il s'astreignait à un régime outré, ainsi que pendant les dernières années de sa vie, lorsque « son corps était affaibli par la vieillesse et amaigri par l'abstinence[124] ». L'hermès le montre quinquagénaire, au moment où sa constitution pléthorique trouvait sa pleine expression.

Quant aux crises de dyspnée, décrites minutieusement dans une lettre de Sénèque[125], les commentateurs médicaux modernes y voient soit la manifestation d'un asthme bronchique, soit les symptômes de l'angine de poitrine. Quel que soit le diagnostic rétrospectif, ces crises s'accordent mieux avec la constitution révélée par le second portrait qu'avec celle de l'image idéalisée d'un corps leptosome.

La nouvelle identification, certes, ne remet pas en question la beauté de l'inconnu qui porte maintenant le nom de pseudo-Sénèque, mais l'émaciation du visage n'est plus attribuée aux efforts intellectuels ou à une ascèse volontaire. Elle résulterait plutôt d'une vie dure, de l'exposition au soleil, du vieillissement prématuré, sinon même des ravages d'une maladie infectieuse.

FIGURES IMPÉRIALES

Proies d'une curiosité insatiable depuis leur vivant jusqu'à nos jours, les empereurs romains font l'objet d'une littérature immense, dans laquelle abondent les indiscrétions sur leur vie privée, leurs particularités physiques et leurs maladies[126]. On connaît leurs portraits aussi bien par les bustes que par les médailles, moyens de propagande politique très en vogue. Il faut cependant reconnaître que, du point de vue médical, cette documentation iconographique n'ajoute pratiquement rien à ce qu'on sait par d'autres sources[127].

Les portraits de Jules César (101-44 av. J.-C.) impressionnent par la vigueur de l'expression et par une allure ascétique qui s'accentue au fil des années [128]. D'après Suétone, il « avait une santé robuste, quoique dans les derniers temps [de sa vie] il fût sujet à des syncopes soudaines [129] ». La perte de ses cheveux l'agaçait et il cherchait à la dissimuler. Plutarque souligne qu'il « supportait la fatigue avec une endurance qui semblait au-dessus de ses forces physiques, car il était frêle de constitution ; il avait la peau blanche et délicate ; il était sujet à des maux de tête et à des crises d'épilepsie [130] ». Nous n'aborderons pas ici le débat sur la vraie nature de ces crises, car l'iconographie n'apporte à ce propos aucun argument nouveau.

Aussi bien dans le marbre que sur la pierre précieuse, le visage de César est d'une maigreur prononcée et constante. Le buste de l'ancien musée Chiaramonti à Rome et la gemme d'améthyste du Cabinet des médailles à Paris, dont l'authenticité est indubitable, le montrent encore jeune, avec des yeux enfoncés, des joues creuses et une coiffure qui

25. Jules César. Denier frappé en 44 avant J.-C.

cherche à dissimuler un début de calvitie [131]. D'autres portraits confirment la détérioration de son état de santé à la veille de son assassinat. Sur les monnaies frappées en 44, César est édenté et prématurément vieilli, son visage est émacié et, surtout, son cou est fortement ridé *(fig. 25)* [132]. Un dentiste moderne va jusqu'à attribuer cette perte des dents au saturnisme, intoxication chronique par le plomb qui aurait été alors fréquente parmi les personnes buvant l'eau des conduites romaines [133].

On a tellement imité le faciès de César qu'on peut se demander si le même aspect décharné de Vercingétorix, sur un denier frappé à son effigie pendant sa captivité à Rome (48 av. J.-C.), n'a pas pour but de mettre ses traits en parallèle avec ceux de son implacable vainqueur [134].

26. Cléopâtre. Fresque paléochrétienne.
(Catacombe de la Via Latina, Rome)

Le nom de César évoque inévitablement celui de Cléopâtre. Comment ne pas admirer leurs deux bustes, placés côte à côte au musée de Berlin [135] ! Rien de pathologique sur cette belle tête de la reine d'Égypte au nez fort et proverbialement beau. Le cou, arrondi pour des raisons stylistiques sur ses portraits numismatiques, est tout à fait normal. Pas plus que César, Cléopâtre n'est morte de maladie. Elle s'est suicidée en se faisant mordre volontairement par un ou plusieurs serpents venimeux [136]. Il se peut qu'une peinture chrétienne de la catacombe de la Via Latina à Rome (milieu du IVe siècle) reconstitue cet événement tragique : semi-assise au milieu de fleurs rouges – peut-être des pavots, symboles de sommeil et de mort –, appuyée sur le coude gauche, dénudée jusqu'au nombril, Cléopâtre laisse un serpent s'enrouler autour de son bras ; la gueule du reptile menace encore le sein droit qu'elle vient de mordre ; la reine soulève le bras droit et semble surprise par la douleur *(fig. 26)* [137].

Connaissant le but des images impériales et l'aura de sacré qui les entourait, on n'est pas surpris de constater qu'elles cachent plus qu'elles ne révèlent la riche pathologie des successeurs de Jules César. En scrutant les visages majestueux et les corps harmonieux des statues d'Auguste, de Tibère et de Caligula, on ne devinerait jamais que le premier souffrait d'un eczéma atopique, que la face du deuxième était rongée d'ulcères et que l'on considérait le troisième comme mal proportionné et précocement vieilli. Même un infirme aussi notoire que Claude (10 av. J.-C.-54), atteint sans doute du syndrome de Little (conséquence d'une lésion cérébrale survenue lors de la naissance), se présente sur ses monnaies comme un personnage fort, massif et serein.

Certes, les trois empereurs auxquels Suétone attribue un visage empâté et un gros ventre, Néron, Vitellius et Domitien, apparaissent dans leurs portraits comme des personnages joufflus et corpulents, mais leur embonpoint reste dans les limites de la santé et de l'esthétique. Il se peut toutefois que les caricatures en terre cuite d'un citharède obèse, au corps difforme et au visage rond et glabre, soient des allusions à Néron (37-68), empereur qui se vantait de ses dons d'histrion et en exigeait une reconnaissance officielle [138].

Galba et Vespasien ayant pris le pouvoir à un âge avancé (le premier à 72 ans, le second à 60 ans), même l'idéalisation propagandiste de mise dans les portraits officiels n'arrive pas à dissimuler complètement la perte des dents, ni les rides et les poches d'un faciès contracté.

Très curieux est le cas de l'empereur Hadrien (76-138), décédé à la suite d'une hydropisie et d'autres troubles qui indiquent au médecin moderne une insuffisance cardiaque [139]. Des observations cliniques et épidémiologiques récentes ont permis de constater que l'artériosclérose coronaire, cause la plus fréquente de l'insuffisance cardiaque, est souvent associée à un curieux stigmate, à savoir l'apparition de sillons diagonaux sur les lobes auriculaires [140]. Or, le médecin américain Nicholas Petrakis a remarqué que les bustes de l'empereur Hadrien ont de tels sillons sur les deux oreilles *(fig. 27)* [141]. Cette caractéristique n'est pas une

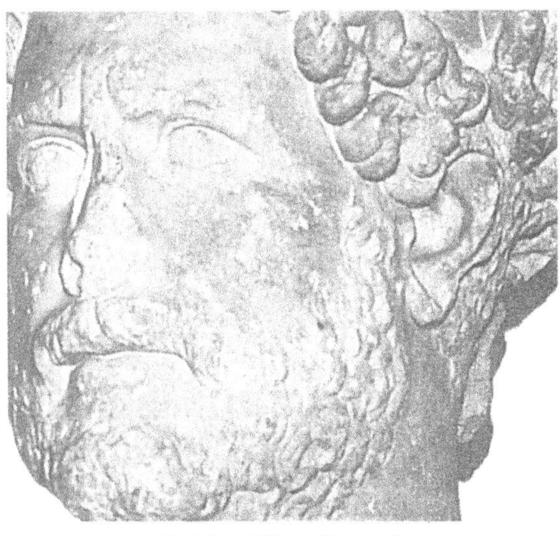

27. Hadrien. Sillon diagonal
sur le lobe de l'oreille.
(Musée archéologique national, Athènes)

28. Maximin le Thrace,
empereur romain

convention des portraits romains. Les artistes ont donc fidèlement reproduit une particularité physique de l'empereur, nous donnant ainsi, précisément du fait qu'ils en ignoraient la signification, une information précieuse pour le diagnostic rétrospectif de sa maladie.

Sur l'avers d'un sesterce romain, l'empereur Maximin le Thrace (173-238) apparaît doté d'une mâchoire inférieure énorme, protubérante *(fig. 28)* [142]. Cette anomalie se retrouve aussi sur un buste de Maximin [143]. Il est légitime de l'interpréter comme un signe de l'hypersécrétion de l'hormone de croissance, car les témoignages littéraires soulignent le gigantisme de ce souverain : sa taille dépassait deux mètres et ses mains étaient si larges qu'il pouvait utiliser le bracelet de sa femme comme anneau [144].

Plus problématique nous paraît la signification médicale des yeux exorbités sur des portraits numismatiques de l'empereur Commode (161-192) et du nez en forme de selle sur ceux de Maximien Hercule (env. 250-310) [145]. Il pourrait s'agir d'un signe d'hyperthyroïdie dans le premier cas et des suites d'une fracture de la cloison nasale dans le second, mais le silence des sources écrites indique plutôt l'existence de simples variations anatomiques.

CHAPITRE III

Blessures

Dans l'iconographie antique, tout comme dans les sources littéraires (à l'exception, bien entendu, des textes médicaux techniques), l'écrasante majorité des états pathologiques appartient à la traumatologie. La raison en est moins la fréquence réelle des blessures par rapport aux maladies sans cause externe évidente que le caractère héroïque et les connotations tragiques des suites de la violence. La plupart des blessures qui s'offrent ainsi à notre regard sont liées à des faits d'armes. Leur représentation est le plus souvent stéréotypée, ce qui limite leur signification médicale. Par le nombre des exemples conservés, l'iconographie traumatologique pourrait facilement faire l'objet d'un livre à part[1], mais la monotonie du contenu médical de ces scènes sanguinaires nous permet d'en dire l'essentiel en un chapitre.

Ce qui retient l'intérêt de l'artiste, c'est en premier lieu l'acte même qui provoque la blessure et qui très souvent mène à la mort. On minimise les suites pénibles, ne montrant que les coups et leurs effets immédiats ; on néglige les cicatrices. Très instructif nous paraît le décalage entre, d'une part, le respect que, selon les témoignages littéraires, les anciens Romains manifestaient à l'égard des balafres et, d'autre part, la rareté de ces signes de courage sur les portraits conservés. Malgré une prospection minutieuse, Matthew Leigh n'a réussi à trouver qu'un seul exemple de telles *cicatrices ac notas virtutis* sur un monument romain. À vrai dire, même ce cas unique, le portrait d'un aristocrate anonyme conservé à Dresde, nous semble assez douteux[2]. Le doute est encore plus fort concernant quelques marques rondes sur les épaules, les bras, les flancs et les cuisses de certains personnages peints sur les vases attiques du VIe siècle avant J.-C. que John Boardman interprète comme des signes de « vieilles blessures »[3]. Même si l'on acceptait les interprétations de Leigh et de Boardman, le nombre des cicatrices représentées dans l'art ancien resterait sans commune mesure avec leur fréquence réelle.

Dans une histoire héroïque, la mort est omniprésente mais les artistes la conjurent en escamotant son véritable aspect. Comme l'a bien remarqué Claude Bérard : « Forcés d'accepter les morts, les Grecs ne veulent pas reconnaître les cadavres dans leur spécificité : rigidité, lividité, putréfaction. Des morts seulement donc, de jeunes et beaux morts, de beaux guerriers morts [...], comme paisiblement endormis [...] ; seules les plaies multiples laissent au pire couler un sang sémiotique, intarissable[4]. »

La blessure mythique de Télèphe

Lors de la première expédition contre Troie, les Achéens ravagèrent la Mysie et, à cette occasion, Achille se servit d'une lance extraordinaire, cadeau du centaure Chiron. Il blessa à la cuisse le roi mysien Télèphe, fils d'Hercule. La blessure s'aggrava avec le temps et un oracle d'Apollon déclara que seulement ce qui l'avait faite pouvait la guérir[5]. La parole divine, succincte et ambiguë, ne précisait pas si cet agent causal était l'homme, Achille, ou l'arme, la célèbre lance. Télèphe se rendit à Argos où, habillé en mendiant, il arracha de son berceau le petit Oreste, se réfugia sur l'autel familial d'Agamemnon et menaça de tuer l'enfant si l'on ne procédait pas au traitement conseillé par la divinité.

Le combat entre Achille et Télèphe a été représenté sur le fronton du temple d'Athéna à Tégée et sur l'autel de Pergame[6]. Sur une des métopes aujourd'hui perdues, Achille frappe de sa lance Télèphe, tombé en butant sur un pied de vigne. Scopas avait également sculpté cet incident[7]. Une épigramme de Philostrate commente une peinture de cette même scène : « Maintenant dans sa cuisse il cache une douleur terrible et, près de défaillir, il s'épuise à lutter contre cette chair à vif [8]. » Ce tableau n'a pas résisté aux ravages du temps et il ne nous reste qu'une image fragmentaire du combat entre Achille et Télèphe, conservée sur le morceau d'un cratère de Saint-Pétersbourg [9].

On a plus souvent peint ou sculpté les efforts du héros mysien pour obtenir des chefs achéens, par l'imploration ou par le chantage, la cure recommandée par l'oracle [10]. La blessure est presque toujours clairement indiquée par un large bandage sur la cuisse gauche.

Sur le fond d'une coupe grecque appartenant à une collection allemande privée, un jeune homme debout à côté d'un autel brandit son glaive dans un geste grandiloquent. La présence du bandage sur sa cuisse gauche suggère qu'il s'agit de Télèphe. Une femme le réconforte : c'est sans doute Clytemnestre qui, selon les poètes, lui conseille de se servir de l'enfant Oreste pour obliger Agamemnon à accéder à sa requête [11]. Une autre version se trouve sur un cratère d'Apulie où le héros, assis sur un lit, face à un guerrier et à un prisonnier enchaîné, exhibe sa cuisse blessée et une longue lance [12].

Plusieurs urnes étrusques de Volterra montrent Télèphe enlevant Oreste et l'entraînant violemment [13]. Sur d'autres images, Télèphe affronte enfin les guerriers achéens. Il est assis sur l'autel familial, soit seul (par exemple sur une coupe attique de Boston [14]), soit tenant très gentiment Oreste, soit brutalisant et menaçant son petit otage. Le plus bel exemple de l'attitude digne et douce de Télèphe face à Agamemnon est offert par un vase attique du Vᵉ siècle avant J.-C. provenant de Vulci (fig. 29) [15].

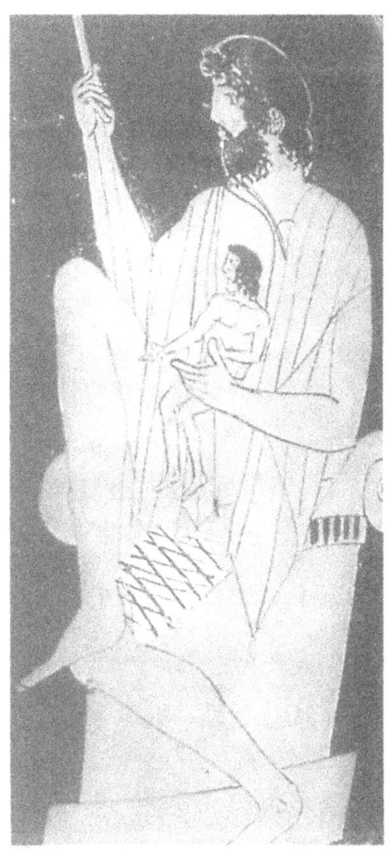

29. Télèphe blessé à la cuisse. Vase de Vulci. (*British Museum*)

Assis calmement sur l'autel, Télèphe, toute la cuisse gauche couverte d'un bandage croisé, tient dans une main une lance et dans l'autre le petit Oreste qui semble lui-même s'associer de bonne grâce à la supplique de son ravisseur. Il s'agit probablement de la version inspirée par un drame perdu d'Eschyle [16].

D'autres représentations de cet événement suivent une tradition qui correspond au drame d'Euripide, selon laquelle Télèphe aurait maltraité Oreste et menacé de le tuer [17]. Sur une hydrie de Cumes, datant du IVᵉ siècle avant J.-C. et attribuée au peintre d'Ixion, Télèphe tient Oreste impitoyablement suspendu par une jambe et, très agité, darde vers le petit corps la pointe de son glaive. Agamemnon, l'épée à la main, veut intervenir mais Clytemnestre le retient. Un simple bandage au-dessus du genou gauche indique la blessure *(fig. 30)* [18]. Violentes sont aussi les scènes analogues sur deux cratères en calice conservés à Berlin [19] et à Boston [20] ainsi que sur plusieurs urnes étrusques de Volterra [21].

30. Télèphe menace l'enfant Oreste. Amphore de Cumes.
(Musée archéologique national, Naples)

ACHILLE GUÉRISSEUR

Le roi d'Argos, averti de son côté par un autre oracle d'Apollon disant que les Grecs ne pourraient s'emparer de Troie sans les conseils de Télèphe, cède au chantage de ce dernier. Achille est pressenti et, comme l'illustre une fresque des palais impériaux à Rome, Agamemnon, Ulysse et le héros blessé cherchent à le convaincre de réparer son méfait[22]. Malgré lui, le roi des Myrmidons finit par se plier à la raison d'État et, grattant sa lance, saupoudre avec la rouille ainsi obtenue la blessure de Télèphe[23]. Sous le mythe se cachait, nous assure Pline, une pratique médicale rationnelle : les Grecs appréciaient l'usage de la rouille dans les emplâtres et en attribuaient l'invention à Achille qui, d'ailleurs, aurait mis sur la plaie de Télèphe non seulement la poudre obtenue par le grattage de sa lance mais aussi une plante vulnéraire, très efficace, qui aurait reçu pour cette raison le nom d'achillée[24].

En rappelant l'origine de ce nom, Pline dit expressément connaître le procédé d'Achille par la tradition iconographique. Ailleurs il précise que les Anciens comptaient parmi les chefs-d'œuvre du peintre athénien Parrhasios un tableau de la guérison de Télèphe par Achille, sous les yeux d'Agamemnon et d'Ulysse[25]. Cette peinture a disparu, mais on connaît plusieurs autres représentations de la même scène du traitement magique[26], dont un miroir étrusque[27], une urne étrusque en albâtre[28], une gemme conservée à Berlin[29] et un bas-relief de facture romaine provenant d'Herculanum.

Ce dernier nous suffit pour rendre compte du contenu de cette série qui s'inspire manifestement d'un archétype commun, peut-être justement le tableau de Parrhasios. Achille et Télèphe sont face à face, tous les deux entièrement nus (*fig. 31*)[30]. Le patient est assis et s'appuie sur un long bâton. Le bandage est enlevé. Il est curieux que, sur les scènes où Télèphe s'efforce d'obtenir l'intervention d'Achille, sa blessure soit localisée sur la cuisse gauche, tandis que sur celles du traitement, elle est du côté droit. La jambe gauche cache le haut de l'autre de telle manière que l'on ne voit pas, sur le bas-relief de Naples, l'horrible blessure. Le but esthétique de cette astuce est louable mais l'historien de la médecine y

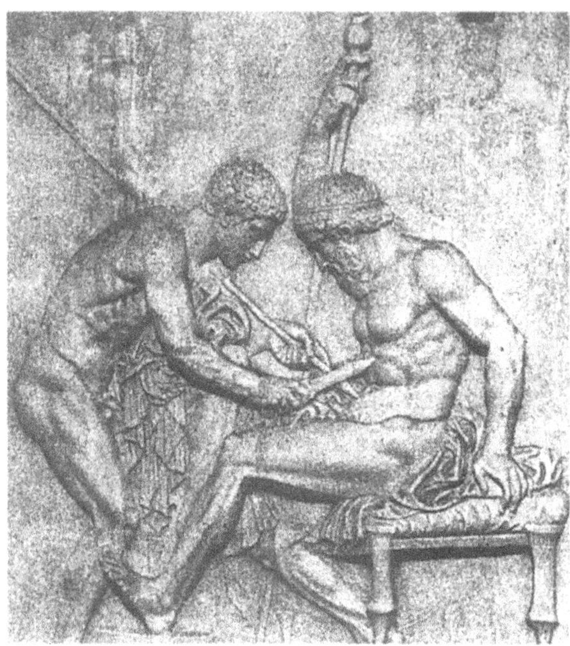

31. Achille soigne Télèphe.
Bas-relief d'Herculanum.
*(Musée archéologique
national, Naples)*

perd. Sur le miroir étrusque de Bomarzo, le haut de la jambe
blessée est bien exposé, mais il s'agit d'une gravure sur
bronze assez rudimentaire et l'artiste s'est contenté de marquer la plaie par quelques traits suggérant l'écoulement du
sang ou de l'ichor. Achille tient sa lance et en gratte le bout
avec un poignard ou plutôt avec une sorte de grosse râpe. Les
parcelles métalliques ainsi détachées tombent directement
sur la blessure.

Dans sa jeunesse, le bouillant Achille avait appris du sage
centaure Chiron le traitement des plaies et les secrets des
plantes médicinales. Il n'exerce donc pas ce don des divinités
dans le seul cas de Télèphe, où il agit à la fois comme bourreau et comme sauveur d'un adversaire, mais intervient aussi
comme guérisseur de ses compagnons d'armes. Ainsi une
célèbre coupe attique, trouvée à Vulci et signée du potier
Sosias (env. 500 av. J.-C.), montre Achille soignant son ami
Patrocle *(fig. 32)* [31]. Si les historiens de l'art admirent l'harmonie de la composition et la finesse du dessin, les historiens
de la médecine doivent apprécier le contenu : bien qu'il
s'agisse de personnages mythiques, la scène a l'air d'être prise
sur le vif et de fixer le souvenir d'un acte réel. Ni Homère ni

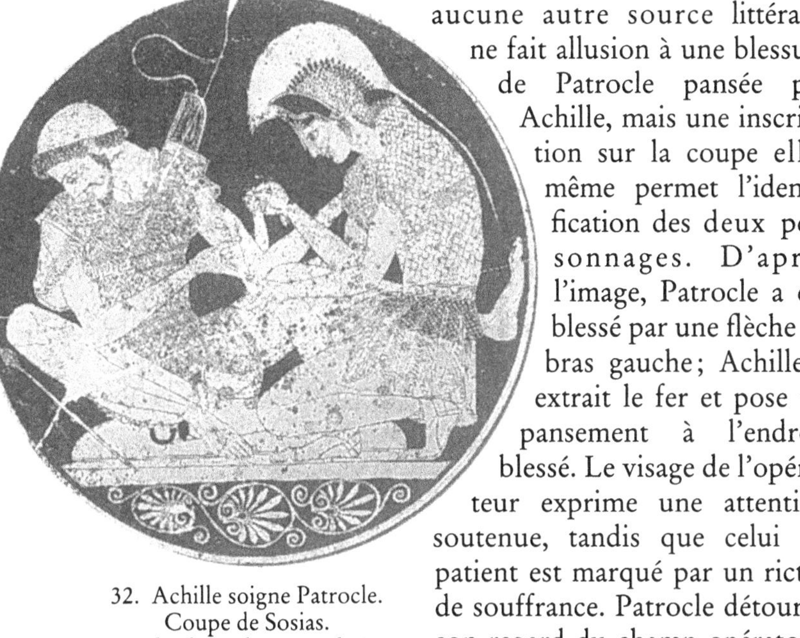

32. Achille soigne Patrocle.
Coupe de Sosias.
(Charlottenburg, Berlin)

aucune autre source littéraire ne fait allusion à une blessure de Patrocle pansée par Achille, mais une inscription sur la coupe elle-même permet l'identification des deux personnages. D'après l'image, Patrocle a été blessé par une flèche au bras gauche ; Achille a extrait le fer et pose un pansement à l'endroit blessé. Le visage de l'opérateur exprime une attention soutenue, tandis que celui du patient est marqué par un rictus de souffrance. Patrocle détourne son regard du champ opératoire et scrute la flèche qui l'a blessé tout en aidant l'intervention d'Achille en maintenant du pouce l'extrémité du pansement. Il s'agit d'un bandage dit « en huit de chiffre », bien connu des chirurgiens anciens. Remarquons toutefois que l'artiste s'est trompé en donnant aux deux bouts du pansement le même sens rotatoire [32].

LES BLESSÉS DE LA GUERRE DE TROIE

Dans l'épopée homérique, les médecins se battent à côté des autres guerriers et, sur le champ de bataille, ceux qui ont échappé aux blessures soignent les moins chanceux. La situation peut devenir tellement paradoxale que, dans un des plus beaux bas-reliefs représentant des soins médicaux, le médecin Machaon, fils d'Asclépios, se trouve dans le rôle d'un patient que soigne le vieux roi Nestor. Sur un relief mural romain en terre cuite, on voit Machaon, dont Pâris avait « brusquement arrêté les exploits [...] en lui blessant l'épaule droite d'une flèche à trois arêtes » ; le roi l'a « emmené, blessé, hors de la bataille » [33]. Sur un médaillon de lampe à huile grecque et sur une gemme, on reconnaît Machaon blessé à

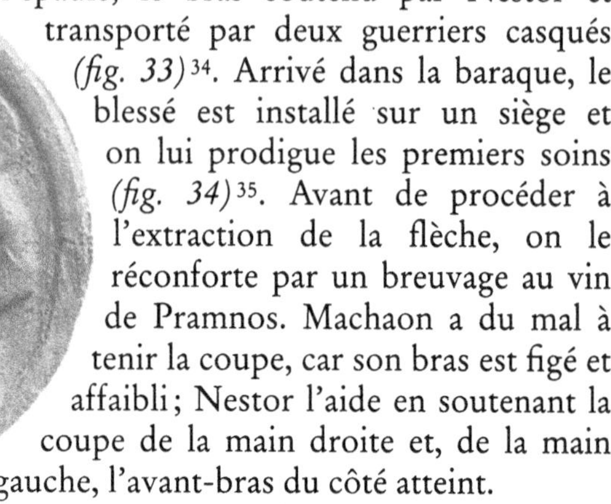

33. Transport de Machaon blessé. (*Cabinet des médailles, Paris*)

l'épaule, le bras soutenu par Nestor et transporté par deux guerriers casqués (*fig. 33*)[34]. Arrivé dans la baraque, le blessé est installé sur un siège et on lui prodigue les premiers soins (*fig. 34*)[35]. Avant de procéder à l'extraction de la flèche, on le réconforte par un breuvage au vin de Pramnos. Machaon a du mal à tenir la coupe, car son bras est figé et affaibli ; Nestor l'aide en soutenant la coupe de la main droite et, de la main gauche, l'avant-bras du côté atteint.

Le traitement de la blessure de Machaon est peut-être représenté aussi sur le bord d'un plateau en argent de facture romaine, trouvé à Straze en Slovaquie dans la tombe d'un chef barbare du IIIe siècle de notre ère (*fig. 35*)[36]. L'identification du blessé n'est pas certaine, car la scène se passe en plein air et le comportement des intervenants se distingue de celui qui caractérise l'iconographie assurée de l'accident en question. Mais même si ce n'est pas Machaon, il s'agit

34. Nestor soigne Machaon. (*British Museum*)

35. Traitement d'un blessé à l'épaule, probablement Machaon.
Relief sur un plateau en argent. *(Institut d'archéologie, Prague)*

certainement d'un héros de la guerre de Troie, puisque le sujet des onze autres compositions de ce plat correspond parfaitement à des événements du cycle homérique[37].

Malheureusement nous ne connaissons que par des dessins modernes les illustrations homériques qui ornent une amphore chalcidienne à figures noires du VIe siècle, trouvée à Vulci et acquise par un collectionneur anglais. En marge des combats héroïques livrés autour du corps d'Achille, on y découvre un détail amusant : un guerrier armé de pied en cap se fait panser l'index de la main droite *(fig. 36)*[38]. L'inscription nous apprend que c'est Diomède, roi d'Argolide, qui se fait soigner par le chef argien Sthénélos. D'après l'*Iliade*, Diomède a été blessé – non pas à la main mais à l'épaule – par une flèche qui a transpercé le plastron de sa cuirasse. Il appelle Sthénélos qui « du char saute à terre, s'approche et, de l'épaule, lui tire le trait rapide, dans le sens où il est entré ; le sang gicle à travers la souple

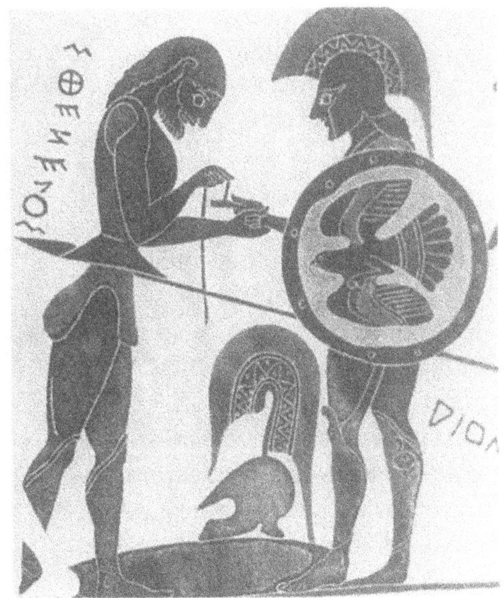

36. Sthénélos panse Diomède. Amphore chalcidienne. D'après Inghirami, 1831.

tunique[39] ». Mais cet événement se passe du vivant d'Achille et ne correspond guère à l'image du vase archaïque. Celle-ci se rapporte donc très probablement à une autre mésaventure du fougueux Diomède qui n'est pas mentionnée dans les textes conservés.

37. Guerrier blessé à la cuisse.
 Gemme. *(British Museum)*

La disparition de l'amphore de Vulci qui racontait la bagarre autour du corps d'Achille est compensée par l'abondance des gemmes inspirées par le sort des blessés de la guerre de Troie[40]. Sur l'une de ces pierres précieuses, Machaon panse Ménélas blessé au flanc[41]; ailleurs, Patrocle extrait la pointe d'une flèche de la cuisse d'Eurypyle mollement assis[42] ou fièrement debout et s'appuyant sur sa lance[43]. Sur une splendide gemme du IIe siècle avant J.-C., un guerrier casqué s'écroule blessé; un compagnon d'armes le soutient tandis qu'un autre tire une flèche de la face interne de sa cuisse *(fig. 37)*[44]. Il pourrait s'agir d'une présentation inhabituelle de l'accident d'Eurypyle, mais ce n'est qu'une hypothèse et, comme c'est souvent le cas dans ces scènes de soins médicaux ou de décès héroïque, l'identification des acteurs reste pour l'historien un pieux désir.

Aussi bien la peinture sur vases que les gemmes affectionnent les images de la mort violente des héros et du transport de leurs cadavres. Eurypyle n'y apparaît plus comme une victime mais comme le bourreau d'Hypsénor qu'il tue par-derrière en lui tranchant le bras[45]. Agamemnon a non seulement coupé le bras mais aussi tranché le cou d'Hippoloque et, sur une pâte de verre, il tient dans la main la tête détachée du corps de son adversaire en la contemplant pensivement[46]. Achille a décapité Thersite[47]; il se bat avec Hector pour récupérer le cadavre de Troïlos, et avec Memnon pour celui d'Antiloque[48].

La mort d'Achille lui-même a fasciné les artistes, ainsi que le transport de son cadavre sur le dos d'Ajax, comme on le voit par exemple sur le fameux vase à figures noires appelé vase François[49]. Un vase attique du Ve siècle avant J.-C. montre Hector mourant : il saigne abondamment de deux plaies, l'une à la poitrine et l'autre à la cuisse[50]. Le sang coule aussi de plusieurs blessures chez le jeune guerrier Sarpédon, peint au VIe siècle par Euphronios. Sur un magnifique cratère en calice, Hypnos et Thanatos, personnifications du sommeil et de la mort, emportent le corps de ce fils de Zeus, que – selon l'*Iliade* – la pique de Patrocle a frappé là où les *phrenes* enserrent le cœur[51].

Polygnote, célèbre peintre du Ve siècle avant J.-C., a orné la leschè des Cnidiens à Delphes de vastes fresques murales dont une au moins évoquait quelques victimes de la guerre de Troie : Mégès blessé au bras ; Lykomédès, blessé au poignet, à la cheville et à la tête ; Euryale, blessé également à la tête et au poignet[52]. Cette peinture est perdue, tout comme la plupart des images anciennes du sac de Troie[53].

En fait, toute cette iconographie guerrière n'a qu'une importance assez limitée pour la connaissance historique des états morbides. Les personnages de l'épopée grecque ne sont jamais malades. S'ils sont blessés, ils meurent sur-le-champ ou guérissent rapidement et complètement, sans suites fâcheuses. On a bien montré à quel point il est illusoire de vouloir se fonder sur l'analyse statistique de la répartition et du pronostic des blessures décrites dans les vers homériques pour en tirer des conclusions sur ce qui s'est réellement passé en Méditerranée lors des guerres archaïques[54]. Encore plus vaine serait toute tentative d'utiliser dans ce but la documentation iconographique.

LES DIEUX ONT SOIF

Créés à l'image de l'homme, les dieux de l'Olympe sont cruels. Ils poussent souvent aux crimes, s'amusent à provoquer des tragédies, exigent le sacrifice de vies humaines et parfois punissent directement les mortels insolents ou désobéissants.

Les œuvres d'art rappellent fréquemment les suites atroces de l'arrogance divine. Nous aurons l'occasion d'examiner les meurtres commis en état de folie et de constater qu'en de telles occasions l'artiste cherche souvent à excuser le méfait de l'homme en plaçant à ses côtés la divinité qui obnubile son esprit [55].

Une sorte de folie meurtrière collective, courante lors de la prise d'une ville ennemie, s'est emparée des guerriers grecs après la chute de Troie. Une illustration saisissante en est le sort d'Astyanax. Si Athéna est intervenue pour protéger Cassandre, fille de Priam, que voulait violer Ajax, fils d'Oïlée, les dieux semblent se réjouir de l'assassinat du vieux roi Priam et de son petit-fils Astyanax. Certes, le sort du fils d'Hector était scellé pour empêcher qu'un jour il se vengeât, mais l'atrocité de ce meurtre surprend. D'après la tradition littéraire, Astyanax a été précipité du haut des remparts. La tradition graphique est encore plus pathétique : on se sert du corps encore vivant de l'enfant pour assommer son grand-père. Sur un vase du Louvre, signé de Brygos, on voit Néoptolème, fils d'Achille, en train de projeter Astyanax contre Priam qui s'est réfugié sur un autel [56]. Sur une hydrie de Naples, le malheureux enfant, le corps brisé et baigné de sang, glisse vers le sol au-devant des genoux de son aïeul [57].

C'est ce même Néoptolème qui, sur la tombe d'Achille, immola Polyxène, une autre fille de Priam. Il s'agissait cette fois d'un sacrifice rituel et, comme on le voit sur une amphore attique du VIᵉ siècle avant J.-C., le fils d'Achille officie solennellement sous les yeux d'autres héros en ouvrant la carotide de la victime *(fig. 38)* [58].

L'iconographie rappelle de manière saisissante le massacre des douze captifs troyens égorgés lors des funérailles de

38. Sacrifice de Polyxène.
Amphore attique à figures noires. *(British Museum)*

Patrocle. Sur un stamnos fallisque provenant de Savone ainsi que sur un sarcophage polychrome de Torre San Severo et sur une fresque qui ornait l'hypogée de la famille Saties à Vulci, Achille tranche la gorge d'un Troyen, en présence d'Agamemnon et de l'ombre de Patrocle qui porte des bandages sur la poitrine et sur la tête[59]. Dans l'art étrusque, la présence de tels bandages sur les ombres des défunts est un moyen d'indiquer qu'ils ont succombé à des blessures[60]. Sur un cratère étrusque de Vulci, Ajax exécute un prisonnier troyen en lui enfonçant son glaive dans la poitrine[61]; il périra à son tour d'une mort violente comme le rappelle une fresque de la Tomba dell'Orco à Tarquinies où son ombre porte, tout comme celle de son compagnon Agamemnon, les bandages symboliques.

Les immortels ne se contentent pas d'inciter les mortels à s'entretuer mais agissent parfois directement contre ceux qui s'opposent à eux, les offensent ou les indisposent. Les reliefs en marbre du grand autel de Pergame, conservés à Berlin, montrent les blessures infligées par les divinités olympiennes aux titans. Apollon et Artémis punissent les humains en provoquant de leurs flèches invisibles des épidémies pestilentielles[62]. L'ire divine peut avoir une cible plus étroite, par exemple les descendants d'une famille ou un personnage particulier. La punition des Niobides illustre la première situation, la mort de Tityos la seconde.

39. Mort des Niobides. Sarcophage romain. *(Glyptothèque, Munich)*

Niobé était si fière de ses six fils et de ses six filles qu'elle se déclara supérieure à Léto qui n'avait donné naissance qu'à deux enfants, Apollon et Artémis. Les jumeaux divins prirent leurs arcs et châtièrent la vantardise de Niobé en tuant un à un ses descendants. Le sort de ces malheureuses victimes a inspiré de très nombreuses œuvres d'art, notamment des peintures sur vases (par exemple un cratère en cloche de la fin du Ve siècle avant J.-C., trouvé à Orvieto et exposé au Louvre [63]), une série splendide de statues en marbre conservées à la Galerie des Offices à Florence et, au Musée archéologique national à Rome, des bas-reliefs et des terres cuites [64]. Sur un sarcophage romain, un adolescent s'écroule mortellement blessé par la flèche d'Apollon, un autre cherche à s'enfuir en levant les bras, un petit garçon se réfugie dans les bras d'un pédagogue *(fig. 39)*. La jeune femme qui, sur le fragment d'une terre cuite archaïque provenant de Mélos, s'affaisse sur un genou et agonise, tous les muscles relâchés, représente sans doute une Niobide *(fig. 40)* [65].

40. Niobide blessée. Plaque en terre cuite de Mélos. *(Musées de l'État, Berlin)*

41. Mort de Tityos. Amphore d'Eucharidès. *(British Museum)*

L'impact des flèches divines est très bien rendu sur un vase du peintre Eucharidès relatant la mort de Tityos : blessé par un trait dans la cuisse et par un autre en pleine poitrine, ce géant, puni pour avoir tenté d'enlever la mère d'Apollon, a le genou à terre, attitude qui dans l'art ancien caractérise la défaite *(fig. 41)* [66].

Le père des dieux olympiens, Zeus, se servait d'une arme digne de sa position suprême : il foudroyait. Plusieurs monuments étrusques – un relief archaïque du temple A de Pyrgi[67], une urne de Volterra[68] et quelques gemmes[69] – montrent comment, lors de l'expédition des sept contre Thèbes, le maître du tonnerre frappa à mort l'un des chefs argiens, Capanée, au moment même où celui-ci commença à gravir l'échelle posée contre le mur de la ville assiégée.

BLESSURES À MAINS NUES

Deux activités sportives très appréciées des Anciens, le pugilat et le pancrace, comportaient un risque très élevé non seulement de lésions aiguës mais aussi de séquelles physiques durables. Les boxeurs ne portaient pas seulement des gants mous mais utilisaient aussi du matériel qui, tout en protégeant leurs mains, rendait les coups encore plus redoutables. La cible principale était la tête. Il n'est donc pas étonnant que les combats aient provoqué des meurtrissures, des effusions de sang, des fractures du nez, des altérations des oreilles et d'autres accidents pouvant aller jusqu'au décès par hémorragie intracrânienne[70].

La lutte à mains nues provoque souvent des saignements de nez. Sur une amphore attique du VIe siècle avant J.-C., le sang coule du nez de l'un des jeunes hommes qui échangent des coups[71]. Sur une poterie grecque plus récente, on voit une telle épistaxis chez un garçon qui lutte avec un camarade *(fig. 42)*[72]. Il porte aussi sur son corps la trace d'une main droite ensanglantée. Les fresques des tombes lucaniennes de Paestum illustrent parfaitement l'écoulement du sang des blessures fraîches sur le visage et la poitrine des combattants[73]. Il en est de même chez les gladiateurs d'une mosaïque romaine de Capsa (aujourd'hui Gafsa) en Tunisie[74].

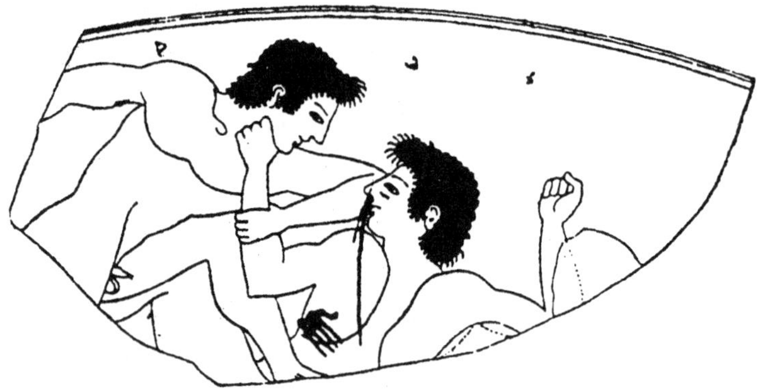

42. Saignement de nez *(Musée de l'État, Berlin)*.
D'après Van Hoorn, 1909.

43. Pugiliste aux oreilles abîmées. Terre cuite. (*Musée archéologique national, Athènes*)

Divers auteurs grecs et latins mentionnent les oreilles abîmées, en feuille de chou (ou, suivant une expression rappelée par Tertullien, en forme de champignon : *aurium fungi*[75]) comme un signe distinctif des boxeurs[76]. Sur une statuette athénienne en argile, représentant un personnage dont la spécialité est clairement signalée par le bandage des mains, l'artiste a bien mis en évidence un othématome droit *(fig. 43)*[77]. Une terre cuite hellénistique de Béotie montre de manière caricaturale les stigmates professionnels d'un boxeur : le corps trapu, au ventre proéminent, est surmonté d'une tête aux joues gonflées, au nez aplati et aux oreilles déformées[78]. Le plus bel exemple des ravages dus au pugilat est sans doute une statue grecque en bronze datant du Ier siècle avant J.-C. et conservée à Rome : un athlète relativement âgé se repose, assis, les mains encore équipées pour le combat qu'il vient de livrer ; tout son visage est abîmé, le nez écrasé et élargi, l'oreille gauche en feuille de chou, tandis que de la droite coule encore du sang[79].

Dans un combat non sportif, il arrive qu'on réussisse à tuer l'adversaire par étranglement. C'est ainsi que, sur une hydrie attique du Ve siècle avant J.-C., Héraclès, revêtu de la peau du lion de Némée, serre la gorge d'un garde du roi égyptien Busiris. La victime est déjà blessée – le sang coule de sa tête chauve, de son ventre et de sa jambe – et se défend désespérément en

44. Héraclès étrangle
un garde de Busiris.
Vase attique.
(*Musée des antiquités,
Munich*)

brandissant un tabouret (*fig. 44*)[80]. Sur une autre hydrie, Héraclès étrangle de sa main droite un valet et en fait tournoyer un autre de sa main gauche en l'attrapant par la jambe[81].

INTERVENTIONS SUR LES MEMBRES BLESSÉS

Très problématique est la signification des scènes peintes sur des vases grecs où l'on voit des jeunes gens posant des bandelettes sur leurs bras. S'agit-il de guerriers qui pansent leurs blessures, d'athlètes qui se préparent au combat en mettant des bandages de protection ou de héros mythologiques, peut-être des Argonautes, qui s'attachent des amulettes ? Sur le cratère étrusque du IVe siècle avant J.-C., conservé à Florence, ils sont six, tous jeunes et beaux, donnant l'impression de guerriers qui se reposent et se restaurent après le combat[82]. Si cette interprétation est la bonne, l'un de ces personnages se fait soigner au poignet par un camarade. Il tient dans sa main gauche une lance et tend la main droite à son compagnon qui pose délicatement une fine bandelette sur la zone qui paraît douloureuse. Toutefois, trois rubans semblables sont déjà attachés à la main gauche qui semble indemne. Un deuxième vase, conservé à Athènes, comporte également un groupe de personnages qui se lient des bandages sur diverses parties du corps, donnant ainsi l'impression d'être des athlètes éclopés qui se soignent après le combat[83]. De minces bandes entourent leurs membres. Deux de ces hommes, dont l'un est atteint d'une étrange gynécomastie, portent une sorte de mentonnière qui leur enserre la tête ; un troisième soutient son bras comme s'il était blessé. La même difficulté d'interprétation se pose à propos d'un jeune homme qui, sur un vase conservé à Munich, met un bandage croisé à son poignet[84].

Une fresque de Pompéi illustre les vers de Virgile qui racontent comment le médecin Iapyx extrait une flèche de la jambe d'Énée *(fig. 45)*[85]. Le blessé est debout. Il s'appuie d'une main sur sa lance et tient tendrement de l'autre son fils qui pleure. Vénus vient voir ce qui se passe et apporte le dictame qui sera appliqué sur la plaie. Le médecin, un genou à terre, regarde attentivement la blessure et attrape avec une pince un morceau de flèche. Il ne cherche pas à pousser la flèche dans le sens où elle est entrée, comme le voulait la règle habituelle, mais répond au désir du prince qui au moment de la blessure « avait tenté

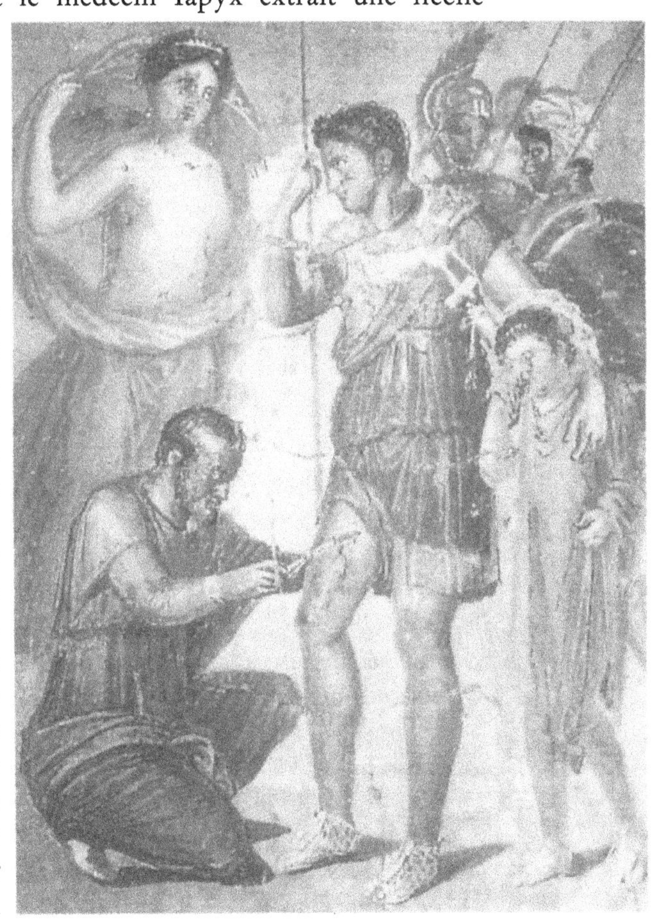

45. Le médecin Iapyx extrait une flèche de la cuisse d'Énée. Fresque de Pompéi. *(Musée archéologique national, Naples)*

46. Soins d'urgence à des soldats
romains. Colonne Trajane. *(Rome)*

d'arracher le trait dont le bois s'était brisé et avait réclamé
qu'on l'assistât par les voies les plus directes, qu'on ouvrît
largement la plaie et qu'on taillât en profondeur les chairs où
la pointe se cachait [86]». Un lécythe grec conservé à Paris
montre un guerrier auquel une flèche a transpercé la cuisse
droite exactement à la même hauteur [87].

La colonne de Trajan, élevée en 113 après J.-C. pour com-
mémorer les hauts faits de l'armée romaine lors de la campagne contre les Daces, comporte une scène médicale
(fig. 46) [88]. Sur le champ de bataille, deux légionnaires reçoivent des soins de première urgence. L'un d'eux s'est laissé
choir sur un rocher, manifestement souffrant mais sans blessure visible; l'autre, douloureusement assis et crispé, tend sa
jambe droite et un compagnon passe autour de la cuisse blessée une bande qu'il tient enroulée dans sa main droite.

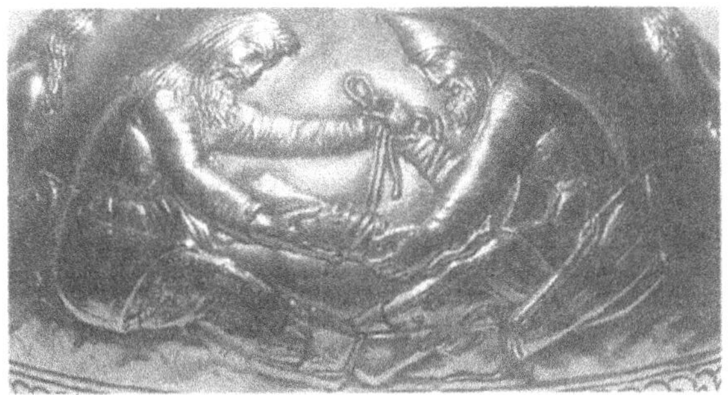

47. Un guerrier scythe soigne la jambe blessée d'un camarade.
Vase de Kul Oba. *(L'Ermitage, Saint-Pétersbourg)*

Le même sujet a été traité aussi dans l'art dit barbare comme en témoigne un splendide gobelet en or, trouvé à Kul Oba dans un tumulus scythe du IVe siècle où reposaient trois corps entourés d'objets précieux. On a cru pouvoir y lire des légendes scythes ou, ce qui nous semble plus probable, des scènes réalistes. L'une montre un guerrier dans le costume de son peuple posant un bandage autour de la cheville de son compagnon *(fig. 47)*[89]. L'image est d'une précision telle qu'on distingue non seulement l'expression des visages et les broderies des vêtements mais aussi un détail instructif concernant le membre blessé : la jambe est dénudée et le patient la soutient de sa main de telle façon que son pouce creuse une dépression dans le mollet. Cette empreinte en godet est un signe caractéristique de l'œdème qui accompagne souvent les fractures ou autres lésions des membres[90].

Rappelons dans ce contexte quelques blessures iatrogènes, c'est-à-dire des interventions sanglantes sur la surface indemne du corps pour des raisons d'ordre médical. Il s'agit essentiellement de la saignée. Pratiquée par des scarifications et des ventouses, l'évacuation médicale d'une certaine quantité de sang ne laissait que des traces minimes, mais la phlébotomie comportait souvent des lésions non négligeables. Ces lésions nécessitaient des bandages, comme le prouve l'aryballe de la collection Peytel[91]. Sur ce vase, il s'agit d'incisions au bras. Un bas-relief en terre cuite de la nécropole d'Ostie qui illustre l'activité du médecin M. Ulpius Amerinus montre une intervention chirurgicale mineure, peut-être une saignée à la jambe[92]. Il est possible qu'une stèle votive d'Athènes évoque une intervention plus lourde, la trépanation crânienne [93], que les Anciens pratiquaient à bon escient après un traumatisme crânien mais aussi, avec des indications vagues et même pour des raisons d'ordre magique, sur les os intacts.

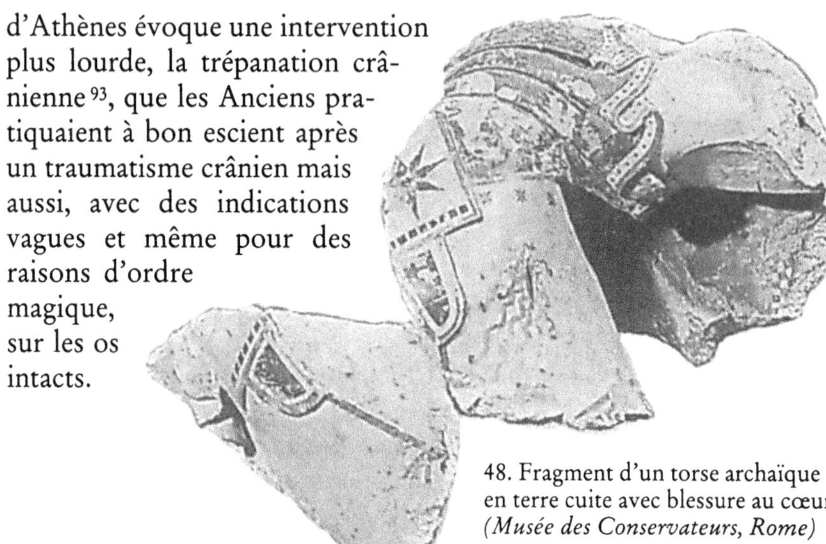

48. Fragment d'un torse archaïque en terre cuite avec blessure au cœur. *(Musée des Conservateurs, Rome)*

MEURTRES ET MORTS AU COMBAT

L'inspiration dramatique d'une grande partie de l'iconographie ancienne veut que de nombreuses blessures soient mortelles à brève échéance [94]. Particulièrement redoutable est, bien sûr, l'atteinte du cœur par une arme d'estoc. Le fragment d'un torse archaïque de guerrier en terre cuite peinte, trouvé à Rome dans la zone de l'Esquilin, nous offre un exemple impressionnant d'une telle blessure. Pour toucher le cœur, le fer a dû transpercer la cuirasse protectrice *(fig. 48)* [95].

Il était plus aisé de tuer ainsi, en pénétrant la poitrine d'un coup direct, pratiquement horizontal, une personne sans armure, ne s'attendant pas à être attaquée. Telles furent les circonstances, si l'on en croit le témoignage d'un cratère attique du Vᵉ siècle avant J.-C. conservé à Boston, lors du meurtre d'Agamemnon: surpris en tenue légère, le roi est touché en pleine poitrine et s'écroule sans bien comprendre ce qui lui arrive *(fig. 49)* [96]. Le sang coule de l'hypocondre droit. En expert, Égisthe a visé le foie, organe dont la blessure était, selon les Anciens, aussi fatale que celle du cœur. Sur l'autre face du même cratère, on voit la vengeance d'Oreste qui

49. Meurtre d'Agamemnon.
Cratère attique.
*(Musée des Beaux-Arts,
Boston)*

enfonce son épée dans la poitrine d'Égisthe. D'après un autre vase, Oreste aurait tué le meurtrier de son père par deux estocades : l'une au cœur et l'autre au foie [97].

Le tyran Hipparque meurt, lui aussi, atteint au foie [98]. La signification critique de cette région ressort particulièrement

50. Polynice blessé mortellement au foie.
Urne étrusque. *(Musée archéologique, Sienne)*

bien sur le relief d'une urne qui illustre le duel entre Polynice et Étéocle, les deux fils maudits d'Œdipe : Polynice s'effondre et agonise, un fer de lance planté dans l'hypocondre droit *(fig. 50)* [99]. Ce duel est interprété tout autrement sur le fronton du temple de Talamone, conservé au Musée de Florence : les deux frères ennemis sont effondrés, gravement blessés, de part et d'autre de leur père qui, bien qu'aveugle, comprend ce qui se passe et lève désespérément les bras au ciel. Sur la fresque de la célèbre tombe étrusque dite tombe François, les deux adversaires s'enfoncent mutuellement le poignard dans la poitrine *(fig. 51)* [100]. Ils le font verticalement, l'un par le haut et l'autre par le bas. Malgré une forte effusion de sang, c'est Étéocle, touché de bas en haut, qui sortira vainqueur.

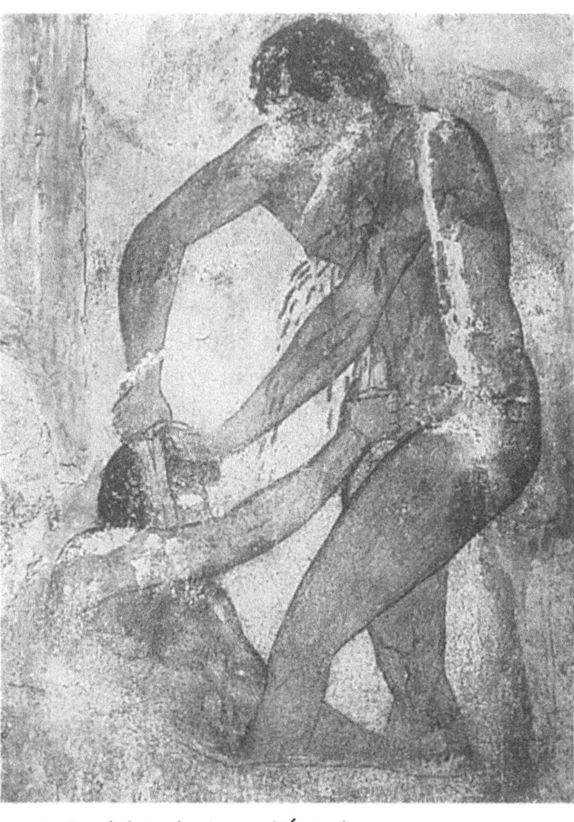

51. Duel de Polynice et d'Étéocle. Fresque étrusque. *(Villa Albani, Rome)*

De nombreux exemples prouvent que, dans l'art ancien, on considère comme particulièrement efficace la pénétration verticale ou oblique de l'arme dans le thorax par la région située entre le cou et la clavicule. C'est ainsi que, selon le peintre Exékias, Achille aurait tué Penthésilée, reine des Amazones [101].

L'amorce du même geste est le pivot dramatique de la fameuse statue romaine du jeune Galate qui, pour éviter la servitude, a tué sa femme et se suicide fièrement *(fig. 52)* [102]. Une autre statue romaine de Galate mourant, appartenant au même groupe que la précédente [103], suscite notre intérêt à cause de la minutie et du réalisme avec lesquels l'artiste a rendu l'agonie [104]. Le sang coule d'une plaie relativement discrète mais située à un endroit critique, entre les côtes, à la hauteur du diaphragme. Le guerrier est assis sur son bouclier et, s'appuyant sur un bras, résiste encore à l'affaissement de son corps ; les muscles se relâchent et la tête lui pèse ; le visage exprime une souffrance résignée et signale au spectateur l'approche inévitable de la mort (fig. 53). D'après nos connaissances modernes, ce blessé devait avoir un

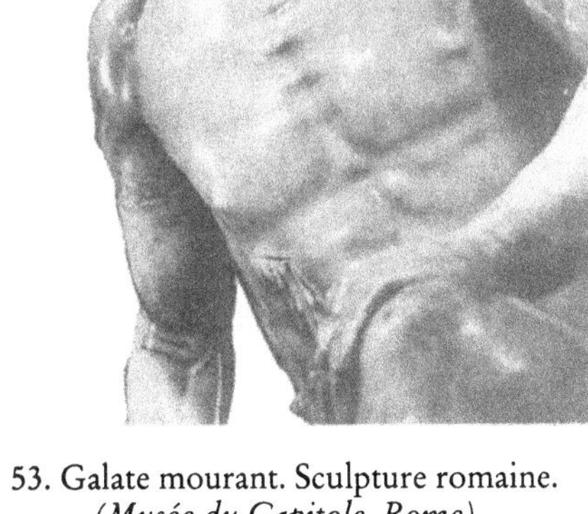

53. Galate mourant. Sculpture romaine.
(Musée du Capitole, Rome)

52. Un Galate se suicide après avoir tué sa femme. Sculpture romaine. (Musée national romain, Rome)

pneumothorax ouvert et souffrir de ce fait d'une insuffisance respiratoire aiguë. C'est d'ailleurs pour pouvoir se servir le mieux possible du poumon gauche non lésé qu'il se tient à demi soulevé sur le bras droit bloqué en extension [105].

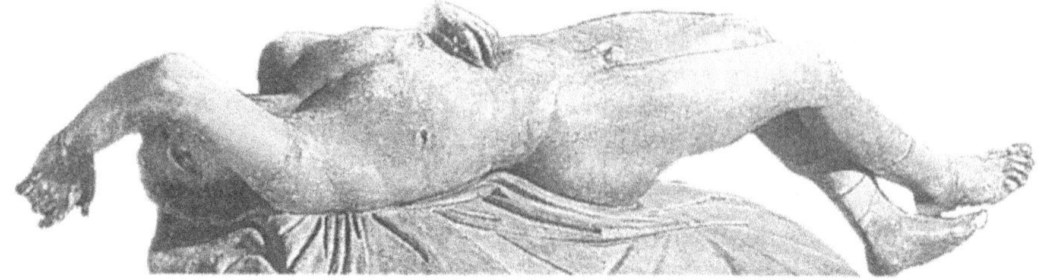

54. Fils de Niobé blessé mortellement au thorax.
(Galerie des Offices, Florence)

Le Niobide de la série de Florence, dont le corps est marqué par deux ouvertures dues à une flèche d'Apollon qui a traversé sa poitrine de part en part, souffre manifestement d'un double pneumothorax ouvert *(fig. 54)* [106]. Couché sur le dos, ce jeune homme gonfle au maximum sa poitrine et s'aide en cela par l'extension d'un bras vers le haut. Appréciée par le chirurgien moderne pour sa valeur diagnostique, cette attitude caractéristique n'avait pas retenu l'attention des médecins antiques [107].

Beaucoup moins sûr nous semble, en revanche, le diagnostic avancé à propos de la sculpture d'un mourant qui fait partie d'un groupe monumental d'Éphèse [108]. Il s'agit d'un homme agonisant, couché sur le dos, la tête fortement tendue en arrière. Alfred Suppan interprète cette position de la tête comme une manifestation d'opisthotonos et, en ajoutant à cela quelques symptômes plus vagues (courbure du dos, gonflement de la poitrine, tension des muscles abdominaux, position des membres) croit reconnaître un cas typique de tétanos [109]. Certes, cette maladie, bien décrite déjà dans la Collection hippocratique, était autrefois fréquente en Grèce et la plupart de ses symptômes étaient parfaitement connus des auteurs antiques. Or, on a trouvé sur le même site une figure de Polyphème et l'on pense donc que le blessé en question pourrait bien être un compagnon d'Ulysse tué par le cyclope aveuglé. Les symptômes du tétanos n'apparaissant pas immédiatement après la blessure, ce diagnostic s'accorde mal avec le récit de l'*Odyssée*. On peut toutefois rétorquer que le lien entre le mourant et Polyphème n'est pas certain. Et même si ce lien était établi, l'artiste aurait pu utiliser sa connaissance des décès par tétanos pour rendre plus dramatique l'image de n'importe quelle mort post-traumatique. À notre avis, la position du thorax de cette sculpture – du reste assez mal conservée et d'exécution grossière – correspond à la difficulté respiratoire dont nous avons parlé plus haut et, qui plus est, ce qui donne l'impression d'une tension musculaire d'opisthotonos n'est en fait que le relâchement des muscles du cou : le corps étant placé au bord d'un bloc de pierre, la tête tombe dans le vide.

SPECTACLES SANGLANTS

Spectaculaires par définition, les blessures et la mort au cours des jeux de l'arène retiennent l'attention des artistes qui flattent le goût du public [110]. C'est surtout sur les mosaïques polychromes et les fresques d'Italie et d'Afrique romaine qu'abondent les scènes sanguinaires, engagements entre gladiateurs armés et combats entre hommes et animaux sauvages. Pour la première catégorie, signalons les peintures d'une tombe lucanienne de Paestum (IVe siècle av. J.-C.) : le sang coule à flot des nombreuses blessures des gladiateurs qui continuent à se donner mutuellement des coups d'épée[111]. Sur les mosaïques romaines, les gladiateurs de toutes sortes s'entretuent et, comme on le voit sur un pavement de la villa romaine de Zliten en Lybie, les vaincus épuisés sont impitoyablement égorgés [112]. Sur les images de la seconde catégorie, des félidés carnassiers déchirent des humains. Souvent ce ne sont pas de véritables combats mais des exécutions dramatiques. Sur une mosaïque de Thysdrus des prisonniers sont livrés les mains liées à la voracité des fauves : impressionnant est l'assaut du léopard qui lacère de ses griffes le corps de la victime et mord son visage à pleines dents *(fig. 55)*[113]. Une terre cuite provenant aussi d'Afrique du Nord expose un supplice non moins horrible : une femme, liée sur le dos d'un taureau, est attaquée par un léopard qui lui mord le sein [114].

55. Un léopard mord au visage un supplicié. Mosaïque romaine. *(El Jem, Tunisie)*

56. Adonis, blessé à la cuisse, reçoit les soins d'un médecin. Sarcophage. (*Musées du Vatican*)

BÊTES FÉROCES DE LA TERRE, DE L'AIR ET DE L'EAU

La chasse aux animaux en liberté est, elle aussi, dangereuse. Les mosaïques de Piazza Armerina en Sicile illustrent les blessures que risquent les chasseurs de lions [115]. En Grèce, des accidents graves arrivaient parfois lors de la chasse au sanglier. Dans les beaux-arts, ce sujet a été traité en relation avec la chasse au sanglier de Calydon. L'illustration la plus connue de cet événement mythologique aux suites particulièrement tragiques se trouve sur le vase François : on voit les entrailles qui s'échappent du ventre d'Ancée, étendu par terre, sous une puissante bête en plein élan [116].

Cet animal colossal fut envoyé par la déesse Artémis, tout comme le sanglier qui, lors d'un autre accident de chasse, blessa mortellement Adonis. Pour les anciens peintres et sculpteurs, l'agonie d'Adonis fut un sujet de prédilection à cause de la beauté proverbiale de cet adolescent et de l'intervention amoureuse d'Aphrodite [117]. Si la déesse trouve de la douceur jusque dans la caresse de son amant mourant, « Adonis ne sait pas qu'au moment de sa mort, elle lui donne un baiser [118] ». La représentation la plus connue de cette blessure mortelle est une fresque de Pompéi [119] ; elle est sans grand intérêt médical, alors que sur le bas-relief d'un sarcophage le jeune homme est secouru par un vieillard qui, avec l'aide d'un petit Amour ailé, éponge sa cuisse *(fig. 56)* [120]. Ce détail va dans le sens d'une interprétation insolite, mentionnée dans la *Bibliothèque* de Photius, selon laquelle la phrase équivoque « Seul le Cocyte a lavé les plaies d'Adonis » ne ferait pas allusion au fleuve des Enfers mais désignerait un certain Cocytos, « à qui Chiron avait enseigné la médecine et qui avait soigné Adonis blessé par le sanglier » [121]. Cette plaie, avec des traces de sang coagulé, on la voit bien sur la cuisse du jeune chasseur qui, sur un sarcophage de Toscanella, passe doucement de l'évanouissement à la mort [122].

Il n'y a plus aucun rapport avec la réalité observée dans l'histoire de Prométhée. Zeus a puni ce titan pour avoir apporté le feu aux humains : il l'a fait enchaîner sur un rocher du Caucase et a envoyé un aigle dévorer son foie qui saigne et se reproduit sans cesse. Ce martyre inspira aussi bien des peintres que des sculpteurs. Une coupe attique du VIe siècle avant J.-C. illustre la souffrance de Prométhée, dégusté par un gros oiseau, et celle de Sisyphe, qui porte inutilement une énorme pierre (fig. 57) [123]. Selon Pausanias, on voyait la délivrance de Prométhée par Héraclès sur le décor de la balustrade qui entourait le trône de la statue de Zeus à Olympie [124]. Le bas-relief d'un temple d'Aphrodisias en Turquie expose aussi cet épisode, tandis qu'un miroir étrusque montre le traitement du titan par le médecin divin Asclépios. Dans les deux cas, le ventre ravagé par le bec de l'aigle s'est spontanément refermé et ne porte plus aucune trace du supplice subi [125]. Bien entendu, toute cette histoire relève de la légende, mais il n'en reste pas moins vrai que les Anciens avaient fait la pénible expérience de certains oiseaux rapaces qui, notamment sur le champ de bataille, dévorent les cadavres et même assaillent les blessés. Sur deux fragments d'un vase à reliefs d'Érétrie, des oiseaux s'attaquent aux yeux et aux organes sexuels de guerriers gisant sur le sol [126], et sur un vase de Vulci, un palmipède, perché sur le front d'un mourant, picore son nez ensanglanté [127].

57. Supplice de Prométhée. Coupe archaïque. (*Musées du Vatican*)

Les silhouettes peintes dans le style géométrique sur un vase du VIIe siècle avant J.-C., provenant de la nécropole de San Montano sur l'île d'Ischia (ancienne colonie grecque de Pithécusses), prouvent que le danger peut venir aussi des animaux marins (*fig. 58*) [128]. Ce cratère de fabrication locale fait état d'un naufrage : un bateau est renversé et les corps de plusieurs marins flottent entre deux eaux ; l'un est en train d'être avalé par un gros poisson. Cette gloutonnerie des poissons a trouvé un écho dans l'épigramme funéraire composée en souvenir du pêcheur Gryneus, englouti par la mer lors d'un orage, noyé et rejeté, mutilé, sur la plage : « Il avait eu les deux mains dévorées ; qui dira que les poissons n'ont pas d'esprit, puisqu'ils n'ont mangé que les membres qui causaient leur perte [129] ? »

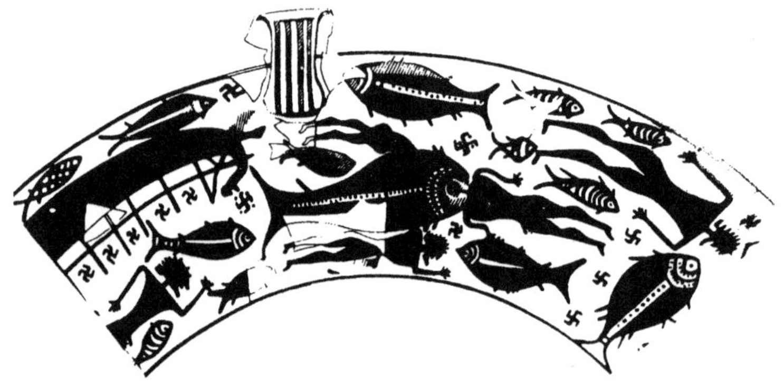

58. Naufragés dévorés par des poissons. Vase archaïque.
(*Musée de Lacco Ameno, Ischia*)

CHAPITRE IV

Empoisonnements

Les blessures que nous venons d'examiner sont essentiellement des blessures de guerre et des blessures de chasse. Or, parmi les accidents de chasse que connaissent les mythes grecs, la mort d'Actéon a une importance particulière pour l'histoire de la médecine, car elle symbolise la rage, maladie attribuée à l'empoisonnement par la bave des chiens enragés. La pensée mythique conçoit aussi comme traumatismes quelques maladies sans cause visible, notamment des fièvres qui frappent brutalement plusieurs individus en même temps. On les attribue aux flèches divines. Les médecins antiques s'efforcent de désacraliser ces maladies en leur supposant comme cause réelle une sorte d'empoisonnement de l'air. Ils remplacent les flèches divines par les miasmes, exhalaisons morbifères. Les artistes, aussi bien les poètes que les peintres et les sculpteurs, restent attachés au mythe qui permet de visualiser une pathogenèse cachée, mais ils cherchent aussi, en invoquant ou en peignant des animaux venimeux, une explication qui concilie le merveilleux et le rationnel. Enfin, ils subissent la fascination de la vaste gamme des effets produits par les poisons d'origine végétale : à la frontière entre le physique et le psychique, entre l'humain et le divin, un peu d'extrait de ciguë suffit pour tuer atrocement et un liquide tiré de la vigne a le pouvoir d'exciter ou d'avilir tout un chacun.

UNE CHASSE MAUDITE

Actéon, petit-fils d'Apollon, élevé par le centaure Chiron, savant dans l'art de la chasse et dans l'art d'utiliser les plantes salutaires, devint à son tour un chasseur passionné et valeureux. Un jour pourtant il mourut sur le Cithéron, dévoré par ses propres chiens. Ayant offensé Zeus, ou plutôt Artémis chasseresse qu'il avait aperçue nue lors d'une de ses errances cynégétiques, il s'était attiré la colère divine[1].

Dans l'art archaïque, c'est une meute de sept ou huit chiens qui attaque[2], puis la scène se concentre et le nombre des chiens est réduit à trois ou quatre. Pourquoi les chiens se retournent-ils ainsi contre leur maître ? C'est que la déesse les a trompés : souvent l'artiste ne montre pas comment[3] ; parfois l'astuce consiste à jeter sur le chasseur une peau de cerf[4], ou parfois même à le transformer en cerf. Dans ce cas, pour que l'histoire reste compréhensible, le héros est peint en homme pourvu de bois de cerf très développés[5] ou de petits bois naissant à peine[6].

C'est ainsi paré que le héros apparaît sur la représentation la plus intéressante pour l'historien de la médecine, celle du fameux cratère de Vico Equense (*fig. 59*)[7]. Zeus assiste, en

59. Actéon se transformant en cerf est attaqué par ses chiens.
Cratère attique de Vico Equense. (*Musée des beaux-arts, Boston*)

maître impassible du jeu, à la scène sauvage ; à l'autre extrémité du tableau, Artémis excite les chiens de sa torche dressée, trois d'entre eux se jettent sur le jeune chasseur, « porteur de cornes » (selon la formule eschyléenne), avec de petites oreilles animales sortant de ses cheveux bouclés, le visage couvert d'un léger duvet ; déjà il s'effondre, le genou droit plié, et tente vainement de se défendre de sa lance. Le démon Lyssa, en courte tunique et en bottes de chasse, s'approche à pas empressés pour rendre les bêtes véritablement « enragées ». Pour qu'il n'y ait aucun doute sur le sens de son intervention, elle-même porte sur la tête une petite tête de chien. On peut considérer cette scène comme l'intuition dramatique de l'empoisonnement par le virus de la rage. Tous les ingrédients y sont : le chien qui, de fidèle ami de l'homme, devient son bourreau implacable ; le malade torturé par l'attaque et bientôt par les spasmes qui s'ensuivront ; la maladie elle-même, nommée Lyssa (une inscription sur le vase même le précise) qui correspond à des états de souffrance intense et de folle agitation pouvant conduire à la mort, dont en premier lieu la rage canine [8].

LES FLÈCHES DIVINES

Si Artémis est vindicative, son frère jumeau, Apollon, ne l'est pas moins : il punit l'affront des hommes par un fléau encore plus terrible. C'est bien lui, le Sminthée, maître des souris et des rats – dit le premier chant de l'*Iliade* – qui, courroucé, sème par ses flèches invisibles le mal pestilentiel décimant l'armée achéenne devant les murailles de Troie [9]. Fait surprenant, la plus grave de toutes les maladies, le *loimos* (la « peste » au sens d'épidémie massive et meurtrière), n'a inspiré que relativement peu les artistes antiques. Elle n'a laissé pratiquement aucune trace dans l'ancien art grec [10]. Nous connaissons trois œuvres romaines illustrant le récit homérique : deux fresques de Pompéi et un bas-relief en marbre [11]. Malheureusement, les deux tableaux sont mal conservés et la plaque en marbre, la fameuse *tabula iliaca*, est fortement érodée. Sur cette dernière, on devine aujourd'hui à peine les figures d'Apollon qui bande son arc et des guerriers qui

60. Apollon par ses flèches provoque la peste dans l'armée grecque
qui assiège Troie. Bas-relief romain *(Musée du Capitole, Rome).*
Dessin d'Inghirami, 1831.

s'écroulent [12]. Un dessin du XIXᵉ siècle reproduit l'essentiel de
cette scène *(fig. 60)* [13].

Tout en admettant la possibilité d'interpréter de cette
manière symbolique les flèches par lesquelles Apollon et
Artémis se vengent sur les enfants de Niobé, nous avons
constaté que les artistes peignent ce sujet de manière
réaliste comme des cas typiques de traumatisme par armes
de trait [14].

Les flèches des dieux étaient-elles empoisonnées ? Le nom
grec de l'arc avec ses flèches est à l'origine du terme
« toxique ». Courant chez les peuples barbares, l'usage des
flèches empoisonnées contre l'homme était chez les Grecs
frappé d'interdit [15]. La légende d'Héraclès illustre l'engre-
nage fatal qu'entraîne la transgression de ce tabou : le héros,
avec sa famille et son ami Philoctète, sera puni par le poison
parce qu'il avait empoisonné ses flèches en les trempant dans
le sang de l'hydre.

LE MONSTRE DE LERNE

Le combat contre un serpent d'eau à l'haleine pestilentielle, l'hydre de Lerne, fait partie des douze travaux d'Héraclès [16]. Ce sujet apparaît très tôt dans la peinture sur vase.
Dans la céramique corinthienne, qui autant qu'on sache
aujourd'hui l'a traité treize fois, le plus ancien, le lébès de
Vari (Musée national d'Athènes), date d'environ 630-620, et
le plus récent, un cotyle du Louvre (CA 3004), de 580-570
avant J.-C. [17]. Il fait une entrée plus récente dans la céramique
laconienne et dans la céramique attique, mais il y est également fréquent, alors qu'il n'y en a pas d'exemple dans les
autres régions continentales ni dans les îles [18].

Ainsi donc, dans la première imagerie grecque, ce mythe a
été l'un des plus populaires. « Dans la céramique corinthienne elle-même, les autres travaux d'Hercule ne sont que
peu ou point représentés [...] La disproportion est si grande
que le hasard des trouvailles ne peut être seul en cause [19]. »
Certes, « c'est l'époque où les héros tueurs de monstres jouis-
sent d'une grande faveur [20] » et c'est ainsi que, sur une métope
du temple d'Apollon à Delphes, le sanctuaire des sanctuaires,
on voit Héraclès tuant l'hydre de Lerne. Les mythographes
voyaient dans ce combat singulier le symbole de l'assèche-
ment difficile des marais de Lerne. Nous proposons d'y voir,
en même temps qu'un choix artistique, le reflet d'une réalité
médicale qu'on pourrait ainsi dater approximativement : une
phase d'exacerbation des fièvres intermittentes. Hydre signifie simplement serpent d'eau [21] et si celle de Lerne est devenue un monstre serpentaire mythique particulièrement
néfaste, il se peut que cela soit dû à une endémie locale de
paludisme, fièvre des marais [22].

Sur le petit aryballe corinthien à fond plat du Musée de
Bâle (début du VIe siècle av. J.-C.), « le gros tronc de l'hydre,
garni d'écailles bicolores, brunes et rouges (certaines mar-
quées d'un point blanc), ondule sur le sol [...] La queue se
redresse derrière la jambe droite d'Héraclès [...] pour se divi-
ser en neuf corps de serpents [...] De longues langues bifides,
rouges, jaillissent des gueules ouvertes [...] (Le héros) tient
une épée dans la main droite ; il saisit un des serpents de la

61. Héraclès attaque l'hydre de Lerne. Arybale corinthien.
(*Musée des antiquités classiques, Bâle*)

main gauche. Du sang s'écoule en longs filets d'un des serpents, déjà blessé et en train de s'affaisser, et de celui que l'épée transperce » (*fig. 61*)[23]. Sur un lécythe attique du Louvre, plus haut que large, la scène est évidemment effilée, mais le sens en est le même[24].

Le sujet entrera dans la toreutique, comme avec le médaillon d'or trouvé sur le squelette d'une femme achéenne inhumée au IIe siècle avant J.-C. à Patras[25], et dans la grande sculpture, comme avec le haut-relief de la villa gallo-romaine de Chiragan à Martres-Tolosane[26] ou certains sarcophages romains (le monstre peut y prendre la forme d'une femme)[27]. C'est aussi un thème de l'iconographie chrétienne : dans la fameuse catacombe de la Via Latina à Rome, dont le décor est particulièrement riche et varié, on voit Héraclès, nu et affrontant seul avec sa massue un énorme serpent dressé, véritable tronc vivant d'où sortent dix branches sinueuses, chacune pourvue d'une tête. La constance et les souffrances du héros en font une préfiguration du martyr chrétien[28].

La mort du monstre engendra d'autres malheurs : Héraclès, ayant empoisonné ses flèches en les trempant dans le sang nocif de la bête, les remit à Philoctète, dont nous allons voir le triste sort ; Chiron, blessé par une de ces flèches, se baigna dans l'Anigros en Élide et pollua ce fleuve ; le philtre d'amour, donné à Déjanire par un autre centaure, Nessos, en aurait aussi contenu, provoquant ainsi la mort du premier coupable et fermant la boucle funeste [29].

LE CAS DE PHILOCTÈTE

Philoctète, l'archer compagnon d'Héraclès, eut l'honneur d'être dépositaire des flèches et de l'arc du héros. Dans le voyage qui conduisait les Grecs à Troie, lors d'une escale, il fut blessé au pied, à l'occasion d'un sacrifice en l'honneur de la déesse Chrysè [30]. On connaît plusieurs versions de cet accident : ou il se blessa lui-même par mégarde avec l'une de ses flèches empoisonnées [31], ou il se cogna contre l'autel [32], ou bien enfin il fut mordu par un serpent [33]. Dans cette dernière version, le serpent est venimeux d'après les uns et ne l'est pas d'après les autres. Quoi qu'il en soit, ses amis le soignent et le rembarquent. Mais les cris qu'il pousse sont si violents et l'odeur de sa plaie devient vite si infecte qu'il est abandonné sur l'île de Lemnos, « le pied dégoulinant d'un mal qui le dévore [34] ». C'était pour le confier aux soins de prêtres-médecins, puisque l'île avait un sanctuaire spécialisé justement dans le traitement des morsures de serpents [35], ou c'était tout simplement pour s'en débarrasser.

La guerre de Troie dura dix ans. Cette situation figée était due à l'absence de Philoctète : Troie, finirent par apprendre les Grecs par un oracle, ne pouvait être prise qu'avec les flèches d'Héraclès. Il fallait donc les reprendre, de gré ou de force, au malheureux qui survivait seul à Lemnos et dont elles étaient l'unique moyen de se procurer de la nourriture. Ulysse l'alla trouver et le persuada de reprendre avec lui le chemin de la Troade, où il fut soigné et guéri.

Ce récit pathétique eut un immense succès dans tous les arts de l'Antiquité qui, par des réalisations variées, produisirent une véritable série de bande dessinée. Luigi Adriano Milani, séduit par cette abondance, lui consacra une monographie (1879), puis un recueil complémentaire (1881), ouvrages qui ont le grand mérite de conserver le dessin d'objets en partie disparus aujourd'hui [36].

62. Philoctète tombe à terre, mordu par le serpent. Stamnos de Caeré. *(Louvre)*

Donc Philoctète est mordu – les images divergent – au pied, au talon, au mollet, à la cuisse, mais toujours d'un seul côté. Sur une gemme dont seul le moulage est conservé, on le voit mettant le pied sur le serpent. Sur un vase du Louvre *(fig. 62)*[37], le héros, encore couronné de feuilles de laurier pour le sacrifice, déjà tombé à terre sous l'effet de la surprise et de la douleur, essaie péniblement de se relever en s'appuyant sur la main gauche ; on croit entendre les gémissements qui sortent de sa bouche entrouverte. Un compagnon, dans le même costume, se penche sur lui pour l'aider : c'est Achille. Diomède et un héros dont le nom n'est pas inscrit font un geste d'étonnement et d'horreur, tandis que sur l'autre face du vase Agamemnon s'efforce d'écraser le serpent qui cherche à se réfugier sous l'autel de Chrysé.

Des premiers soins lui sont immédiatement prodigués[38]. La plus belle illustration est sans doute celle de la tasse d'argent du trésor de Hoby, trouvé sur l'île de Lolland *(fig. 63)*[39]. Philoctète, nu, car dans l'aventure sa tunique a glissé, est jeune et beau, glabre, les cheveux bouclés. Assis en plein air sur un rocher derrière lequel file le serpent coupable, il est en proie à la douleur, à la consternation, au désir de ne pas céder à la souffrance ; sa main gauche soulève sa cuisse, sa main droite bloque son genou, toutes deux avec force. Les

63. Premiers soins
à Philoctète.
Skyphos d'argent.
*(Musée national,
Copenhague)*

membres inférieurs eux-mêmes sont parlants : les orteils du pied atteint sont écartés en éventail ; à la jambe droite, le triceps sural est contracté, le talon pousse vigoureusement sur le sol. Un camarade agenouillé derrière lui le soutient sous les aisselles ; un autre apporte une bassine d'eau ; un troisième, assis face au blessé, frotte son pied d'une éponge.

64. Philoctète abandonné. Lécythe attique.
(Metropolitan Museum, New York)

Philoctète abandonné garde pendant un certain temps une tenue digne. La forme allongée d'un lécythe attique de la fin du Ve siècle est superbement exploitée par le peintre *(fig. 64)* [40] : assis sur un rocher, le héros a replié sa jambe gauche et posé son pied bandé sur une pierre ; il conserve à proximité immédiate les armes d'Héraclès ; du rocher pousse un arbre maigre dont la branche principale s'incurve selon la forme

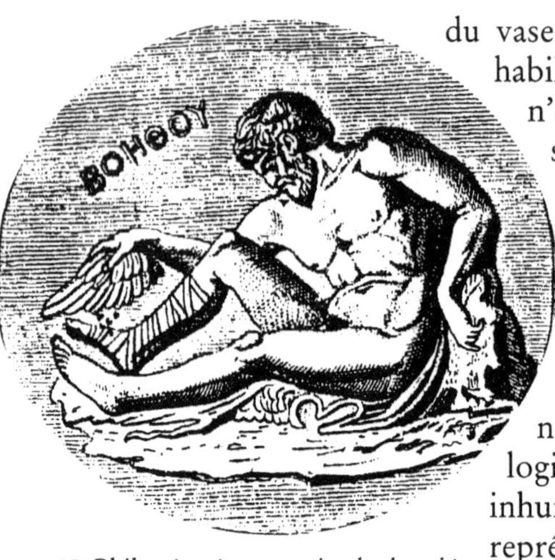

65. Philoctète évente sa jambe bandée.
Agate du sculpteur Boéthos. D'après
Milani, 1881.

du vase. Philoctète, très convenablement habillé, bien coiffé, la barbe peignée, n'est pas encore devenu un homme sauvage. Son arc lui permet de tuer le gibier nécessaire à sa survie ; il peut le consommer cuit, car il a su conserver l'usage du feu.

Cependant sa plaie incurable fait souffrir Philoctète qui, abandonné de tous[41], médite ou rêve non loin de la grotte qui lui sert de logis, symbole de l'ensauvagement inhumain auquel il est soumis[42]. Il est représenté tantôt debout allant chasser, tantôt assis éventant sa plaie[43]. Une gemme d'agate portant la signature du sculpteur Boéthos de Chalcédoine (IIe siècle av. J.-C.) le montre assis par terre éventant avec une aile d'oiseau sa jambe bandée de la plante du pied jusqu'au genou *(fig. 65)*[44].

INTERMÈDE ENTOMOLOGIQUE

Le geste de Philoctète se justifie par le fait bien connu qu'une plaie chronique avec débris de chair morte attire les mouches[45]. Les anciens Grecs savent qu'il faut les chasser des plaies et des cadavres mutilés, car elles y font naître des vers. Une sardoine d'époque hellénistique illustre cette précaution : Philoctète, allongé près de son antre, tente de se défendre

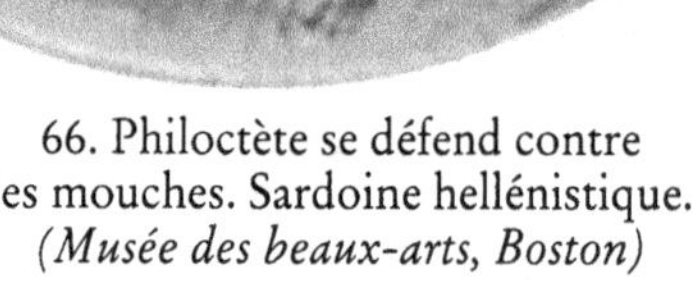

66. Philoctète se défend contre
les mouches. Sardoine hellénistique.
(Musée des beaux-arts, Boston)

contre un essaim de mouches ; il les chasse avec son éventail de plumes mais il en reste au moins une encore collée à son pied suintant *(fig. 66)*[46].

Sur deux vases à figures noires, des gourmands sont allés déranger des mouches à miel. La première scène montre

quatre personnages nus, barbus, dans la force de l'âge, attaqués de toutes parts par des abeilles : l'homme de droite lèche
encore un rayon de miel ; deux autres, debout, agitent des
branches, tandis que le quatrième, accroupi, se défend de
ses bras. Les abeilles ne respectent aucune partie du corps
et l'artiste allie le comique à l'indécent en insistant sur les
souffrances des organes génitaux exhibés *(fig. 67)*[47]. Cet effet

67. Des hommes nus sont attaqués par des abeilles.
Vase à figures noires. *(British Museum)*

est encore renforcé sur le second vase par une abeille bien
installée sur l'organe en érection du personnage central[48]. Sur
une mosaïque tardive qui raconte la triste histoire de Phèdre
et d'Hippolyte, un Amour friand se fait attaquer par des
abeilles dont il a renversé la ruche[49].

Nous savons que les Anciens furent victimes d'invasions
d'insectes nuisibles[50] ; il existait d'ailleurs à Athènes une statue de bronze, œuvre de Phidias, représentant Apollon dit
Parnopios (Apollon des Sauterelles), fêté parce qu'il avait
sauvé la ville de la dévastation par les sauterelles[51].

RETOUR À PHILOCTÈTE

Mais revenons à Philoctète. Dix ans ont passé et son mal ne s'est pas amélioré. Bien au contraire, sa plaie le ronge de plus en plus, son état général se détériore et son esprit s'assombrit. C'est ainsi, semble-t-il, qu'il apparaît sur plusieurs œuvres figuratives antiques perdues dont le souvenir est conservé par des descriptions littéraires. Célèbres étaient la statue de Pythagoras de Rhégion et les tableaux d'Aristophon et de Parrhasios[52]. À propos de ce dernier, Glaucos est frappé par l'expression de douleur sur un visage « aux yeux desséchés qu'habite une larme muette[53] ». Julien l'Égyptien reconnaît Philoctète sur un de ces tableaux : « Même de loin, sa douleur éclate à tous les yeux. Il a le poil long d'un sauvage ; et là, voyez-vous sur sa tête sa chevelure raide aux teintes sales. Sa peau est rêche au regard, toute ridée et rugueuse, croirait-on, au contact de la main. Sous les paupières arides des larmes sont restées figées, signe d'un chagrin qui ignore le sommeil[54]. » Ces descriptions correspondent bien à la figure du vieillard barbu qui, sur deux peintures murales de l'époque romaine, traîne avec difficulté sa jambe malade, mais nous n'avons là qu'un pâle reflet des œuvres perdues des grands maîtres grecs[55].

D'autres artistes renoncent à cet effet de pitié, qui ne convient pas vraiment aux héros, pour montrer Philoctète avec un pansement plus symbolique que réaliste, destiné seulement à évoquer le drame. Tel il est sur bien des gemmes avec un bandage à peine indiqué. Sur la mosaïque de Nabeul, sa blessure est pudiquement cachée par un pli de vêtement[56]. Il est plus héroïque encore sur un bas-relief néo-classique en marbre conservé au musée de la Villa Albani à Rome : un fort bel homme, d'un certain âge mais très puissant, assis sur un rocher, maintenant d'une main sa jambe droite en flexion. Aucune trace de lésion n'est visible et seul le serpent qui se glisse dans l'herbe signale l'ancien accident. La solitude du héros toutefois ne semble pas permettre de placer cette image à la fin de l'histoire, quand la guérison lui a pleinement rendu l'humanité et le droit à la vie sociale.

Sur un médaillon de lampe, Philoctète, hirsute, la barbe non soignée, absorbé par la douleur, agite toujours son dérisoire

68. Philoctète s'évente sous le regard de ses compagnons
revenus à Lemnos. Médaillon de lampe. (*British Museum*)

éventail (*fig. 68*)[57]. Mais il n'est plus seul: grimpé sur le haut
de la grotte, un petit personnage s'empare du carquois et, sur
le côté, un homme au bonnet pointu regarde prudemment ce
qui se passe[58]. C'est Ulysse: le temps des retrouvailles de Philoctète avec ses anciens compagnons est venu.

Alertées par la prophétie sur l'importance décisive des
flèches d'Héraclès pour le sort de Troie, les deux armées ont
envoyé des délégations à Lemnos. L'épisode de ces ambas-
sades a eu le plus grand succès tant dans la tragédie que dans
les arts figuratifs. Eschyle, Euripide et le vieux Sophocle
après eux ont écrit chacun un *Philoctète* en s'intéressant surtout aux implications morales du retour du héros à la vie
sociale et à la santé.

Sur le bas-relief d'une urne étrusque du IIe siècle avant
J.-C. on voit Philoctète, debout à l'entrée de sa grotte, brandissant une flèche en direction d'un personnage imberbe et
coiffé du bonnet phrygien, probablement Pâris, chef de la
délégation troyenne (*fig. 69*)[59]. Le héros, barbu et dans une
tenue négligée, la tunique glissée sur sa jambe malade, se
dresse indigné par la proposition de trahir sa patrie, fût-ce
pour monter sur le trône de la ville assiégée. Son pied gauche,
bandé, s'appuie sur un rocher. Le mollet et la cheville
sont gonflés par l'œdème. Ulysse et un compagnon, cachés

69. Sous le regard d'Ulysse, Philoctète repousse les avances des Troyens.
Urne étrusque. *(Musée Guarnacci, Volterra)*

derrière le dos de Philoctète, regardent avec satisfaction le désarroi de leurs adversaires.

Quand Ulysse, à son tour, engage la discussion avec Philoctète, la scène est plus calme, du moins en apparence. Ainsi par exemple sur le skyphos d'argent du trésor de Hoby, dont nous avons déjà examiné le côté illustrant les suites immédiates de la morsure de serpent, l'accent est mis sur la séduction verbale qu'exerce l'ambassadeur des Grecs *(fig. 70)*[60]. Philoctète, concentré et sombre, l'écoute et ne voit pas qu'un

70. Ulysse cherche à convaincre Philoctète. Skyphos d'argent.
(Musée national, Copenhague)

jeune homme a déjà la main sur ses armes [61]. La composition du groupe Ulysse-Philoctète est particulièrement réussie : deux pieds attirent le regard, le pied rapide du plus menteur de tous les Grecs et le lourd pied bandé du prisonnier solitaire ; entre les deux, le bâton du blessé. On admirera aussi l'opposition entre les attitudes des deux personnages, l'un prêt à rebondir et à repartir, l'autre musclé mais alourdi, maladroit, le bras gauche par-dessus la tête reposant sur la main droite, elle-même s'appuyant sur son bâton, certainement incapable d'un mouvement rapide.

71. Ulysse s'occupe du pied malade de Philoctète,
à qui on vole ses flèches. Urne. (*Académie étrusque, Cortone*)

Sur une urne conservée à Cortone (*fig. 71*)[62], Philoctète, vieilli et barbu, est assis devant l'entrée de sa grotte, presque nu, à peine enveloppé de quelques haillons. S'appuyant fermement sur un bâton de la main gauche, il s'accroche à Ulysse, de la main droite. Le roi d'Ithaque soulève la jambe droite de l'abandonné, sa propre main droite sur le mollet juste au-dessus du pansement, la gauche sous la cuisse. Tandis que l'attention de Philoctète est ainsi occupée, un jeune homme se penche derrière lui pour essayer de s'emparer du carquois et de l'arc posés près de lui sur le rocher. On comprend mal ce que fait Ulysse, mais il est certain qu'il s'intéresse à la blessure. Sur une autre urne de composition assez proche[63], la présence d'une bassine entre Ulysse et Philoctète fait penser que les Grecs hésitent encore entre le vol pur et simple et la persuasion accompagnée des soins préalables au transfert en Troade du propriétaire des armes d'Héraclès. Selon Quintus de Smyrne, les Grecs ont trouvé Philoctète « geignant dans d'atroces douleurs, étendu sur le rude lit du sol » ; d'emblée « on lui nettoie tout le corps et sa plaie cruelle avec une éponge bien molle ; on le baigne à grande eau : c'est déjà pour lui un premier réconfort » ; ramené en Troade, il est complètement guéri par Podalire qui « a su verser sur sa plaie maints baumes efficaces » [64].

D'autres mythographes attribuent le mérite de cette guérison à Machaon [65]. Des deux fils d'Asclépios, Podalire excellait dans la connaissance des remèdes et Machaon dans l'habileté de chirurgien. Le traitement de la plaie chronique de Philoctète exigeait une intervention chirurgicale, avec ravivement des bords et pose de pansement ; la charge en revenait donc plutôt à Machaon. Cette version est retenue dans les arts figuratifs. Ainsi sur un miroir étrusque de bronze, finement travaillé mais malheureusement rongé partiellement, Machaon panse le pied de Philoctète *(fig. 72)* [66]. Penché vers son malade, le chirurgien garde au creux de la main droite la large bande roulée et en enveloppe la cheville, tandis que la gauche maintient le pansement sur le bord externe du pied. Le patient, debout sur la jambe droite, s'appuie sur sa lance et observe avec intérêt les soins qu'on lui procure. Il tient dans sa main gauche l'arc d'Héraclès. Par terre, un serpent, placé du côté de Philoctète, sert plutôt de rappel de l'accident que de symbole du dieu guérisseur. Sur une petite table, au centre, sont posés des objets nécessaires pour les soins [67].

72. Machaon panse le pied de Philoctète. Miroir étrusque. *(Musée archéologique, Bologne)*

Diagnostic médical d'un mal mythique

Bien que Philoctète soit un personnage fictif et que sa souffrance relève d'une causalité d'ordre divin, quelques auteurs modernes ont cherché une interprétation médicale rationnelle de sa maladie [68]. Une morsure de serpent venimeux sur une île grecque veut forcément dire morsure de vipère (aspis ou ammodyte). Elle peut être rapidement mortelle mais normalement ne provoque pas de plaie grave chronique, durant des années. Or, d'après les textes et les images, les symptômes majeurs du mal de Philoctète sont : la soudaineté de l'accident initial, une syncope et, dès la reprise de conscience, la formation d'une plaie fétide et l'apparition de douleurs fortes ; suit une période où la maladie se développe à bas bruit ; puis les douleurs reviennent, lancinantes et insupportables au point de faire pousser des gémissements inarticulés ; le mal vient comme une bête sauvage qui, tour à tour, s'approche et s'éloigne du malade ; l'ulcère au pied dévore la chair [69], avec un suintement purulent continu et malodorant ; la sanie imbibe les chiffons qui enveloppent la plaie ; de temps en temps, même plusieurs années après l'événement initial, la plaie saigne, les veines se rompent ; la fièvre fait trembler tout le corps ; pendant les accès, le malade ne peut même pas se tenir debout ; lorsque ces crises cessent, l'épuisement plonge le malade dans un sommeil profond ; la jambe reste affaiblie et douloureuse même pendant les périodes d'accalmie, ce qui rend la marche difficile et oblige le malade à vivre dans un périmètre très limité [70].

Sophocle, auquel on doit le tableau clinique le plus complet du mal de Philoctète, utilise un vocabulaire technique précis et s'inspire des écrits hippocratiques pour donner une présentation réaliste et saisissante d'un mal mythique [71]. À notre avis, son astuce consiste à combiner deux états pathologiques réels pour en faire un mal unique : la première phase de la maladie correspond aux séquelles à brève échéance de la morsure de vipère et la dernière phase à un ulcère phagédénique, une gangrène humide. Si l'on tient à tout prix à énoncer un diagnostic rétrospectif en des termes médicaux modernes, on peut évoquer une ostéomyélite chronique, un mycétome, un ulcère variqueux, voire un carcinome. Mais cette tentative se justifie difficilement, puisqu'il ne s'agit pas d'un personnage réel. Les souffrances de Philoctète, comme le souligne Sophocle lui-même, viennent de la volonté des dieux. Leur représentation dans les arts résulte d'une hybridation des connaissances médicales antiques. Nous ne savons rien sur les médicaments appliqués sur la plaie de Philoctète, ni immédiatement après la morsure, ni lors de son automédication à Lemnos, ni lors du traitement radical par les fils d'Asclépios. S'agit-il d'une simple coïncidence si les anciens médecins appréciaient comme remède contre les ulcères rongeants précisément la terre rouge de Lemnos ?

AUTRES SERPENTS MALÉFIQUES

C'est à une Lemnienne qu'un malheureux destin lia le petit enfant Ophéltès, fils du roi Lycurgue. Aphrodite avait affligé les femmes de Lemnos d'une odeur repoussante et, les hommes les délaissant pour cette raison, elles décidèrent de les tuer. La reine Hypsipyle refusa de participer à ce massacre, s'enfuit et trouva refuge auprès de la famille de Lycurgue. Chargée de surveiller son petit garçon et de ne jamais le poser à terre pour respecter un oracle, elle relâcha un jour sa surveillance et le posa sur le sol pour bavarder avec Amphiaraos et les autres chefs qui marchaient contre Thèbes. Elle s'éloigna pour leur indiquer le chemin d'une source et un serpent monstrueux, gardien de l'eau, en profita pour piquer ou étouffer l'enfant. Sur une amphore de l'Ermitage, Ophéltès est déjà mort, mollement allongé sur le sol, sans blessure manifeste ; Hypsipyle accourt, agitée [72]. Plus émouvante est la scène centrale du registre inférieur d'un cratère à volutes, conservé au musée du Louvre *(fig. 73)* [73] : on a relevé la victime ; la mère tient sur ses genoux le bébé, au corps potelé mais sans ressort, blessé à la poitrine, le cou paré d'un dérisoire collier de perles, la tête retombée en arrière. Amphiaraos cherche à la consoler en l'informant qu'en l'honneur de son fils seront fondés les jeux néméens [74].

Sa vigueur héroïque permit à Héraclès, encore tout petit enfant, de triompher des serpents que le destin mit dans son berceau [75]. Sur les sculptures antiques, l'enlacement monstrueux du corps humain et des serpents suit le même schéma

73. Tué par un serpent, Opheltès repose sur les genoux de sa mère.
Cratère à volute. *(Louvre)*

esthétique dans la représentation de cet événement que dans celle de l'extermination de la famille de Laocoon. Selon Virgile, ce prêtre de Neptune (Poséidon) a offensé son dieu et, en punition, deux énormes serpents surgis de la mer « entourent et enlacent les corps des deux jeunes enfants, en se repaissant de leurs malheureux membres », puis ils saisissent le père qui lutte aussi vaillamment que vainement ; les monstres « enroulent deux fois leurs croupes écailleuses autour de sa ceinture, deux fois autour de son cou »[76]. Selon Quintus de Smyrne, Laocoon fut d'abord rendu aveugle, puis attaqué par de monstrueux serpents. Son combat a inspiré l'une des œuvres antiques les plus connues du grand public : le groupe sculpté du Vatican, qu'on date aujourd'hui du début de l'époque impériale[77]. À la Renaissance, sa découverte (1506) révolutionna l'art de la sculpture. Les serpents s'enroulent autour des enfants et du père qui désespérément cherche à les secourir. Ce qui émeut particulièrement dans cette scène pathétique, c'est l'expression de douleur intense de Laocoon[78]. D'après la version archaïque, les serpents dévorent les deux enfants après les avoir étouffés. Sur un fragment de vase de la collection Jatta, on en voit les lamentables restes : deux jambes à même le sol et un bras dans la gueule d'un des monstres[79].

On ne confondra pas, bien sûr, ces reptiles maléfiques avec le serpent guérisseur des temples qui, sur quelques images antiques, mord l'homme au bras ou à l'épaule [80].

EMPOISONNEMENTS VOLONTAIRES

Les drames évoqués jusqu'ici étaient attribués à la vengeance ou aux desseins impénétrables des dieux. Dans la mentalité antique, les accidents eux-mêmes avaient une telle signification. Il n'empêche que certains empoisonnements de l'Antiquité résultent bien de la volonté humaine, même si leur auteur n'est pas toujours aussi libre qu'il le croit.

À Alexandrie, on exécutait parfois les condamnés à mort en les faisant mordre par des cobras. Cléopâtre, ayant constaté par expérimentation sur des esclaves que leur morsure provoque un décès rapide et peu douloureux, se serait suicidée à l'aide de ces animaux [81]. En Grèce, pour les exécutions et les suicides, on préférait des poisons végétaux, plus faciles à se procurer. La prise de la ciguë par Socrate en est un exemple mémorable. Ses souffrances sont bien décrites dans des témoignages littéraires mais ne semblent pas avoir inspiré les beaux-arts. Polygnote avait peint à Delphes pour la leschè des Cnidiens les tortures d'un sacrilège châtié par le poison [82].

74. Empoisonnement collectif à la fin du siège de Sarmizegethusa. Colonne Trajane. *(Rome)*

Deux suicides sont attestés par l'iconographie de la guerre menée par Trajan contre les Daces. Sur un panneau de la colonne élevée à Rome en 113, on assiste à la fin du siège de Sarmizegethusa marqué dramatiquement par un empoisonnement collectif : des gens reçoivent une dernière boisson, puisée dans un grand bassin ; d'autres sont déjà couchés, mourants ou morts *(fig. 74)*[83]. Sur un autre panneau, ou encore sur un tesson de bol, on voit Décébale, le roi vaincu, faire le même choix héroïque entre la mort et la captivité, en préférant toutefois le fer au poison[84].

Revenons de l'histoire au mythe. L'iconographie conserve le souvenir de deux vêtements empoisonnés. Parangon du crime, la magicienne Médée eut recours à ce procédé retors pour venir à bout de sa rivale Glaucè (appelée aussi Créüse). La Colchidienne lui fit apporter un voile et des bijoux, auparavant traités. Au milieu d'une série de scènes qui, sur un cratère

75. Glaucè s'effondre, empoisonnée par ses atours.
Cratère apulien. *(Musée des antiquités, Munich)*

apulien (1,17 m de haut), retracent la vie de Médée, s'élève un élégant pavillon sous lequel, à la consternation générale, Glaucè s'affaisse et bascule, retenue par le bras du fauteuil où elle trônait. Elle cherche encore à arracher sa couronne et succombe à un mal étrange qui liquéfie ses chairs *(fig. 75)* [85]. Ce procédé rappelle le poison des Borgia qui pouvait, veut la légende, imprégner les gants offerts en cadeau.

Héraclès mourut comme Glaucè dans les plis de son vêtement flambant neuf. Rappelons que le héros avait épousé Déjanire, dont il eut un fils. À la suite d'un meurtre, il dut quitter Calydon ; sur sa route, pour traverser un fleuve avec sa petite famille, il fit appel au centaure Nessos, qui abusa de la jeune femme. Héraclès le tua d'une flèche ou de son épée [86], mais le centaure mourant eut le temps de faire à la malheureuse de mensongères promesses : qu'elle recueille son sang pour en faire un philtre, grâce auquel elle pourrait reconquérir l'amour de son époux, si elle venait à le perdre. Le volage effectivement l'oublia et, amoureux d'une autre, eut la naïveté de demander à l'abandonnée un vêtement neuf. Lorsqu'il enfila la tunique préparée par Déjanire, son corps se mit à brûler et ses chairs à fondre ; en essayant d'arracher le vêtement, il s'arrachait la peau.

Le sujet a séduit les artistes. Le peintre Aristide de Thèbes, contemporain d'Apelle, représenta « Héraclès en proie aux souffrances provoquées par la tunique de Déjanire [87] », et, à Rome, il y avait, « près des Rostres », une statue d'auteur inconnu, « un Hercule, vêtu de la tunique, le seul dans cette tenue qui existe à Rome, les traits crispés et le bronze exprimant l'agonie du héros sous la tunique [88] ».

Y a-t-il un lien entre ce mal mythique et une maladie réelle ? D'aucuns ont voulu y voir un accès d'ergotisme, intoxication aiguë par l'ergot de seigle. Cette interprétation moderne nous paraît fausse : elle est le fruit d'un rapprochement arbitraire avec les épidémies médiévales du « mal des ardents ».

Héraclès mourra sous l'effet direct du poison ou se suicidera à cause de la douleur. Il sera divinisé. Artémon (IIIe siècle av. J.-C.) le peindra « montant au ciel avec l'assentiment des dieux, après avoir quitté le mont Œta en Doride, où brûla sa dépouille mortelle [89] ». Un bas-relief romain montre le héros assis sur un bûcher qui va être allumé par son ami Philoctète [90].

L'INTOXICATION ÉTHYLIQUE ET SES SUITES

La société des hommes que Philoctète ensauvagé était si désireux de rejoindre se caractérise, dans le monde gréco-romain, par l'habitude du banquet. Et ce banquet est bien souvent source du plus banal des empoisonnements volontaires, l'intoxication éthylique[91]. Pausanias a vu dans la fameuse tholos d'Épidaure un tableau de Pausias de Sicyone représentant Mêthê, personnification de l'ivresse, buvant dans une coupe de cristal, et à Élis la même incarnation donnant à boire à un satyre[92]. On représentait aussi Kraipalê, l'ivresse avec mal de tête[93].

Le sujet plaît beaucoup aux imagiers anciens. Il fait rire. Le comble, c'est la femme ivre, la servante qui boit en cachette[94], la joueuse de flûte ivre[95] ou la vieille femme et la nourrice qui boivent, particulièrement chères aux coroplastes[96]. Aussi bien en Grèce qu'en Italie et en Afrique du Nord, on a trouvé des pots anthropomorphes représentant une vieille femme assise, en tenue débraillée et serrant une bouteille de vin[97]. Non seulement la femme boit, mais elle fait des serments d'ivrogne : « Bacchylis, qui met à sec les coupes de Bacchus, retenue dans son lit par la maladie, tient à Déo (= Déméter) ce langage : "Si j'échappe aux ardeurs du feu qui me consume jusqu'à ce que j'aie vu cent soleils[98], je ne boirai que de l'eau, de la rosée toute pure, sans vin, sans une goutte de vin." Puis, quand elle eut échappé à la dure nécessité, voici la ruse que le jour même elle imagina : elle prit à la main un crible percé de trous et elle sut bien, entre les brins d'osier serrés, voir cent soleils et plus[99]. »

Cette ivresse vulgaire arrive même aux grands hommes comme Anacréon, aux héros comme Héraclès[100], et aux dieux, en particulier à Dionysos (Bacchus). Grossièrement ivre, il apparaît sur des vases[101], mais aussi sur des miroirs[102], sur des mosaïques[103] et surtout dans les arts plastiques[104]. Citons parmi les découvertes les plus récentes un groupe en trois fragments judicieusement rassemblés au musée de Thasos. Ce Dionysos ivre soutenu par un satyre serait une réplique d'époque impériale (IIe siècle) d'un bronze méconnu de Praxitèle, exécuté à la fin de sa vie[105]. Sur un cratère à

76. Soutenu par Dionysos, un satyre ivre s'affaisse.
Vase en marbre. *(Louvre)*

reliefs, c'est un satyre qui, à son tour, est soutenu par le dieu : il s'affaisse et lâche son vase à boire. C'est là un exemple particulièrement réaliste de l'effondrement du corps *(fig. 76)* [106].

Prenons maintenant l'exemple d'un anti-héros : Polyphème. Un petit côté d'un sarcophage romain de Catane montre le cyclope lourdement endormi, étendu, vautré sur un rocher, ayant laissé tomber une coupe de vin, totalement inconscient de ce qui se trame autour de lui ; du vin, on lui en donnera encore s'il le faut ; un Grec en a une coupe toute prête [107].

Si dieux et héros peuvent être provisoirement réduits à un état misérablement humain, tout de même on ne les montre

pas dans la déchéance incontrôlée de l'intoxication aiguë. Ils
titubent ou s'écroulent, mais seuls les humains vont jusqu'à
se bagarrer, vomir, uriner ou même déféquer en présence
d'un partenaire sexuel, souvent avec l'aide de ce compagnon
ou de cette compagne.

Nous nous limiterons à quelques exemples. Sur une
mosaïque romaine de Chypre, on voit de part et d'autre d'Ica-
rios, le premier vigneron, d'un côté Dionysos qui, couronné
de pampres, présente une grappe de raisins, et de l'autre côté
les deux « premiers buveurs de vin » ; ils se sont battus : l'un
brandit sa coupe en titubant tandis que l'autre, écroulé sur
une outre, saigne abondamment de la tempe[108]. Sur une
fresque pompéienne, un fêtard ivre s'appuie lourdement, en
pleine salle de banquet, au milieu des détritus, sur l'épaule
d'un très jeune esclave, encore un enfant, qui le soutient à
grand peine[109]. Ou bien l'ivrogne vomit, soutenu par l'amant
du moment ou par une hétaïre, compagne de quelques heures.
Sur une coupe attique du Ve siècle avant J.-C., un homme
d'âge mur, couché sur un lit, s'apprête à vomir, tandis que
son jeune ami lui soutient le front et, pour l'aider, va enfoncer l'index dans sa bouche grande ouverte (fig. 77)[110]. Sur

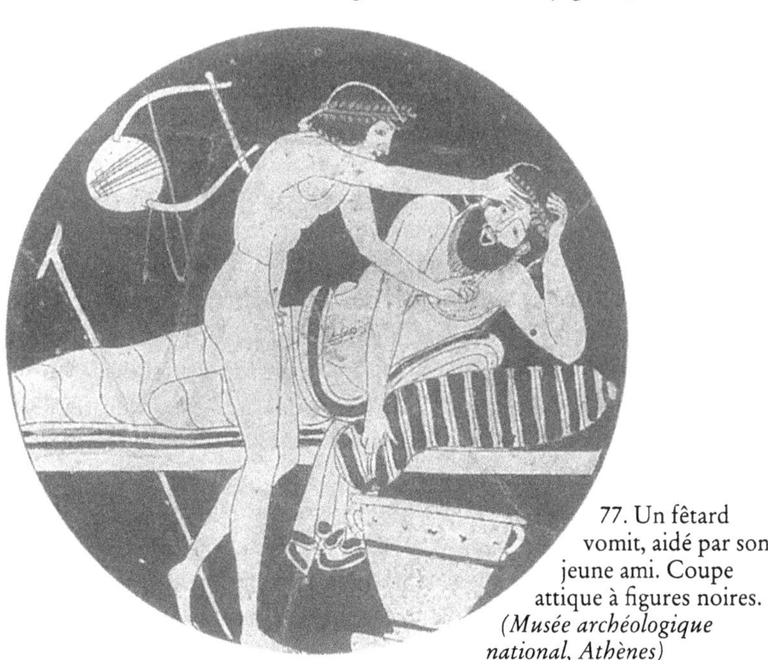

77. Un fêtard
vomit, aidé par son
jeune ami. Coupe
attique à figures noires.
(Musée archéologique
national, Athènes)

78. Malaise postprandial.
Coupe du peintre Brygos.
(Musée Martin von Wagner, Wurtzbourg)

une autre coupe de la même époque, un homme, couché dans une position analogue, vomit déjà dans un grand vase plat posé à terre devant lui, la tête soutenue par une jeune hétaïre[111]. Une coupe athénienne du peintre Brygos, trouvée à Vulci, montre un jeune homme qui, ayant trouvé la force de se lever, vomit sans vergogne quasiment sur les pieds de sa compagne, parfaitement digne, qui lui tient la tête des deux mains *(fig. 78)*[112]. Rares sont les fêtards qui vomissent discrètement à l'écart, comme ce jeune homme athénien qui, de ses doigts, provoque le réflexe libérateur[113], ou ce barbu peint par Onésimos qui rend déjà le trop-plein du festin[114].

Sur une œnochoé attique, un homme ivre gesticule et chante ou pérore, tenant à peine debout, en urinant dans le vase que lui tend, avec un sourire complaisant, un esclave adolescent[115]. Mais le pire est encore à venir : sur un vase attique du VIe siècle, tandis qu'on continue de servir du vin et

79. Diarrhée brutale chez un comaste. Vase attique à figures noires.
(Musée archéologique national, Athènes)

de jouer de la double flûte, un comaste a une diarrhée brutale
dont le jet éclabousse ses amis *(fig. 79)* [116].

Après ces excès et ces indécences, le buveur n'a plus qu'à s'endormir, mais du lourd sommeil de l'ivresse qui ne repose pas [117]. On opposera en ce sens Endymion et un satyre, tous deux endormis. Un charmant bas-relief romain, probablement copié d'une œuvre hellénistique, représente Endymion après la chasse : il dort

80. Le sommeil d'Endymion.
Bas-relief romain.
(Musée du Capitole, Rome)

tranquillement, en plein air, assis dans une position relativement confortable, les bras le long du corps, le cou plié en avant. Son chien et son épieu montrent bien qu'il a chassé, qu'il est fatigué. Il dort d'un sommeil réparateur *(fig. 80)* [118]. Au contraire, il n'est que trop clair que le satyre de Munich, dit encore « faune Barberini », statue en marbre d'époque hellénistique, a bu et trop bu : il dort avachi inconfortablement sur un rocher pointu, comme écartelé avec ses bras rejetés en arrière et ses cuisses indécemment écartées, sexe de face et bien visible. Les traits du visage eux-mêmes reflètent cette gêne physique, et peut-être, qui sait, de mauvais rêves *(fig. 81)* [119].

81. Satyre endormi. Statue hellénistique.
(Glyptothèque, Munich)

États paroxystiques et folie

On vient de voir dans quel état les excès de table pouvaient mettre le corps de l'homme réel. Les excès de boisson jettent l'homme mythologique dans des situations encore beaucoup plus graves : l'intoxication éthylique le mène à la folie et au crime. Héraclès peut être ivre comme un homme ordinaire. Ainsi un bronze hellénistique montre un Héraclès barbu couronné de pampres, tenant à peine debout, tous les muscles tendus pour essayer de garder à peu près son équilibre [1]. C'est dans cette situation grotesque que le montrent aussi des poèmes de l'*Anthologie*, « après un festin, alourdi par l'ivresse, traînant en rond un pas titubant, vaincu par l'aimable Bromios qui relâche les membres », et finalement « appesanti par le sommeil » [2]. Mais Héraclès, héros malheureux et prototype de la démesure, peut aussi, nous le verrons, être victime d'une ivresse divine qui assombrit sa raison.

Il n'y a pas loin de l'ivresse à la folie. Athénée rapporte ainsi une anecdote qu'il emprunte à Timée de Tauroménium : une maison de plaisir d'Agrigente aurait reçu le sobriquet de « la trirème », parce que des jeunes gens qui participaient à une beuverie collective en étaient arrivés à un tel état de folie *(mania)* qu'ils se croyaient sur les flots battus par la tempête. Ils perdirent le jugement *(ekphrôn)* au point de jeter les objets domestiques par la fenêtre comme ils auraient fait, en agissant sur l'ordre du pilote, par-dessus bord. Le lendemain les autorités de la ville s'étonnèrent de leur coup de folie *(ekplêxis)*, mais leur pardonnèrent leur transe bachique *(ekstasis)* et se contentèrent de les condamner à ne plus s'enivrer. On remarquera l'habileté littéraire de notre auteur qui approuve l'acquittement décidé par les autorités et excuse le comportement des jeunes ivrognes en utilisant un vocabulaire dionysiaque [3].

DIONYSOS APPORTE LE MALHEUR

On conçoit bien que l'introduction du vin dans le régime alimentaire des populations grecques ait suscité de terribles légendes liées au développement parallèle du culte de Dionysos. Fils adultérin de Zeus et de Sémélè, ce futur inventeur du vin fut dépecé après sa naissance sur ordre d'Héra, puis reconstitué par sa grand-mère Rhéa et confié à Athamas, roi d'Orchomène. Héra, vindicative, rendit fou le roi, de sorte qu'il tua son propre fils Léarchos en le prenant pour un cerf. Il est bien probable que cet épisode figure sur un fragment de vase d'une collection privée de Genève [4]. En fait, la folie du roi n'est pas représentée – la folie ne se « représente » pas. Elle est dramatisée, elle est signalée par des traits que tout le monde sait interpréter : ici, les yeux écarquillés et fixes, le front ridé, le sourcil sinueux *(fig. 82)*, ou – comme l'explique Philostrate pour les images de la folie d'Héraclès – une poitrine enflée, une gorge dilatée, les veines des tempes gonflées [5].

82. La folie du roi Athamas. Cratère italiote.
(Collection de Jacques Chamay, Genève)

À la rigueur, il est plus aisé de peindre la folie simulée, comme par exemple dans le tableau montrant Ulysse qui, pour faire croire à sa déraison et échapper ainsi à l'expédition troyenne, attelle un cheval avec un bœuf[6].

L'horreur suprême des vengeances divines est que le meurtrier revient habituellement à la raison, donc à la honte et au remords. Pline rapporte qu'à Rhodes le sculpteur Aristonidas avait dressé une statue de bronze – qui existait encore de son temps – représentant Athamas ainsi accablé après son crime et même rouge de honte, grâce à l'astuce du contraste entre les couleurs de divers alliages. Il « a allié le fer au cuivre, afin que la rouille du fer, transparaissant sous l'éclat du cuivre, servît à exprimer la rougeur de la honte[7] ».

LES BACCHANTES

Cette double rencontre avec la vigne et la jeune divinité a été une rude épreuve pour les Grecs et les peuples voisins, et aussi bien les amis du nouveau dieu que ses ennemis en ont lourdement pâti. C'est ce qui arrive chaque année aux bacchantes, poussées à de coupables excès par une extrême tension mentale, par le vin et par d'autres excitants (la jusquiame, peut-être, dont les feuilles provoquent des hallucinations et un délire furieux). Ces légendes complexes, que la tragédie grecque met si volontiers en scène et qui peuvent recevoir tout un faisceau d'explications non exclusives l'une de l'autre, ne retiendront notre attention que par leurs aspects médicaux ou du moins susceptibles d'une interprétation par les connaissances médicales actuelles[8].

Les bacchantes, hors d'elles, en extase, sont légion dans la peinture sur vases, les fresques, pierres sculptées et gemmes, antérieures et postérieures à Euripide. Dans ces œuvres « est peint ce qui se passe sur le Cithéron, des chœurs de bacchantes et des pierres dégoulinantes de vin[9] ». Sur une amphore attique d'Épictète le Jeune (vers 500-490 av. J.-C.) figure une des plus belles de ces femmes, au cou si caractéristique, aux lèvres entrouvertes, aux cheveux ornés d'une fine guirlande de feuilles de lierre, encadrée par deux satyres[10] dans la ronde qu'elle danse à grands pas, le thyrse tenu des deux mains et appuyé sur l'épaule droite (*fig. 83*)[11].

83. Une ménade danse
la ronde. Amphore attique.
(*Musée des antiquités,
Genève*)

Plus ludique est la scène du bas-relief en marbre du musée Torlonia, sur lequel un charmant petit faune remplace dans la ronde l'inquiétant satyre [12]. Scopas avait sculpté une bacchante en proie à la folie furieuse, œuvre fort admirée des Anciens. Une statuette trouvée en Italie et conservée à Dresde en est probablement la copie [13].

La coroplastie n'ignore pas ce thème : une ménade de Myrina est au bord de l'évanouissement, écroulée sur un siège, jambes écartées [14], tandis qu'une Smyrniote au masque grimaçant, aux cheveux défaits et au corps cambré pourrait bien être la version caricaturale d'une crise de grande hystérie (*fig. 84*) [15]. À cause en effet de l'exaltation passagère, des forces décuplées et de frappantes attitudes corporelles chez des femmes adultes, des jeunes filles et même des fillettes à peine adolescentes [16], d'aucuns voient dans les scènes d'extase bachique des manifestations de l'hystérie telle qu'elle a été définie par Charcot [17]. Cependant, le diagnostic d'hystérie ne recouvre au mieux qu'une partie de la réalité décrite par les auteurs antiques et, selon certains, n'aurait même

84. Femme
en proie à
une crise
hystérique.
Terre cuite
hellénistique.
(*Louvre*)

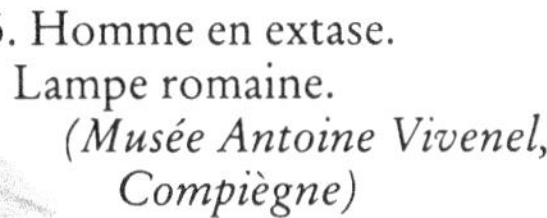

85. Homme en extase.
Lampe romaine.
*(Musée Antoine Vivenel,
Compiègne)*

rien à voir avec ce concept nosologique moderne [18]. Sur une belle lampe à huile, trouvée à Rome et conservée à Compiègne, un homme participe au thiase bachique et, dans une folle danse, est en proie à une crise extatique: opisthotonos caractéristique, orteils du pied droit crispés sur le sol et cou résolument ployé en arrière, attitude évidemment favorisée par la forme même du médaillon *(fig. 85)* [19]. Il semble bien s'agir d'une représentation de l'hystérie masculine qui ne sera officiellement reconnue que par la médecine moderne.

DE L'OMOPHAGIE AU CANNIBALISME

La grande crise excitatoire des fêtes dionysiaques s'accompagne souvent de terribles passages à l'acte, car les bacchantes « ne voient pas ce qu'elles font » [20]. Ces femmes hors d'elles n'épargnent même pas les sympathisants du culte et attaquent donc à plus forte raison les ennemis de Dionysos. C'est ainsi que Penthée, roi de Thèbes, ayant refusé de se soumettre à Dionysos, commet l'imprudence de se déguiser en femme pour observer ce qu'il ne devait pas voir : les bacchantes rendant leur culte au dieu. Cette double transgression est punie. Les femmes extatiques le prennent pour l'un de ces jeunes animaux qu'elles sacrifient à leur dieu et dont elles consomment la chair crue. Avec à leur tête Agavè, la propre mère de Penthée, elles déchirent l'imprudent et en dévorent sauvagement les sanglants morceaux[21]. Dans leur passion, ou bien elles voient qu'il s'agit d'un homme mais cela ne les arrête pas (comme sur le fameux psykter d'Euphronios[22] ou sur un cratère de Centuripe[23]), ou bien elles croient voir dans leur victime un animal[24]. Homme déguisé en femme[25], Penthée meurt en bête, pareil au cerf d'un vase falisque sur lequel une ménade, le regard perdu et glaive en main, a déjà saisi l'animal par ses bois[26].

Sur une hydrie à figures rouges on peut observer une image assez mystérieuse : un personnage, de sexe difficile à déterminer, et en présence d'une tierce personne, déchire devant sa bouche une masse informe qui semble bien être le corps d'un enfant[27]. C'est certainement à un bébé potelé que s'est attaquée une ménade sculptée sur le superbe cratère de la tombe B de Derveni en Macédoine : en pleine extase, elle porte, jeté sur son épaule, le petit corps en l'empoignant d'une main par la jambe et en se préparant à le dépecer avec un instrument tranchant qu'elle tient dans sa main droite *(fig. 86)*[28]. La scène est d'une exceptionnelle frénésie, on pourrait même dire d'une indécence unique dans l'iconographie dionysiaque qui, dans l'ensemble, cherche à faire croire que les ménades de la montagne se comportent avec modestie et modération, alors que leur exaltation progressive devait nécessairement les conduire jusqu'aux meurtres rituels. Sur ce même vase, on peut admirer aussi une femme presque nue, s'élançant ivre d'enthousiasme, que ne réussit pas à retenir son amie ou sa servante. Dans le pays même où Euripide avait écrit *Les Bacchantes*, en voilant

86. Ménade en extase tuant un enfant. Cratère macédonien en bronze doré. *(Musée archéologique, Salonique)*

quelque peu la dureté du culte et du récit de son origine, les anciennes violences ne choquaient pas, mais soulignaient plutôt la gravité de l'alliance avec le dieu.

D'autres victimes de Dionysos : Lycurgue et les Proétides

Au cercle des rebelles à l'ordre dionysiaque appartient aussi Lycurgue[29] ; il était d'ailleurs associé à Penthée sur une fresque du temple de Dionysos Éleuthères à Athènes, tous deux « subissant le châtiment des offenses qu'ils avaient faites à Dionysos »[30]. Le roi thrace, buveur de bière[31], hostile à la vigne et au vin de Dionysos, réussit à vaincre l'armée de ce dernier, mais Rhéa, affligée de la défaite de son petit-fils, rendit cette victoire illusoire. Devenu fou, Lycurgue finit par massacrer sa famille : son épouse et son fils adolescent, Dryas, qu'il avait pris pour un pied de vigne (comme le montre un

87. Le roi
Lycurgue
pris de folie
menace
son épouse.
(*Musée
national des
antiquités,
Munich*)

miroir étrusque du Louvre). Sur un vase de Naples, le jeune homme retient à deux bras son père pour l'empêcher d'abattre une double hache sur sa mère qui s'est réfugiée près d'un autel[32]. Une amphore italiote montre Lycurgue agrippant sa future victime par les cheveux et s'apprêtant à la frapper de cette arme, tandis qu'on emporte le corps de l'enfant[33]. Le meurtrier est excité par un démon ailé, probablement Lyssa[34], pendant qu'un autre démon femelle joue du tambourin. Représentation très dramatique également sur un

88. Lycurgue étouffé
par la vigne.
Vase de verre.
(British Museum)

vase de Canosa (Pouilles), sur lequel le roi, toujours sous l'influence des démons, brandit un glaive et en menace son épouse évanouie *(fig. 87)*[35]. La statuaire aussi connaît le sujet, si l'on en croit un poème anonyme tardif : « Ce Thrace, chaussé d'un seul pied, ce Lycurgue de bronze, roi des Édoniens, qui l'a modelé ? Vois, près d'un sarment bachique avec quelle arrogance il brandit, ce fou, au-dessus de sa tête une lourde bipenne. Son aspect dénonce son audace d'autrefois, et sa rage imprudente jusque dans le bronze conserve quelque chose d'amer[36]. »

Lycurgue lui-même meurt étouffé par la vigne, hypostase d'Ambroisie, qui l'enserre de toutes ses pousses, comme on le voit sur un vase de verre de la collection Rothschild *(fig. 88)*[37], ou atteint de folie éthylique, ou encore écartelé par des chevaux ou par des cavales sauvages avant d'être, selon certaines légendes, ressuscité d'entre les morts par Asclépios.

Les Proétides, filles de Proétos, roi de Tirynthe, ont été intoxiquées par la boisson de Dionysos, le dieu qu'elles avaient insulté[38]. Envahies par le délire bachique, mais aussi, selon certaines versions, victimes d'Héra, elles se croient devenues génisses et meuglent dans les solitudes, comme Io, objet également de la colère de la déesse-vache. C'est surtout

89. Les Proétides purifiées
par Mélampous.
(*Cabinet des médailles, Paris*)

la scène de la purification-guérison qui a tenté les artistes : on
la voit notamment sur des pierres gravées et sur des vases
peints. Sur une sardoine conservée au Cabinet des Médailles
de la Bibliothèque nationale, Mélampous verse sur les trois
jeunes filles affaissées un liquide lustral (*fig. 89*)[39]. Sur un
autre camée de la même collection, on voit mieux en quoi
consiste le liquide en question : d'un côté dégoutte d'un
rameau l'eau où ont trempé des herbes sacrées, de l'autre le
sang d'un porcelet, animal par excellence des purifications et
des expiations[40].

Sur une amphore à figures rouges du musée de Naples, les
trois filles de Proétos en sont à une étape ultérieure de leur
histoire : elles se tiennent dans le temple d'Artémis (orné
d'ex-voto), devant sa statue sacrée, en présence d'un silène et
de Dionysos, reconnaissable à sa férule aux fleurs épa-
nouies[41]. Déjà sur le chemin de la guérison, elles écoutent les
exhortations de Mélampous, le héros purificateur.

Ont-elles été guéries par la lustration ou par le verbe[42] ?
La statue du héros aux paroles contraignantes, avec « l'aspect
sacré d'un prophète » et semblant « de sa bouche silen-
cieuse proférer quelque parole fatidique inspirée des dieux »,
ornait encore au VIe siècle de notre ère les thermes de

Constantinople appelés le Zeuxippe[43]. Des témoignages littéraires antiques ajoutent à l'affection mentale des Proétides
une maladie de la peau et du cuir chevelu, mais rien de tel
n'est conservé dans la tradition iconographique[44].

POSSESSIONS ET PERSÉCUTIONS DÉMONIAQUES

Dans d'autres légendes, ce ne sont pas des produits
toxiques qui dépossèdent l'homme de son âme, mais
des êtres démoniaques qui en
prennent possession et la tor-
turent[45]. La lune fait tomber
les lunatiques. Les nymphes
rendent *lymphatus* celui dont
elles s'emparent[46]. L'Atro-
phonte des *Captifs* de Plaute
délire, devenu *laruatus*, victime
des larves. Cérès elle-même ne
dédaigne pas ce rôle néfaste :
devient *cerritus*, fou furieux,
celui sur lequel elle jette son
dévolu. Peuvent agir aussi
des affects, représentés comme
des êtres auxquels on ne sait
résister[47]. Ainsi l'Esprit de querelle *(Eris)*[48]; l'Envie *(Phthonos / Invidia)*[49]; la Crainte
(Phobos / Paventia)[50]; la Honte
ou la Pudeur *(Aidos / Pudor)*[51].
Une amphore étrusque fait
apparaître *Phobos* dans la geste

90. Pour effrayer Héraclès, Kyknos porte
le visage de la Crainte *(Phobos)*. Amphore
étrusque. *(Institut archéologique
de l'Université, Heidelberg)*

d'Héraclès : dans son combat contre Kyknos, fils d'Arès,
redoutable cocher, le héros affronte le visage de Phobos qui
se superpose à celui de son adversaire *(fig. 90)*[52].

Le Remords fait aussi souffrir en prenant la forme de
chiens ou de chiennes qui ne cessent jamais leur poursuite,
de taons toujours présents, des Érinyes ou des Furies aux
terribles aiguillons[53]. Dans le cas d'Oreste, meurtrier de sa
mère, le désir d'une expiation absolue aboutit à une véritable

91. Oreste à Delphes purifié par Apollon.
Cratère en cloche de l'époque classique. *(Louvre)*

manie de la persécution[54]. Bien qu'il ait accompli son crime sur l'ordre d'Apollon, il faudra une purification et une longue expiation pour qu'il soit débarrassé de cette présence harassante des « tristes enfants de la nuit[55] », « des femmes vêtues de noir, enlacées de serpents sans nombre [...], des chiennes irritées[56] ».

Quand Oreste arrive à Delphes et se réfugie sur l'omphalos, le dieu même qui l'avait poussé à l'acte affreux écarte les Érinyes, scène choisie par le peintre de l'*Ilioupersis* pour un vase de Naples[57]; puis, comme on les voit sur un cratère en cloche du Louvre, Apollon debout près du laurier sacré purifie le malheureux du sang d'un porcelet[58], tandis que l'ombre de Clytemnestre cherche à réveiller deux des furies endormies *(fig. 91)*[59]. Sur un vase de l'Ermitage, les noires Érinyes, écrasées de sommeil, cernent le petit temple où Oreste se tient vigilant, glaive à la main[60]. Après les dieux, les hommes l'acquitteront, à Athènes, ce que laisse entendre, sur un autre cratère, la présence à Delphes de la déesse Athéna, en face d'Apollon[61].

N'oublions pas qu'Oreste, depuis les débuts de la guerre de Troie, a vécu une vie de malheurs et de drames et était déjà sujet à des « crises », sinon épileptiques, du moins

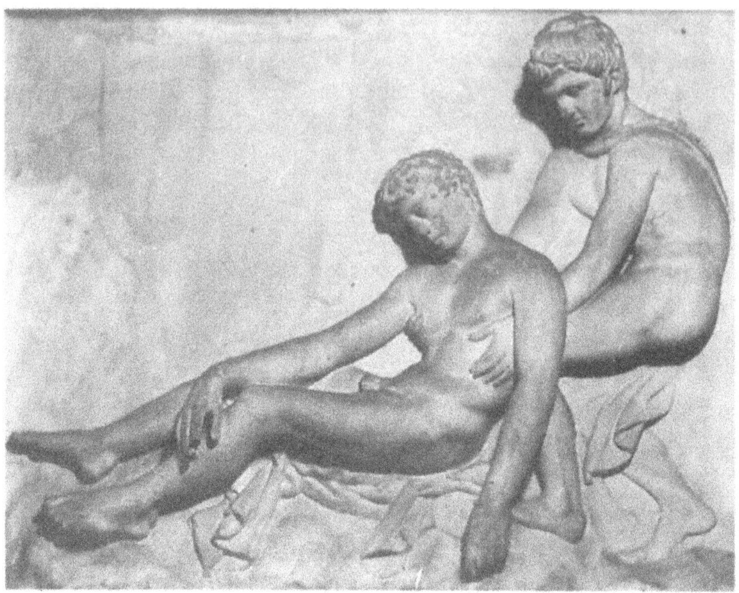

92. Pylade soutient Oreste affaissé après une crise nerveuse.
(Musées du Vatican)

épileptiformes: sur un délicat relief néo-classique, Pylade soutient sous les aisselles le jeune héros, aux muscles relâchés, affaissé nu sur un rocher *(fig. 92)* [62].

L'AMOUR FOU

On prête bien des excuses au comportement déréglé des amoureux: les flèches de l'avide désir [63]; le taon de l'amour; l'intervention des divinités du plaisir sexuel, Pothos et Himeros en Grèce [64] et, à Rome, Voluptia et Stimula qui brandit son aiguillon enflammé [65]. Les amoureux maigrissent et se consument [66].

Quel que soit le point de départ prêté à l'histoire de Phèdre, le cas dramatique de la fille de Minos et de Pasiphaé a tenté les artistes en tout genre: graveurs de miroirs, peintres de vases, sculpteurs sur marbre [67]. Sur le superbe bas-relief de marbre penthélique conservé à Agrigente, la beauté de Phèdre a été épargnée, mais la jeune femme languit, les paroles de ses compagnes, charmantes et empressées (deux d'entre elles semblant se consulter sur son cas), ne peuvent plus l'atteindre, ni la musique que sa nourrice ou son intendante, en la tirant par le bras, lui propose d'écouter ; ni même l'enfant-amour qui joue sous son siège *(fig. 93)* [68].

Poussée à l'inceste par l'absence prolongée de son époux, le volage Thésée, Phèdre avait du moins, à la différence de Didon, une excuse [69] : sa mère Pasiphaé s'était livrée à un amour encore plus contraire à la nature, puisqu'elle avait aimé un taureau. Mais le fol amour de Phèdre entraîna dans la mort le vertueux Hippolyte, qui la refusa (méprisant l'amour des femmes en général) [70]. En décrivant une scène de sa tragique histoire, Agathias remarque qu'« Hippolyte à l'oreille de la nourrice chuchote de dures paroles. Nous, nous ne pouvons l'entendre, mais autant qu'on en peut juger à son regard furieux, il l'engage à cesser ses propositions criminelles [71] ». Effectivement, cette conversation figure bien sur un sarcophage d'Agrigente, une fresque d'Herculanum et une sculpture gallo-romaine [72].

D'après le témoignage de Pline, une passion incestueuse, celle d'une fille languissante d'amour pour son frère, avait été peinte au IVe siècle avant J.-C. par Aristide de Thèbes [73].

93. Phèdre languissant d'amour. Bas-relief antique.
(Musée de la cathédrale, Agrigente)

Deux divinités qui affolent : Lyssa et Mania/Furor

La divinité appelée Lyssa n'est pas seulement la rage canine[74], mais aussi la rage d'aimer et la folie sous des aspects divers[75]. Paul le Silentiaire raconte : « L'homme à qui un chien enragé a porté une blessure venimeuse voit dans les eaux, dit-on, l'image de la bête féroce. L'Amour aussi sans doute, dans une crise de rage, m'a mordu de sa dent cruelle et a ravagé mon âme de ses fureurs[76]. »

Les dieux sont vindicatifs et capricieux. Ils peuvent frapper les gens ordinaires. Ainsi par exemple une inscription lydienne rapporte le cas d'une victime d'Artémis Anaeitis qui, plongée dans la folie, est traitée et même guérie par des médicaments[77]. Les héros courent encore plus de risques. Leur punition divine sans recours pose le problème de la faute et de la fatalité[78]. Exécutant les ordres divins, Lyssa-la folie frappe Héraclès. Ailleurs, on le dit victime de Mania/Furor, la folie furieuse, qui, hors du mythe, peut relever de l'art du médecin[79]. Signalons toutefois qu'Héraclès est un violent, d'une violence à la limite du pathologique, aux colères clastiques. Sur une coupe attique, le jeune Héraclès frappe violemment Linos, qui tentait de lui donner une leçon de musique, et le tue à coups de tabouret[80]. Ses accès allaient jusqu'au véritable raptus et ce n'est pas sans raison que l'on attribue à l'ancienne expression de « maladie d'Héraclès » le sens d'épilepsie[81].

Dans l'*Héraclès* d'Euripide, Iris, la messagère des dieux, est venue parce qu'Héra veut que le héros se souille de sang. Elle s'adresse en ces termes à Lyssa : « Vierge étrangère à l'hymen, jette cet homme dans des accès de folie, trouble sa raison jusqu'à lui faire tuer ses propres enfants, excite-le aux bonds d'une danse forcenée, lâche les rênes à sa fureur sanguinaire. » La « fille de la nuit » s'en défend d'abord, puis obéit à contre-cœur et excite Héraclès : « Déjà il secoue la tête et il roule en silence des yeux convulsés et fulgurants ; sa respiration est désordonnée, on dirait un taureau prêt à bondir[82]. »

Sur le cratère italiote signé d'Astéas (vers le milieu du IVᵉ siècle av. J.-C.), trouvé à Paestum, le malheureux héros va

94. Excité par Mania, Héraclès massacre sa famille.
(Musée archéologique, Madrid)

commettre ce crime de lâche par excellence qu'est le meurtre de ses propres enfants. Bizarrement accoutré et absorbé par ce cruel « travail » que les mythographes ne font pas figurer dans la fameuse liste, il s'apprête à jeter un de ses fils dans un feu où brûlent déjà divers objets domestiques. Dans un geste de supplication, le petit touche de la main le menton de son père, lequel ne sent rien et garde les yeux fixes : « C'est vers Argos qu'il regarde et il croit qu'il massacre les enfants d'Eurysthée [...], car la folie est chose trompeuse et elle peut facilement faire prendre ce qui est pour ce qui n'est pas[83]. » Mégara, son épouse, fille du roi de Thèbes, cherche à se sauver. Au balcon de cette scène très théâtrale, regardent Iolaos, neveu préféré d'Héraclès, Alcmène, sa mère, et une divinité de la folie (l'inscription précise que c'est Mania). Elle appuie contre son épaule le fouet qui a servi à affoler Héraclès *(fig. 94)*[84].

Pour la présentation iconographique de cette scène, Philostrate envisage astucieusement aussi une folie intériorisée et dont la personnification serait invisible : « L'Érinye qui s'est faite maîtresse de ses actes, tu l'as souvent vue sur scène ; mais sur ce tableau tu ne saurais la voir ; car elle a élu domicile en Héraclès même, c'est dans sa poitrine qu'elle danse, c'est en lui qu'elle bondit comme une bacchante, souillant sa raison [85]. »

95. Médée médite l'assassinat de ses deux enfants.
Fresque pompéienne. (*Musée archéologique, Naples*)

RÉACTIONS MÉLANCOLIQUES

Sur ces fous des dieux, la médecine antique n'a pas de prise. Venons-en à une folie mieux connue des médecins même si elle ne leur est guère accessible non plus, la mélancolie que, comme l'indique d'ailleurs son nom, tous les Anciens mettent en rapport avec la bile noire. La dépression mélancolique endogène ne semble pas avoir retenu l'attention des artistes. Si Bellérophon en était atteint, rien ne l'indique dans la tradition iconographique [86]. Mais la réaction lypémaniaque spectaculaire, par exemple face à un grave échec amoureux, comme celle de Médée, s'est révélée une riche source d'inspiration[87].

La magnifique fresque pompéienne conservée au musée archéologique de Naples mérite une place à part, car on y voit bien l'inaccessibilité du mélancolique au discours d'autrui, plongé qu'il est dans son humeur noire et obnubilé par son projet insensé *(fig. 95)* [88]. Médée, assise à droite, accablée, ne voit ni n'entend rien ni personne de réellement existant ; elle ne songe qu'à tuer ses enfants pour rendre à Jason la peine que lui a faite l'abandon qu'elle a subi de sa part [89]. Les deux garçonnets jouent sous ses yeux, mais elle ne s'intéresse pas à ce qu'ils font ; elle n'a pas entendu leur précepteur, qui, en hauteur à la gauche du tableau, a vainement essayé d'attirer son attention [90].

Médée ne s'en tiendra pas au fantasme de meurtre mais passera vraiment à l'acte. Sur un sarcophage d'enfant du musée d'Antalya en Turquie, Médée n'est plus seulement pensive et hésitante mais a tiré l'épée et se prépare à frapper ses fils [91]. Le support peut paraître incongru ; il ne l'est pas vraiment, si l'on pense que les enfants assassinés par Médée ont été divinisés. On la voit agir sur une amphore à figures rouges de Cumes : la magicienne déchue, armée d'un glaive, poignarde dans le dos un jeune garçon déjà ensanglanté ; elle maintient solidement de la main gauche sa petite tête bouclée, et ne se laisse pas émouvoir par ses gestes de défense et de supplication *(fig. 96)* [92]. Sur un relief de Gorsium en Pannonie, un des enfants a été tué et gît à terre, tombé sur le dos [93]. Après ce meurtre symboliquement suicidaire, Médée

96. Médée poignarde son fils.
Vase grec de Cumes. *(Louvre)*

s'enfuit sur son char ailé, parfois poursuivie par le taon-remords.

Quant à Ajax, navré et furieux de n'avoir pas obtenu les armes d'Achille, il décide de se venger en trahissant les siens. Pour l'en empêcher, Athéna lui fait perdre la raison, comme le montre par exemple un stamnos de Vulci[94]. Rendu fou par la déesse, il massacre au lieu des Grecs des troupeaux de moutons et de bœufs. Sur une pierre sculptée conservée à Vienne (Autriche), on voit la version d'Eschyle : Ajax vient de blesser un bélier qu'il a pris pour Ulysse ; celui-ci emporte la bête sur son dos[95].

Sur une intaille du musée de Genève, Ajax, assis sur un rocher et entouré de moutons massacrés, revient progressivement à la réalité sinon à la raison[96]. Sa honte et son désespoir le poussent au suicide[97]. Il cache ses intentions le temps nécessaire, soit qu'il ait vraiment voulu épargner le cœur de ses proches, soit à cause de son arrogance coutumière à l'égard des dieux, soit enfin poussé par l'esprit de dissimulation qui caractérise certains états psychiatriques[98].

Ajax prépare soigneusement son acte et, entièrement nu, plante solidement son glaive dans le sol, pointe en haut. Exékias a immortalisé ce moment sur la célèbre amphore à figures noires du musée de Boulogne-sur-mer *(fig. 97)*[99]. À genoux devant son arme, il lève alors les bras vers le ciel et s'adresse aux dieux. Un lécythe le montre dans cette solitude pathétique, au moment même où il semble prononcer les mots mis dans sa bouche par Sophocle[100]. Puis, comme on le voit par exemple sur les scarabées étrusques de Boston et de New York, il cherche à placer son corps dans la position

97. Ajax prépare son suicide. Amphore signée d'Exékias.
(*Château-musée, Boulogne-sur-Mer*)

la plus favorable [101]. Selon un graveur étrusque, Athéna intervient de nouveau à l'heure fatale [102]. Il finit par se jeter sur son glaive, moment dont la dynamique est merveilleusement rendue par un petit bronze étrusque de Populonia (*fig. 98*) [103].

Dès le VIIe siècle avant J.-C., ce sujet a fasciné les artistes, d'abord grecs, puis étrusques et romains. Les uns font mourir Ajax transpercé au milieu du corps (ventre ou région épigastrique), de l'avant vers l'arrière, par son épée sur laquelle il s'arc-boute : par exemple une plaque de pierre du musée archéologique de Tarquinies et une coupe corinthienne de Bâle [104]. D'autres le présentent couché sur le dos, selon une vision plus esthétique que vraisemblable (par exemple un bronze étrusque, probablement la poignée d'une ciste [105]). Telle est, sur la coupe du peintre de Brygos, la position du corps d'Ajax que Tekmessa, son épouse, recouvre

98. Ajax se jette sur son glaive. Bronze étrusque.
(Musée archéologique, Florence)

d'un linceul [106]. D'autres encore adoptent la version eschyléenne et font traverser le thorax transversalement, le fer
sortant par la région sous-claviculaire *(fig. 99)* [107]. Ce dernier
mode assurait une mort rapide en touchant, comme le voulait
la légende, le point vulnérable du héros et en lésant effectivement le cœur.

Plus rares sont les suicides féminins par le fer, comme celui
de Lucrèce, se tuant pour échapper à la honte du viol [108],
ou celui de Didon, abandonnée par Énée [109].

99. Ajax meurt transpercé. Cratère étrusque. *(British Museum)*

Délires de transformation corporelle

Il y avait, certes, du délire dans des drames comme celui d'Ajax, mais il est plus net dans d'autres légendes, comme celle d'Io ou celle des compagnons d'Ulysse en proie aux maléfices de Circé. L'histoire d'Io comporte plusieurs épisodes [110]. Le premier évoque clairement l'érotomanie [111] : « Sans répit – rapporte-t-elle dans un monologue du *Prométhée* – des visions nocturnes visitaient ma chambre virginale et, en mots caressants, me conseillaient ainsi : ô fortunée jeune fille, pourquoi si longtemps rester vierge quand tu pourrais avoir le plus grand des époux ? Zeus a été par toi brûlé du trait du désir ; il veut jouir avec toi des dons de Cypris : garde-toi, enfant, de repousser l'hymen de Zeus ; mais pars, dirige-toi vers Lerne et sa prairie herbeuse, vers les parcs à moutons et à bœufs de ton père, afin que l'œil de Zeus soit délivré de son désir [112]. » Io cède à son délire ; la catastrophe est immédiate : Héra, épouse d'autant plus jalouse qu'elle n'est plus capable de se faire

100. Délire d'Io, porteuse de cornes.
Fresque pompéïenne. *(Musée archéologique, Naples)*

aimer, transforme la jeune fille en un taureau, en une vache adulte, ou plutôt en « une bête mêlée d'être humain, partie génisse, partie femme [...], tournoyante au vol du taon » [113]. Le délire de transformation corporelle de la malheureuse est concrétisé par les piqûres de l'insecte qui la harcèle, le taon funeste aux troupeaux de bœufs comme l'abeille l'est aux chevaux.

Dans l'iconographie, le contenu du délire est d'abord pris au pied de la lettre [114] : la jeune fille est une vache splendide,

101. Les compagnons d'Ulysse se transforment en animaux.
Urne étrusque. (*Musée Guarnacci, Volterra*)

ou une vache à tête de femme comme sur un vase de Boston [115]. Par la suite, il peut être délicatement signifié par l'adjonction sur un corps parfaitement humain de deux petites cornes discrètes, comme par exemple sur une fresque de Pompéi (*fig. 100*) [116]. Un document aujourd'hui disparu fait preuve d'une astuce picturale encore plus grande : la malheureuse s'obstine à vérifier son état et à toucher son front à la recherche de cornes qui n'y sont peut-être pas [117]. Il se peut aussi que l'élégante présence d'un diadème sur les cheveux de la jeune femme cache des cornes réelles ou imaginaires [118].

Dans le fameux épisode de l'*Odyssée*, le délire des compagnons d'Ulysse est provoqué par les philtres de Circé, la magicienne. De « funestes drogues » leur font « perdre tout souvenir de la terre paternelle » et leur donnent un aspect porcin : « Des sangliers – dit Homère – ils avaient la tête, la voix, les soies, le corps ; mais leur esprit est resté le même qu'auparavant. » Sur une amphore de Nola, Circé est en train de transformer une victime qui, étonnée et incrédule, tâte sa tête à moitié porcine [119]. Dans l'art étrusque, riche en variantes pleines d'imagination, les compagnons d'Ulysse deviennent qui porc ou bœuf, qui cheval, lion ou chien selon des ressemblances, aussi profondes que secrètes, que les physiognomonistes s'efforceront plus tard de codifier : sur un panneau d'une urne de Volterra, la transformation n'est pas complète et les

têtes d'animaux sur des corps humains font effectivement penser à des illustrations d'anciens traités de physiognomonie
(fig. 101) [120]. Ces victimes du zoomorphisme guériront grâce à
une plante, le mystérieux moly [121]. Un vase attique archaïque,
conservé à Boston, donne une vision dramatique de l'instant
de cette guérison *(fig. 102)* [122].

102. Ulysse guérit les victimes de Circé.
(Musée des Beaux-Arts, Boston)

CHAPITRE VI

Maigreur et émaciation

La maigreur, même très accusée, n'est pas nécessairement un signe de maladie [1]. Elle peut être due à une constitution leptosome, résulter d'un régime hypocalorique ou inadéquat, accompagner une souffrance morale, marquer la vieillesse. Cependant, même en de tels cas, il existe un seuil au-delà duquel on ne peut plus parler de variantes physiologiques. La maigreur constitutionnelle peut être le symptôme d'une affection génétique ou d'une perturbation hormonale ; une alimentation inadéquate, aussi bien en quantité qu'en qualité, provoque des états pathologiques (œdème de famine, avitaminoses, etc.) ; les troubles psychologiques vont souvent de pair avec des affections somatiques ; le marasme sénile, enfin, n'est pas « physiologique » dans la mesure où il n'est pas le lot inévitable de tous les vieillards.

Il existe, certes, des maladies qui se manifestent par une perte de poids et un amaigrissement des parties charnues. Ces maladies sont même très nombreuses, allant – pour donner seulement quelques exemples – de l'anorexie mentale, de l'hyperthyroïdie ou du diabète au rachitisme, à la consomption tuberculeuse ou à la cachexie cancéreuse, mais la maigreur, même excessive, n'est jamais un symptôme pathognomonique. Le diagnostic différentiel rétrospectif d'une maigreur pathologique connue par un document iconographique n'est possible qu'en présence d'autres particularités, soit visibles sur l'objet lui-même, soit fournies par une inscription, soit dérivées du contexte historique de la scène représentée. Ainsi, par exemple, l'image d'un frêle enfant au crâne déformé évoque le rachitisme, celle d'une personne émaciée avec un goitre fait penser à la maladie de Basedow et celle d'un infirme à la fois très maigre et courbé par une bosse angulaire permet de diagnostiquer presque avec certitude la tuberculose de la colonne vertébrale (mal de Pott)[2].

La consomption d'Homère à Hippocrate

Dans le monde d'Homère, la maladie par excellence, la seule qui ne soit ni infirmité ni traumatisme dû aux agents naturels ou divins ni affection mentale, « fait partir la vie *(thymos)* par la consomption affreuse des chairs »[3]. Ce dépérissement chronique, appelé *têkedôn* (dérivé du verbe *têkô*, signifiant *se liquéfier* ou *se dissoudre* et désignant, par exemple, la fonte des neiges)[4] fait fondre lentement l'ensemble du corps. Le poète éprouve une horreur sacrée devant le spectacle d'une telle dégradation de l'homme et use à ce propos d'une épithète très forte : *stygeros,* c'est-à-dire affreux, odieux ou abominable.

Aucune image ou sculpture ancienne conservée se rapportant à l'épopée homérique ou aux anciens mythes ne traite ce sujet. Pausanias a vu à Delphes un tableau du célèbre peintre Polygnote représentant Tityos amaigri au point de « n'être plus qu'un spectre »[5]. Le géant malfaisant n'est pas consumé par la maladie mais souffre d'un supplice infernal : il est enchaîné au sol et deux vautours attachés à ses flancs déchirent ses entrailles et lui dévorent le foie[6].

D'après les textes hippocratiques, un corps naturellement maigre est de meilleur augure qu'un corps obèse. Un célèbre aphorisme affirme que les personnes portées à l'embonpoint sont plus exposées à une mort subite que les personnes maigres[7]. Toutefois, la maigreur naturelle favorise les avortements spontanés et les luxations[8] et, surtout, peut faciliter le passage vers un amaigrissement pathologique[9].

Les médecins grecs de l'époque classique accordent une grande importance à la consomption lente des parties molles du corps accompagnée d'une fièvre continue non violente. Cette maladie, la *phthisis* (dérivé du verbe *phthinô*, dont le sens est *diminuer, se consumer*), a été très fréquente pendant toute l'Antiquité, aussi bien en Grèce qu'en Italie et en Égypte. Il n'y a pas de doute que la tuberculose pulmonaire, la phtisie au sens moderne, constituait le noyau de la *phthisis* antique, mais n'en épuisait ni le contenu conceptuel ni la réalité pathologique sous-jacente[10]. Pour désigner le dépérissement du corps humain qui s'amenuise jusqu'à la mort, les anciens médecins grecs se servent aussi des termes *marasmós* (du verbe *maraínô*, qui s'applique par exemple à l'extinction du feu, à l'abaissement de niveau d'un fleuve ou à l'affaiblissement du vent), *atrophia* (étymologiquement : *manque de nourriture*) et *kachexia (mauvais état)*, tandis que les auteurs latins utilisent soit les calques des mots grecs, soit les termes *consumptio, defluxio* (littéralement : *écoulement*) soit, surtout, *tabes* (du verbe *tabeo*, dont le sens premier est *fondre*)[11]. Il n'est nécessaire de préciser ici ni l'évolution historique de ces mots ni les nuances dans leur usage médical, car cela n'implique pas l'aspect du malade. Les distinctions que l'on trouve, par exemple chez Celse ou chez Galien, n'ont pratiquement aucune signification pour l'interprétation des sources iconographiques.

Une réflexion de Plutarque nous prouve que les artistes de l'Antiquité n'ont pas hésité à reproduire avec réalisme les marques funestes de la phtisie : « Nous souffrons de voir une personne phtisique, mais nous avons plaisir à contempler des statues ou des peintures qui représentent des phtisiques, parce que notre esprit est séduit par les imitations en vertu d'une affinité naturelle[12]. »

LA STATUE DE DELPHES ET LA FIGURINE DE SOISSONS

En racontant les circonstances de la mort d'un général phocéen, Pausanias écrit que, « parmi les offrandes faites à Apollon se trouvait une représentation *(mimêma)* en bronze représentant [un homme souffrant d'une maladie] chronique dont les chairs avaient déjà fondu et auquel il ne restait plus que les os. Les Delphiens disaient que c'était une offrande d'Hippocrate le médecin ». S'étant vu en songe aussi maigre que cette statue, ce personnage succomba à une maladie consomptive [13].

Le texte entre crochets correspond à une lacune dans les manuscrits. Les premiers éditeurs de Pausanias interprétaient cet objet comme un squelette en bronze, mais, dès la fin du XVIIIe siècle, un historien de la médecine avisé, Kurt Sprengel, avançait une autre hypothèse : l'offrande d'Hippocrate aurait été « l'effigie d'un homme tellement maigre, qu'on ne lui voyait plus que les os » [14]. La conjecture retenue dans notre traduction remonte à Georg Treu. Bien étayée par Hermann Hitzig et Hugo Bluemner dans les commentaires de leur édition de Pausanias, elle est aujourd'hui généralement acceptée [15].

Au temps de Pausanias (IIe siècle après J.-C.), la statue de ce patient d'Hippocrate, déposée à Delphes au IVe siècle avant J.-C., n'existait plus ou, du moins, on ne pouvait pas la voir exposée dans le sanctuaire d'Apollon, car notre auteur n'aurait pas manqué de la mentionner. On a trouvé une inscription dédicatoire sur une pierre qui pourrait bien avoir été le socle de la statue hippocratique. Le texte en est mutilé, mais il est certain qu'on y parle d'Hippocrate le Thessalien (ou de Thessalos fils d'Hippocrate), d'aide divine et de guérison des maladies [16].

En 1844, on a trouvé dans l'Aisne, près de Soissons, une figurine représentant un homme décharné. L'antiquaire Adrien de Longpérier a immédiatement établi une relation entre cet objet et le rapport de Pausanias [17]. La figurine est petite, haute de 11,5 cm, en bronze, avec des yeux incrustés en argent. Il s'agit d'un jeune homme, assis sur un tabouret dont les pieds antérieurs manquent. Le visage est émacié, exprimant une souffrance résignée. Le haut du corps est nu, soigneusement ciselé ; les cuisses et les jambes sont recouvertes d'une draperie. Le pied gauche est chaussé, le pied droit est nu et posé sur une sandale. Ce qui rend cette figure remarquable – écrit Longpérier – c'est l'état de maigreur extraordinaire des bras et du torse. Elle n'est possible « qu'après une maladie fort longue et fort grave, telle, par exemple, que la phtisie pulmonaire [18] ». L'artiste n'aurait laissé découverte la partie supérieure du corps que pour mettre en évidence cette effrayante maigreur.

Tout cela correspondait bien à ce que Pausanias disait de l'offrande d'Hippocrate. Certes, la figurine ne pouvait être qu'une copie en miniature de l'œuvre grecque. Trouvée au centre de la Gaule, elle ne saurait y avoir été fabriquée. La coiffure est romaine, probablement de l'époque d'Auguste. La même datation résulte des caractéristiques paléographiques de l'inscription ponctuée sur le genou et sur la draperie. Cette inscription comporte seulement deux mots grecs : EUDAMIDAS et PERDIK (...) [19]. En interprétant le texte comme une dédicace, Longpérier le complète en le traduisant « Eudamidas, fils de Perdiccas (a dédié cette figure) » et affirme qu'il s'agit d'« un ex-voto du genre de ceux que le christianisme a rendus si communs ». Les deux noms sont assez fréquents, notamment en Macédoine.

La figurine de Soissons a été conservée d'abord en France, dans le cabinet du vicomte de Jessaint, puis en Angleterre, dans une autre collection privée (collection Cook à Richmond) [20]. En 1903, elle a été prêtée pour une brève période à une exposition d'art antique à Londres. À cette occasion, Cecil Smith a avancé l'hypothèse selon laquelle il s'agirait non pas de l'ex-voto d'un malade mais de la représentation d'un ascète, probablement un adepte de Pythagore [21].

En 1917, la question a été reprise et amplement débattue par Heinrich Pomtow dans un article sur les témoignages épigraphiques des asclépiades à Delphes [22]. Ayant identifié un fragment du socle de l'offrande d'Hippocrate, Pomtow constatait que sa largeur dépassait 95 cm et estimait donc qu'elle correspondait mieux à une figure assise qu'à une figure en pied. Il en concluait que la statuette de Soissons est dans l'essentiel une réplique fidèle de la statue de Delphes. Le nom de Perdiccas renverrait, toujours selon Pomtow, à la légende rapportée par Soranos selon laquelle Hippocrate aurait reconnu par l'examen du pouls la vraie nature de la consomption du roi macédonien de ce nom. Mais comme Pomtow ne confond pas les preuves archéologiques et la légende, il veut bien accepter l'attribution de la figurine tardive à Perdiccas, sans admettre pour autant que la statue de Delphes s'y rapporte.

La figurine de Soissons ayant appartenu à des collectionneurs privés, pendant longtemps on ne put juger de son

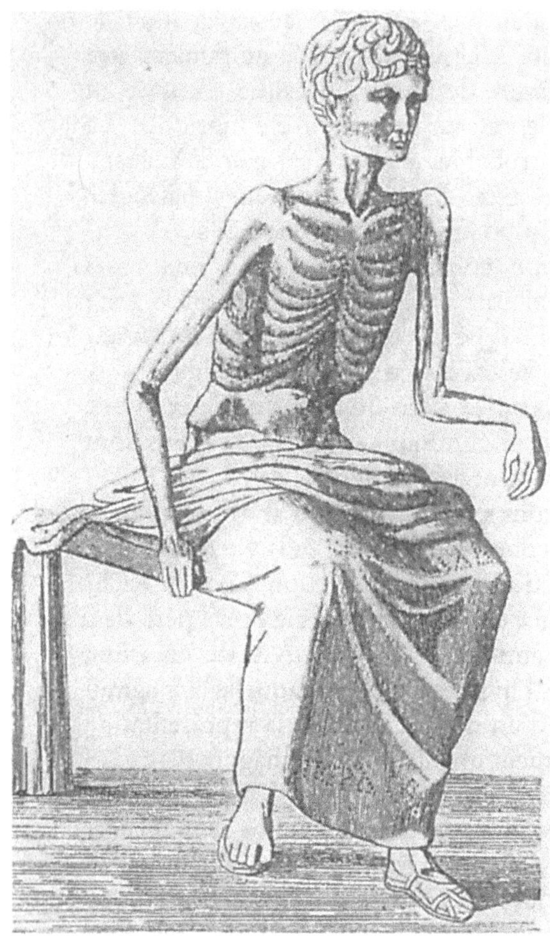

103. Ancienne gravure de la statuette dite de Perdiccas trouvée près de Soissons. D'après Longpérier, 1844-1845.

aspect que d'après un dessin *(fig.103)* [23]. Cela suffisait toutefois pour constater une discordance curieuse : l'artiste a modelé la tête, le cou, les bras, le ventre et les pieds d'une manière anatomiquement irréprochable, mais il n'a pas représenté correctement les os saillants de la cage thoracique. La disposition des côtes ne correspond pas à la réalité anatomique. On dirait que cette personne n'a pas de sternum. Le parcours des os sous la peau d'un corps à ce point décharné attire tellement le regard qu'il aurait dû être l'un des principaux soucis de l'artiste lors de l'exécution de cette œuvre. À notre avis, l'artiste n'a pas travaillé d'après nature. S'il connaissait la beauté sculpturale du corps humain bien en chair, il ignorait les particularités du squelette.

Du point de vue médical, un détail intrigant est la position de l'extrémité supérieure gauche. D'après le dessin, la main tombe presque à angle droit, dans une posture qui suggère le diagnostic de paralysie radiale. L'examen de la figurine originale permet d'écarter cette hypothèse. En effet, ce précieux objet est maintenant accessible au public, car il a

104. Aspect actuel de la statuette
dite de Perdiccas trouvée près de Soissons.
(Dumbarton Oaks, Washington)

été acquis en 1947 par la Bibliothèque Dumbarton Oaks à Washington *(fig. 104)* [24]. La position du poignet gauche est, certes, inhabituelle, mais non pathologique. On dirait que cette personne tend sa main pour un examen du pouls. En effet, il existe un petit trou sur ce poignet, correspondant peut-être à l'ajustement d'une autre main.

En préparant le catalogue de la collection de Dumbarton Oaks, Gisela Richter s'est penchée, elle aussi, sur la figurine de Soissons. Elle rappelle les opinions de Longpérier et de Smith, puis signale un rapprochement original, fait oralement par deux antiquisants américains, B. Segall et A. M. Friend : le nom de Perdiccas inscrit sur la figurine pourrait se rapporter au héros d'un poème latin de basse époque, *Ægritudo Perdicæ*. Mais Gisela Richter fait table rase de toutes les interprétations antérieures pour faire valoir une conjecture personnelle : PERDIK (...) ne serait pas Perdiccas mais Perdix. Dans sa comédie des *Oiseaux*, Aristophane mentionne un commerçant athénien dont le nom est devenu proverbial pour désigner un personnage qui boite. Or, selon Richter, la maladie principale représentée sur la figurine de Soissons serait le pied bot. Certes, l'aspect des pieds est à première vue normal, mais le pied droit n'est pas chaussé et le patient le tient légèrement soulevé. En bref, la statuette serait bien l'ex-voto d'un malade, Eudamidas, souffrant moins de sa maigreur que de son pied bot. Le second nom de l'inscription servirait pour désigner de manière proverbiale cette infirmité[25].

Cette nouvelle explication n'a pas convaincu François Chamoux, mais elle a eu le mérite de l'inciter à approfondir les recherches sur ce sujet. Après avoir cru, astucieusement mais arbitrairement, qu'il pourrait s'agir d'Érysichthon (héros que Déméter avait puni par la fonte de ses chairs), Chamoux est revenu à la légende hippocratique, mais avec un argument nouveau : il a établi un parallèle entre la figurine de Soissons et la scène médicale de la célèbre mosaïque de Lambiridi[26].

LA MOSAÏQUE DE LAMBIRIDI

En 1918, des officiers français découvrent à proximité des ruines de l'ancienne ville de Lambiridi (près de Batna en Algérie) une chambre funéraire dont le pavement de mosaïque était à peu près intact. Cette mosaïque, exposée au Musée archéologique d'Alger, montre, au milieu d'un médaillon d'un diamètre de 76 cm, porté par quatre géants anguipèdes, deux hommes assis chacun sur un tabouret à quatre pieds *(fig. 105)* [27]. L'un de ces personnages, barbu et vêtu d'un ample manteau, tient le poignet de l'autre, jeune adulte, nu et décharné. Manifestement, c'est un médecin qui examine un malade en tenant son poignet. Il est probable mais non certain que le médecin tâte le pouls, car son geste est insolite : c'est de la main gauche qu'il palpe le bord cubital du poignet au lieu du sillon radial. La main droite du médecin touche probablement le menton ou le visage du patient ; on le devine à peine car cette partie de la mosaïque est abîmée. Aucun des deux personnages ne peut être le défunt déposé dans cette tombe, car le seul sarcophage qui s'y trouvait comporte une épitaphe disant en grec : « Cornelia Urbanilla repose ici morte à 28 ans 10 mois 9 heures, sauvée d'un grand danger. » La mosaïque elle-même comporte, au-dessous de l'image mentionnée, une inscription qui peut passer pour désabusée ou pour profondément religieuse : « Je n'étais pas, je suis devenu. Je ne suis plus, peu m'en chaut. » La tombe date du IIIe siècle après J.-C.

Quatre ans à peine après la découverte de cette mosaïque, Jérôme Carcopino en a publié une interprétation [28]. À la suite d'une longue analyse, pleine de subtilités mais s'éloignant, à force d'érudition, des données historiques concrètes vers des supputations philosophico-mystiques aussi improuvables qu'irréfutables, Carcopino voit dans l'image du médecin la représentation du dieu Asclépios. Ce serait un Asclépios assez particulier, apportant le soulagement à l'âme autant qu'au corps. La décoration influencée par l'hermétisme aurait

105. Un médecin tient le poignet d'un personnage
décharné. Mosaïque de Lambiridi.
(Musée archéologique, Alger)

remplacé le serpent traditionnel. La scène représenterait, concrètement, une consultation médicale dans un milieu thermal, mais serait surtout symbolique et, au-delà de l'anecdote médicale, exprimerait l'idée que le médecin philosophe sauve l'humanité souffrante et non l'individu.

Le rapprochement entre la figurine de Soissons et la mosaïque de Lambiridi éclaire le contenu des deux objets. La relation avec la légende hippocratique du diagnostic de la maladie de Perdiccas devient de plus en plus plausible. Le vieillard de la mosaïque pourrait être Hippocrate ; certes, non pas l'Hippocrate historique – car le vieillard de Cos ne tâtait pas les artères mais observait seulement le battement des vaisseaux sur les tempes –, mais un Hippocrate légendaire, dépeint notamment dans l'*Ægritudo Perdicæ*. Un prince macédonien, Perdiccas, revenant dans son pays d'un voyage d'études à Athènes, tomba amoureux de sa propre mère Castalie au point de perdre l'appétit et le goût de vivre. Ne voulant pas dévoiler sa passion, il dépérissait. On consulta Hippocrate qui découvrit, par l'accélération subite du pouls lors de l'entrée de Castalie dans la chambre du malade, que la consomption provenait de la passion amoureuse inassouvie. La maladie était une punition d'Aphrodite et même Hippocrate ne pouvait s'opposer par son art à la volonté divine : pour ne pas succomber à sa passion incestueuse, Perdiccas se suicida [29].

Ce Perdiccas est un personnage historique, roi de Macédoine au temps de la guerre du Péloponnèse. On le croyait atteint de phtisie après la mort de son père Alexandre Ier. Le médecin Hippocrate l'aurait guéri après avoir découvert son amour inconscient pour Philè, la concubine de feu son père. Les relations amicales et probablement aussi professionnelles entre Hippocrate et Perdiccas sont assez bien attestées [30], mais le diagnostic de la maladie d'amour est un *topos* littéraire inventé pendant l'époque hellénistique [31].

Revenons brièvement à la figurine de Soissons. Consomption tuberculeuse, maladie d'amour ou pied bot associé à un dépérissement général ? Comme nous l'avons déjà constaté dans une publication antérieure, ces trois diagnostics ne s'excluent pas mutuellement, mais de cette interrogation il résulte néanmoins qu'il n'est pas possible de prendre la statuette en question pour une représentation délibérée de phtisie pulmonaire [32]. Encore plus ambiguë nous paraît une statue hellénistique en marbre blanc, provenant du Fayoum et conservée au Musée du Caire, représentant un jeune homme vêtu d'une toge dont – selon Paul Perdrizet – « les épaules étroites, la figure amaigrie, font soupçonner qu'il s'en est allé de la poitrine [33] ». Soupçonner, notamment à cause de la fréquence des voyages thérapeutiques des phtisiques en Égypte, mais sans pouvoir fournir de preuve décisive.

Dans le sanctuaire d'Asclépios à Athènes se trouvait un ex-voto en marbre de Paros, offert par Théopompe, auteur de comédies à Athènes au ve siècle avant J.-C. Guéri de la phtisie par l'incubation dans ce lieu sacré, le donateur s'est fait représenter avec des traits accentuant sa maladie, couché sur un lit et recevant la grâce de la main du dieu. Nous connaissons cette sculpture par le seul truchement d'un témoignage littéraire[34].

Les portraits conservés de personnages illustres et les effigies de souverains sur les monnaies anciennes offrent quelques exemples, relativement rares, de maigreur excessive (il suffit de mentionner deux chefs de guerre romains : M. Claudius Marcellus et Jules César). Nous n'avons dans aucun cas concret réussi à établir un lien entre cet aspect figuré et les informations historiques sur le personnage. Pour ceux dont on sait qu'ils étaient atteints de consomption, la documentation iconographique manque ou est antérieure à la maladie ; pour ceux qui sont représentés avec le visage émacié ou le corps décharné, on ne dispose pas d'indications pathographiques dans les sources écrites[35].

LES STIGMATES DE LA VIEILLESSE

Les artistes grecs, étrusques et romains connaissaient bien tous les plis et replis de la peau des vieillards, ridée non seulement par sa propre atrophie et par la perte de son élasticité mais aussi par la fonte des chairs sous-jacentes. Ils exagèrent parfois jusqu'à la caricature les stigmates de l'âge[36]. Particulièrement beau est le buste d'un homme au visage émacié qui passa longtemps pour le portrait de Sénèque[37]. Ce pseudo-Sénèque illustre à merveille les ravages du temps sur les traits du visage. On y voit notamment les fanons de la vieillesse, deux plis verticaux qui pendent au-devant du cou[38].

Pour montrer l'amaigrissement sénile, on peut prendre quelques sujets très courants de l'art antique : figures de vieille femme ivre[39], sculptures de vieillard fortement courbé et chauve conduit par une fillette[40] ou scènes qui soulignent la décadence physique de la nourrice-pédagogue

106. Contraste entre la vieillesse et la jeunesse : Géropso accompagne Héraclès à sa leçon de musique. Vase attique. *(Musée de l'État, Schwerin)*

par le contraste avec la jeunesse de son élève *(fig. 106)*[41]. Encore plus instructive nous paraît la référence directe à l'image de Géras, personnification de la Vieillesse.

Sur les vases peints, le frêle Géras est représenté lors de sa dispute avec Héraclès. La scène, connue aujourd'hui par cinq vases grecs du Vᵉ siècle avant J.-C. (Villa Giulia, Louvre, British Museum, Ashmolean Museum à Oxford et collection du château de Fasanerie à Adolphseck en Allemagne), montre la rencontre du fils de Zeus, imbu de sa supériorité physique, et du fils de la Nuit qui, laid et apparemment sans forces, subjugue infailliblement tous les hommes[42]. Héraclès ne réussit pas à tuer Géras ni à libérer l'humanité de son horrible empire. La faiblesse de Géras est soulignée par le contraste avec la puissante figure d'Héraclès qui, sur un vase du Louvre, le saisit de sa main gauche par la nuque et le menace de sa massue[43]. Sur un vase provenant de l'Attique, mais trouvé dans une tombe étrusque à Cerveteri, la Vieillesse est également personnifiée par un être maigre, courbé et tordu comme le bâton sur lequel il s'appuie, chauve, les muscles atrophiés et le thorax élargi, signe peut-être d'un emphysème pulmonaire sénile *(fig. 107)*[44]. Cependant, l'attitude des deux personnages montre que leur lutte ne met pas à l'épreuve la force des muscles mais celle de la raison : ils ne s'empoignent pas mais discutent. La supériorité d'Héraclès n'est donc qu'une apparence, car la Vieillesse maîtrise comme une arme l'art de manier la parole. Héraclès baisse enfin sa massue et le vieillard s'échappe *(fig. 108)*[45].

107. Dispute entre Héraclès et Géras. Vase attique trouvé à Cerveteri.
(Villa Giulia, Rome)

108. Géras poursuivi par Héraclès. Vase attique. *(British Museum)*

109. Femme décharnée.
Statuette hellénistique. *(Louvre)*

Quelques figurines en terre cuite d'époque hellénistique provenant de Smyrne montrent à quel point les coroplastes d'Asie Mineure étaient frappés par la maigreur sénile du corps masculin et féminin. D'un réalisme émouvant est, par exemple, l'aspect d'un homme au torse décharné, sans doute un malade étique, dont – selon Simone Besques – « le visage exprime une souffrance profonde et résignée »[46]. Si la minceur des « fausses maigres » de Tanagra exalte un certain canon de beauté féminine, la figuration féroce, à la limite du caricatural, de plusieurs torses féminins smyrniotes dénonce l'horreur des pertes de la chair qui donnait le tonus à la peau. Ainsi une statuette du Louvre représente un corps féminin au thorax très long, les seins flasques et étirés, le ventre cerné de plis et gonflé comme une bille au-dessous du diaphragme creux, les fesses décharnées et le rachis dévié *(fig. 109)* [47]. On retrouve l'erreur d'anatomie osseuse remarquée déjà sur la figurine de Soissons : le sternum manque et le trajet des côtes est une sorte de décoration répétitive[48]. L'art figuratif rejoint la poésie en illustrant les vers d'Agathias le Scholastique : « Celle qui naguère fière de ses attraits éclatants [...] toute ratatinée de vieillesse a perdu sa grâce d'hier ; ses seins se sont affaissés, ses sourcils sont tombés, son œil est éteint. [...] J'appelle les cheveux blancs la némésis du désir[49]. »

Sur les statues hellénistiques de vieilles femmes, on voit le parcours des veines sur les bras, souvent escamoté chez des sujets encore jeunes[50].

La personnification de l'Envie

La signification d'une série de figurines au torse émacié est restée longtemps méconnue. Il en existe un assez grand nombre, avec des variations dans les détails mais répétant dans l'essentiel ce qu'on observe, par exemple, sur une figurine smyrniote conservée au Louvre : une personne porte les mains à son cou comme pour se couper la respiration ou, plutôt, comme si quelque chose lui restait en travers de la gorge, l'empêchant de respirer *(fig. 110)* [51]. Très frappant est l'aspect du thorax, avec des côtes saillantes et un sternum étroit et métamérique qui rappelle la colonne vertébrale. Considérant une figurine semblable conservée également au Louvre [52], Edmond Pottier et Salomon Reinach y ont vu un idiot qui s'étrangle. Ou alors, dit Reinach, n'est-ce pas un « pendu » ? Suppositions étonnantes, provoquant la réaction de Félix Regnault qui, en bon médecin, se demande : « Au lieu d'admettre qu'il s'étrangle, ne serait-il pas plus simple de penser qu'il porte ses mains à l'endroit où il souffre ? [53] » L'un de nous a développé cette idée en envisageant pour la figurine smyrniote le diagnostic d'« une dyspnée aiguë » provoquée par l'« inhalation d'un corps étranger » [54]. Cela pouvait expliquer non seulement les mains portées au cou mais aussi l'impressionnant tirage intercostal qui fait apparaître ce sujet plus maigre qu'il ne l'est en réalité. Affinant l'analyse dans cette direction, Simone Besques et les organisateurs d'une exposition sur la médecine antique supposent qu'il pourrait s'agir d'« un phtisique en proie à une crise d'étouffement [55] ». À propos d'une statuette semblable conservée à Alexandrie [56], Angélique Panayotatou écrit qu'il s'agit d'un « vieillard émacié » qui « tient sa gorge des deux mains ; on dirait que quelque mal interne (tumeur ou autre) l'empêche de respirer [57] ».

110. Personnification apotropaïque de l'Envie. Terre cuite de Smyrne. *(Louvre)*

Satisfaisant du point de vue médical, le diagnostic d'asphyxie ne rendait pourtant pas compte de diverses particularités de ce curieux personnage (la variété et la fréquence des spécimens conservés, la taille des organes génitaux, la position stéréotypée des bras). La réponse est venue en 1957 par la découverte d'une mosaïque à Skala dans l'île de Céphalonie. Située à l'entrée d'une villa romaine du IIIe siècle après J.-C., cette mosaïque représente un homme nu, attaqué par un couple de fauves, blessé et tenant sa gorge de ses mains. Une inscription nous apprend qu'il s'agit de la personnification de l'Envie (*Phthonos* ou *Invidia*)[58]. À la suite de cette identification, Katherine Dunbabin et M. W. Dickie ont brillamment élucidé le sens de telles représentations aussi bien en coroplastie que sous forme de figurines en bronze[59] (par exemple une statuette de la collection Demetriou[60], étonnante par son réalisme, et une série de statuettes trouvées dans des tombes étrusques de Cerveteri[61]), d'amulettes en or (trouvées notamment à Chypre et en Égypte[62]) et de reliefs sur des lampes à huile (deux exemples typiques provenant d'Éphèse[63]). Depuis lors, la description d'un vase plastique de Corinthe, combinant avec un puissant phallus la figure de l'Envie qui s'étrangle, est venue confirmer cette interprétation[64]. La fréquence de tels objets s'explique aisément par leur valeur apotropaïque. On les utilisait pour se protéger des malheurs que pouvaient provoquer des regards envieux.

D'après les sources littéraires, l'Envie a été représentée dans la peinture murale grecque et romaine comme un vieillard amaigri et souffrant. Ainsi, sur un fameux tableau d'Apelle, on la voyait sous les traits d'« un homme pâle, hideux, au regard aigu, qui paraît exténué par une longue maladie[65] ».

LE RACHITISME ET LA CONSOMPTION CHEZ LES ENFANTS

À l'autre extrême de l'échelle des âges, les enfants et les adolescents n'ont pas toujours un corps délicieusement potelé. Les nourrissons succombaient fréquemment à une cachexie brutale d'origine infectieuse ou alimentaire, mais leur sort n'intéressait pas les artistes. Le rachitisme, relativement rare sous le soleil méditerranéen à l'époque classique, devint plus fréquent dans les agglomérations urbaines des époques

111. Garçon avec des stigmates possibles de rachitisme. Terre cuite de Pergame. *(Louvre)*

hellénistique et romaine[66]. Pendant toute l'Antiquité abondaient aussi bien d'autres séquelles des famines et de la malnutrition que des dysplasies innées. Dès 1889, Jean-Martin Charcot et Paul Richer ont attiré l'attention sur la statuette d'un garçonnet présentant, selon eux, les stigmates typiques du rachitisme : un crâne déformé, des « jambes très maigres » et une « poitrine bombée comme celle d'un bossu »[67]. Cette terre cuite représente un jeune esclave, probablement d'origine étrangère, car il est vêtu de braies et d'une tunique à manches courtes *(fig. 111)*[68]. Il a une colonne vertébrale déviée, un sternum saillant et des extrémités minces, ce qui, en effet, rend possible le diagnostic de rachitisme mais ne l'impose pas[69]. L'incertitude est encore plus grande dans le cas d'un torse votif étrusque de Lucera qu'Enzo Greco considère comme rachitique[70]. En revanche, particulièrement probant est l'aspect d'une figurine en terre cuite de Laon. Ce spécimen hellénistique, provenant d'Asie Mineure, représente un garçon nu, le corps émacié, la poitrine en carène, le crâne avec des protubérances, la colonne vertébrale déformée (une cyphose relativement discrète et au niveau lombaire une très forte lordose), le ventre ballonné et des membres disproportionnés *(fig. 112)*[71].

Probable dans ce dernier cas, l'avitaminose D est exclue, tout comme les autres maladies dues à la misère et à la sous-alimentation, lorsque l'enfant ou l'adolescent appartient manifestement à une classe sociale privilégiée. Devant la magnifique série des portraits qui ornent les couvercles des

112. Garçon d'aspect rachitique. Terre cuite d'Asie Mineure. *(Musée, Laon)*

urnes funéraires à Volterra, nous fûmes frappés par le contraste entre l'aspect joufflu et poupin de la très grande majorité de ces aristocrates étrusques et le visage émacié d'un enfant *(fig. 113)*[72]. L'urne en question a été trouvée dans le tombeau de la puissante famille Caecina[73]. Une inscription en langue latine précise qu'il s'agit d'Aulus Caecina Selcia, mort à douze ans. On ne remarque rien de particulier sur le tronc, réduit selon les exigences de la forme de l'urne. Le visage, lui, est d'une facture réaliste étonnante : les joues creuses, le nez effilé, les tempes affaissées, les oreilles saillantes aux lobes contractés visualisent

113. Enfant émacié mort à douze ans. Couvercle d'une urne étrusque.
(Musée Guarnacci, Volterra)

parfaitement le faciès hippocratique. À notre avis, cet aspect d'une personne si jeune ne peut s'expliquer par le seul style d'un atelier particulier. Il est vrai que l'inscription latine de cette urne montre un certain désir de romanisation. Y aurait-il alors une tendance à substituer à l'idéal de l'*obesus Etruscus* traditionnel le modèle du visage de César ? D'autres membres de la famille Caecina n'en ont pas moins gardé leur sympathique et joviale obésité. Dans le cas qui retient notre attention, un médecin hippocratique aurait sans doute constaté la phtisie (au sens ancien, plus large que la définition moderne de tuberculose pulmonaire) et prédit la mort prochaine de ce patient. Notons que ce garçon est mort à douze ans, à l'âge où le risque de décès par maladie, si l'on exclut la tuberculose, atteint son minimum. On a constaté d'ailleurs des lésions typiques du mal de Pott (tuberculose de la colonne vertébrale) sur un squelette féminin trouvé près de Pozzuolo (Sienne) ce qui démontre la présence de cette infection au sein de la population étrusque[74].

Incertain reste le diagnostic rétrospectif à propos d'une autre urne de Volterra. Il s'agit également d'un enfant émacié, mais il n'y a pas d'inscription mentionnant l'identité et l'âge du défunt. La tête, aux joues bouffies, n'est pas dirigée vers le haut, comme c'est habituel dans ce genre de portraits funéraires étrusques, mais repose sur un coussin ; le corps est nu, décharné, avec des membres grêles ; la jambe droite semble plus effilée que la gauche[75]. Lors d'une exposition d'art étrusque, à Bruxelles en 1965, ce couvercle d'urne était présenté pour illustrer les déformations maladroites auxquelles on arrive par un processus de stylisation de certains éléments et d'accentuation réaliste des autres. Or, un visiteur, le médecin B. Blankoff, a tenu à exprimer un autre avis. Selon lui, cette sculpture reproduit fidèlement l'état misérable du sujet, tel que l'artiste l'a effectivement vu : il s'agirait d'une tuberculose vertébrale, précédée d'une affection pulmonaire et suivie d'une paraplégie tardive (avec atrophie des jambes), d'un amaigrissement du tronc et d'une hypertrophie du membre supérieur[76].

LES MORTS-VIVANTS

Dans la mesure où elles ne comportent pas de particularités permettant le diagnostic d'une maladie ou d'une malformation, les images de cadavres et de squelettes sortent du cadre de notre livre[77].

Contentons-nous de mentionner seulement le riche symbolisme de la mort et l'existence de nombreuses poupées squelettiques en bronze et en terre cuite ainsi que de quelques mosaïques et de coupes montrant des êtres en os qui agissent comme des êtres de chair[78]. Ces *larvae* rappellent au spectateur ou à l'usager la fragilité de l'existence humaine et lui font apprécier davantage les plaisirs de la vie. Dans le roman de Pétrone, l'affranchi Trimalcion montre à ses invités une poupée squelettique en argent pour en tirer la leçon : *hic erimus cuncti, postquam nos auferet Orcus, ergo vivamus* ! On exaltait ainsi la joie des fêtards par la vue d'images de la mort. Conservés jusqu'à nos jours dans plusieurs musées, ces bibelots n'apportent rien à l'histoire de la médecine. Il en va de même de nombreux squelettes qui ornent les vases, les gemmes et les lampes.

Il est étonnant de constater à quel point la représentation des squelettes dans l'art antique est éloignée de la réalité anatomique. On ne connaît qu'une seule exception : le thorax en marbre du musée du Vatican [79]. Admirablement sculpté, il reproduit fidèlement la structure osseuse de la cage thoracique normale.

En règle générale, les artistes de l'Antiquité avaient des connaissances vagues sur le système osseux et se contentaient de donner une idée du corps décharné sans vouloir imiter vraiment la nature. Est-ce à cause de cette ignorance que certains préféraient sculpter des squelettes non pas dénudés mais recouverts au moins partiellement de leur peau ? Le squelette est ainsi remplacé par une sorte de momie [80]. Dans quelques cas, le résultat est un corps extrêmement émacié, image d'un mort-vivant. Une figurine en bronze à Paris et une semblable à Londres illustrent ce genre de représentation. La première reste une image stéréotypée de la mort, mais la seconde donne l'impression du véritable portrait d'un homme en train de mourir ou mort de cachexie [81].

Sur les monuments funéraires de l'Antiquité, les personnages sont presque toujours sculptés ou peints dans un état précédant la maladie funeste et la mort. Quelques rares exceptions méritent notre attention. Particulièrement instructif est un relief de l'époque impériale, trouvé à Rome : on y voit un cadavre couché sur le dos, avec le ventre aplati et le bas du thorax fortement proéminent *(fig. 114)* [82]. Selon l'épitaphe, rédigée en grec, quand le corps est ainsi décharné, il n'y plus de différence entre Hylas, le bel écuyer que les nymphes avaient enlevé à Héraclès, et Thersite, le prototype de la laideur [83].

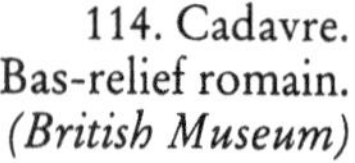

114. Cadavre.
Bas-relief romain.
(British Museum)

CHAPITRE VII

Obésité et affections du ventre

Pour l'interprétation médicale de l'iconographie antique, il est plus aisé de traiter des corps obèses que des corps très maigres, car les limites entre le physiologique et le pathologique, évoquées au début du chapitre précédent, sont ici un peu moins floues[1]. La médecine moderne parle d'obésité pour désigner une surcharge graisseuse, une prolifération excessive du tissu adipeux. La graisse s'accumule à peu près pour la moitié dans la peau et pour l'autre moitié dans les profondeurs du corps. Elle a une double fonction, celle de réserve alimentaire et celle de protection thermique. Chez les humains, un sous-vêtement adipeux remplace le survêtement velu des autres mammifères.

On définit médicalement l'obésité comme le dépassement de la limite supérieure de l'optimum physiologique de la masse graisseuse. Cet optimum se situe à environ 13-14 % du poids total chez l'homme adulte, 25-28 % chez la femme adulte. On voit donc que, dans des conditions normales, les femmes sont plus « rondes », « mieux en chair » que les hommes. Elles ont aussi plus souvent que les hommes un excès en tissu graisseux. Ainsi la rondeur du corps est, à certaines époques, un signe prisé de féminité et prend une signification sexuelle. L'appréciation de l'obésité elle-même a une forte connotation sociale et dépend de canons esthétiques qui peuvent varier selon les peuples, les périodes historiques et les couches sociales.

En fait, l'obésité est un phénomène biologique complexe. Elle n'est une ni par ses aspects, ni par ses causes, ni par ses mécanismes physiopathologiques. Elle est le résultat d'un jeu combiné de facteurs endogènes et exogènes, la prépondérance des uns et des autres variant beaucoup d'un cas à l'autre. Les facteurs endogènes sont génétiques (on a découvert ainsi une mutation sur le chromosome 8 provoquant une obésité pathologique) ou acquis (hormonaux, neurologiques, psychosomatiques). Le principal facteur exogène est la suralimentation. À l'origine de l'obésité se trouve donc soit une anomalie des processus biochimiques de la nutrition (obésité du métabolisme dévié), soit une anomalie du comportement alimentaire (obésité de surcharge).

La médecine moderne distingue l'adiposité localisée de l'obésité générale. Le « gros ventre » peut représenter une forme d'adiposité localisée, mais il peut signifier aussi un état pathologique non adipeux (hydropisie, ptose, œdème, etc.). Dans le cas de membres gonflés, membres inférieurs surtout, le diagnostic rétrospectif le plus probable est celui d'éléphantiasis, c'est-à-dire de lymphœdème chronique non adipeux.

DIVINITÉS OBÈSES

À une figurine de calcaire, trouvée dans un site paléolithique en Basse-Autriche (culture aurignacienne, environ 30 000 av. J.-C., début de la sculpture en Occident), on a donné le surnom de « Vénus de Willendorf ». Celui-ci montre bien que les archéologues l'ont interprétée comme un idéal de beauté féminine pour *l'Homo sapiens* du Paléolithique supérieur[2]. Une obésité de ce type et de cette importance résulte d'un gavage, d'un dérèglement cérébral avec répercussions hormonales ou d'une anomalie génétique. Dans tous les cas, elle entraîne une réduction considérable de la fertilité, en diminuant les chances de conception et en provoquant des difficultés pendant la grossesse et au cours de l'accouchement. Pourtant, cette présentation caractérise certaines idoles préhistoriques de la fécondité. Une autre statuette préhistorique, trouvée à Çatal Hüyük en Anatolie centrale (village du VIᵉ millénaire av. J.-C.), en offre un exemple célèbre, saisissant par le lien qu'il établit entre une obésité forte, l'attitude royale et la fonction maternelle : une femme aux formes surabondantes accouche assise sur un trône dont deux panthères forment les accoudoirs[3].

Cette iconographie du culte des déesses-mères trouvera son prolongement dans les périodes historiques du monde méditerranéen par un type particulier de statuettes que l'on identifie généralement à la divinité Baubô. Elles représentent une femme accroupie ou assise, le ventre gonflé et les jambes largement ouvertes, portant parfois une main à son sexe bien exposé[4]. Particulièrement instructifs sont des spécimens montrant une femme obèse assise, nue et jambes écartées, sur un grand œil ou sur un porc et tenant un instrument musical[5]. Selon le mythe de Déméter en deuil, Baubô aurait amusé la déesse en lançant des plaisanteries obscènes et en montrant sa vulve[6]. Son image sculptée en forme de petits objets munis d'un trou de suspension servait manifestement d'amulette pour conjurer les mauvaises influences des yeux envieux. Ce qui dans ce chapitre retient notre attention, c'est l'abondance des chairs, abondance qui n'est pas limitée au ventre et aux seins. Elle est parfois très importante, comme sur l'exemplaire conservé à Carlsruhe *(fig. 115)*[7].

Toutefois, certaines de ces « Baubôs », comme par exemple une statuette de Smyrne[8] et une autre d'Égypte hellénistique[9], ont le ventre tellement tendu et arrondi qu'on peut se demander s'il ne s'agit pas de femmes en fin de grossesse[10].

115. Une Baubô au ventre particulièrement rebondi. Terre cuite hellénistique. *(Musée de l'État de Bade, Carlsruhe)*

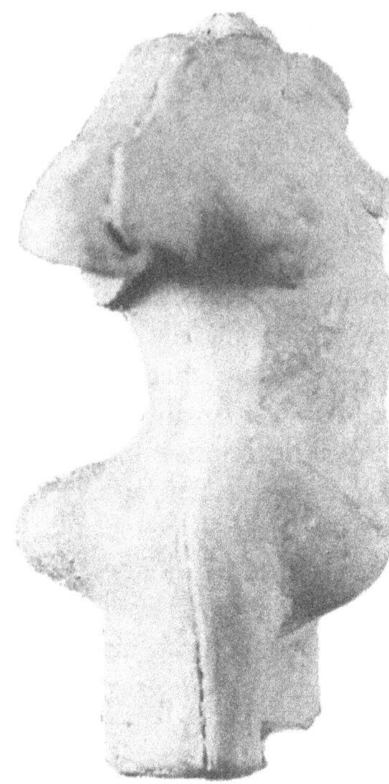

116. Stéatopygie. Terre cuite hellénistique. (*Louvre*)

D'après les idoles préhistoriques, un élément de la beauté féminine et de son attraction sexuelle serait la largeur des hanches et la stéatopygie, protubérance énorme des fesses. Cette difformité se trouve encore dans la coroplastie hellénistique, comme le prouve une statuette du Louvre (*fig. 116*)[11] qui, avec ses fesses saillantes et son ventre arrondi sur un corps relativement mince, sans hypertrophie mammaire, rappelle étrangement la « Vénus » préhistorique trouvée à Grimaldi et conservée au Musée des antiquités nationales de Saint-Germain-en-Laye.

L'APPROCHE MÉDICALE ANTIQUE

Les médecins grecs de la période classique considéraient l'obésité comme une gêne fonctionnelle, méritant à tout hasard d'être relevée dans une étude de cas, même s'ils ignoraient l'importance qu'il fallait accorder à ce détail du tableau clinique et son incidence sur le traitement et l'évolution de la maladie. Ils avaient remarqué que l'obésité perturbe en particulier les fonctions de reproduction, tant chez l'homme que chez la femme. C'est ainsi qu'un médecin hippocratique du IVe siècle avant J.-C. observe qu'une femme en bonne santé qui n'arrivait pas à concevoir était « bien en chair »[12]. Le lien causal n'est pas affirmé, mais seulement suggéré.

Pourquoi l'obésité aurait-elle joué un rôle nocif dans la vie génitale ? Dans la mesure où les Anciens croyaient que le sperme est le produit d'une élaboration du sang, ils considéraient l'homme obèse comme peu fertile, le sang en question ne remplissant plus sa vraie fonction, mais fabriquant de la graisse. Chez la femme obèse, par un mécanisme analogue, il n'y a plus assez de sang pour qu'il coule chaque mois au moment des règles, ce qui limite ou même empêche la conception. L'obésité est ainsi considérée comme une cause de stérilité chez l'homme et chez la femme, stérilité acquise « par excès d'embonpoint : chez les femmes trop grasses, comme chez les hommes d'une trop forte complexion, le résidu qui devrait donner le sperme passe dans le corps, et les femmes n'ont pas de règles, ni les hommes de liqueur séminale [13] », opinion d'Aristote que Pline l'Ancien résumera brutalement : « Tous les animaux gras, tant mâles que femelles, sont plus enclins à la stérilité [14]. » Si la femme obèse réussit à concevoir, sa grossesse est plus pénible et son accouchement plus laborieux. La théorie exposée par Aristote [15] est confirmée par l'expérience médicale : Soranos constate que les femmes obèses sont difficilement enceintes et que, si elles le deviennent, l'accouchement posera des problèmes particuliers [16].

Si ces opinions sur l'obésité traversent l'Antiquité, l'époque impériale voit se développer une autre conception de cet état : l'obésité devient une maladie à part entière impliquant la même démarche médicale que toutes les autres entités nosologiques alors codifiées [17]. C'est la secte méthodique, la plus originale du monde romain, qui opère cette transformation. Au déclin de l'Empire, Célius Aurélien peut écrire : « Bien des médecins et des masseurs estiment que le soin de faire maigrir doit s'ajouter aux règles d'hygiène. [...] Mais cette opinion a été rejetée par Soranos, et, nous appuyant sur lui, nous estimons que la seule bonne habitude du corps qui soit est celle qui, alliant à la force un embonpoint modéré, doit être conservée plutôt qu'écartée. Quant à l'obésité, nous la considérons vraiment comme une maladie, et nous avons raison de l'appeler "cachexie", annonciatrice de danger par de nombreux accidents. En effet, ce qui arrive aux animaux qui sont mis à l'engrais ou qui sont enfermés à l'abri, si bien qu'ils montrent un corps gonflé, élargi et qui déborde, tous ces signes se rencontrent chez ces malades [18]. »

L'obésité est la maladie idéale du méthodisme, comme la goutte avait été celle de l'hippocratisme. En effet, elle n'est pas la maladie de telle ou telle partie du corps, mais maladie du corps tout entier, ce qui supprime à son propos de difficiles problèmes de nomenclature. Ses symptômes sont bien définis : « Il arrive que la chair du corps se développe excessivement. [...] C'est là une sorte de maladie qui est à l'opposé de l'arrêt de la fonction nutritive, lequel fait dépérir le corps [...] ; il se développe une chair très abondante, bien au-delà des conditions naturelles les plus extrêmes, laquelle alourdit le corps et le gêne. [...] (L'obésité) implique une abondance excessive et débordante des chairs, qui se tendent pour former des saillies graisseuses, avec mobilité ralentie, engourdissement et faiblesse, et dès qu'on marche un peu, essoufflement et transpiration : bref le malade se sent étouffé par son propre corps et de ce fait est incapable de supporter des vêtements, même légers [19]. »

L'obésité répond admirablement aux traitements les plus typiques du méthodisme, l'exercice passif plus ou moins poussé, la friction, une gymnastique active sans excès, un régime strict et, à la rigueur, dans les cas difficiles et rebelles, le fameux cycle méthodique. Ce traitement ne devra durer qu'une courte période, pour qu'il puisse être repris à son point de départ, encore et encore, à des intervalles plus ou moins rapprochés. Correspondant exactement au *status laxus,* l'obésité réclame le traitement par les contraires : des mesures resserrantes, mais aussi peu agressives que possible.

OBESUS ETRUSCUS

Il semble que pour les Étrusques l'obésité ait été un signe d'opulence et peut-être même de bonne santé. Les célèbres vers de Catulle opposant l'*obesus Etruscus* à l'Ombrien économe et à l'habitant de Lanuvium au teint sombre et aux grandes dents sont souvent cités pour affirmer qu'il s'agit d'une caractéristique raciale [20]. Dans le même sens va Virgile en mentionnant le *pinguis Tyrrhenus* [21]. Quoi qu'il en soit, à l'homme bien habillé et paré, ou banquetant, l'obésité confère une dignité particulière. On ne la prête qu'à ceux qui peuvent se le permettre. En effet, sur bien des couvercles de sarcophages et d'urnes de notables étrusques [22], conservés à Florence, Rome, Volterra, Orvieto, Tarquinies, Chiusi ou Bologne, figurent des obèses, quelquefois des femmes, le plus souvent des hommes, contrairement à la tendance physiologique normale. On est frappé par la mollesse proéminente du ventre, les traits tombants du visage et une certaine gynécomastie. Ces caractéristiques se trouvent bien, par exemple, chez un noble de Tarquinies, membre de la famille Parthunu, qui vécut au IVe siècle avant J.-C. (*fig. 117*) [23]. Le même habitus distingue aussi le défunt d'un

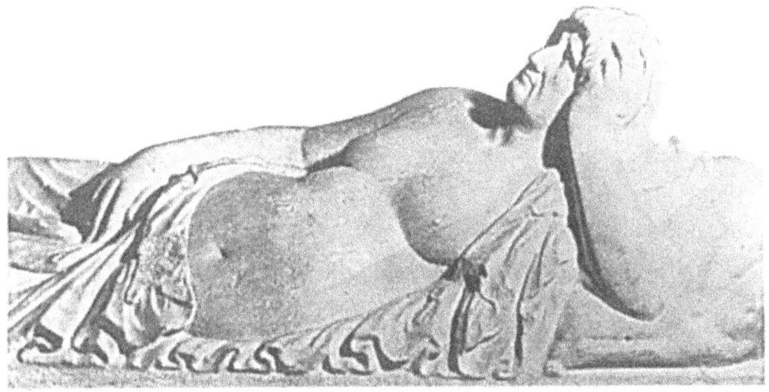

117. Étrusque obèse. Couvercle d'urne. (*Musée national, Tarquinies*)

sarcophage conservé à Florence[24]. Jacques Heurgon remarque à son propos : « Il ne paraît pas avoir conscience de son énorme embonpoint, mais s'il se levait de sa couche, plusieurs serviteurs ne suffiraient pas à le soutenir. La nudité de ce nombril, centre du monde, est presque indécente, mais il n'en a cure. Par un ventre au modèle flatteur, le descendant des antiques lucumons proclame sans vergogne, et même avec une sorte d'orgueil de caste, dans une mort qui garde l'apparence d'un banquet, sa satisfaction à sortir de cette vie rassasié et repu [25]. »

Toutefois, sur certains gisants étrusques, la graisse infiltre le visage, produit un double menton et gonfle les bras et les jambes au point que l'état général du sujet semble bien sortir des limites du normal. Ainsi, l'aspect poupin

118. Étrusque poupin.
Couvercle d'urne.
(Musée étrusque, Chiusi).

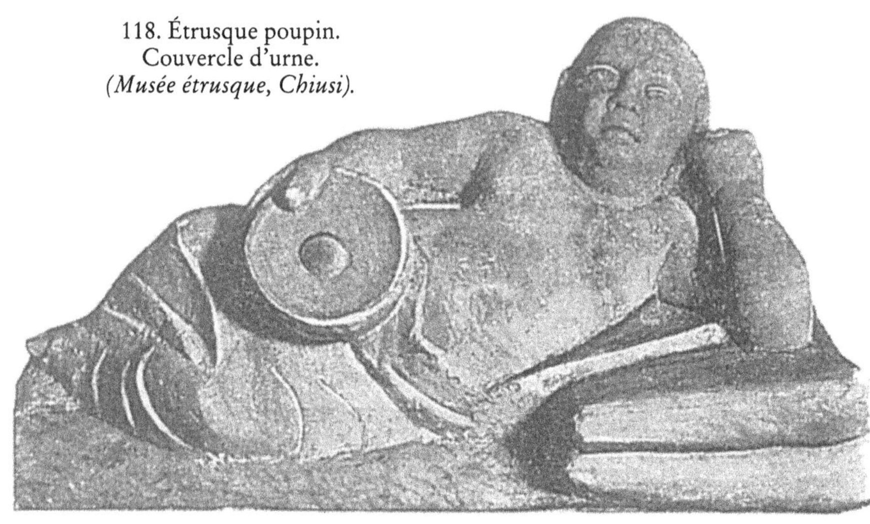

d'un défunt de Chiusi ne peut être que le produit de l'action combinée des facteurs génétiques et de la suralimentation *(fig. 118)* [26].

CHÂTIMENT D'UN GENRE DE VIE

En dehors du monde étrusque, l'obèse fait rire. Dans l'art grec et romain, l'obésité est souvent caricaturée. Elle inspire un type à la nouvelle comédie grecque : le parasite. Les statuettes et la peinture de vases montrent parfois des acteurs jouant ce rôle. Par exemple, une figurine conservée au Louvre représente un tel pique-assiette ventru, pourvu en outre d'une verrue sur le nez. C'est un faux obèse grotesque, à qui un coussin dissimulé assure une forte proéminence du ventre *(fig. 119)* [27]. La nouvelle comédie met sur la scène des vieillards ventripotents et des esclaves obèses ; l'art italiote se délecte à en reproduire le déguisement stéréotypé [28].

119. Acteur au ventre postiche et au faux nez avec une verrue. Statuette hellénistique. *(Louvre)*

Une statuette de terre cuite provenant de Tralles et datant du Ier siècle de notre ère montre une autre façon de ridiculiser l'obésité *(fig. 120)* [29]. Pour les historiens de la médecine, c'est un « obèse bon vivant » ou peut-être « un hydropique », avec « une face œdémateuse, les yeux enfoncés dans la bouffissure » et « exprimant la souffrance par l'abaissement des coins des lèvres » [30] ; pour les historiens de l'art, c'est le portrait caricaturé d'un magistrat romain, portant dignement une boîte d'encens dans sa main gauche [31].

120. Magistrat obèse. Terre cuite d'époque romaine. *(Louvre)*

Pour les adeptes antiques de la physiognomonie, l'aspect du ventre est révélateur : « Un gros ventre, avec une masse de chair molle et pendante, indique un homme sot, ivrogne et sans retenue, adonné aux plaisirs et à l'amour. Une chair surabondante mais ferme annonce la malveillance et la malfaisance. Un ventre très creux et comme vide indique la pusillanimité, la méchanceté et la voracité. Un ventre plutôt mou et déprimé montre la force de l'âme et la noblesse [32]. »

Dans la littérature grecque et romaine, l'obésité a mauvaise presse, car elle est considérée comme le châtiment d'un genre de vie [33]. Il se constitue un stock de cas historiques destinés à faire rire ou à provoquer le dégoût et servant de rappel à l'ordre pour tous ceux qui auraient tendance à mener une vie d'excès. Les rois et les tyrans hellénistiques auraient été particulièrement frappés, ainsi que trois empereurs romains qui, comme par hasard, ont laissé un mauvais souvenir dans l'histoire : Néron, Vitellius et Domitien[34].

Affaire de riches et de puissants donc, et surtout de mauvais riches, de tyrans, de rois, d'empereurs abusifs, l'obésité a des connotations morales très fortes. On jetait l'anathème sur l'obèse, on prétendait que le mal n'existait pas ou du moins qu'il était contrôlé ou réprimé chez les bons barbares ou dans les cités traditionnellement vertueuses comme Lacédémone.

L'OBÉSITÉ DE TYPE ANDROÏDE

L'obésité se présente sous des formes diverses qui, déterminées par les facteurs génétiques et fortement influencées par le mode de vie, s'échelonnent entre deux types extrêmes : d'un côté, l'obèse dit pléthorique ou androïde, de l'autre, l'obèse dit anémique ou gynoïde.

Le premier est gros mangeur. Son catabolisme est important, mais son anabolisme prépondérant produit une masse graisseuse au-delà des besoins physiologiques. La répartition androïde des graisses prédomine sur la partie supérieure du corps : visage arrondi et bajoues, cou dit de taureau, bourrelets de la nuque, poitrine et partie supérieure du ventre adipeuses. Le tour de taille est trop important par rapport au tour de hanche.

L'obèse de ce type a la mine fleurie et congestive, une musculature bien développée. Son apparente bonne santé fait souvent envie à son entourage qui croit que son excès pondéral est dû à de « la bonne graisse ». Toutefois, les disciples d'Hippocrate et de Galien savent déjà que cet

121.
Visage jovial d'un Smyrniote obèse. Terre cuite hellénistique. (Louvre)

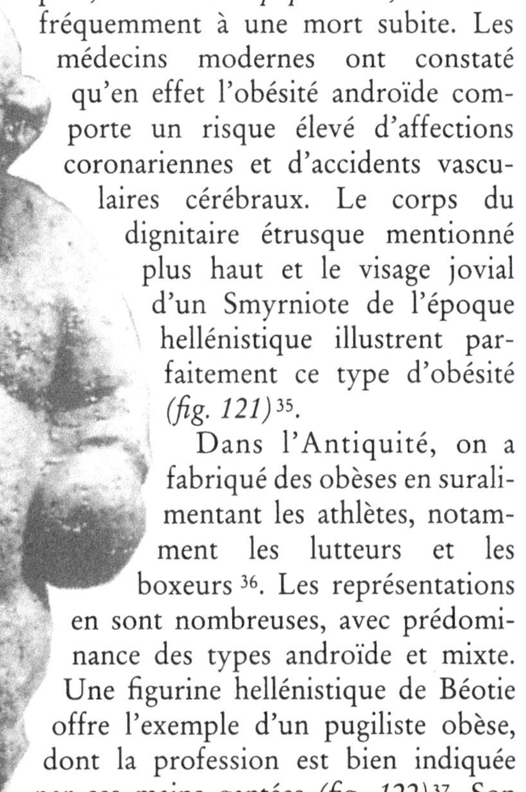

122. Boxeur poids lourd.
Figurine hellénistique.
(Collection des sculptures, Dresde)

aspect, l'*habitus apoplecticus*, conduit fréquemment à une mort subite. Les médecins modernes ont constaté qu'en effet l'obésité androïde comporte un risque élevé d'affections coronariennes et d'accidents vasculaires cérébraux. Le corps du dignitaire étrusque mentionné plus haut et le visage jovial d'un Smyrniote de l'époque hellénistique illustrent parfaitement ce type d'obésité *(fig. 121)*[35].

Dans l'Antiquité, on a fabriqué des obèses en suralimentant les athlètes, notamment les lutteurs et les boxeurs[36]. Les représentations en sont nombreuses, avec prédominance des types androïde et mixte. Une figurine hellénistique de Béotie offre l'exemple d'un pugiliste obèse, dont la profession est bien indiquée par ses mains gantées *(fig. 122)*[37]. Son ombilic saille sur un ventre énorme. Comme c'est souvent le cas chez les athlètes pratiquant un sport brutal, son nez et ses oreilles sont déformés par les coups reçus[38].

La femme obèse de type androïde n'est pas rare dans la coroplastie antique : ainsi, par exemple, sur une figurine de l'époque classique prédomine nettement la localisation facio-tronculaire de la graisse *(fig. 123)*[39]. Les hanches sont solides mais l'adiposité se concentre autour des viscères. Dans cette étude prise sur le vif, on remarque que le réalisme s'exprime sans exagération caricaturale. Une obésité de même type caractérise aussi une statuette féminine trouvée à Athènes[40]. Dans les deux cas, les bras élevés – dans une position qui parodie peut-être l'attitude d'une fameuse statue d'Aphrodite – mettent bien en évidence la proéminence du

123. Femme obèse de type androïde.
Terre cuite béotienne. *(Louvre)*

ventre. Si les membres n'étaient pas aussi puissants, on pourrait envisager le diagnostic de maladie de Cushing.

L'OBÉSITÉ DE TYPE GYNOÏDE ET MIXTE

Quant à l'obèse pâle ou gynoïde, il n'a pas un appétit exagéré. Sa musculature est grêle, il souffre d'asthénie physique, de pâleur, car son « sang se tourne en graisse » selon la vieille formule. Son métabolisme est ralenti ; l'anabolisme est excessif du fait d'un catabolisme diminué. Sa démarche est lourde. La graisse prédomine dans la moitié inférieure du corps : les fesses sont volumineuses, le bassin élargi, la racine des cuisses forte.

Cette forme est plus fréquente chez les femmes que chez les hommes. On la voyait souvent chez les castrats. Chez les femmes, l'adiposité des hanches et du bas-ventre va souvent de pair avec des seins énormes. Une figurine hellénistique conservée à Francfort illustre bien ce type d'obésité *(fig. 124)*[41].

124. Femme obèse de type gynoïde.
Terre cuite hellénistique.
(Galerie municipale Liebig, Francfort)

Ce qui frappe dans la silhouette de cette femme, c'est le tour de hanches. La présentation est hiératique et l'obésité confère au personnage l'allure d'une idole. Très différente est la situation des femmes qui portent un objet sur la tête ou qui se pomponnent. Leur obésité est montrée avec un réalisme saisissant. Sur une telle figurine d'Alexandrie, la puissance des cuisses et l'importance du ventre contrastent avec la partie supérieure du corps *(fig. 125)*[42]. Le tronc est bien exhibé, car cette femme soutient avec ses deux bras l'objet qu'elle transporte[43]. Les fouilles du temple d'Athéna Cranaia ont mis au jour plusieurs statuettes de femmes de tous âges aux gros seins, au ventre proéminent et aux cuisses énormes[44]. La répartition gynoïde des graisses est bien marquée sur certaines femmes nues qui se font belles et sur une série de vieilles nourrices et d'esclaves, tenant souvent un bocal, symbole de leur ivrognerie et de leur gloutonnerie[45].

Il existe aussi un type mixte, présentant des éléments androïdes et des éléments gynoïdes. On le rencontre notamment chez des personnes âgées, femmes ou hommes, sculptées à la limite de la caricature par des coroplastes d'Asie Mineure[46]. Alfred Laumonnier avait acheté à Smyrne une statuette de femme nue, obèse de type mixte[47].

125. Femme obèse de type gynoïde. Terre cuite hellénistique. *(Musée gréco-romain, Alexandrie)*

Beaucoup de « poupées » témoignent de la familiarité des anciens Grecs avec l'obésité féminine et de la valorisation de corps qui nous semblent aujourd'hui trop gras. Il est peu probable que ces figurines aux bras mobiles, et d'ailleurs souvent perdus, soient des jouets donnés aux enfants. Ce sont plutôt des « bibelots pour adultes, telle cette terre cuite du IVe siècle avant J.-C., trouvée à Thèbes en Grèce *(fig. 126)* [48], ou cette autre de la même époque, découverte dans la citerne de Déméter à Athènes *(fig. 127)* [49]. Dans ce dernier cas, le réalisme des ondulations et des plissements du ventre et des seins est frappant. On pourrait penser à la maladie de Cushing, mais l'absence de tête rend impossible un diagnostic différentiel aussi précis.

126. « Poupée » thébaine. Terre cuite. *(Louvre)*

127. « Poupée » athénienne. Terre cuite. *(École américaine d'études classiques, Fouilles de l'Agora, Athènes)*

LES SYNDROMES ENDOCRINIENS

L'obésité endocrinienne la plus caractéristique est, en effet, la maladie de Cushing, à savoir un hypercorticisme surrénal qui provoque une surcharge graisseuse prédominant à la moitié supérieure du corps, dans la région facio-tronculaire. Les dépôts graisseux s'installent au niveau du cou et de l'abdomen, qui porte souvent des vergetures latérales. Les membres restent minces. Une terre cuite de Tanagra, du IVe siècle avant J.-C., a toutes les apparences de ce syndrome : face lunaire, double menton, seins pendants, ptose du ventre, extrémités graciles (*fig. 128*)[50].

L'hypogonadisme masculin, c'est-à-dire l'insuffisance de production hormonale testiculaire ou eunuchoïdisme, entraîne une surcharge graisseuse autour des hanches et sur le haut des cuisses. Bien que la société gréco-romaine, pour des raisons multiples, ait produit des eunuques de divers types, et bien qu'il en soit souvent question dans la littérature, nous n'en connaissons pas de représentation corporelle complète. L'atrophie des organes sexuels qui, sur la statuette smyrniote d'un lutteur, accompagne l'obésité fait penser à une composante endocrinienne de son état[51].

Nous n'avons pu trouver dans l'iconographie antique aucun exemple clairement identifiable de dystrophie adiposo-génitale, obésité rare liée à l'infantilisme

128. Maladie de Cushing. Terre cuite de Tanagra. *(British Museum)*

génital. La disproportion entre la masse du corps et la taille du phallus surprend dans quelques images de satyres, surtout parce qu'elle contraste avec la représentation habituelle du satyre en érection, mais il nous paraît arbitraire d'invoquer des syndromes pathologiques réels à propos de cette iconographie hautement symbolique.

GÉNÉTIQUE ET OBÉSITÉ

On sait aujourd'hui que l'obésité très prononcée est liée à des facteurs génétiques qui altèrent le métabolisme et le fonctionnement des récepteurs sur les cellules adipeuses. Ainsi, dans certains cas, le responsable est une mutation dans les chromosomes. On observe cela par exemple dans une forme particulière d'obésité de type androïde associée au diabète insulinorésistant. Cependant, rien ne permet un tel diagnostic rétrospectif lorsqu'on dispose seulement d'une documentation iconographique.

En revanche, une obésité de nature essentiellement génétique est clairement identifiable dans l'art ancien lorsqu'elle fait partie de certains syndromes de nanisme. Le nain bouffon, acrobate, danseur était en effet fort apprécié[52]. La statuette d'une jeune femme esquissant lourdement un mouvement de danse présente les caractéristiques d'une insuffisance hypophysaire : petite taille, obésité, visage arrondi, extrémités courtes et carrées. Malgré la difformité générale et la corpulence trapue, cette femme ne manque pas de grâce (*fig. 129*)[53]. L'art antique présente aussi de nombreux exemples de nains achondroplasiques. Cette difformité s'accompagne souvent d'une obésité générale, comme chez le nain de la fresque étrusque de la tombe François à Vulci, conservée à la Villa Torlonia à Rome[54].

129. Naine obèse. Terre cuite. (*Louvre*)

Quelques figures d'enfants accroupis, peut-être en train de déféquer, sont d'une exécution tellement sommaire et, avec leurs visages joufflus et leurs corps épais, d'un aspect tellement grossier qu'il est difficile, sinon impossible, d'en tirer des conclusions[55]. S'il fallait en donner à tout prix une interprétation médicale, le diagnostic le plus plausible ne serait pas l'obésité mais un état œdémateux ou pseudo-œdémateux.

130. Jeune fille aux formes alourdies. Terre cuite myrniote. *(Louvre)*

En effet, certaines figurines d'apparence obèse pourraient représenter non pas une obésité au sens propre, c'est-à-dire un cumul de graisse, mais plutôt une rétention d'eau et un gonflement de la peau. Ainsi, devant les images de ventres proéminents et de tuméfactions généralisées, il faut envisager parfois le diagnostic d'hydropisie, de filariose et de myxœdème. Nous parlerons de la première de ces possibilités un peu plus loin dans ce chapitre, en examinant les affections localisées du ventre, et de la deuxième dans le chapitre consacré à la pathologie des extrémités[56]. Quant au myxœdème, il est – à la différence de l'œdème généralisé qui peut provenir d'un trouble circulatoire, d'une insuffisance rénale ou de la famine – une infiltration pseudo-œdémateuse de la peau due à l'insuffisance de l'activité hormonale de la thyroïde. Chez l'enfant et l'adolescent, elle est souvent liée au crétinisme. Relativement facile devant un patient en chair et en os, le diagnostic du myxœdème est délicat et incertain face à une image ou une sculpture. Comment décider, par exemple, à propos de la statuette d'une jeune femme au visage bouffi, au menton empâté et au ventre gonflé avec un ombilic saillant *(fig. 130)*[57] s'il s'agit d'un myxœdème, d'une hydropisie (résultant par exemple d'une tuberculose du péritoine avec atteinte du système lymphatique, maladie dite autrefois ascite essentielle des jeunes filles), d'une obésité par suralimentation, ou simplement d'une grossesse ? Selon Félix Regnault, ce serait le « type accompli de jeune fille lymphatique [58] ». Le développement des seins semble exclure la dystrophie adiposo-génitale mais leur taille et leur turgescence restent au-dessous de ce qu'on voit habituellement dans l'état de grossesse. Les mêmes traits, un peu moins prononcés, caractérisent une figurine grecque d'Élatée [59]. Malgré une certaine perplexité quant au diagnostic différentiel, au médecin qui contemple ces œuvres reste une certitude : l'artiste antique a reproduit en argile avec une précision admirable l'état réel du corps féminin sans se soucier des effets esthétiques de sa création.

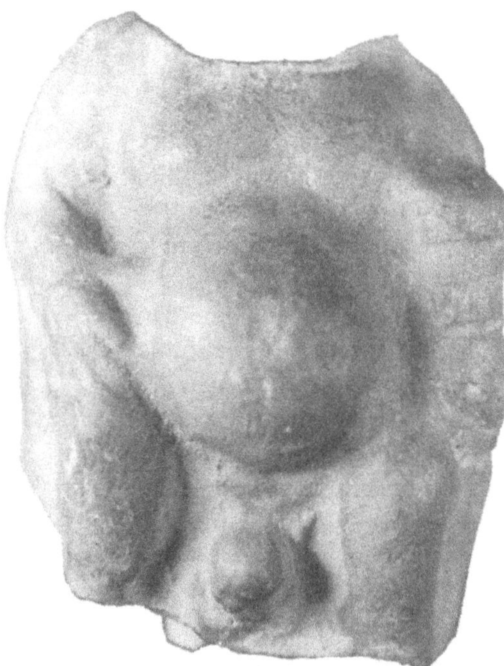

131. Homme souffrant d'hydropisie généralisée. Fragment de statuette smyrniote. *(Louvre)*

LE GROS VENTRE

Un ventre proéminent n'est pas nécessairement dû à une surcharge de graisse. Chez un sujet féminin, il peut s'agir d'une grossesse[60]. L'aspect bedonnant peut provenir d'une hydropisie, à savoir d'une ascite (épanchement d'un liquide dans la cavité abdominale) seule ou accompagnée d'anasarque (œdème généralisé sous-cutané). Dans ce dernier cas, le volume des autres parties du corps est aussi augmenté, à cause d'un gonflement œdémateux. Particulièrement instructif à ce propos est le fragment acéphale d'une statuette de Smyrne : ce torse masculin, cassé au bas du cou et au milieu des cuisses, se présente à première vue comme celui d'un obèse, mais en regardant mieux les détails de ses rondeurs, on constate que leur localisation, notamment la tuméfaction diffuse et asymétrique des bras, ne correspond pas à la répartition habituelle des couches adipeuses et que la verge elle-même est transformée en boule *(fig. 131)* [61]. L'œdème des organes génitaux externes nous oriente donc vers le diagnostic d'hydropisie généralisée. Sur le ventre lui-même, l'état de l'ombilic offre un signe distinctif permettant de trancher entre l'obésité (où l'ombilic est le plus souvent profondément enfoui), et le gonflement par une pression provenant de la cavité abdominale où, comme dans ce cas, l'ombilic est déplissé.

Dans son catalogue des terres cuites du Louvre, Simone Besques interprète la figurine smyrniote comme « un nain assis tenant une boîte à encens » [62]. À notre avis, les proportions de ce corps ne sont pas nécessairement celles d'un nain, mais il est vrai que, dans l'art ancien, les nains sont parfois bedonnants et possèdent des extrémités non seulement courtes mais aussi anormalement épaisses. Certaines de ces figurines représentent le dieu égyptien Bès aux attributs caractéristiques ou, quand elles sont grecques, s'inspirent de cette iconographie égyptienne sacrée et non d'une pathologie réellement observée. Le ventre de ces statuettes de l'époque archaïque n'est pas seulement proéminent. Tenu par les deux mains du sujet, il est aussi plissé : une série de sillons parallèles le divise en tranches horizontales. On le voit bien sur un exemplaire de Palerme *(fig. 132)* [63]. La signification de ce relief côtelé et de cette attitude particulière reste énigmatique.

132. Personnage au ventre côtelé. Terre cuite. *(Musée archéologique, Palerme)*

Les statuettes au ventre fortement ballonné, mais non plissé et non tombant, et avec le thorax et les membres relativement frêles, suggèrent le diagnostic d'hydropisie limitée à l'ascite. Citons une figurine smyrniote fragmentaire du Louvre avec le ventre ballonné[64] et une autre, plus complète et conservée à Athènes, qui représente un homme courbé, chauve et avec une expression de souffrance sur un visage presque agnathe, possédant un ventre qui se détache comme une boule au-dessous de la taille d'un tronc assez maigre (*fig. 133*)[65].

L'ascite n'est pas une maladie mais un symptôme et, dans le cadre restreint des renseignements d'ordre iconographique, il n'est pas possible de décider si, dans un cas concret, l'origine est l'insuffisance cardiaque, la thrombose de la veine porte ou des veines sus-hépatiques (notamment à la suite d'une cirrhose du foie), l'irritation péritonéale d'origine infectieuse ou tumorale, l'obstruction du canal thoracique ou même une carence alimentaire.

Le diagnostic rétrospectif est rendu d'autant plus difficile que le gros ventre est un sujet d'amusement : les coroplastes en abusent et les acteurs de comédie en portent souvent de postiches.

133. Vieillard au ventre en boule.
Terre cuite hellénistique.
(*Musée Benaki, Athènes*)

L'EXAMEN EXTERNE DU VENTRE

Ne pouvant ni palper ni percuter ni ausculter un abdomen dont nous ne connaissons que l'image ou la forme sculptée, nous ne pouvons affirmer avec certitude que, dans tel cas particulier, un gros ventre non obèse signifie l'hydropisie. Il se peut que la distension abdominale soit due, chez la femme, à un kyste de l'ovaire ou, chez les deux sexes, au météorisme ou à l'augmentation de volume d'un viscère. Or, le médecin ancien savait pratiquer la palpation de l'abdomen et c'est précisément en appliquant ce procédé que Jason, médecin grec, s'est fait représenter sur sa stèle funéraire *(fig. 134)*[66]. Ce symbole de l'art du diagnostic va de pair, sur ce monument,

134. Le médecin Jason palpe le ventre d'un patient.
Stèle funéraire. *(British Museum)*

avec la ventouse, symbole de l'activité thérapeutique. Solidement installé sur son tabouret, le praticien maintient de la main gauche le dos d'un petit malade debout devant lui ; sa main droite est posée sur le ventre, le pouce en abduction, les quatre autres doigts palpant la zone médiane entre l'ombilic et l'appendice xiphoïde. Ce geste pouvait le renseigner sur un simple météorisme, sur une ascite ou, plutôt – vu la localisation précise – sur l'état du foie, voire sur l'existence d'une importante splénomégalie. La fréquence élevée des maladies parasitaires, en premier lieu d'une forte endémie de paludisme, rendait les médecins anciens sensibles à ce signe.

135. Sous le regard d'Asclépios, un médecin palpe le ventre d'un enfant. Moulage d'une gemme gréco-romaine. (*British Museum*)

Le patient, un enfant ou un adolescent (et non un nain comme le veulent certains), regarde le médecin droit dans les yeux, avec un regard qui trahit autant la confiance que l'inquiétude. Il est entièrement nu, ce qui fait ressortir le contraste entre la rondeur du ventre et la maigreur du haut du corps. Les clavicules et les muscles sternocléidomastoïdiens sont saillants, le gril costal bien visible. Sans aller aussi loin dans la précision du diagnostic que le docteur C. Willa qui veut reconnaître sur ce malade les signes du rachitisme et de la tuberculose vertébrale [67], nous penchons pour un état de malnutrition combiné avec une affection hépatique, peut-être d'origine parasitaire.

136. Examen d'un enfant malade. Bas-relief. *(Musées du Vatican)*

La même scène se retrouve sur une gemme gréco-romaine : le geste du médecin y est semblable, le patient est certainement un enfant et son ventre est franchement gonflé. La ventouse manque, mais à sa place Asclépios surveille avec approbation le travail de son adepte *(fig. 135)*[68].

C'est un enfant aussi que, sur un autel funéraire romain du IIIe siècle, son père amène à une consultation chez un médecin de renom *(fig. 136)*[69]. Celui-ci, siégeant sur une cathèdre magistrale et assisté d'un élève, dirige sa main gauche vers la tête et son index droit vers le bas-ventre du patient. Le père quête des yeux le verdict dans le regard de l'assistant.

LES HERNIES

On n'avait pas besoin d'être médecin pour constater la sortie des viscères hors de la cavité abdominale. En effet, le diagnostic des hernies, ces tumeurs molles contenant les intestins, ne pose aucune difficulté et, depuis la nuit des temps, fait partie du savoir populaire. Il suffit de consulter *l'Anthologie palatine* et le fameux *Philogelos,* recueils révélateurs de l'humour antique, pour constater que les hernies tenaient une place de choix dans les blagues de nos ancêtres. Il semble bien qu'aucun autre défaut physique ne fît rire autant que ces gonflements, situés le plus souvent dans les parties intimes du corps. Les arts plastiques ne pouvaient donc pas les ignorer. Toutefois, nous ne connaissons aucun cas antique où la représentation iconographique de cette affection soit vraiment caricaturale, faite pour ridiculiser le malade.

D'après les anciens traités médicaux, la hernie ombilicale se voit surtout chez les enfants en bas âge. Celse en distingue plusieurs espèces ; toutes sont considérées comme un défaut esthétique *(umbilicum indecore prominere)* et certaines comportent des conséquences pathologiques importantes[70]. La hernie ombilicale persiste à l'âge adulte, mais son diagnostic sur une œuvre d'art reste problématique et les cas évoqués jusqu'ici dans la littérature médico-historique ne nous paraissent pas vraiment convaincants. Ainsi, la prétendue hernie sur une statuette étrusque de Florence est en fait un tablier noué autour de la taille[71] et la boule placée au milieu du ventre d'une statuette de la collection privée de Paul Ghalioungui n'est qu'une décoration[72]. Il est difficile de distinguer une hernie de la simple saillie de l'ombilic due au gonflement abdominal dont nous avons mentionné quelques exemples. Sur une terre cuite hellénistique conservée au Louvre, la petite excroissance ronde sort du ventre tellement plat d'un homme fortement cambré (peut-être en train de lancer un javelot) que c'est très probablement l'image d'une hernie ombilicale *(fig. 137)*[73].

Le siège le plus commun des hernies est inguinal. Les auteurs hippocratiques connaissent divers aspects des hernies, leur caractère initial anodin ainsi que les symptômes

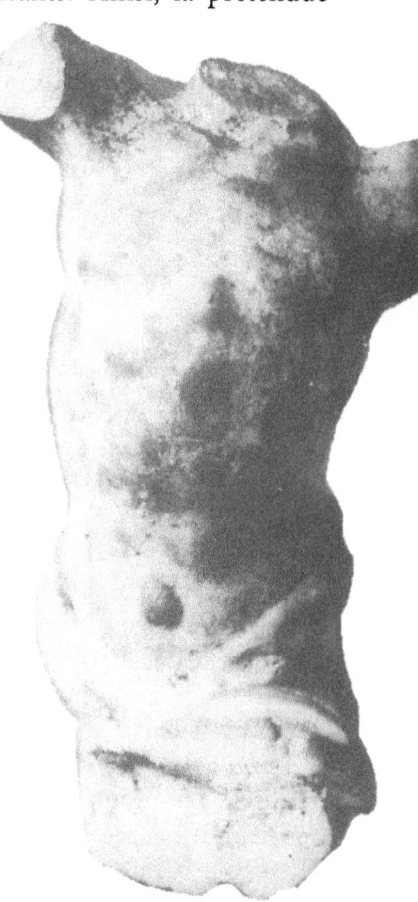

137. Hernie ombilicale. Terre cuite hellénistique. *(Louvre)*

138. Hernie inguinale.
Ex-voto gallo-romain en bois.
(*Musée archéologique, Dijon*)

de l'étranglement. Selon eux, « les hernies sont produites ou par un coup ou par une distension ou par la pression d'un homme qui vous saute sur le ventre [74] ».

La hernie inguinale est parfaitement rendue sur un ex-voto gallo-romain des Sources de la Seine (*fig. 138*) [75]. Avec des moyens relativement simples, l'artiste a sculpté sur une planche en chêne un bassin d'homme ou plus exactement des organes sexuels et une rondeur grande comme une pomme placée par rapport à la naissance de la verge exactement à l'endroit où se trouve l'orifice inguinal superficiel. À cet ex-voto gallo-romain, stylisé sur une surface plate et pourtant d'un réalisme saisissant, fait pendant une figurine hellénistique en argile qui rend soigneusement le relief du tronc et surprend par le contraste entre la beauté du buste et la difformité effrayante du bas-ventre (*fig. 139*) [76]. La

139. Hernie inguinale. Terre cuite hellénistique. D'après Regnault, 1908.

hernie est ici inguino-scrotale : la tuméfaction suit le trajet du canal inguinal (c'est bien une hernie indirecte) et s'épanouit dans la bourse. Malheureusement, la verge et la moitié gauche du scrotum sont détruits.

Une épigramme de Lucillius montre que les visiteurs des temples pouvaient parfois rire de tels ex-voto : « Denys, sauvé seul de quarante naufragés, a consacré ici une image de sa hernie. Il se la lia au-dessus des cuisses et plongea. Il faut le reconnaître : c'est parfois un bonheur que d'avoir une hernie[77]. »

Plus fréquentes chez l'homme, les hernies inguinales existent aussi chez les femmes. On en aurait un témoignage pour le monde antique si l'on pouvait prouver l'authenticité d'une terre cuite grecque de la collection Meyer-Steineg[78].

LAPAROTOMIE ET ÉTAT DES VISCÈRES ABDOMINAUX

Si les chirurgiens de l'Antiquité connaissaient bien les blessures pénétrant la cavité abdominale, ils ne pouvaient impunément ouvrir le ventre. La laparotomie sans blessure préalable exposait à des conséquences tellement néfastes qu'on ne s'y risquait qu'avec des indications limitées et précises. On pratiquait ainsi la paracentèse pour l'évacuation de l'ascite et l'incision des abcès. Malgré la légende tardive du mode de naissance de César et la tradition iconographique médiévale, on n'osait pas faire de césarienne. Si quelques textes juridiques y font allusion, c'est seulement pour des cas où la mère est déjà morte.

Comment interpréter alors, dans un contexte qui semble exclure le traumatisme par le combat ou par l'accident, les statuettes au ventre largement ouvert par une section médiane ? On reste déconcerté devant l'image d'une femme de Smyrne qui retient tranquillement des deux mains les bords d'une affreuse plaie, ouvrant le ventre de l'appendice xiphoïde à l'ombilic *(fig. 140)*[79]. Selon Pierre Decouflé, cette incision serait faite sur un cadavre et viserait la cavité abdominale aux fins de dissection anatomique. Félix Regnault, doutant qu'une morte puisse aider à tenir sa plaie ouverte, a pensé à l'incision *in vivo* d'un abcès au foie, mais sa référence

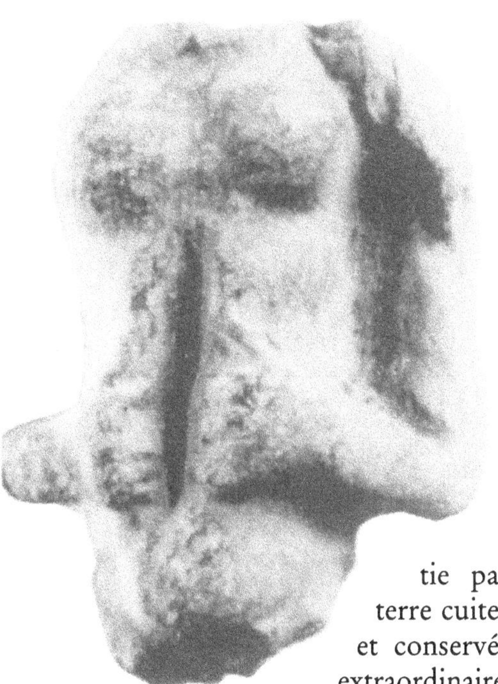

140. Torse féminin atteint
d'une plaie abdominale.
Terre cuite smyrniote. *(Louvre)*

aux interventions chirurgicales antiques n'est pas
exacte et, de toute façon,
l'importance et la localisation de la plaie s'accordent
mal avec une telle opéra-
tion. On avait évoqué aussi
la césarienne, mais là encore la localisation ne correspond pas aux exigences
anatomiques. En outre,
cette hypothèse est démen-
tie par l'aspect masculin d'une
terre cuite provenant aussi de Smyrne
et conservée à Leyde[80]. Ce spécimen
extraordinaire a une double face: d'un
côté se trouve le torse d'un homme qui, tout comme la femme
en question, tient par ses mains les bords d'une plaie thoraco-
abdominale et, de l'autre côté, un personnage similaire porte
les mains à son cou[81]. Sans doute ne s'agit-il pas d'ex-voto et
encore moins de scènes chirurgicales, mais de figures allégo-
riques, dont nous ne comprenons pas toute la signification.
Elles ont peut-être une fonction apotropaïque. Katherine
Dunbabin et M. W. Dickie approchent de la solution de cette
énigme en montrant non seulement l'analogie entre le traitement iconographique de cette fausse laparotomie et la personnification de l'Envie, mais aussi l'union des deux sujets sur un
seul objet[82].

On connaît de nombreux mannequins étrusques présentant une ouverture thoraco-abdominale qui fait apparaître
des viscères plus au moins reconnaissables. La plupart ayant
été trouvés dans des sanctuaires, on les interprète généralement comme des ex-voto[83]. L'ouverture n'est pas une plaie
béante, résultat d'une laparotomie, mais l'absence complète
d'une partie de la paroi: c'est un artifice de présentation,
une fenêtre ouverte sur les organes internes. Nous ne nous

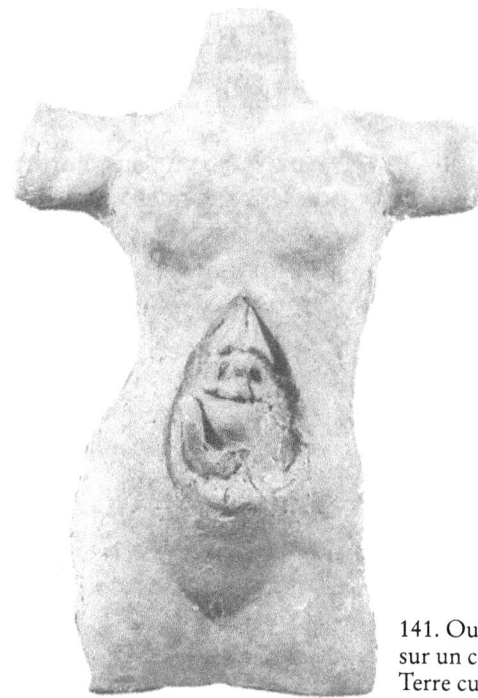

141. Ouverture anatomique
sur un corps féminin.
Terre cuite étrusque. *(Louvre)*

attarderons pas sur leur identification, car aucun ne suggère un état pathologique. Deux exemples illustrent bien cette production magico-religieuse : un torse féminin avec une ouverture abdominale en amande *(fig. 141)*[84] et un torse masculin, également avec une ouverture de la partie supérieure du ventre *(fig. 142)*[85].

Signalons seulement l'existence de nombreux ex-voto étrusques, grecs, romains et gallo-romains exhibant des organes internes isolés ou des amas de viscères. Bien qu'il s'agisse d'objets en rapport avec des préoccupations de santé, on n'y trouve guère trace de pathologie. Il en va de même pour un magnifique torse du Vatican, trouvé dans une villa romaine qu'on dit avoir appartenu à Antonius Musa, élève d'Asclépiade et médecin d'Auguste[86]. On y voit sculpté le contenu du thorax et de l'abdomen. Il aurait pu servir pour l'enseignement de l'anatomie. Quoi qu'il en soit, comme l'a remarqué le célèbre clinicien Jean-Martin Charcot, cette splanchnologie en marbre, fût-elle issue de la fantaisie du ciseau, pouvait être mise à profit pour l'étude[87]. Sachant ce

142. Ouverture
anatomique
sur un corps
masculin. Terre
cuite étrusque.
*(Musée
archéologique
national, Madrid)*

que Galien dit des démonstrations anatomiques de son temps, il n'est pas sans intérêt de noter que ces viscères, placés dans un tronc humain, appartiennent plutôt au singe qu'à l'homme.

Il se peut qu'une fresque paléochrétienne illustre justement une démonstration anatomique des viscères ou une discussion médico-philosophique concernant le siège de la vie. En 1955, on a découvert à Rome, sous la Via Latina, une catacombe au décor exceptionnel [88]. Une des peintures a provoqué immédiatement une vive émotion parmi les historiens de la médecine, car son découvreur, le père Antonio Ferrua, y voyait une leçon d'anatomie pour la pratique chirurgicale [89].

Un maître solennel et barbu, vêtu du pallium, domine la scène ; à sa droite et au second rang, des jeunes gens imberbes ; à sa gauche, trois personnages barbus assis côte à côte. Tout le monde regarde vers le haut et les regards se croisent, tandis que l'un des trois barbus pointe une longue et fine baguette vers le bas, vers un homme entièrement nu, de petite taille et étendu sur le sol *(fig.143)*. Le personnage

143. Fresque paléochrétienne du IVe siècle *(Catacombe de la Via Latina, Rome).* En haut: Assemblée de sages autour d'un corps étendu. Vue d'ensemble. En bas: Détail du corps.

central semble aussi faire un geste de la main droite dans cette direction. L'homme étendu, dont on ne saurait dire s'il est mort ou vivant (les yeux semblent ouverts), présente une tache sombre sur le ventre, probablement une très large ouverture. La baguette n'est pas dirigée vers ce détail, mais touche le bras gauche du sujet.

Selon Ferrua, ce serait une illustration réaliste de l'activité du défunt enterré dans cette partie de la catacombe: il s'agirait d'un médecin illustre qui, entouré de ses disciples et collègues, donnerait une leçon d'anatomie sur un blessé vivant [90]. George Corner et d'autres historiens de la médecine lui emboîtent le pas, précisant que l'image du professeur fait penser aux statues du dieu Esculape et qu'elle est ainsi une représentation allégorique de l'éminence de la profession médicale [91]. D'autres encore lui préfèrent une autre référence emblématique : Hippocrate [92].

Cependant, le fait que la baguette ne soit pas dans les mains du maître et plus encore le regard de toute l'assemblée vers un point situé au-dessus d'eux et non vers l'objet supposé de la leçon, ont fait douter de cette interprétation. Pour Walter Artelt, cette image paléochrétienne serait la résurrection d'un mort d'après la vision du prophète Ézéchiel [93]. Pour rester dans le monde biblique, Josef Fink y voit la décomposition du corps d'Asa, roi de Juda, mais pour en arriver là il fallait que non seulement le ventre fût en décomposition mais les pieds gravement atteints, réduits à des moignons [94]. Selon la Bible, en effet, le roi, après un conflit avec un prophète « en la 39e année de son règne, eut les pieds malades d'une maladie extrêmement grave ; et pourtant au cours de sa maladie il ne consulta pas Iahvé mais les médecins ; puis Asa se coucha avec ses pairs et mourut en l'an 41 de son règne [95] ». Sur la fresque romaine, les pieds touchent le bord et se confondent avec le liseré ; il est donc difficile, sinon impossible, de juger de leur état.

Plus vraisemblable nous paraît l'opinion de Pierre Boyancé qui y voit la mise en scène du mythe platonicien de voyage de l'âme en dehors du corps. Ce serait une illustration du récit de Cléarque de Soles rapportant comment Aristote fut convaincu que l'âme, guidée par une baguette, peut quitter le corps et y revenir [96]. La fresque montrerait donc un cas de mort apparente ou plus précisément de catalepsie induite. Mais comment expliquer alors la tache sur le ventre ? En restant dans ce registre magico-philosophique, on pourrait se référer à un témoignage d'Héraclide du Pont selon lequel Empédocle aurait ressuscité une femme « ne différant d'une morte que par une certaine chaleur conservée dans la région moyenne du corps » [97]. Selon Konrad Gaiser, la tache sur le ventre ne serait pas une blessure mais la manifestation de la chaleur vitale [98]. Il n'est pas difficile d'imaginer Empédocle à la place d'Aristote, mais l'« endormi(e) » n'est pas une femme. Et la tache sur le ventre ressemble bien à une sorte d'incision d'où coulent encore des filets de sang figurés en effet par quelques traits rougeâtres.

Dernier candidat au rôle de professeur : Socrate. Le ventre ouvert laisserait voir la masse sombre du foie, siège des affections de l'âme. On aurait là une assemblée de doctes discutant de l'immortalité de l'âme, vérité que Socrate a enseignée et que le Christ (d'ailleurs peint sur la paroi qui fait face) a révélée [99].

Dans une récente synthèse, Lidia Vulpi cherche à concilier les opinions antérieures et, croyant voir elle aussi le foie à l'intérieur de la blessure, interprète cette scène comme une discussion médico-philosophique sur l'âme et la mort [100]. Ne nous cachons pas qu'aucune des interprétations avancées n'est pleinement satisfaisante.

Anomalies de la taille et affections du thorax

Les anomalies de taille frappent d'emblée, mais si cette taille est harmonieuse, grande ou petite, l'artiste ne peut montrer cette particularité que par rapport à la dimension d'autres personnages ou d'éléments du décor. Plus facile peut être le diagnostic si cette anomalie est associée à une malformation.

Gigantisme

Entre ici en scène le géant Polyphème[1]. Sur la plupart des vases grecs qui représentent ses malheureuses aventures, son corps a des proportions parfaitement normales ; il ne diffère de ceux des Grecs que par sa taille, et parfois par ses cheveux et sa barbe embroussaillés[2]. Si un vase de New York lui donne un air simiesque[3] et si, sur les terres cuites qui le ridiculisent, il est représenté sous l'aspect d'un obèse indécemment vautré, à demi assis par terre, tout cela ne présente rien de pathologique[4]. Toutefois, il y a quelque chose de médicalement suspect chez le Polyphème d'un moule romain : c'est un géant herculéen, énorme et gras, au ventre plissé, à la gynécomastie marquée et aux organes génitaux très petits, mais néanmoins abondamment barbu *(fig. 144)*[5].

Deux autres géants, Antée et Alcyonée, fils de Gaia, ne pouvaient pas mourir tant qu'ils restaient en contact avec

144. Le géant
Polyphème.
Moule romain.
*(Académie
des beaux-arts, Bonn)*

leur mère, la Terre. Héraclès tua Antée en lui brisant les côtes et en le maintenant en l'air jusqu'à ce qu'il expire. Le héros transperça Alcyonée d'une flèche et pour le faire mourir le transporta loin de Pallène, sa terre natale qui lui rendait sa force. Un cratère d'Euphronios, conservé au Louvre, illustre le combat avec le géant Antée[6]. Une coupe de Nicosthénès, conservée à Melbourne, montre Alcyonée aux portes de la mort : il dort le bras droit entourant sa tête, dans une position qui deviendra le signe même du sommeil dans l'iconographie antique[7]. Son gigantisme sauvage est signalé par l'énormité de sa tête barbue, à l'épaisse chevelure.

ACROMÉGALIE

On peut considérer l'acromégalie, c'est-à-dire la maladie caractérisée par une hypertrophie des membres et de certaines parties de la tête, comme une forme de gigantisme partiel. Ce terme désigne en fait une affection particulière, non congénitale et liée à une hypersécrétion d'hormone de croissance survenant après la soudure des cartilages de conjugaison. La cause la plus fréquente de l'acromégalie, une tumeur de l'hypophyse, ne saurait être visible sur la repré-

145. Tête d'acromégale.
Terre cuite hellénistique.
(Louvre)

sentation artistique du corps humain, mais les effets externes se manifestent avec une vigueur et une expressivité particulières : grosses mains et gros pieds, nez long, mâchoire proéminente et, souvent, cage thoracique déformée [8]. Certes, ces apparences ne peuvent que suggérer le diagnostic qui, en l'absence d'autres données cliniques, reste incertain. La laideur toute particulière de la tête de ces malades, leur corps trapu et bossu, assorti de bras qui s'étendent presque jusqu'aux genoux, a inspiré aux coroplastes grecs et romains la création d'un personnage comique. C'est ainsi qu'une réalité clinique s'est figée dans l'art sous la forme d'un type grotesque et qu'est né le « ridicule », l'ancêtre du Pulcinella de la commedia dell'arte, lui-même grand-père de notre Polichinelle [9]. Une foule de têtes en argile, prognathes et avec une bosse frontale, chauves, à la grande bouche et au rictus convulsé, aux pommettes saillantes et au nez excessif, proviennent de Smyrne et de l'Égypte hellénistique *(fig. 145)* [10]. Certaines de ces têtes ne sont que la partie subsistante de figurines cassées, mais heureusement il en est au moins une mieux conservée. Heureusement, car le contraste entre la tête et le reste du corps y est frappant et confirme le diagnostic d'acromégalie. Aux traits pathologiques de la tête s'ajoutent la déformation du tronc, la cyphoscoliose et l'hypertrophie des membres que laisse deviner la partie conservée du bras droit *(fig. 146)*[11].

L'existence de ce prototype stylisé n'empêchait pas les artistes de reproduire aussi des personnages d'aspect moins stéréotypé, exhibant d'une manière plus réaliste les stigmates de l'acromégalie. Ainsi une statuette de Tarente, une femme mollement assise, avec un développement exagéré du menton, du nez et des arcades sourcilières, pourrait bien être le portrait d'une véritable acromégale *(fig. 147)*[12].

L'IMPORTANCE ET LA DIVERSITÉ DES NAINS

Les ouvrages d'Aristote et de son école parlent des nanismes congénitaux

146. Homme acromégale. Terre cuite hellénistique. *(Louvre)*

et des nanismes acquis ou même provoqués. Un enfant peut naître nain en cas de maladie pendant la gestation[13]; chez les pygmées, mal distingués des vrais nains, « certaines parties du corps sont mutilées et la taille se rabougrit au cours de la gestation »[14]; cela arrive en général « quand le produit de la conception a été victime d'une maladie dans l'utérus » ou a été « mutilé dans l'utérus » (remarque faite à propos des chevaux et des porcs, mais valable aussi pour l'homme)[15]. D'après les *Problèmes* pseudo-aristotéliciens, le nanisme peut avoir deux causes : l'espace, s'il est étroit, ou la nourriture, si elle est peu abondante. De même qu'on rend nains des chiens en les élevant dans des cages à oiseaux, de même les enfants pygmées naissent petits parce qu'ils se développent dans une petite matrice. Quant aux nains produits par une pénurie alimentaire, leur sous-développement se manifeste surtout aux membres [16].

Aristote rapporte déjà deux croyances populaires qui traverseront les siècles : les nains sont stupides et bien pourvus. D'un côté, ils sont portés, comme tous ceux qui ont une grosse tête, à une somnolence et à une étourderie qui excusent l'extravagance de leur langage ; de l'autre, la grosseur remarquable de leur sexe leur permet des exploits amoureux qui font des envieux [17]. Inutile de dire qu'on s'illusionne tant pour l'un que pour l'autre, en prenant pour grosseur absolue ce qui n'est que grosseur relative par rapport à l'ensemble du corps.

La fréquence des nains dans l'art antique est à première vue assez surprenante, car elle ne se justifie ni par des raisons esthétiques ni par la réalité de la pathocénose grecque ou romaine. Si, à la rigueur, on peut admettre que, dans le passé, le nombre des personnes de petite taille était plus élevé qu'aujourd'hui et que même le nanisme véritable, dans ses formes dues à des carences ou à des troubles hormonaux, était moins rare, cela n'était certainement pas le cas pour le nanisme d'origine génétique. Or, presque tous les nains qui peuplent les musées archéologiques appartiennent à cette dernière catégorie, précisément celle

147. Femme acromégale. Terre cuite hellénistique. (*Musée national, Tarente*)

dont les taux ont peu varié au cours des périodes historiques. Leur multitude reflète donc une réalité psychologique, une fascination du spectateur, et non une réalité biologique. À cela s'ajoutent et s'associent des raisons de nature sociologique, comme le montre déjà bien le fait que, dans l'art, le nombre des nains dépasse celui des naines. Exceptionnel est le cas d'un stamnos étrusque où sont figurés à la fois un nain et une naine[18]. Les artistes ont un grand souci de distinguer ces nains des enfants, en accentuant leurs caractères sexuels secondaires (barbe, moustache, pilosité pectorale, parfois calvitie). Le soin apporté à certains détails rend parfois possible le diagnostic différentiel entre les diverses formes de nanisme[19].

Du point de vue médico-biologique, le nanisme est un phénomène très complexe, dû à une interaction de divers facteurs endogènes et exogènes. En fait, il faudrait parler des nanismes et non du nanisme. Des distinctions sont nécessaires, mais malheureusement ne peuvent pas, face aux images et aux sculptures, atteindre la variété et le raffinement du diagnostic différentiel élaboré sur des sujets vivants. Notre classification doit être simplifiée et se fonder essentiellement sur les caractères apparents sélectionnés par les artistes d'autrefois. Il faut ainsi en première instance distinguer les formes harmonieuses des formes dysharmonieuses. Dans la première série, le nanisme est essentiellement le trait génétique d'une population ou une particularité individuelle. Dans la seconde série, la réduction de la taille peut toucher en premier lieu soit les membres soit le tronc. Les dysplasies de ce dernier groupe comportent le plus souvent une déformation de la colonne vertébrale.

Les nains harmonieux et les nains de fantaisie

Le nanisme harmonieux acquis résulte d'une dysfonction hormonale, surtout hypophysaire. Sa représentation dans l'art grec ou romain est relativement rare. On n'en connaît qu'un seul exemple assuré de la période classique : sur une coupe du Ve siècle avant J.-C., trouvée lors des fouilles de l'agora d'Athènes, un nain aux membres frêles se tient debout à côté d'une dame assise, luxueusement parée ; il

148. Nain. Vase attique. *(École américaine d'études classiques, Fouilles de l'Agora, Athènes)*

arrive tout juste à la hauteur du siège *(fig. 148)* [20]. Un autre cas, venant lui aussi d'Athènes, est un nain barbu qui, tout nu, danse sur le dos d'un grand personnage marchant à quatre pattes, mais il s'agit de satyres et non d'êtres humains [21].

En parlant de l'obésité, nous avons déjà décrit une terre cuite hellénistique représentant une femme affectée de nanisme harmonieux comportant des signes d'hypopituitarisme [22]. Deux figurines en bronze de nains musiciens, assis et jouant de la flûte, semblent aussi avoir un petit corps bien proportionné [23].

Les auteurs anciens signalent l'existence des Pygmées, dont la petite taille est un caractère anatomophysiologique intrinsèque, racial, et non une déviation pathologique. C'est un peuple légendaire qui, bien que supposé vivre en Afrique, dans la région du Nil, ne doit pas être confondu avec les tribus africaines réelles de petite taille qui portent aujourd'hui ce nom. Petits mais vigoureux, les Pygmées de la légende sont bagarreurs : ils luttent notamment avec les grues qui viennent piller leurs récoltes, sujet qui, dès le VIIe siècle, enchante les peintres [24]. On les voit d'abord comme des hommes aux dimensions corporelles réduites mais harmonieuses. Dans la plupart des images de l'époque archaïque, on ne peut distinguer un Pygmée d'un guerrier grec qu'en tenant compte de la taille des autres êtres vivants ou des objets qui l'entourent [25]. Exceptionnel est un cas où le Pygmée a quelques traits négroïdes [26].

Dès le Vᵉ siècle, dans les scènes de lutte avec des oiseaux, apparaissent de plus en plus de nains aux membres courts et épais[27]. Ce type devient prépondérant et, aux époques hellénistique et romaine, quasiment exclusif. De petits hommes qu'ils étaient au départ, les Pygmées deviennent des nains dysplasiques. Les artistes furent sans doute influencés par l'aspect des nains achondroplases qu'on exhibait lors de divers spectacles, mais ils suivaient probablement encore davantage une tradition venant de l'art égyptien : l'image du dieu Bès, nain difforme, s'étant répandue dans le monde grec et romain, on l'imite pour peindre ou sculpter des nains de fantaisie[28].

L'ACHONDROPLASIE

La forme de nanisme de loin la plus fréquemment représentée dans les arts anciens est l'achondroplasie[29]. Celle-ci consiste en une erreur dans la transmission des informations génétiques qui, par un défaut de la prolifération du cartilage de conjugaison, entrave la croissance des os longs. De tels nains ont une tête relativement grande avec un front proéminent, un tronc presque normal (parfois avec des anomalies rachidiennes), les membres supérieurs courts (en particulier les bras proprement dits), si bien que le bout de leurs doigts arrive au haut des cuisses, souvent grosses ; ils ont les fesses en saillie, les jambes très courtes, souvent arquées en varus. Leur développement intellectuel est le plus souvent normal, comme l'est aussi l'état de leurs organes génitaux.

D'une légion d'exemples le plus célèbre est sans doute celui de l'aryballe Peytel (*fig. 149*)[30]. On y voit un nain dans la file des patients qui attendent leur tour pour la saignée. Selon l'interprétation traditionnelle de cette scène, croquée sur le vif dans l'officine d'un médecin

149. Nain achondroplase dans l'officine d'un médecin. Vase attique. *(Louvre)*

athénien, le nain serait là comme serviteur du praticien, mais rien n'empêche de le considérer comme un malade parmi les autres. Il est nu, infibulé, et porte sur l'épaule un lièvre, probablement un cadeau pour le médecin. Sa petite taille est bien mise en évidence par opposition à celle des adultes normaux qui l'entourent ainsi que par les dimensions de la bête. De même, sur un vase trouvé à Capoue, la petitesse du personnage achondroplase est mise en évidence par la taille du chien qu'il conduit[31] et, sur une mosaïque de Pompéi, celle d'un nain du même type est soulignée par le fait qu'il taquine un coq de dimensions presque égales aux siennes[32].

150. Nain achondroplase. Fresque étrusque. (*Villa Albani, Rome*)

Sur une peinture d'époque hellénistique qui ornait la tombe François à Vulci, un seigneur étrusque, Vel Saties, se fait accompagner d'un nain achondroplase qui porte sur sa main gauche un oiseau (*fig. 150*)[33]. D'après l'inscription, son nom est Arntha. On connaît aussi le nom du nain qui, sur un fragment du stamnos attique conservé à Erlangen, danse au son de la flûte et des crotales : Hippoclidès[34]. Ce n'est certes pas – comme l'a prétendu Lippold – une caricature de l'illustre Athénien qui, selon Hérodote, avait brigué la main de la fille de Clisthène, tyran de Sycione, mais la représentation réaliste d'un nain acrobate s'attribuant un nom illustre.

Si Arntha est probablement le bouffon du maître, Hippoclidès est un amuseur de foire. L'intelligence souvent aiguë de tels sujets difformes fait qu'ils sont les favoris du public, d'abord en Grèce puis à Rome, où les esclaves nains deviennent une marchandise particulièrement demandée. On les apprécie non seulement comme danseurs et mimes mais aussi comme acteurs dans des jeux féroces. Domitien, dit-on, avait une véritable armée de gladiateurs nains. Caracalla a été lui-même caricaturé à plusieurs reprises sous la forme d'un nain achondroplase, marchand forain ou, plus souvent, gladiateur prêt au combat (on le surnommait Tarentus, d'après un célèbre gladiateur nain) [35].

Les statuettes en bronze de ces nains gladiateurs, portant souvent un casque et des armes, frappent par leur nudité [36]. Grands par rapport à la taille des bras et des jambes, les organes génitaux semblent hypertrophiés et donnent souvent une allure caricaturale au personnage sculpté. Ainsi, par exemple, un bronze lyonnais d'époque romaine représente un nain, au torse fortement musclé, avec une grosse tête, des cuisses épaisses et des extrémités courtes ; il se prépare sérieusement au combat mais un pénis géant qui frôle le sol donne d'avance une connotation comique à ses futurs exploits [37]. Le même sujet est traité avec plus de décence dans le cas d'un flacon anthropomorphe en bronze, également d'époque romaine, trouvé en Belgique et conservé aux Pays-Bas (*fig. 151*) [38].

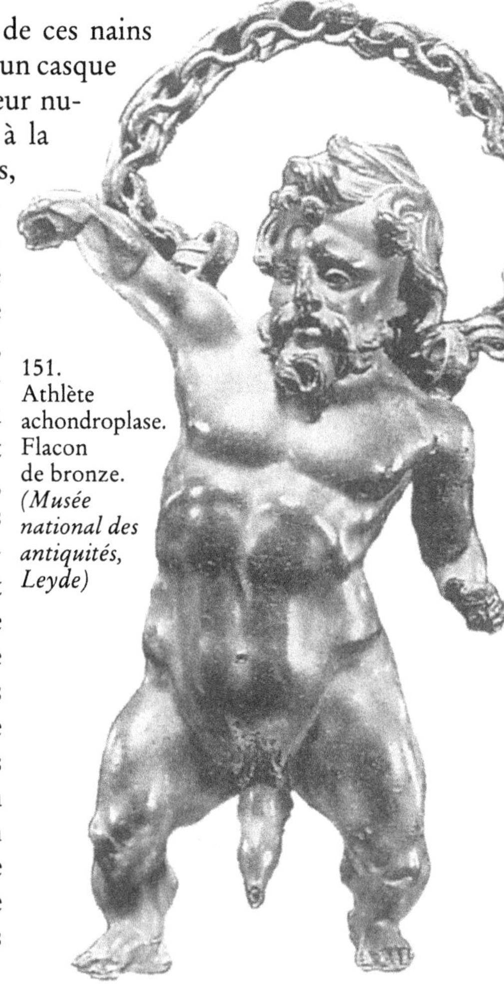

151.
Athlète achondroplase.
Flacon de bronze.
(*Musée national des antiquités, Leyde*)

152. Naine s'enivrant.
Vase grec. *(Musée
des antiquités, Munich)*

Dans le chapitre sur l'obésité, nous avons déjà mentionné, en évoquant le diagnostic de troubles hormonaux, la terre cuite d'une naine aux proportions corporelles relativement harmonieuses. À cette figure féminine, coquettement drapée d'un himation, s'oppose en quelque sorte l'image d'une naine sans grâce qui, sur un vase grec du Ve siècle, le corps nu et la tête ornée d'un bandeau avec des rameaux, s'enivre sans gêne *(fig. 152)*[39]. Ce cas de nanisme féminin ne ressemble pas, lui non plus, à l'achondroplasie, car cette femme, aux fesses rebondies comme la première, a les bras longs et le tronc ramassé. D'après Véronique Dasen, ce serait la seule représentation antique connue de nanisme à tronc court. Il pourrait bien s'agir d'une dysplasie métatropique ou d'une mucopolysaccharidose, ce qui expliquerait aussi les traits négroïdes du visage[40]. En revanche, les figurines des naines dansantes qui proviennent d'Afrique du Nord portent aussi bien sur leurs visages que sur leurs membres les stigmates typiques de l'achondroplasie. C'est le cas de figurines en bronze provenant de la cargaison d'un navire grec qui, vers la fin du IIe siècle avant J.-C., fit naufrage à Mahdia *(fig. 153)*[41].

153. Naine dansant.
Bronze romain. (*Musée
du Bardo, Tunis*)

154. Nain pseudo-achondroplase.
Figurine de bronze.
(*Musée archéologique, Florence*)

Le médecin moderne doit rendre hommage à l'artiste ancien qui a sculpté une figurine en bronze, conservée à Florence : chez ce nain, portant un lourd récipient, on peut reconnaître une maladie constitutionnelle décrite en 1959 par Pierre Maroteaux et Maurice Lamy comme une entité nosologique clairement séparée de l'achondroplasie. Cette forme pseudo-achondroplasique de la dysplasie spondylo-épiphysaire est définie par des vertèbres aplaties et une coxarthrose associées à l'aspect normal de la tête (*fig. 154*) [42].

Malformations des vertèbres cervicales

La tête, en revanche, est affectée dans une autre malformation congénitale des vertèbres dont on retrouve dans l'art ancien une représentation saisissante par la précision des traits pathognomoniques : c'est l'« homme sans cou » ou, dans la terminologie médicale moderne, le syndrome de Klippel-Feil.

Les médecins français Maurice Klippel et André Feil ont décrit en 1912, dans la *Nouvelle iconographie de la Salpêtrière*, pour la première fois d'une manière précise et détaillée, un cas de fusion innée des vertèbres cervicales atrophiées. Or, on reconnaît parfaitement cet état pathologique sur une terre cuite hellénistique de Smyrne : la cage thoracique remonte jusqu'à la base du crâne et la tête semble donc reposer directement sur le tronc *(fig. 155)*[43]. Le maintien

155. Syndrome de Klippel-Feil (« homme sans cou »). Terre cuite hellénistique. *(Louvre)*

symétrique de la tête exclut le diagnostic de torticolis [44]. On voit bien sur cette sculpture le ptérygium colli, bride cutanée reliant l'épaule à la région mastoïdienne, ainsi que l'atrophie de cette partie du crâne. Au syndrome de Klippel-Feil s'associent souvent la surdité par atrésie des conduits auditifs et l'arriération mentale. Les vertèbres difformes peuvent comprimer des nerfs cervico-brachiaux et provoquer des troubles douloureux. Le visage du malade smyrniote exprime en effet une souffrance résignée.

Une autre malformation congénitale frappant les arcs vertébraux de la région cervicale, la dysostose cléidocrânienne, a été reconnue sur un squelette féminin de l'Âge du bronze récent exhumé dans la région de Pylos. Christos Bartsocas a proposé ce même diagnostic à propos d'une image de Thersite [45]. Cette interprétation est possible mais ne s'impose pas [46]. Quoi qu'il en soit, cet anti-héros de l'épopée homérique est « l'homme le plus laid qui soit venu sous Ilion; bancroche et boiteux d'un pied, il a de plus les épaules voûtées, ramassées en dedans; sur son crâne pointu s'étale un poil rare [47] ».

Le nombre des nains dans l'art ancien n'a d'égal, en ce qui concerne la représentation des états pathologiques, que celui des bossus. D'ailleurs, dans l'iconographie antique, ces deux conditions coexistent assez souvent chez le même sujet. Quatre cas nous paraissent exemplaires.

Le premier est une statuette hellénistique en bronze conservée à Toulouse: un nain marche affairé avec un vase dans une main et un grand coq dans l'autre *(fig. 156)* [48]. La bosse est haute et très

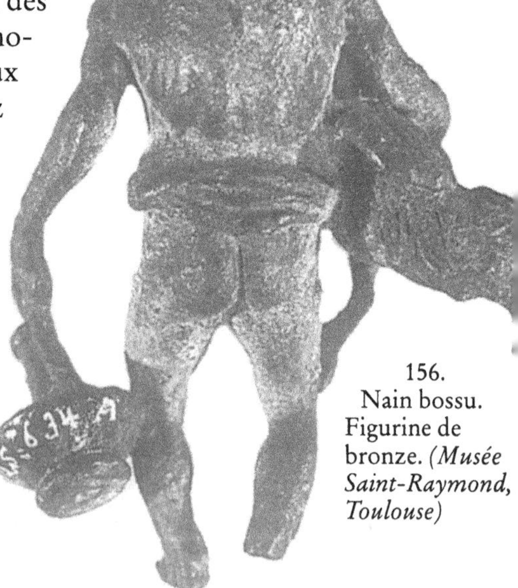

156. Nain bossu. Figurine de bronze. *(Musée Saint-Raymond, Toulouse)*

157. Nain bossu. Figurine de bronze.
(Musée archéologique, Florence)

prononcée ; sa forme quasi angulaire pourrait suggérer la tuberculose vertébrale ou les séquelles d'une fracture rachidienne bien consolidée, mais la présence du nanisme oriente notre diagnostic plutôt vers une dysplasie du squelette. L'achondroplasie est peu probable à cause de l'aspect à peu près normal du visage, de la position haute de l'incurvation dorsale et de la longueur des bras. Cette figurine est, à notre avis, une représentation artistique très réaliste d'une forme particulière du trouble inné de l'ossification, décrite en 1893 par Eduard Kaufmann sous le nom de chondrodystrophie hyperplasique et connue actuellement dans la littérature médicale comme dysplasie métatropique de Pierre Maroteaux[49].

Un exemplaire similaire est conservé à Florence *(fig. 157)*[50].

Le deuxième cas est une célèbre statuette grecque en ivoire du Ier siècle après J.-C, trouvée en Italie et conservée au British Museum *(fig. 158)*[51]. D'après Calvin Wells ce bossu recroquevillé serait « un esclave noir atteint de la maladie de Pott ». En décrivant la figurine, Wells a bien noté que la gibbosité est associée à un thorax en carène et

158. Bossu de type négroïde. Statuette grecque en ivoire. *(British Museum)*

asymétrique, que la tête est rentrée entre les épaules, que l'expression du visage trahit la lassitude et que l'attitude suggère une difficulté respiratoire [52]. Mais il n'a pas remarqué que les proportions entre la tête, le tronc et les membres de ce bossu correspondent à celles d'un nain. Il est donc possible que l'aspect du visage, notamment l'aplatissement de la racine du nez, ait une signification pathologique et non raciale. Si le bras n'était pas aussi long par rapport à l'avant-bras, on aurait pu penser à l'achondroplasie. Pour Paul Richer, il s'agirait d'un « nain rachitique » [53]. Quoi qu'il en soit, le diagnostic d'une dysplasie héréditaire nous semble au moins aussi probable que celui de tuberculose vertébrale [54].

Le troisième cas est le dessin d'une coupe grecque d'époque classique, trouvée à Spina et conservée à Ferrare [55]. Il montre de profil un nain adulte avec les stigmates typiques de l'achondroplasie et le dos courbé. La bosse est ronde et, en fait, assez modérée. La courbure de la coupe, le pli du vêtement rejeté sur son épaule et le bâton crochu auquel il s'appuie accentuent une cyphose relativement discrète, assez fréquente chez les achondroplases.

Le quatrième cas, enfin, est la bosse d'Ésope, dont nous avons déjà parlé dans le chapitre sur les maladies des personnages célèbres.

La banalité des affections rachidiennes et la fausse pathologie

L'Homme est le seul Vertébré qui marche debout. Si la verticalisation de la colonne vertébrale a rendu possibles deux autres traits distinctifs de l'Homme, à savoir la céphalisation avec accroissement de la masse cérébrale et la spécialisation des pattes des Quadrupèdes en mains et pieds, elle confère aussi une fragilité particulière à la colonne vertébrale et détermine plusieurs affections typiquement humaines [56].

Les affections de la colonne vertébrale humaine sont extrêmement fréquentes. Certaines sont même pratiquement inévitables dans la seconde moitié de la vie d'une personne à longévité moyenne et s'imposent au regard des artistes comme le lot de la condition humaine : la cyphose (incurvation du rachis à convexité postérieure), la lordose (incurvation à convexité antérieure), la scoliose (incurvation latérale), les hernies des disques intervertébraux et la compression des racines rachidiennes qui se manifestent par des douleurs et des postures particulières, la spondylarthrose (affection chronique des petites articulations du rachis, avec une ostéophytose marginale et des ossifications intervertébrales), etc.

À la banalité des images reflétant les atteintes de la colonne vertébrale s'ajoute le risque d'interpréter comme pathologique ce qui provient en fait de certaines contraintes ou particularités de l'expression artistique. Dans le cas d'une coupe, d'un miroir ou d'une lampe à huile, la forme ronde de l'espace disponible pour l'image peut amener l'artiste à courber anormalement le dos d'un personnage [57]. Pour éviter un faux diagnostic dans des cas semblables, il faut s'assurer que la courbure du dos n'épouse pas vraiment celle du cadre et que le personnage en question présente d'autres particularités morbides. Un bon exemple est offert par la gravure du bossu sur un miroir étrusque de Tarquinies dont il sera question plus loin.

On ne saurait être assez prudent dans ce genre d'iconodiagnostic. Le dos d'un lutteur, d'un archer ou d'un lanceur de javelot peut se tordre bizarrement au cours d'un effort. Si, dans de tels cas, le torse seulement est conservé, on est tenté de diagnostiquer une difformité de la colonne vertébrale [58].

Le diagnostic rétrospectif des affections vertébrales, particulièrement apprécié et fiable en paléopathologie, est d'autant plus difficile en iconographie qu'en règle générale on ne montre des vertèbres à nu que sur des représentations schématiques de squelettes. Les ostéophytes vertébraux, très fréquents sur les ossements de l'Antiquité, ne se retrouvent pas dans l'iconographie. Tout à fait exceptionnel est un ex-voto offert à Hercule et figurant un os sacré [59].

Une bosse peut être simplement un élément caricatural, sans véritable intérêt médical. Nous interprétons ainsi, par exemple, le bas-relief d'une lampe à huile romaine, conservée à Compiègne [60]. On y voit un vieillard bossu en train de danser et de jouer de la flûte. Sa bosse est bizarre et ne correspond à aucune pathologie réelle.

La fréquence des bossus dans l'art ancien dépend en fait moins de la fréquence réelle de cet état pathologique que de la signification magique qu'on lui attribue. Ne dit-on pas aujourd'hui encore, surtout dans les pays méditerranéens, que toucher la bosse porte bonheur ? On croyait autrefois que les bossus protégeaient du mauvais œil. C'est d'ailleurs pour renforcer cet effet apotropaïque que les bossus des images porte-bonheur sont souvent pourvus d'un membre viril démesuré[61]. C'est le cas de figurines en bronze, portées souvent en pendentifs. On plaçait aussi de telles images dans l'entrée des maisons. Très instructive à ce propos est une mosaïque romaine d'Antioche du IIe siècle de notre ère : la bosse d'un jeune homme y est dessinée plus comme une courbure schématiquement exagérée de l'épaule que comme un état pathologique réel[62].

LES CYPHOSCOLIOSES BÉNIGNES

Sur les statues monumentales en marbre ou en bronze, le dos est le plus souvent gondolé d'une manière idéale ou plutôt idéalisée. Toutefois, le médecin suédois Gustav Bergmark a remarqué sur quelques statues grecques représentant des adolescents, notamment Apollon dans l'épanouissement de sa grâce juvénile, une lordose de type particulier[63]. Cette déformation, dite lordose de Jehle, se situe plus haut que la lordose lombaire physiologique et concerne un plus grand nombre de vertèbres. Après avoir posé ce diagnostic étonnant sur une statue d'Apollon du Musée de Smyrne, Bergmark a cru reconnaître sur une très belle statue d'Antinoüs, favori de l'empereur Hadrien, un cas de maladie de Scheuermann (cyphose douloureuse des adolescents due à une perturbation de la croissance des corps vertébraux).

L'incurvation accentuée de la partie dorsale du rachis peut être due tout simplement à une mauvaise posture habituelle. La fixation d'une telle posture résulte souvent des conditions de travail. Dans certains métiers, la cyphoscoliose est un stigmate professionnel. C'est à quoi fait penser la figure en terre cuite d'un ouvrier de Pergame au dos courbé *(fig. 159)* [64].

Dans l'art antique abondent les exemples de vieillards courbés. Cette involution sénile de la colonne vertébrale résulte le plus souvent de l'ostéoporose et de la dégénérescence des structures intervertébrales. Il est amusant de comparer le port élancé et l'épieu droit d'Héraclès avec le dos voûté et le bâton crochu de la vieille nourrice qui, sur un vase attique, l'accompagne et le surveille [65]. La robe de la femme masque un peu la ligne dorsale brisée que souligne, au contraire, lors de la rencontre entre Héraclès et Géras, la nudité de ce dernier [66].

Le Cabinet des Médailles à Paris possède une terre cuite hellénistique de Myrina dont le sujet est très émouvant : on y voit un vieillard

159. Ouvrier voûté. Terre cuite hellénistique. (*Musée archéologique national, Athènes*)

160. Vieil homme et fillette. Terre cuite hellénistique. (*Cabinet des médailles, Paris*)

fortement courbé, tenant par la main une fillette et absorbé dans une marche qu'on sent pénible (*fig. 160*) [67]. S'agit-il d'une simple cyphose sénile ? On ne peut exclure un diagnostic plus grave, par exemple celui d'hyperostose ankylosante (maladie de Forestier) ou même de spondylarthrite ankylosante (maladie de Marie-Strümpell-Bechterew).

LES AFFECTIONS GRAVES DU RACHIS DORSAL
D'ORIGINE NON MICROBIENNE

Le médecin égyptien Paul Ghalioungui a posé le diagnostic de « spondylose rhizomélique » (c'est-à-dire de spondylarthrite ankylosante) à propos d'une statuette hellénistique en terre cuite de sa collection privée[68]. Mais le personnage en question a plutôt l'allure d'un nain achondroplase et sa difformité générale rappelle à notre avis un syndrome congénital plutôt qu'une affection rhumatismale.

161. Bossu
au dos arrondi.
*(Musée
Saint-Raymond,
Toulouse)*

La bosse chez un jeune adulte de taille normale et sans autre modification pathologique significative pose des problèmes de diagnostic différentiel qui sont le plus souvent insolubles. Lorsque la bosse est ample, bien ronde, le champ des possibilités est très vaste. Prenons comme exemples deux statuettes hellénistiques en bronze, dont la première est conservée à Berlin[69] et la seconde à Toulouse *(fig. 161)*[70]. Les deux personnages sont nus, debout, leur bosse est ronde et, à part une maigreur générale, il n'y a pas d'autres signes pathologiques. On voit clairement, par les distances entre les apophyses épineuses, qu'aucun corps vertébral ne s'est effondré, ce qui rend peu probable une spondylite tuberculeuse. Le diagnostic doit donc rester vague.

C'est grâce à des stigmates non vertébraux qu'on peut soupçonner chez certains bossus un défaut général du développement osseux dû à une carence. Ainsi le bossu gravé sur un miroir étrusque de Tarquinies a, en plus d'une gibbosité prononcée, un thorax en carène, des bosses crâniennes et des pieds rabougris *(fig. 162)* [71]. Ces traits suggèrent, chez cet adolescent chétif, le diagnostic de rachitisme ou d'une grave anomalie héréditaire [72].

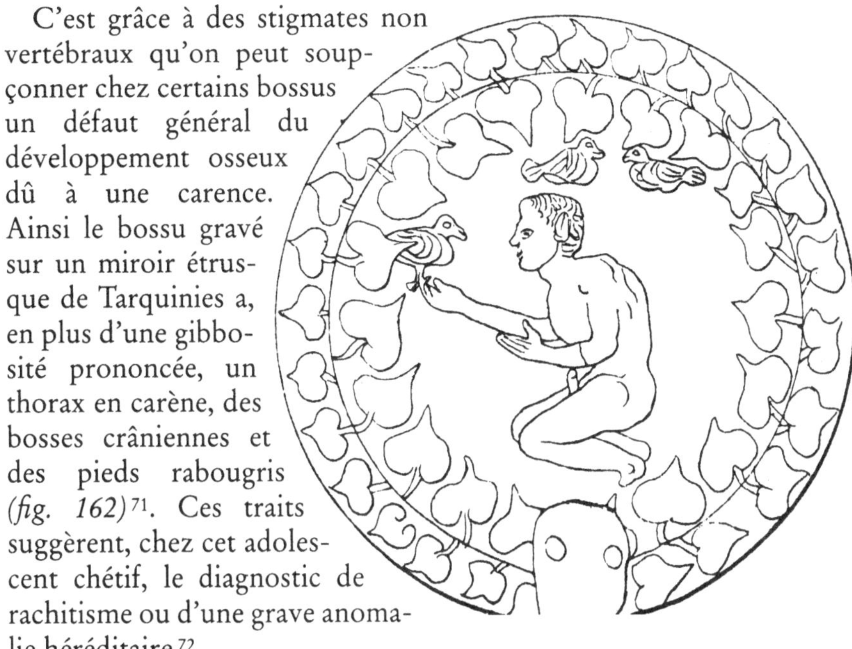

162. Bossu rachitique. Miroir étrusque.
(Musée national, Tarquinies)

LE MAL DE POTT

Lorsque la bosse est angulaire, la tendance actuelle est d'affirmer péremptoirement qu'il s'agit du mal de Pott, c'est-à-dire de tuberculose vertébrale. Prenons comme exemple une autre statuette en bronze du Musée de Berlin, sans provenance connue, datant d'environ 200 avant J.-C. : si la première représente un bossu debout, celle-ci le montre accroupi sur un rocher *(fig. 163)* [73]. Il est maigre (on l'a surnommé « le mendiant affamé »), les muscles de ses jambes sont atrophiés et sa gibbosité est forte, sans être tout à fait angulaire. Plusieurs auteurs, dont un illustre professeur d'orthopédie [74], affirment que c'est un « pottique ». Des témoignages écrits sur la fréquence de la tuberculose pulmonaire et osseuse chez les anciens habitants du monde gréco-romain confortent cette hypothèse [75].

On connaît un nombre considérable de statuettes antiques en bronze et en terre cuite représentant des bossus que l'on considère généralement, depuis une étude de Henry Meige,

163. Bossu souffrant peut-être du mal de Pott. Bronze hellénistique. *(Pergamon-Museum, Berlin)*

comme affectés du mal de Pott[76]. Cependant, rien ne distingue vraiment, sur une œuvre d'art, une bosse tuberculeuse d'une bosse provoquée par une spondylite d'origine traumatique (syndrome de Kümmel-Verneuil) ou infectieuse non spécifique, par une synostose innée des corps vertébraux ou par quelques autres états pathologiques plus rares.

La forme de la bosse ne suffisant pas pour assurer le diagnostic, on est tenté de chercher la confirmation dans des signes extravertébraux concomitants. Calvin Wells a cru avoir cette bonne fortune. Une terre cuite du Louvre, provenant de Myrina, écrit Wells, représente un bossu avec des traces d'un abcès du psoas, signe qui, en effet, réduit considérablement le doute dans le diagnostic de tuberculose vertébrale[77]. Wells n'a pas publié le numéro d'inventaire de l'objet en question. Il nous a confirmé par lettre qu'il n'avait jamais vu cette figurine et qu'il avait fondé son opinion sur une

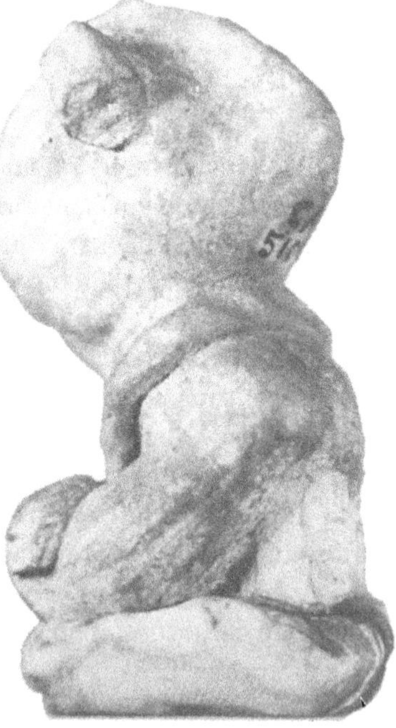

164. Bosse due très probablement à la tuberculose vertébrale. Terre cuite hellénistique. *(Louvre)*

reproduction photographique ancienne d'un objet de la collection Gaudin au Louvre et sur le commentaire de Félix Regnault[78]. En fait, la terre cuite reproduite dans la publication de Regnault provenait de Smyrne et non de Myrina. Wells lui-même ne semblait pas savoir s'il parlait de l'actuel spécimen D 1216 ou de D 1223 *(fig. 164)*. Nous avons examiné soigneusement ces deux petits bossus smyrniotes : effectivement la gibbosité, dans les deux cas, est nettement angulaire, mais il n'y a aucune trace d'abcès du psoas[79]. Le diagnostic de maladie de Pott reste assez plausible, bien que l'argumentation en sa faveur soit ainsi affaiblie.

On pourrait être tenté de parler de tuberculose dans le cas d'une statuette romaine en bronze trouvée à Quimper[80]. Ce n'est pas vraiment un bossu : il n'a qu'une cyphoscoliose discrète, certainement non pottique, mais son ventre et son scrotum sont gonflés, peut-être hydropiques. Voilà qu'apparaît donc la possibilité d'une tuberculose non osseuse. Possibilité, certes, mais on peut avancer plusieurs autres hypothèses, lesquelles, tout aussi possibles, ne font qu'augmenter l'incertitude du diagnostic rétrospectif.

Rappelons enfin qu'on essayait de traiter les déformations acquises de la colonne vertébrale par des manipulations chirurgicales, comme en témoigne le traité hippocratique *Des articulations*. Sur une trentaine d'images qui illustrent le Codex de Nicétas[81], cinq se rapportent à la colonne vertébrale : deux montrent le patient suspendu sur une échelle, soit à l'envers (la tête en bas), attaché par les pieds, soit à l'endroit, retenu par un bandage qui passe au-dessous de sa mâchoire ; trois images représentent le patient couché sur le ventre et tenu en extension par des lanières, tandis que le médecin comprime la gibbosité avec une planche, en s'asseyant sur le dos malade ou en marchant dessus et en exerçant du talon une pression bien dosée sur la partie incurvée. Hippocrate lui-même ne se faisait pas trop d'illusions sur l'efficacité de ce traitement orthopédique.

LES THORACOPAGES

Au Vatican se trouve un curieux marbre reproduisant une cage thoracique avec le sternum, les clavicules, les côtes et la colonne vertébrale bien sculptés[82]. La signification de cette œuvre est aussi mystérieuse que son origine. On n'y note aucune anomalie.

165. Siamois thoracopages. Fibule archaïque de bronze.
(Musée archéologique national, Athènes)

La monstruosité thoracique la plus grave évoquée dans l'art antique est une forme de gémellité siamoise. Une statuette de marbre provenant de Çatal Hüyük en Asie mineure (VIe millénaire) en donne la plus ancienne représentation artistique connue. Malgré une facture grossière, on y distingue bien deux femmes ayant un seul tronc et deux bras, mais deux têtes et quatre seins[83].

Depuis Homère la légende grecque connaît les Molionides (ou Actorides): les jumeaux siamois Eurytos et Ctéatos. Ils ont un père mortel, Actor, et un père divin, Poséidon. À l'époque géométrique, on les voit sur un certain nombre de vases et de fibules sous la forme d'un être double, uni à la taille, avec un tronc mais quatre bras, quatre jambes et deux têtes. Un cratère archaïque de New York fait apparaître quatre fois les deux frères dans une vaste cérémonie funèbre[84]. Sur une plaque fibulaire de bronze, conservée à Athènes, le double guerrier aux quatre lances affronte un géant *(fig. 165)*[85].

Comme d'autres monstruosités, la gémellité siamoise va disparaître de l'iconographie à l'époque classique. À la fin du Xe siècle de notre ère, Léon le Diacre rapporte qu'il a vu en Asie mineure des frères siamois âgés alors d'environ trente ans. Il se peut qu'il s'agisse du couple opéré quelques années plus tard à Constantinople, comme le rapportent Léon le Grammairien et Théodore Daphnopatès. Jean Skylitzès en fait état deux siècles plus tard dans un manuscrit illustré : on y voit des chirurgiens essayant de détacher le jumeau mort de son frère survivant (ce dernier succombera trois jours après l'intervention)[86].

LES AFFECTIONS DES ORGANES INTERNES DE LA POITRINE

Cachés à la vue, les viscères de la cavité thoracique n'apparaissent dans les œuvres d'art de l'Antiquité que très rarement, soit dans les images de blessures de la poitrine, soit comme ex-voto. Les cas traumatologiques laissent deviner la lésion interne, sans la visualiser[87]. Dans les ex-voto des organes internes de la poitrine, on connaît aussi bien des présentations *in situ* dans la cavité en question que des trachées, des poumons et des cœurs isolés. Aucun des cas grecs, étrusques et gallo-romains que nous avons pu examiner ne comporte de modifications pathologiques. La seule exception pourrait être, d'après une opinion de Pierre Decouflé que nous ne partageons pas, une terre cuite étrusque conservée au Vatican : sur ce tronc est figurée une « amande anatomique », sorte de fenêtre montrant les viscères thoraco-abdominaux dont la disposition est certes aberrante mais sans signes pathologiques particuliers[88]. Sur d'autres mannequins similaires, les viscères sont souvent sculptés avec la plus haute fantaisie.

Nous ne connaissons aucun exemple iconographique convaincant de dyspnée asthmatique[89]. En revanche, l'essoufflement de l'athlète en plein effort a inspiré la grande sculpture : Myron avait représenté Ladas, vainqueur aux jeux, courant et haletant [90]. Un bas-relief attique du VIᵉ siècle avant J.-C. pourrait bien figurer une crise cardiaque : un guerrier nu et casqué s'écroule au bout de sa course, soutenant des deux mains sa poitrine affolée *(fig. 166)* [91].

166. Guerrier s'écroulant au bout de sa course. Bas-relief attique.
(Musée archéologique national, Athènes)

CHAPITRE IX

Affections de la tête et du cou

Les têtes d'acteurs, de grotesques, d'«idiots» sont en quantité pléthorique dans tous les musées des antiques : la boule qui forme la tête se détache facilement du reste du corps des statues et plus encore des statuettes de terre, mais ne se casse pas facilement elle-même.

Le mal de tête

Le mal de tête a toujours été très fréquent mais, ne comportant pas de changements morphologiques, il échappe à toute représentation artistique directe. On peut le soupçonner chez une femme gallo-romaine dont le buste a été offert en ex-voto à Séquana, car elle s'est plaqué sur la voûte crânienne, d'oreille à oreille, une sorte de serviette à franges, pliée de façon à en augmenter l'épaisseur[1]. Cette compresse était vraisemblablement fraîche ou très chaude au contraire, peut-être même trempée dans un analgésique.

Deux syndromes congénitaux : la thalassémie et le mongolisme

Certaines maladies congénitales se manifestent par des déformations typiques du crâne et par des expressions particulières du visage. L'iconographie antique offre ainsi des exemples où un coup d'œil exercé suffit pour poser le diagnostic rétrospectif d'anémie héréditaire ou de mongolisme. Dans le premier cas, il s'agit d'une maladie déterminée par le génome des parents, dans le second d'un état pathologique dû à une erreur dans la répartition des chromosomes lors de la fécondation.

Plusieurs petites têtes hellénistiques en terre cuite – rien qu'au Louvre il y en a huit, dont sept smyrniotes et une troyenne[2] – présentent les caractéristiques d'un syndrome que les paléopathologistes appellent hyperostose poreuse du crâne. On sait maintenant que dans ce cas les bosses bilatérales des parties du crâne riches en moelle productrice de globules rouges correspondent cliniquement à l'anémie infantile. Dans les conditions de vie du monde gréco-romain, leur fréquence prouve que cette anémie n'est pas due à une carence en fer mais provient d'une tare génétique. On connaît plusieurs formes d'anémie héréditaire et l'aspect du crâne ne suffit pas pour établir le diagnostic différentiel. Cependant, l'examen paléopathologique des ossements anciens provenant des régions en question, les témoignages littéraires et les considérations épidémiologiques permettent de conclure que, chez les enfants grecs et romains de l'Antiquité atteints d'hyperostose poreuse symétrique, cet état résulte le plus souvent d'une « erreur innée » dans la synthèse de la chaîne hémoglobinique bêta et correspond donc à la forme dite méditerranéenne de la thalassémie.

Cette anomalie héréditaire est fréquente dans les zones géographiques des pays qui ont antérieurement souffert du paludisme endémique de type falciparum. Ainsi les têtes des enfants thalassémiques témoignent indirectement des méfaits de la présence ancienne des souches hautement pathogènes du genre Plasmodium et des moustiques qui en sont les vecteurs. Elles en témoignent indirectement, parce que ces enfants étaient non pas eux-mêmes atteints du paludisme mais possédaient une résistance qui permettait le maintien sélectif d'une tare par ailleurs néfaste[3].

Les enfants thalassémiques homozygotes, c'est-à-dire ayant hérité la tare de leurs deux parents, souffrent de la forme clinique dite thalassémie majeure ou anémie de Cooley. Ils ont un crâne volumineux, avec des bosses dans les régions frontale et pariétales, le front élargi, les pommettes proéminentes, les yeux écartés et souvent bridés, le nez large et affaissé, les mâchoires saillantes. C'est exactement ce

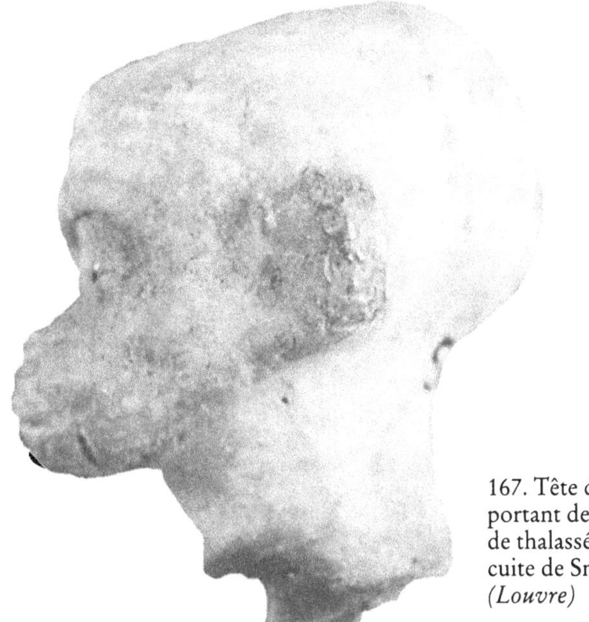

167. Tête de garçon portant des stigmates de thalassémie. Terre cuite de Smyrne. *(Louvre)*

qu'on voit sur quelques têtes en terre cuite, dont nous reproduisons ici un spécimen particulièrement frappant par la précision et le réalisme des traits pathologiques *(fig. 167)*[4].

Quant au « mongolisme », il faut déplorer cette dénomination qui, au siècle dernier, assimila l'aspect des malades à celui de certaines « races » humaines. Si le terme reste encore consacré par l'usage, notamment dans la littérature non strictement médicale, on commence à le remplacer par l'expression « syndrome de Down », recommandée par l'Organisation Mondiale de la Santé.

C'est un état pathologique inné avec une malformation générale du corps, un faciès typique et une arriération mentale. Dû à une imperfection du mécanisme de répartition des chromosomes lors de la fécondation, il est relativement fréquent dans toutes les populations.

Félix Regnault a décrit une minuscule tête smyrniote en terre cuite, aux traits nettement asiatiques sinon strictement mongols : les pommettes saillantes, les yeux obliques, l'espace interorbitaire très large, les narines écartées, le nez aplati et élargi[5]. Ce n'est pas la caricature d'un barbare mais la présentation réaliste d'un malade. On peut la rapprocher d'une

168. Faciès typique du syndrome de Down (mongolisme). Sculpture hellénistique *(Musée Benaki, Athènes)*. D'après Kunze et Nippert, 1983.

autre tête hellénistique pour laquelle le diagnostic de syndrome de Down s'impose : le sujet a le visage aplati, les lèvres épaisses, les oreilles mal ourlées, le nez plat et les yeux bridés *(fig. 168)*[6]. Un visage semblable, suggérant la débilité mentale, est peint sur un vase étrusque de Tarquinies, datant du IVe siècle avant J.-C. *(fig. 169)*[7].

169. Tête portant des stigmates du syndrome de Down. Vase étrusque. *(Musée national, Tarquinies)*

Autres dysplasies et déformations crâniennes

Il est possible qu'une figure trouvée dans la tombe d'un enfant au Céramique[8] ainsi qu'une tête hellénistique d'Alexandrie[9] s'inspirent de l'observation réelle d'idiots mongoloïdes, mais on passe déjà à une facture grotesque, aux caricatures dont l'interprétation médicale est difficile voire impossible. Dans toutes les collections importantes de terres cuites hellénistiques, on en trouve une extrême variété *(fig. 170)*[10].

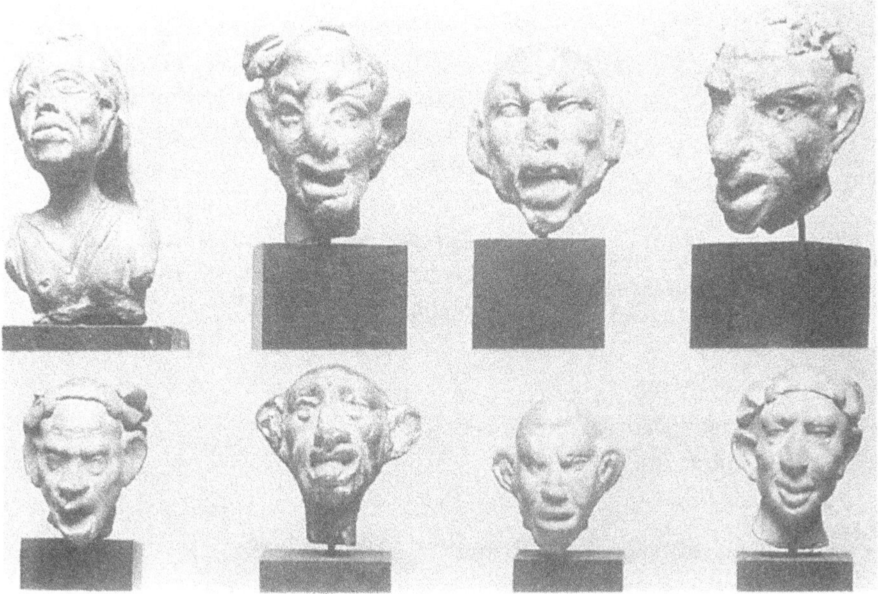

170. Têtes grotesques en terre cuite provenant de l'Asie Mineure.
(Musées de l'État, Berlin)

La forme générale du crâne est parfois à la limite du pathologique et, à défaut d'un diagnostic clinique précis, elle suscite une riche floraison dans le jardin des racines grecques. Ces variations anatomiques ainsi que les déformations provoquées que détestaient les Grecs[11] (rappelons les remarques critiques d'Hippocrate à propos des Macrocéphales de la Scythie) ont vivement intéressé les médecins de la deuxième moitié du XIXe et du début du XXe siècle qui croyaient à la théorie de la dégénérescence. Ils ont ainsi reconnu parmi les

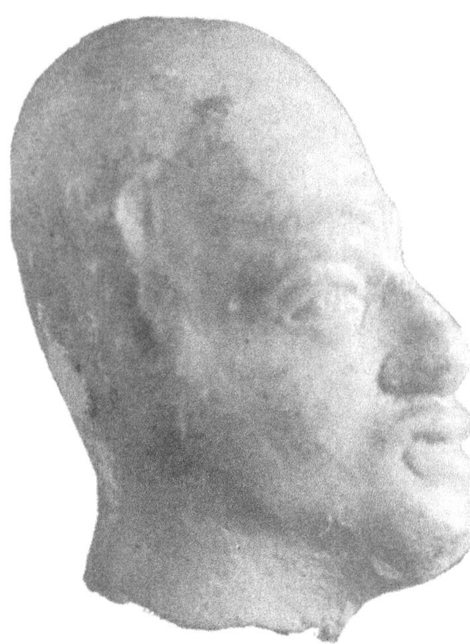

171. Turricéphale (personnage au crâne allongé et pointu). Tête en terre cuite de Smyrne. *(Louvre)*

grotesques des formes aussi diverses que la microcéphalie, la macrocéphalie, la turricéphalie, la dolichocéphalie, la brachycéphalie, la scaphocéphalie, l'acrocéphalie, l'oxycéphalie, etc. Si tel macrocéphale ou turricéphale n'est pas nécessairement un malade *(fig. 171)* [12], les microcéphales ont toutes les apparences des idiots *(fig. 172)* [13].

Lorsque l'ensemble du corps est figuré et conservé, certaines « grosses têtes » permettent d'envisager le diagnostic d'hydrocéphalie. C'est le cas notamment d'une statuette hellénistique de Tarente décrite par Holländer comme « nain de type hydrocéphale » [14].

MALFORMATIONS ET LÉSIONS DES OREILLES ET DU NEZ

Les ex-voto en forme d'oreilles sont assez fréquents. Moulées, modelées ou sculptées, isolées ou par paires, ces portes des sensations auditives ne comportent à notre connaissance aucun trait pathologique [15]. On peut toujours dire, mais sans preuve, qu'elles se rapportent à la guérison d'une

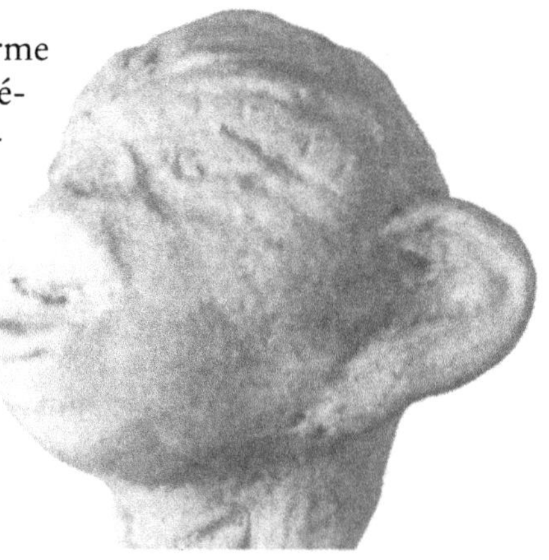

172. Tête d'idiot microcéphale. Terre cuite de Smyrne. *(Louvre)*

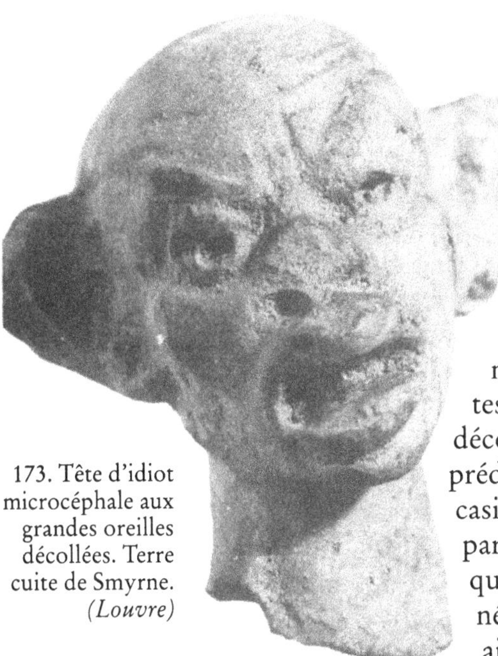

173. Tête d'idiot microcéphale aux grandes oreilles décollées. Terre cuite de Smyrne. *(Louvre)*

surdité. Dans certains cas, il est plus probable qu'elles expriment symboliquement le désir d'être entendu par une divinité, d'avoir accès à son oreille.

C'est sans doute pour obtenir un effet comique que les anciens artistes agrémentaient certaines têtes grotesques d'oreilles énormes et décollées, donnant ainsi à nos prédécesseurs du XIXe siècle l'occasion d'inventer avec un plaisir particulier des syntagmes tels qu'«idiot oreillard» ou «dégénéré oreillard». On caractérise ainsi, de manière plus humoristique que vraiment médicale, une série de petits portraits hellénistiques en terre cuite. Fort joli dans son genre, malgré l'accident de conservation qui lui a brisé le nez, est un spécimen smyrniote *(fig. 173)* [16]. Une autre petite tête de la même collection offre un visage mongoloïde traité de manière assez réaliste et assorti de pavillons auriculaires dédoublés *(fig. 174)* [17]. S'il est vrai que cette particularité peut aller de pair avec certaines formes d'idiotie, nous n'irons pas jusqu'à affirmer avec Regnault que «ces appendices constituent un caractère fort important pour

174. Tête d'idiot aux pavillons auriculaires dédoublés. Terre cuite de Smyrne. *(Louvre)*

175. Tête d'« idiot gras ».
Terre cuite de Smyrne. (*Louvre*)

diagnostiquer » des états particuliers d'arriération mentale, en un mot représentent des « stigmates de dégénérescence »[18]. Tel autre auteur, cédant à une mode déjà en train de se perdre au temps où il écrivait, a même vu en un nain grotesque de Thèbes un « dégénéré à tendances érotico-alcooliques »[19]. Bien entendu, ces notions sont aujourd'hui périmées. Toutefois, on en trouve des échos dans des ouvrages récents qui interprètent parfois de grandes oreilles comme un signe de stupidité[20]. Parfois celles-ci sont associées à des joues rebondies et à une bouche ouverte. L'appréciation de tels sujets est particulièrement délicate. C'est ainsi que l'un d'eux (*fig. 175*)[21] a pu être considéré successivement d'une manière trop précise comme un cas d'oreillons[22] et d'une manière vague comme un « idiot gras[23] ».

Si l'artiste s'amuse parfois à créer des oreilles de forme fantaisiste, à les faire grosses, minuscules, décollées, contractées ou bosselées, à n'en mettre qu'une à son sujet et même à lui enlever les deux, dans bon nombre de cas il s'inspire d'une réalité d'origine traumatique. Des oreilles bosselées ou en feuille de chou sur des têtes masculines aux traits épais constituent des séquelles, autrefois relativement fréquentes, de pugilats et d'exercices violents à la palestre. Ainsi une terre cuite provenant de Troie et datée du Iᵉʳ siècle de notre ère (*fig. 176*)[24], loin de figurer un « obèse bon vivant[25] » ou un « hydropique à la face œdématiée[26] », nous montre un de ces athlètes suralimentés, si courants dans le monde gréco-romain, au nez meurtri et aux oreilles gonflées. Il est atteint d'un othématome bilatéral, lésion due aux coups répétés et à l'hémorragie qui provoque une augmentation du volume du pavillon et surtout du lobe de l'oreille[27]. Sur les statues du corps entier de pugilistes antiques, on peut constater que l'othématome et l'oreille en feuille de chou sont les stigmates habituels de leur profession[28]. En bon médecin, Galien déteste les sports de combat, notamment le pancrace et le pugilat qui déforment le visage et le rendent hideux[29]. Tel moignon d'oreille sur une tête qui semble avoir reçu de nombreux coups fait penser à l'avertissement d'Hippocrate selon lequel « la cautérisation guérit promptement une oreille fracturée », mais avec le désavantage que « cautéri-sée ainsi elle devient courbe et plus petite »[30].

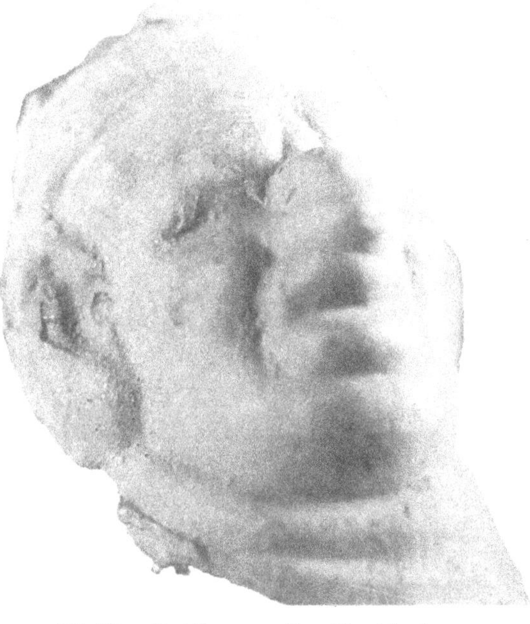

176. Tête d'athlète gras, l'oreille abîmée par un othématome. Terre cuite de Smyrne. *(Louvre)*

Les têtes des lutteurs portent souvent aussi des séquelles de fracture de l'os nasal et des meurtrissures des parties molles du nez, mais ce genre d'accident pouvait arriver même à la personne la plus paisible. Il peut se traduire alors par un nez aplati ou par une courbure concave, en forme de selle, au milieu du nez. Sur un monument en grès, conservé à Trèves, un personnage germanique a un tel nez et le fait que la scène, sculptée sur le vif, représente les gens du cirque rend plau-sible l'origine traumatique de la courbure[31]. Dans les temps modernes, un nez en selle est souvent d'origine syphilitique mais pour les temps anciens, il s'agit soit de l'aboutissement d'une fracture ou d'un abcès de la cloison nasale, soit d'une particularité anatomique innée. C'est probablement le cas du nez de Socrate[32].

Particulièrement intéressant à ce propos, par sa valeur documentaire, est un masque mortuaire en plâtre du IIIe siècle de notre ère, trouvé dans un atelier de l'antique Thysdrus (aujourd'hui El-Jem en Tunisie)[33]. On a pu en tirer

177. Déviation de la cloison nasale.
Portrait étrusque provenant d'un sanctuaire
de Cerveteri. *(Villa Giulia, Rome)*

un moulage qui fait apparaître un homme dans la force de l'âge, au visage à peine ridé, la barbe et les moustaches hirsutes, les cheveux frisés coupés court. C'est surtout son nez qui attire l'attention, car il a manifestement subi un écrasement de la cloison. Cet homme, doté des caractéristiques anthropologiques d'un Berbère, est probablement mort à la suite d'une blessure de la tête. On était en train de préparer une image de son visage au moment même où l'atelier du mouleur fut dévasté.

Quelques portraits antiques sont pourvus de nez extravagants qui auraient amusé ou vexé Cyrano de Bergerac, mais qui n'autorisent aucun diagnostic précis [34]. Le portrait réaliste en terre cuite d'un jeune homme étrusque, qui fait penser aux portraits en marbre de la fin de la République romaine, présente une nette déviation vers la droite de la cloison nasale *(fig. 177)* [35]. La finesse des détails amène Maria Santangelo, historien de l'art, à supposer qu'il s'agit d'un portrait fait d'après le masque funéraire du sujet [36]. La déviation de la cloison nasale est une anomalie, souvent congénitale et parfois traumatique, pouvant entraîner des troubles fonctionnels sérieux.

Un nez énorme, avec tuméfaction bulbeuse des parties distales, provient souvent d'adénomes sébacés. Il se peut qu'un tel rhinophyma ait inspiré le créateur d'une tête en terre cuite de Smyrne : la forme du nez y correspond assez bien à cet état pathologique mais la surface des parties gonflées ne paraît pas assez granuleuse *(fig. 178)*[37]. Plus évocateur est un exemple du rhinosclérome, dont il sera question à propos du diagnostic différentiel de la lèpre.

AFFECTIONS DES MÂCHOIRES

En cas de traumatisme du visage, la région buccale aussi est souvent atteinte[38], mais il est difficile, sur les anciennes têtes grotesques, de faire la part entre les résultats de telles lésions et les traits caricaturaux.

178. Tête d'homme avec un nez énorme, peut-être un rhinophyma. Terre cuite de Smyrne. *(Louvre)*

Ainsi, par exemple, là où, sur une tête hellénistique smyrniote, Félix Regnault croit reconnaître non seulement « une fracture du nez » et « une lèvre inférieure fortement tuméfiée » mais aussi une « luxation double temporo-maxillaire, bien connue des Anciens, longuement décrite par Hippocrate »[39], nous ne voyons qu'un prognathisme exagéré[40]. Fort douteux nous paraissent aussi le diagnostic rétrospectif de difformité congénitale des mâchoires, posé par Regnault à propos du rictus de la bouche démesurée d'un personnage smyrniote[41], et celui de « tumeur de la mâchoire supérieure gauche », mentionné par Mme Panayotatou dans sa description d'une tête hellénistique d'Alexandrie[42].

Deux objets méritent du point de vue médical une attention particulière. Le premier est une terre cuite de Smyrne au faciès typique de leontiasis ossea *(fig. 179)*[43]. Les maxillaires, surtout l'inférieur, sont hypertrophiés et donnent l'image d'un mufle léonin. La brutalité du visage est accentuée par la calvitie et la grossièreté des oreilles qui ne sont pas ourlées. Cette hyperostose craniofaciale est une dysplasie fibreuse,

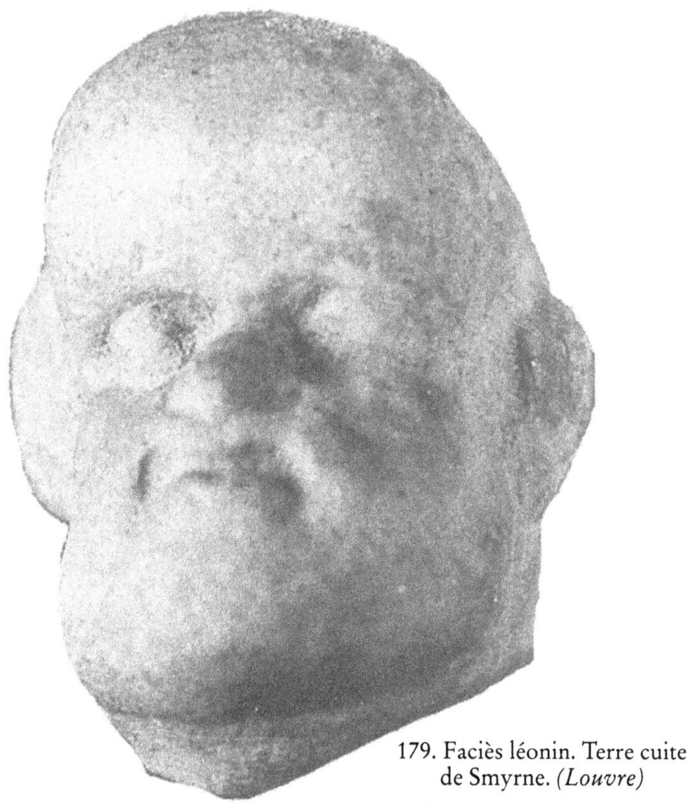

179. Faciès léonin. Terre cuite
de Smyrne. *(Louvre)*

c'est-à-dire un trouble particulier du développement osseux, mais on voit de semblables traits au cours d'autres maladies aussi. Les anciens auteurs la confondaient en fait avec la lèpre et certains modernes avec des formes particulières de la syphilis et de la mycose fongoïde.

Le deuxième objet qui permet un diagnostic remarquable est une très petite tête de terre cuite, trouvée dans l'ancien quartier des potiers à Corinthe et datant du milieu du IVe siècle avant J.-C. *(fig. 180)*[44]. La figurine est destinée à faire rire, mais le rire provient ici, comme souvent, d'une gêne devant la difformité. Celle-ci est certaine : malformation congénitale de la face appelée communément bec-de-lièvre. On doit admirer la précision avec laquelle l'artiste a saisi et rendu les anomalies anatomiques des lèvres et du nez ; celui-ci en effet est comme tordu vers la droite (il s'écarte de la fente), les narines sont fortement asymétriques, les plis vont des ailes du nez à la bouche, le sillon qui semble creuser ce

180. Personnage avec un bec-de-lièvre.
Terre cuite d'époque classique. *(Fouilles américaines de Corinthe)*

nez indique que les deux cartilages qui en forment la pointe sont restés séparés, le bout du nez est aplati du côté atteint, les pommettes et les mâchoires sont saillantes, la lèvre supérieure comporte une sorte de trou. Enfin, la bouche est largement ouverte (non pas à cause des contraintes de cet état pathologique, mais parce qu'il s'agit d'un acteur de l'ancienne comédie), ce qui permet d'apercevoir la partie antérieure du palais. Il semble que le maxillaire inférieur ne soit pas atteint, mais il est totalement édenté. Malheureusement, le bas du visage est cassé. S'il s'agit d'une statuette inspirée par un acteur réel, celui-ci parlait sans doute fort mal, d'où l'effet doublement comique. Quoi qu'il en soit, nous constatons là les caractéristiques morphologiques d'une fente labiopalatine unilatérale et certaines conséquences secondaires de cette malformation congénitale sur l'aspect de la face [45].

LE MAL DE DENTS ET LES AFFECTIONS DES PARTIES MOLLES DE LA BOUCHE

Il n'y a rien de plus atroce que le mal de dents et pourtant il est non seulement peu représenté dans les œuvres d'art mais aussi rarement attesté dans la littérature médicale. Quelques ex-voto étrusco-romains témoignent qu'on s'en

181. Un Scythe soigne la bouche blessée ou extrait la dent d'un camarade.
Vase de Kul Oba. *(L'Ermitage, Saint-Pétersbourg)*

plaignait pourtant aux dieux. Ainsi des bouches aux dents découvertes, une denture isolée et des langues ont été offertes à l'Hercule de Préneste[46].

On mentionne parfois un vase scythe comme l'une des plus anciennes représentations de soins dentaires. En fait, il est difficile d'interpréter dans tous leurs détails les images de ce gobelet en or, trouvé dans un tumulus à Kul Oba[47]. L'une d'elles représente une intervention concernant la région buccale d'un guerrier *(fig. 181)*[48]. Comme elle est le pendant d'une autre scène qui montre des soins à une jambe blessée, il s'agit probablement non pas du traitement d'une odontalgie mais des premiers secours à l'occasion d'une blessure à la bouche. Bien que cette hypothèse soit plus conforme à la réputation de ces glorieux barbares, il y a tout de même dans ce tableau quelque chose de dérisoire : un Scythe barbu, dans un épais costume matelassé si nécessaire sous ces climats[49], la main gauche sur la tête de son camarade, lui examine la cavité buccale et d'un doigt tâte la denture, préparant peut-être une extraction. Le patient a bien accepté de rester la bouche ouverte, mais exprime dans un geste de défense sa crainte de la douleur, avec une sorte de tentative pour arrêter la main qui doit le soigner.

Un petit flacon anthropomorphe, appartenant à une série de vases à médicaments d'époque romaine tardive, découverte à Lenta, près de Bizerte (Tunisie), évoque la douleur dentaire[50]. Il a sans doute contenu un remède odontalgique, sa forme étant en quelque sorte « l'étiquette parlante » du produit. Ce pot en argile, façonné directement à la main, sans trace d'estampage, représente un petit personnage qui, sculpté à la limite de la caricature, porte sa main droite à sa mâchoire supérieure, tout en soutenant sa tête de sa main gauche; la bouche entrouverte, les prunelles dilatées et les narines distendues expriment la souffrance. Des traces de couleur sur la face confirment qu'on a voulu attirer l'attention sur la zone endolorie (joues et visage autour de la bouche).

L'édentation dépare souvent le visage des personnes âgées. Ce n'est pas l'art de la prothèse dentaire, cher aux Étrusques, qui pouvait sérieusement remédier aux effets des caries destructrices et des infections périodontales. Certains portraits de personnalités historiques sont instructifs à cet égard[51].

Quant aux affections des parties molles de la bouche, on a tendance à abuser du diagnostic rétrospectif de

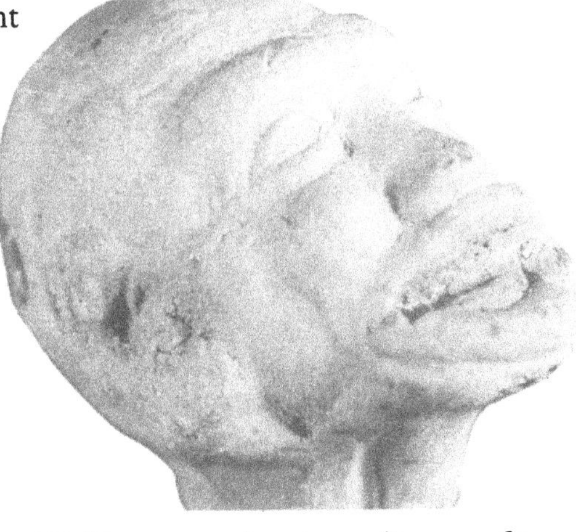

182. Tête avec une bouche aux lèvres gonflées. Terre cuite de Smyrne. (*Louvre*)

« gangrène ». Il suffit de citer un exemple, celui de Félix Regnault qui en parle à propos d'une terre cuite de Smyrne (*fig. 182*)[52]. Certes, cet homme chauve, aux oreilles mal formées, garde grande ouverte sa bouche aux lèvres horriblement gonflées, mais dans son cas, comme dans quelques dizaines d'autres, il nous paraît illusoire de vouloir préciser la nature de la maladie dont les symptômes auraient inspiré l'artiste. Nous voici obligés de répéter *ad nauseam* que la plupart de ces têtes grotesques relèvent plus de l'imagination que de l'observation.

D'après les témoignages littéraires, une stomatite gangreneuse particulière, le noma, était relativement fréquente dans l'Antiquité, mais elle concernait surtout les enfants. Aucune des œuvres d'art que nous avons pu examiner ne semble en imiter l'effroyable aspect.

183. Tête à la bouche grande ouverte.
Ce rictus ressemble au trismus du tétanos.
Terre cuite de Smyrne. *(Louvre)*

Les écrits hippocratiques décrivent plusieurs cas de tétanos avec des symptômes typiques, notamment l'opisthotonos et le trismus. Le rictus d'un homme de Smyrne qui découvre sa denture évoque peut-être cette terrible contracture des muscles masticatoires *(fig. 183)* [53].

Si le diagnostic de tumeur, peut-être cancéreuse, à la lèvre supérieure d'une tête de vieillard provenant de Kom-El-Chugafa est assez plausible [54], nous doutons de la prétendue gangrène de la langue chez un personnage smyrniote microcéphale dont l'effigie est conservée au Musée du Louvre [55]. Cette dernière est impressionnante en vérité, avec la langue sortant de la bouche, tuméfiée, bosselée ; mais faut-il vraiment que cet homme soit en plus microcéphale avec un front déprimé ? Trop de malheurs à la fois nuisent à la vraisemblance de l'inspiration médicale.

Suspect nous paraît aussi le diagnostic de tumeur de la langue, proposé par Angélique Panayotatou pour expliquer les malheurs d'un homme d'Alexandrie qui, grimaçant et bouche largement ouverte, montre une langue gonflée[56]. Le même doute vaut pour le diagnostic d'épulis, hyperplasie bénigne de la gencive, formulé par Regnault à propos d'une terre cuite d'Alexandrie [57]. En fait, ces deux spécimens font partie de toute une série de têtes hellénistiques qui tirent la langue, souvent en la déviant d'un côté et en s'aidant

184. Homme qui ouvre sa bouche
en s'aidant de sa main et montre la langue.
(*Musée gréco-romain, Alexandrie*)

des doigts de l'une ou des deux mains pour étirer autant que possible les coins de la bouche (*fig. 184*) [58]. On dit que ce sont des cas de gangrène de la bouche, de tumeur de la langue ou, quand la langue est déviée, de paralysie. Mais l'embarras dans lequel nous mettent ces tentatives de diagnostic ne provient-il pas du fait que la signification de ces têtes qui montrent les dents et tirent la langue est plutôt d'ordre magique et symbolique ?

Paralysie faciale

S'il nous paraît difficile d'admettre le diagnostic de « paralysie de la langue » avancé par Perdrizet, Regnault et autres à propos de ces têtes grotesques qui, bouche grande ouverte, tirent la langue dans une direction oblique [59], il en va tout autrement lorsque cette asymétrie fait partie d'un tableau clinique impliquant l'ensemble du visage. Des grimaces typiques permettent alors souvent de reconnaître la paralysie faciale.

Les plus anciens exemples de cette affection pour le monde grec sont minoens : l'un est une tête franchement asymétrique du début du deuxième millénaire [60]; l'autre une petite bonne femme découverte dans le dépôt votif de l'acropole de Gortys au sud de la Crète (VIe siècle av. J.-C.) [61]. Cette dernière, une statuette de céramique en partie peinte, est d'autant plus intéressante qu'on voit aussi le tronc et les bras. Les cheveux, les sourcils, la bouche sont marqués par des traits de peinture foncée; les bras sont sommairement modelés. On perçoit très bien que la commissure gauche de la bouche est plus basse que la droite et que, si le bras droit a une position parfaitement physiologique et naturelle, le bras gauche est plié au coude à angle droit, tandis que l'épaule gauche est plus haute que la droite. Ces deux détails correspondent tout à fait à une apoplexie cérébrale ayant eu pour séquelles une paralysie faciale gauche et une contracture du bras gauche.

Il en existe de nombreux exemples hellénistiques. Le plus réaliste est sans doute une tête de terre cuite, acquise à Cos par le collectionneur Theodor Meyer-Steineg. Son origine est incertaine. En outre, l'objet a disparu lors de la dernière guerre mondiale et on ne peut l'apprécier que d'après des photographies prises en 1912 (*fig. 185*)[62]. Ce n'est en rien un grotesque mais un vrai malade atteint de paralysie faciale gauche: la bouche carrément remontée vers la droite et

185. Paralysie faciale. Terre cuite achetée à Cos. (*Collection Meyer-Steineg*)

les joues asymétriques sont modelées sans exagération, avec une précision étonnante. Parmi les sujets alexandrins, exemplaire est une tête de vieillard chauve aux traits contractés à droite; la joue gauche est flasque, la bouche déviée et les yeux inégalement ouverts[63].

Le caractère globalement grimaçant d'autres visages asymétriques qui passent parfois pour des images de paralysie faciale fait douter de cet iconodiagnostic. Tel est notamment

186. Paralysie faciale. Terre cuite achetée à Smyrne. (*Musée national des antiquités, Leyde*)

le cas d'une tête hellénistique du Musée Benaki d'Athènes[64], d'une autre de la même époque conservée au Musée national de Tarente[65], d'un relief en terre cuite du Musée archéologique de Florence[66] et d'un vase romain du Musée de Magdalenenberg près de Klagenfurt[67]. L'artiste ne désire pas attirer l'attention sur un fait médical, mais intégrer celui-ci à d'autres détails pour faire rire.

On retrouve ainsi l'asymétrie du visage comme thème récurrent pour rendre amusants des masques de comédie, des vases anthropomorphes ou des têtes isolées, souvent purement décoratives[68].

Superbe est une tête smyrniote d'époque romaine, conservée à Leyde. Cette terre cuite est faite pour divertir, mais il n'empêche que son auteur exploite une réalité pathologique et donne un tableau clinique parfait de paralysie faciale droite (*fig. 186*)[69]. Un homme chauve crispe les muscles de son visage dans un large sourire forcé mais seule la partie gauche obéit à sa volonté : la joue droite reste lisse, une moitié seulement de la bouche est étirée, le nez est dévié, le front n'est ridé que du côté gauche et c'est seulement l'œil gauche qui se referme. Il n'est pas exclu qu'un mime en bonne santé imitant la grimace d'un malade ait servi de modèle, mais cela ne ferait qu'ajouter une étape au reflet d'un fait d'ordre médical.

AFFECTIONS DE LA RÉGION CERVICALE

On connaît plusieurs copies anciennes d'une statue hellénistique censée représenter un vieux pêcheur *(fig. 187)* [70]. Le portrait de ce personnage anonyme qu'on a voulu pittoresque est un document iconographique d'une valeur exceptionnelle par le réalisme de certains traits pathologiques. L'artiste a bien rendu les caractéristiques générales d'un corps éprouvé par le vieillissement et fatigué par le travail, et a aussi montré avec une rare fidélité le gonflement des veines du cou et du bras gauche. L'œdème du cou en pèlerine et la disposition des veines dilatées correspondent au tableau clinique dû à la compression de la veine cave supérieure.

187. Vieillard aux veines du cou gonflées (syndrome de la veine cave).
Copie romaine en marbre d'une œuvre hellénistique. *(Musées du Vatican)*

Le cou peut être porteur de tuméfactions diverses. Une tumeur très limitée, peut-être un abcès, semble siéger à l'arrière du cou d'une idole minoenne [71]. Plus fréquentes sont les tuméfactions de la partie antérieure du cou. Le plus souvent on veut y voir le goitre, à savoir une hypertrophie diffuse et bénigne de la thyroïde. Nous avons déjà montré qu'une

certaine forme du cou, notamment sur des effigies numismatiques, a une signification esthétique et non médicale [72]. Selon
Gerald Hart, plusieurs personnages mythologiques seraient
porteurs d'un goitre [73]. Mais quel intérêt les Anciens
auraient-ils trouvé à affliger de cette maladie Apollon ou
Aréthuse, nymphe protectrice de Syracuse ? Un cou bombé
est une convention esthétique qui donne parfois un charme
supplémentaire aux sujets portraiturés.

Certes, le goitre est indubitablement représenté dans de
nombreuses œuvres d'art, à partir du Moyen Âge surtout en
association avec le crétinisme (endémique dans certaines
régions éloignées de la mer) [74], mais dans la plupart des
exemples antiques de cou bombé l'existence d'une hypertrophie thyroïdienne chez le modèle reste une possibilité
contestable. Ce diagnostic nous paraît peu crédible notamment pour deux têtes gallo-romaines, toutes deux conservées
à Dijon, dont la facture grossière semble peu compatible avec
la volonté d'une représentation réaliste et médicalement parlante [75].

Au contraire, la forme du cou est certainement
pathologique dans le cas d'un objet appartenant
à une collection privée : il s'agit d'une terre
cuite qui serait un ex-voto étrusque provenant de Véies, mis sur le marché par un
antiquaire romain et acheté par le docteur
Louis Sambon *(fig. 188)* [76]. D'après la
description et le dessin publiés par
Alexander Haddow, c'est le portrait
d'un homme âgé, aux yeux clos et
portant au cou une double
tumeur, chacune des parties
ayant la grosseur d'une orange.
L'âge du malade, l'expression
de son visage, la tenue de la
tête et la forme de la tumeur
suggèrent à Haddow « une
maladie maligne de la thyroïde plutôt qu'un simple
goitre adénomateux ». Calvin
Wells de son côté, croyant

188. Tumeur double du cou, probablement
cancer de la thyroïde. Terre cuite étrusque.
D'après Haddow, 1936.

que la figurine a des yeux exorbités, affirmera qu'il s'agit d'un « goitre toxique »[77]. Si l'objet est bien comme le dessin le montre, le diagnostic de cancer paraît mieux fondé. Toutefois, ne pouvant pas examiner l'original, nous devons exprimer certaines réserves. Tout dessin est interprétatif et, surtout, il pourrait ici s'agir d'un faux, car cette terre cuite n'a pas été trouvée lors de fouilles régulières. Face aux collectionneurs passionnés, on a souvent fabriqué ce qu'ils désiraient si ardemment[78].

Une charmante tête de jeune personne bouclée, datant du Ier siècle avant J.-C. et découverte à Troie, possède non seulement un cou épaissi mais aussi des yeux globuleux et saillants (*fig. 189*)[79]. Cette association d'un goitre diffus et d'une exophtalmie bilatérale rend assez probable le diagnostic rétrospectif de maladie de Basedow.

Dans l'art ancien, les cous épais sont certainement plus fréquents que les cous maigres, mais ces derniers ne sont pas d'une rareté exceptionnelle. C'est justement à propos de la maigreur que nous avons fait la connaissance de l'Envie[80]. Il se peut toutefois que ce personnage symbolique n'explique pas

189. Goitre diffus accompagné d'exophtalmie. Terre cuite de Troie. (*Louvre*)

toutes ces images d'hommes qui étouffent. Une statuette en terre blanche conservée à Vichy[81], très probablement fabriquée en Gaule, représente un homme à la tête renversée, avec un énorme nez en éventail et une pomme d'Adam démesurée[82] : il porte la main droite en direction de son cou et l'on y reconnaît traditionnellement un parasite s'étranglant. Cette hypothèse reste probable, sans être absolument convaincante.

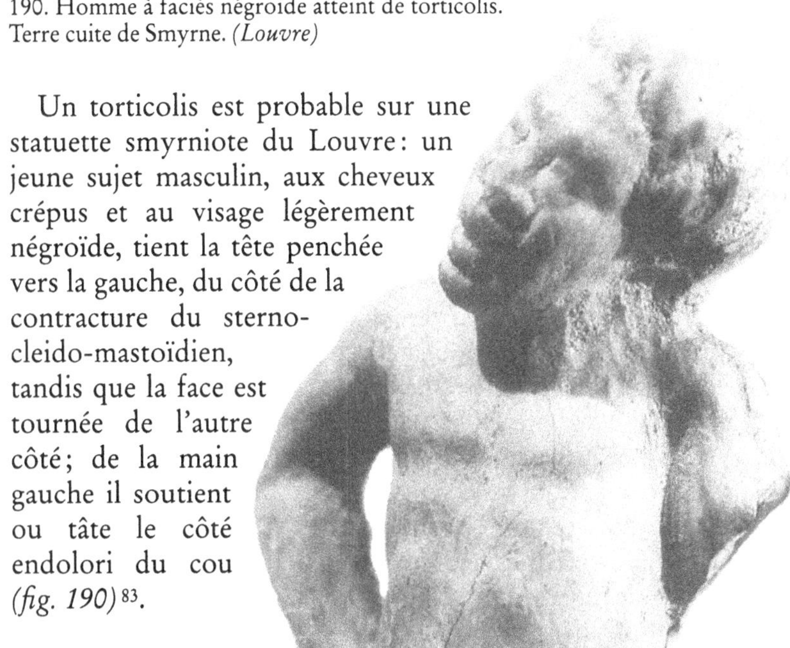

190. Homme à faciès négroïde atteint de torticolis.
Terre cuite de Smyrne. (*Louvre*)

Un torticolis est probable sur une statuette smyrniote du Louvre : un jeune sujet masculin, aux cheveux crépus et au visage légèrement négroïde, tient la tête penchée vers la gauche, du côté de la contracture du sterno-cleido-mastoïdien, tandis que la face est tournée de l'autre côté ; de la main gauche il soutient ou tâte le côté endolori du cou (*fig. 190*)[83].

AFFECTIONS DE LA PEAU

Les portraits réalistes ne négligent pas les petits défauts du visage : grosseurs, loupes, verrues, pustules. Nous avons déjà mentionné l'épithéliome adénoïde cystique sur les monnaies de plusieurs rois parthes[84], la verrue sur le front de Publius Aiedus à Rome et le fibrome sur la joue d'un homme de la famille de Lucius Caecilius Iucundus à Pompéi[85].

Offrant une tête en calcaire de grain fin, une femme gallo-romaine exprime sa plainte à la divinité d'Essarois : le visage, rond et plein, a les yeux grands ouverts ; la bouche en accent circonflexe confère à la physionomie une nuance d'amertume et de souffrance, due peut-être à la petite grosseur bien visible au bas de sa joue gauche (*fig. 191*)[86]. On ne saurait prendre cette tumeur pour une rugosité de la pierre, car le travail est bien fait et nous préférons y voir l'offrande d'une coquette qui, désolée de cette fâcheuse protubérance (kyste, abcès, tumeur mixte de la parotide, fibrome ?), exigea du sculpteur un travail minutieux ne laissant à la divinité aucun doute sur la

191. Femme avec une petite tumeur sur la joue.
Tête gallo-romaine en pierre.
(Musée archéologique, Châtillon-sur-Seine)

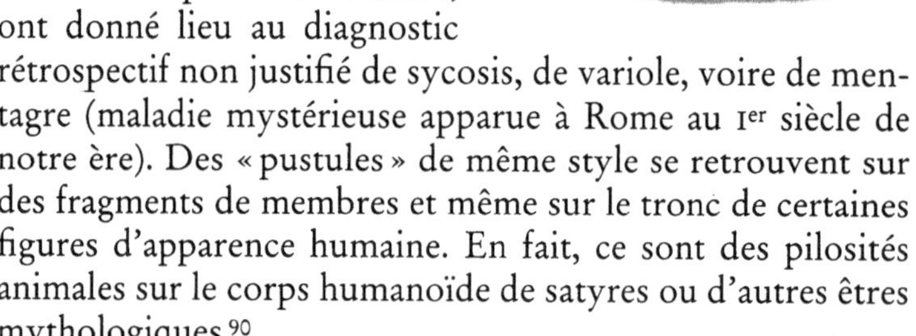

grâce demandée. Le plus souvent de telles grosseurs ne sont pas interprétables, par exemple lorsque, situées entre le nez et la pommette gauche[87], en plein front[88] ou sur la tempe gauche[89], elles contribuent à ridiculiser plusieurs têtes hellénistiques d'Égypte.

Des nodosités ou des efflorescences multiples sur le visage de certains portraits romains, en fait une façon maladroite de représenter la barbe, ont donné lieu au diagnostic rétrospectif non justifié de sycosis, de variole, voire de mentagre (maladie mystérieuse apparue à Rome au Ier siècle de notre ère). Des « pustules » de même style se retrouvent sur des fragments de membres et même sur le tronc de certaines figures d'apparence humaine. En fait, ce sont des pilosités animales sur le corps humanoïde de satyres ou d'autres êtres mythologiques[90].

La calvitie est une particularité souvent ressentie comme une disgrâce. Au contraire, les lutteurs la cultivaient parfois et s'enorgueillissaient d'un crâne rasé. Quoi qu'il en soit, la perte de cheveux n'est pas une maladie à proprement parler. Mais elle peut être le signe révélateur d'un mal plus profond, notamment lorsqu'elle est brutale et affecte des zones bien circonscrites de la chevelure. Plusieurs têtes romaines aux cheveux bouclés et presque semblables entre elles semblent affectées d'une telle alopecia areata. Nous montrerons dans le dernier chapitre que, dans ces cas, le mal tient à la conservation des objets et appartient à une pathologie pour ainsi dire archéologique et non médicale[91].

Existe-t-il une iconographie antique de la lèpre ?

Défigurante et mutilante, la lèpre est une maladie d'aspect impressionnant. Bien qu'elle semble avoir été rare dans le monde grec à l'époque classique, sa présence sporadique y remonte au moins au temps d'Hippocrate. Pour les médecins grecs du ve siècle avant J.-C., c'est encore une maladie d'origine étrangère, un mal « phénicien ». Hérodote signale sa présence chez les Perses. Endémique en Asie centrale et en Afrique noire depuis les temps préhistoriques, la lèpre commence à se répandre à l'époque historique vers les côtes méridionales de la Méditerranée. Au début de notre ère, elle fait une irruption brutale dans les territoires européens du monde gréco-romain [92]. Il est difficile de croire qu'une affection d'apparence aussi horrible ait pu échapper à l'attention des artistes qui l'ont côtoyée. Ce qui inspire à ce point l'horreur participe en quelque sorte du sacré et exerce une forte fascination. Les historiens des maladies se sont donc penchés sur les anciennes représentations artistiques du corps humain dans l'espoir d'y trouver des déformations permettant le diagnostic rétrospectif de lèpre [93].

Ce procédé de quête systématique du diagnostic est plein d'embûches. Dès la découverte des fameux masques d'or de Mycènes [94], certains historiens de la médecine ont voulu reconnaître sur l'un de ces visages hiératiques les stigmates de cette maladie, notamment l'effacement des sourcils et l'affaissement du nez [95]. Bien que défendue avec passion, cette hypothèse n'eut qu'un succès éphémère. Il a fallu admettre que les prétendus signes pathologiques sur les visages mycéniens ne sont que des effets de stylisation.

On a tendance à poser trop facilement le diagnostic de lèpre devant toute mutilation atroce du visage. Un buste gaulois en calcaire, sculpté au début de notre ère et trouvé aux sources de la Seine, frappe par la multitude des anomalies qu'il présente : le nez écrasé, les yeux déformés, asymétriques et exorbités, les lèvres enflées et une partie de la mâchoire supérieure rongée [96]. Robert Bernard et Pierre Vassal ont avancé le diagnostic de lèpre, notamment à cause de la manière dont est mutilée la région infranasale [97]. Peu

192. Épaississement des lèvres et autres
caractéristiques faisant penser à la lèpre.
Tête hellénistique en calcaire.
(Musée gréco-romain, Alexandrie)

vraisemblable d'après les sources écrites sur la répartition géographique de la lèpre à cette époque, cet iconodiagnostic est loin d'être assuré, car plusieurs autres maladies peuvent donner au visage un tel aspect (lupus, cancer de la région nasopharyngienne, actinomycose, noma, etc.). Surtout, vu la facture sommaire de ce buste, on ne peut pas exclure la possibilité d'une simple maladresse.

Deux sculptures hellénistiques en calcaire, trouvées à Alexandrie, posent le même problème *(fig. 192)*[98]. Angélique Panayotatou les interprète comme le témoignage iconographique « de la terrible maladie qui causait tant de ravages en Égypte depuis les temps les plus anciens ». Pour justifier ce diagnostic, elle croit pouvoir constater « l'absence des cils et des sourcils, l'épaississement de la peau, le nez détruit en partie, les narines closes par l'épaisseur de la peau, l'épaississement des lèvres et les proéminences de la mâchoire supérieure »[99]. L'image décrite en ces termes ne saurait se rapporter qu'à la lèpre. Mais cette description est trop orientée vers le diagnostic présumé et va bien au-delà de ce qu'on voit réellement sur ces objets. Il faut les yeux de la foi pour reconnaître l'épaississement de la peau sur un portrait artisanal aussi grossièrement réalisé.

L'examen direct des sculptures en question déçoit et oblige à récuser l'ancienne expertise : il s'agit, dans un cas, d'une sorte de caricature maladroitement exécutée et, dans l'autre, d'une tête négroïde dont le seul stigmate pathologique est l'épaississement asymétrique de la lèvre supérieure. Les yeux ronds, l'absence de sourcils, le nez plus gonflé que rongé, les lèvres épaisses et la bouche grande ouverte, tout cela donne l'impression d'un masque. Ne s'agirait-il donc pas de la représentation d'un acteur plutôt que de la figuration d'un vrai malade ? Cette impression est renforcée lorsqu'on compare les têtes alexandrines avec une figurine analogue conservée à Athènes, dont le caractère grotesque est évident [100].

Le diagnostic de lèpre a également été évoqué à propos de figurines hellénistiques d'Asie mineure, conservées au Louvre, plusieurs de Smyrne et deux de Troie. La première de ces têtes troyennes [101], désignée par Félix Regnault comme « visage de lépreuse » [102], ne mérite pas qu'on s'y attarde, car les déformations qu'elle présente n'ont absolument rien de commun avec les signes habituels de la lèpre. Il en va de même pour la seconde, où l'asymétrie du visage et le nez écrasé contre la joue n'ont rien de typique du faciès lépreux [103].

Quant aux figurines smyrniotes qui passent pour des images de la lèpre, on peut en distinguer trois types. Le premier traduit un effort artistique pour visualiser le comble de l'horreur. Simone Besques décrit ainsi l'une de ces figurines terrifiantes : « Tête de mort, ou de lépreux arrivé au dernier stade de la maladie, avec les dents découvertes, le nez décharné, un trou dans le front qui est peut-être une blessure [104]. » Le coroplaste de Smyrne a peut-être voulu symboliser la mort mais certainement pas la lèpre : le visage est émacié et dépourvu aussi bien d'infiltrations suggérant les lépromes que de destructions typiques du maxillaire supérieur.

Les figurines du deuxième type se rapprochent davantage de l'aspect d'un visage lépreux, car elles comportent des tuméfactions semblables à celles que provoque l'infiltration de la peau dans certains cas de lèpre lépromateuse. L'une d'elles fait penser effectivement au fameux faciès léonin, signe pathognomonique de la lèpre, mais Simone Besques a bien remarqué la présence, sur le front, d'un troisième œil, passé inaperçu dans un premier temps à cause de rides nombreuses : c'est donc un cyclope dont les traits léonins indiquent le caractère sauvage [105].

Le troisième type de ces figurines pose des problèmes d'interprétation médicale particulièrement délicats et le plus souvent insolubles. Une vingtaine de têtes conservées au Louvre représentent des sujets dont le visage est ridé, le nez gros, écrasé ou rongé, les lèvres épaissies et les arcades sourcilières noueuses [106]. Dans la plupart de ces cas, le diagnostic rétrospectif de lèpre est possible mais ne s'impose pas. Aucun des signes présents ne caractérise de manière exclusive les effets morphologiques de l'infection lépreuse.

Le diagnostic rétrospectif de lèpre ne reflète qu'une possibilité parmi d'autres et rien n'autorise à lui accorder la première place.

L'une des figurines smyrniotes de l'époque hellénistique que Félix Regnault désigne comme « têtes de lépreux » se distingue du lot commun par la forme curieuse du nez *(fig. 193)* [107]. Selon Simone Besques, un coup maladroit de spatule l'aurait défigurée involontairement lors de la production [108]. Or, cette petite sculpture reproduit avec une exactitude étonnante l'aspect d'une personne atteinte du rhinosclérome, maladie infectieuse chronique due à un bacille très différent de celui qui provoque la lèpre [109].

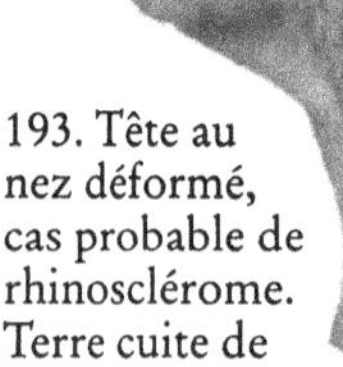

193. Tête au nez déformé, cas probable de rhinosclérome. Terre cuite de Smyrne. *(Louvre)*

Le nez d'un masque de satyre provenant de Tarente se rapproche de l'aspect typique du rhinosclérome tout en évoquant aussi les destructions de type lépreux [110]. On comprend bien pourquoi un stade de la lèpre a chez les Grecs reçu le nom de « satyriasis » [111]. Les Anciens parlaient aussi de la leontiasis et du faciès léonin à propos de la lèpre pour désigner certaines déformations du visage dues à cette maladie et confondues parfois avec l'hyperostose craniofaciale qui caractérise la leontiasis ossea au sens moderne.

On a posé le diagnostic de faciès léonin de type lépreux à propos d'une jarre anthropomorphe trouvée lors des fouilles de Bet She'an en Canaan (site de l'Âge du bronze récent)[112]. Après un examen direct de ce vase et de la collection dont il fait partie, nous avons fini par penser qu'il faut plutôt prendre en considération ses caractéristiques stylistiques et l'interpréter comme la représentation d'un faciès négroïde et non d'un état pathologique.

En revanche, une figurine hellénistique en terre cuite, de provenance inconnue, qui faisait partie, à la fin du siècle dernier, de la collection archéologique de l'Institut polytechnique d'Athènes[113], présente des caractéristiques fort troublantes. Très tôt, en 1892 déjà, le Dr Frances E. Hoggan, séjournant en Grèce, a pensé reconnaître sur cet objet les stigmates biologiques et les signes sociaux de la lèpre[114]. La description qu'elle en fit, accompagnée d'un très mauvais cliché, laissait planer des incertitudes. Cet objet a été longtemps égaré. Sa redécouverte dans les combles du Musée archéologique national d'Athènes en a permis un réexamen critique *(fig. 194)*[115]. Le visage, seule partie du corps qui n'est pas couverte par le manteau à capuche, porte en effet des modifications morphologiques qu'on observe lors de l'infection lépreuse : la peau hypertrophiée sur les joues et au-dessus des orbites, les yeux enfoncés, le pourtour de la bouche gonflé, le nez épaté et la région infra-nasale excavée. Il faut reconnaître

194. Femme encapuchonnée au visage ravagé, probablement lépreux. Statuette hellénistique. *(Musée archéologique national, Athènes)*

qu'aucun de ces signes n'est pathognomonique. Cependant, cette figurine se distingue de toutes les autres représentations prétendues de la lèpre dans l'art antique par le fait qu'elle n'est pas réduite à la tête ou au buste. Si l'expression du visage suggère déjà la souffrance et l'humiliation, l'habillement et l'attitude du corps renforcent très nettement cet effet [116].

Il faudra attendre le Vᵉ siècle après J.-C. pour voir les premières représentations explicites de lépreux (par exemple le diptyque en ivoire, datant d'environ 450 et conservé au Musée Victoria et Albert à Londres) mais ces images sont plus symboliques que réalistes. Dans l'état actuel de nos connaissances, la plus ancienne représentation réaliste de la lèpre dont le diagnostic rétrospectif semble s'imposer est une tête sculptée qui, intégrée aujourd'hui au décor de l'église Sainte-Marie à Melton Mowbray (Lancestershire, Angleterre), aurait orné une ancienne léproserie et qui pourrait remonter au début du XIVᵉ siècle [117].

CHAPITRE X

Affections des yeux

Les yeux sont la partie la plus expressive du visage humain. Organe de la vision, l'œil est le miroir aussi bien du monde que de l'âme. La pupille *(korê)*, petite fille qu'il reflète et héberge, fascine les artistes et les incite à l'immortaliser par les astuces les plus diverses : en pratiquant au trépan un creux rond, en peignant une tache noire entourée de l'iris, en enchâssant des pierres précieuses. Mais on capte le regard autant par l'aspect du globe oculaire que par ce qui l'entoure : les paupières, les sourcils et les rides du visage, le port de la tête, l'attitude de l'ensemble du corps[1]. Le regard éteint de l'aveugle, tout comme le regard sombre du fou, est l'élément dramatique de certaines scènes mythologiques. On représente la cécité sur les portraits selon un type communément admis, notamment celui des bustes d'Homère[2]. Quelques sculptures ou peintures laissent deviner les atteintes de la région orbitaire. C'est le cas, par exemple, de la fameuse petite tête du roi Philippe de Macédoine[3] et, surtout, des admirables portraits romains, où l'on voit le vieillissement du tour de l'œil. Plus rares, et d'autant plus précieuses pour l'historien, sont les marques des maladies véritables des yeux et de leurs annexes dont l'artiste observait les manifestations sans en soupçonner la nature.

LES REPRÉSENTATIONS VOTIVES DES YEUX

Comme c'est le cas des autres organes, la très grande majorité des ex-voto concernant les yeux sont anonymes, impersonnels en tant qu'image, et ne présentent aucun trait pathologique. Toutefois, quelques inscriptions rendent compte des intentions du dédicant. Ainsi, par exemple, sur une stèle en marbre de Kula, on voit une paire d'yeux et deux pigeons ; le texte explique que Dioclès, fils de Trophimos, a volé les oiseaux aux dieux, fut « châtié en ses yeux » et guérit après s'être repenti [4]. Sur une autre stèle grecque, conservée à Leyde, une femme, Stratonicè, adresse une prière à Artémis « pour la santé de ses yeux » (sculptés dans un angle du monument) [5]. L'inscription d'un ex-voto de Philippopolis affirme que, grâce à l'intervention divine, le dédicant a recouvré son acuité visuelle [6].

Les ex-voto étrusques et romains en argile cuite figurent des yeux isolés ou par paires et, dans ce dernier cas, souvent sous forme de masques. Il y en a en abondance dans les réserves de tous les musées archéologiques, d'Italie surtout. Citons de nombreux spécimens conservés dans des musées romains, exhibant tous des yeux parfaitement sains, bien qu'ils proviennent du Tibre, fleuve guérisseur [7], du temple de Minerva Medica [8] ou d'autres lieux de culte sanitaire encore [9]. Il ne faut pas se laisser déborder par son imagination et voir à tout prix, comme le fait un auteur récent, ici une « myopie » (!), là une « blépharite droite avec un œdème sous-palpébral », et là encore une « lagophtalmie » (occlusion incomplète des paupières, laissant le globe oculaire partiellement découvert) [10]. Les diagnostics rétrospectifs sont encore plus fantaisistes lorsque l'ex-voto consiste en un œil unique. Ainsi il nous paraît arbitraire d'écrire qu'une pupille estompée fait « penser à une cataracte » ou qu'une pupille dilatée suggère l'application de « suc de mandragore » [11].

Les ex-voto grecs et gallo-romains pour des yeux malades ne sont pas plus réalistes [12]. Ce sont le plus souvent des plaquettes de bronze ou de bronze argenté, représentant un œil ou deux yeux [13]. Il est parfaitement impossible de dire de quoi souffraient les malades qui les ont offerts. On peut

195. Strabisme convergent. Tête romaine. *(Musée archéologique national, Madrid)*

rapprocher leur présence fréquente sur les lieux de culte gallo-romains de celle de cachets d'oculiste sur tout le territoire des trois Gaules.

Exceptionnels sont donc les ex-voto d'yeux qui se prêtent à un diagnostic médical. Les yeux vides pourraient évoquer la cécité, mais dans la plupart de ces cas nous sommes condamnés à l'incertitude. Plus convaincant est le diagnostic de strabisme. Ainsi en est-il d'une terre cuite romaine, provenant de Calvi et conservée à Madrid : il s'agit d'une jeune personne au noble visage, soigneusement modelé, qui regarde droit devant elle. La finesse du travail de l'artiste exclut la maladresse dans la présentation des yeux, affectés d'un strabisme convergent prononcé *(fig. 195)*[14]. En revanche, la divergence dans la direction du regard sur un masque féminin étrusque en terre cuite, assez mal conservé, peut aussi bien résulter d'un défaut de l'exécution artisanale que de la volonté de représenter un état pathologique[15]. Le strabisme est parfois caricatural, comme par exemple sur une antéfixe de Tarente où il est associé à un ectropion bilatéral[16] ou sur les figurines en terre cuite qui représentent les personnages de la comédie grecque, notamment « l'esclave » et « la vieille »[17].

Mais aucun doute n'est possible en ce qui concerne la réalité médicale du strabisme représenté sur un ex-voto éphésien, en bronze, d'époque romaine (IIIe siècle de notre

196. Strabisme monoculaire
horizontal convergent.
Ex-voto portant la dédicace
d'Aurélia Artémisia d'Éphèse.
*(Musée des arts décoratifs,
Hambourg)*

ère). Il représente la bande du visage comportant les yeux, les sourcils et la racine du nez *(fig. 196)*[18]. Une inscription en grec précise qu'Aurélia Artémisia, d'Éphèse, a fait cette offrande à une divinité non identifiée en signe de reconnaissance pour la réalisation de ses vœux. Ce spécimen présente un strabisme monoculaire horizontal convergent. La direction du regard de l'œil gauche est nettement déviée du côté nasal. La qualité artistique de cette sculpture métallique et son exécution personnalisée, avec une inscription *ad hoc*, témoignent qu'il s'agit bien de la figuration volontaire d'un cas de strabisme. Le désir de montrer ainsi l'anomalie du regard et surtout la mention de l'accomplissement du vœu permettent d'exclure les formes définitives de strabisme, notamment un défaut congénital, et justifient le diagnostic de parésie transitoire des muscles oculaires, affectant ici surtout le muscle droit externe gauche[19].

TÊTES FÉMININES AUX YEUX FERMÉS

On connaît quelques sculptures votives personnalisées qui passent pour des représentations d'aveugles. Ce diagnostic est loin d'être assuré. De quoi souffre la femme au buste en calcaire oolithique, grossièrement exécuté, provenant du temple de Genainville (Val d'Oise) ? Elle plisse les yeux et serre les lèvres en un rictus indéchiffrable[20]. S'agit-il vraiment d'une aveugle ? La même question peut se poser à propos d'une autre tête provenant du même temple : cette femme porte

197. Femme aux yeux bandés.
Tête gallo-romaine. (*Musée
du Val-d'Oise, Guiry-en-Vexin*)

à la hauteur du front un double bandage qui couvre ses yeux (*fig. 197*)[21]. Mal de tête, avec ou sans affection des yeux, ou alors – pourquoi pas ? – un rituel ou un jeu ? Les yeux fermés sur une tête féminine, fragment d'une statue en terre cuite d'assez grande taille, provenant de Mandeure (Doubs), suffisent-ils pour justifier le diagnostic de cécité [22] ? Sur une autre tête féminine trouvée au même endroit, les yeux fermés semblent aussi le suggérer. À la différence des deux cas précédents, cette femme gallo-romaine est vieille et son visage exprime plutôt une souffrance sourde qu'une douce quiétude (*fig. 198*)[23].

Rappelons également deux bustes féminins, de calcaire fin, provenant des sources de la Seine. Sur le premier, les paupières supérieures, soulignées par une coloration rouge, sont mi-closes et nettement dissymétriques[24]. Dans le

198. Tête de vieille femme gallo-romaine aux yeux fermés. (*Musée du château des ducs de Wurtemberg, Montbéliard*)

199. Jeune fille gauloise aux yeux fermés. Statue votive provenant des Sources de la Seine.
(Musée archéologique, Dijon)

second ex-voto, aux traits réguliers et au sourire énigmatique à peine esquissé, les yeux sont réduits à une fente *(fig. 199)*[25]. Quoi qu'il en soit de leur possible pathologie, ces visages donnent une impression de résignation. Énigmatiques restent pour le médecin actuel ces femmes aux yeux fermés.

La cyclopie et les blessures des yeux

Nous ne ferons qu'évoquer ici le cas des cyclopes, géants monstrueux ayant d'après les anciens textes un seul œil, rond et placé au milieu du front. Selon Hésiode, par exemple, les cyclopes étaient « en tout pareils aux dieux, sauf qu'un seul œil était placé au milieu de leur front[26] ». Il est tentant de chercher le support de cette anomalie dans la réalité tératologique. La cyclopie, fusion des deux yeux en une seule orbite située dans la ligne médiane de la face, existe bien comme malformation mais seulement chez le fœtus non viable et ne se rencontre donc pas à l'âge adulte. Il nous paraît peu probable que l'aspect réel de tels fœtus ait inspiré le phantasme du cyclope mythique[27].

Les arts plastiques et la peinture sont d'ailleurs souvent en désaccord avec la tradition littéraire[28]. Une tête en terre cuite représentant un cyclope possède trois yeux dont un seul grand ouvert. Bien que l'aspect de cette figurine hellénistique n'ait aucun lien avec la réalité pathologique, nous reproduisons son image, car certains historiens de la médecine,

200. Cyclope aux trois yeux, dont
un seul grand ouvert. Terre cuite
hellénistique de Smyrne. *(Louvre)*

impressionnés par les
traits « léonins » du visage
et n'ayant pas remarqué
l'œil frontal, ont cru y
reconnaître les stigmates
de la lèpre *(fig. 200)* [29]. Sur
les têtes de cyclopes à trois
yeux, un seul, situé au
front ou à la racine du nez,
est en fait fonctionnel. Un
exemple magnifique provient
du décor du temple gallo-
romain de Genainville (Val
d'Oise): trois têtes humaines barbues, à chevelure abondante, ont chacune un œil au milieu du front et deux cavités
orbitales vides. Ces trous aveugles donnent cependant l'impression d'un regard douloureux et confèrent à cette triade
mythologique une singulière beauté [30]. Une tête à trois yeux
d'aspect effrayant peut aussi être celle du dieu Hélicon,
comme par exemple sur un bas-relief votif de Thespies [31].

201. L'aveuglement de Polyphème. Cratère grec archaïque.
(Musée archéologique, Argos)

C'est un cyclope à trois yeux que, sur une belle mosaïque de Piazza Armerina en Sicile, Ulysse cherche à enivrer[32], ou qui, sur un cratère à figures rouges provenant de Lucanie, dort déjà ivre mort au milieu des Grecs préparant un énorme tronc d'olivier pour détruire son œil frontal[33]. Mais dans la peinture archaïque qui représente le visage humain de profil, par exemple sur deux vases du VIIᵉ siècle avant J.-C. conservés à Argos et à Éleusis, le cyclope Polyphème ne diffère d'Ulysse que par la taille. On ne voit qu'un côté du visage. Bien que l'œil du géant ne soit pas centré, le spectateur sait qu'il est unique. La longue pique des Grecs a couvert de sang le visage du monstre et va détruire son œil (*fig. 201*)[34]. La littérature et la peinture sont d'accord sur la nature de cette blessure[35]. Rappelons les vers truculents qu'Euripide prête au plus rusé des Grecs : « Lorsqu'il s'assoupira, vaincu par Bacchus, il est en sa demeure une branche d'olivier dont j'aiguiserai le bout avec mon glaive, et que je déposerai dans le feu, puis, quand je le verrai calciné, l'enlevant tout brûlant, je l'appliquerai au beau milieu de l'œil du cyclope, et lui fondrai la vue à l'ardeur du feu. [...] Dans l'œil du cyclope, siège de la lumière, je tournerai le tison, et lui sécherai la prunelle[36]. »

Sur un panneau grossier en grès du temple archaïque d'Héra près de Paestum, Apollon blesse d'une flèche l'œil droit du géant Tityos qui osa enlever sa mère Léto[37].

Les arts figuratifs témoignent de l'horreur qu'inspire l'acte d'aveuglement et répugnent à montrer des visages aux yeux fraîchement crevés, mais éprouvent aussi une certaine fascination pour l'état auquel la perte de la vue réduit l'être humain. Une curieuse ambivalence caractérise les images des héros aveugles, personnages distingués par les dieux, à la fois victimes et privilégiés. Contre toute attente, l'iconographie de la légende est médicalement plus explicite que les ex-voto commandés par l'humanité souffrante pour attirer sur ses maux l'attention des dieux.

Une scène de gymnase, sur un vase athénien à figures rouges du début du Vᵉ siècle avant J.-C., montre le maître de palestre allant séparer deux lutteurs, témoignant ainsi du souci de préserver les yeux des manœuvres illicites : un des jeunes gens menace en effet d'enfoncer le pouce dans l'œil de son adversaire (*fig. 202*)[38]. Mais c'est le frisson d'un combat

202. Un lutteur menace d'enfoncer le pouce dans l'œil de l'autre.
Vase attique. *(British Museum)*

brutal et sans merci que procure au spectateur une métope du
Parthénon : sur la tête puissante d'un Centaure, l'œil droit est
enfoncé par le pouce d'un Lapithe *(fig. 203)*[39]. Plus impressionnante encore est une tête masculine en calcaire, d'époque
gallo-romaine, dite « tête de nègre », conservée au musée
d'Alise-Sainte-Reine (ancienne Alésia). Cette sculpture,
assez grossièrement exécutée,
est incomplète et cassée en
deux morceaux : manquent
le bas du visage et l'œil droit
qui se trouvait dans le sillon
de la cassure. Elle représente
un homme aux traits
négroïdes dont le crâne est
fendu par une blessure terrible ; le cerveau est mis à
nu, l'œil gauche est fermé et

203. Tête d'un Centaure dont
l'œil est enfoncé par le pouce
d'un Lapithe. Fragment
d'une métope du Parthénon.
(Musée de l'Acropole, Athènes)

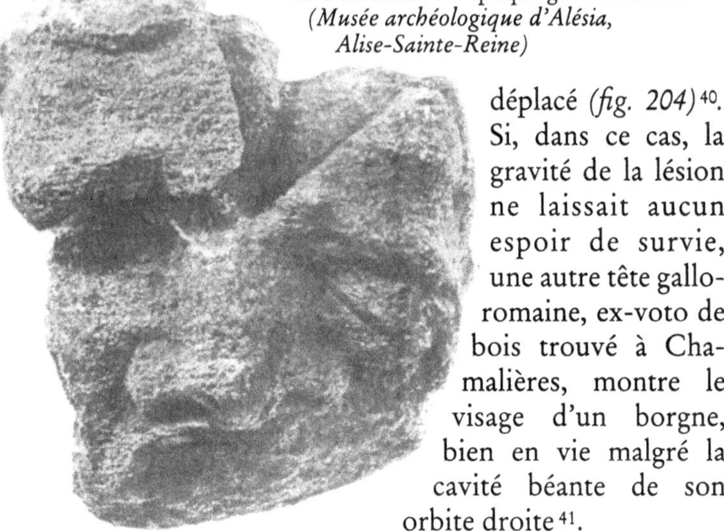

204. Crâne fendu par une blessure terrible.
Tête en calcaire d'époque gallo-romaine.
(Musée archéologique d'Alésia,
Alise-Sainte-Reine)

déplacé *(fig. 204)* [40]. Si, dans ce cas, la gravité de la lésion ne laissait aucun espoir de survie, une autre tête gallo-romaine, ex-voto de bois trouvé à Chamalières, montre le visage d'un borgne, bien en vie malgré la cavité béante de son orbite droite [41].

LES AVEUGLES DU MYTHE ET DE LA TRAGÉDIE

Les aveugles figurent souvent dans les illustrations des anciens récits mythiques. On comprend cette prédilection, car leur situation est à la fois dramatique et assez facile à symboliser par les yeux fermés ou sans pupilles, le port de la tête, le bâton à la main ou l'enfant-guide [42]. Il s'agit souvent de personnages bien connus du public antique, notamment grâce à la tragédie grecque.

Selon cette tradition, Œdipe s'aveugla lui-même quand il connut l'étendue de ses malheurs : il se creva les yeux avec une épingle arrachée à la robe de Jocaste morte pendue [43]. C'est peut-être lui qui, sur un bas-relief gallo-romain, s'enfonce les doigts dans les yeux pour s'aveugler ou pour montrer qu'il est devenu aveugle [44]. Un fragment de bol montre le roi de Thèbes juste après l'acte d'automutilation, s'avançant précautionneusement pour toucher une dernière fois le corps de sa mère-épouse et de ses enfants *(fig. 205)* [45]. Dans la tradition étrusque, Œdipe est rendu aveugle par un tiers. Sur le bas-relief d'une urne funéraire de Volterra, il est maintenu à

205. Œdipe aveugle marche en tâtonnant. Fragment de bol *(British Museum)*. D'après Séchan, 1924.

genou, bras écartés, par deux soldats, tandis qu'un troisième lui perce l'œil d'un poignard *(fig. 206)*[46]. C'est encore Œdipe, privé de la vue, que les sculpteurs toscans font assister, impuissant, à la lutte fratricide de ses deux fils[47], et que les coroplastes hellénistiques modèlent sous la forme d'un vieillard marchant les bras étendus devant lui[48].

D'après Quintus de Smyrne, Athéna a frappé de cécité le malheureux Laocoon qui exhortait les Troyens à ne pas se laisser berner par le cheval en bois des Achéens : « Il sent sa tête plonger dans une nuit noire ; une atroce douleur lui tombe sur les paupières et brouille ses regards sous les sourcils épais ; les globes de ses yeux, percés de cruels élancements, sont ébranlés depuis la racine et se révulsent dans leurs orbites sous les effets d'un mal intérieur ; la terrible douleur se propage jusque dans les méninges et dans les assises du cerveau. Ses yeux apparaissent tantôt tout injectés de sang, tantôt au contraire vitreux, comme s'ils étaient atteints d'un glaucome incurable ; souvent, ils se mettent à couler [...]. Il voit double et pousse d'affreux gémissements [...] ; ses yeux, sous les paupières, deviennent fixes et blancs après le coup de sang fatal[49]. » Il semble bien que la connaissance des effets horribles du glaucome ait inspiré non seule-

206. Un soldat perce l'œil d'Œdipe avec un poignard. Urne de Volterra.
(*Musée archéologique, Florence*)

ment ce récit de Quintus de Smyrne mais aussi les arts plastiques. Comme le fait remarquer François Queyrel, le fameux groupe de Laocoon, conservé au Vatican, possède une particularité qui a longtemps échappé à l'attention des critiques d'art : les yeux de Laocoon et de ses deux fils étaient peints. Si les yeux des garçons expriment simplement la souffrance provoquée par l'étreinte des serpents, ceux du père sont révulsés, glauques et aveugles [50].

Ayant défié les Muses, Thamyris, le musicien thrace, perdit la voix et fut frappé de cécité. Avant le châtiment divin, il avait déjà une particularité ophtalmologique : il avait les yeux vairons, un « glauque » et l'autre noir [51]. Au temps de Pausanias, on pouvait voir encore sa statue dressée sur l'Hélicon, la montagne des Muses : il est aveugle et tient sa lyre brisée [52]. Ses malheurs étaient aussi peints à Delphes, sur les murs de la leschè des Cnidiens. Polygnote, s'inspirant d'Homère (chant IX de l'*Odyssée*), en avait décoré l'intérieur de scènes de la nékyia, lorsque Ulysse vient consulter Tirésias dans l'Hadès. Pausanias en a conservé la description, avec notamment les détails suivants : « Thamyris assis auprès de Pélias, frappé de cécité ; tout son extérieur est misérable : sa chevelure touffue, sa barbe hirsute ; à ses pieds est jetée une lyre dont les cordes sont brisées et les montants rompus[53]. » On le voit encore aujourd'hui sur une hydrie attique du Ve siècle avant J.-C. : tout juste aveuglé, le musicien, dans un large geste, jette sa lyre devenue inutile et qui va se briser tandis qu'une femme thrace, sa mère sans doute, s'arrache les cheveux de désespoir, sous le regard triomphant d'une muse *(fig. 207)*[54].

Un autre Thrace, Phinée, l'aigle des mers, le bon navigateur, savait éviter les écueils ; devin à ses heures, il fut aveuglé par les dieux parce qu'il avait usé de son pouvoir surnaturel en faveur des Argonautes. En outre, les Harpies l'empêchent de manger, souillant la nourriture qu'il ne peut voir et renversant ses plats. Dérivée de la tradition orale ou d'une tragédie perdue d'Eschyle, cette histoire a inspiré tant la grande peinture classique que la peinture sur vases. Une représentation de Phinée ornait le coffre de Kypsélos[55]. Sur les vases,

207. Frappé de cécité, le musicien thrace
Thamyris jette sa lyre. Hydrie attique. *(Ashmolean Museum, Oxford)*

208. Le roi thrace Phinée, aveugle, devant une table renversée. Cratère à volutes. *(Musée Jatta, Ruvo di Puglia)*

l'image la plus belle de cette légende est celle d'un cratère à volutes du dernier tiers du Vᵉ siècle avant J.-C. Le centre de la scène est occupé par Phinée, dans le costume des rois thraces, les yeux clos et écartant pathétiquement les bras. Autour de lui, une lutte est engagée entre les Harpies qui viennent de renverser sa table, et les fils de Borée qui cherchent à le secourir *(fig. 208)* [56]. D'autres vases classiques montrent Phinée aveugle, par exemple un lécythe à figures noires appartenant à une collection

209. Phinée devant une table, le regard éteint. Cratère classique. *(Louvre)*

privée de Bâle, une coupe chalcidique de Wurtzbourg et une amphore attique à figures rouges de Londres[57]. Sur un cratère du Louvre, le roi est assis devant une table ; il a la barbe et les cheveux blancs d'un homme vieilli et le regard éteint *(fig. 209)*[58].

Autre devin aveugle, Tirésias, personnage ambigu, à la double nature d'homme et de femme, fut puni pour avoir vu quelque chose qu'il n'aurait pas dû voir[59]. On a exploité son histoire sous les formes artistiques les plus diverses, aussi bien dans la grande peinture grecque[60] que dans la peinture étrusque et romaine, en gravure sur bronze qu'en sculpture en ronde bosse et en bas-relief, dans les arts plastiques mineurs que dans la peinture sur vases[61]. Un cratère italiote du milieu du vᵉ siècle avant J.-C. offre un exemple magnifique : on y voit Ulysse rendant visite à Tirésias aux enfers pour l'interroger sur son propre sort. La tête du devin thébain surgit devant les pieds d'Ulysse pour boire le sang qui coule de la dépouille d'un bélier sacrifié. La cécité de Tirésias y est marquée par les yeux fermés *(fig. 210)*[62]. Sur un miroir étrusque du vᵉ siècle avant J.-C., elle est indiquée par un bâton coincé sous l'aisselle et par la main du dieu Hermès

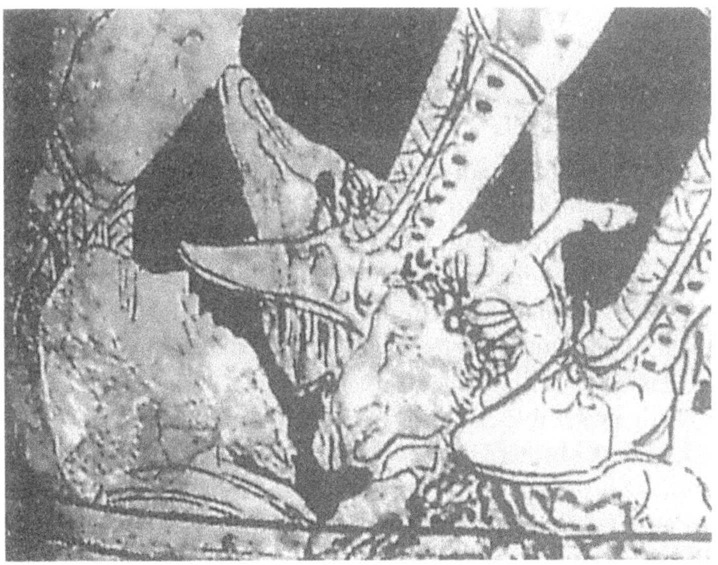

210. La tête de Tirésias surgit du monde infernal devant les pieds d'Ulysse. Cratère classique. *(Cabinet des médailles, Paris)*

211. Tirésias s'abandonne à la conduite du dieu Hermès.
Miroir étrusque. *(Musées du Vatican)*

auquel Tirésias s'abandonne *(fig. 211)* [63]. Un autre indice de l'infirmité du devin est la présence d'un guide. Ainsi sur une œnochoé apulienne, un jeune garçon conduit le devin auprès d'Œdipe qui cherche à découvrir le meurtrier de Laïos [64]. L'aveugle connaît la vérité que ne voit pas Œdipe qui jouit encore de la vue. La vengeance divine s'abattit aussi sur le fils de Tirésias, affligé de strabisme, mais cette partie de la légende ne semble pas avoir inspiré les artistes.

Le poète Homère passait pour aveugle. S'agissant d'un personnage historique, bien que mythifié, nous avons étudié son cas au chapitre II. Les archéologues donnent parfois le nom d'Homère à une tête hellénistique en terre cuite : cette figurine représente effectivement un vieillard aveugle, mais la présence d'un voile et les traits du visage ne correspondent pas

212. Vieillard aveugle, dit Homère à la voilette. Figurine hellénistique en terre cuite. *(Louvre)*

aux bustes homériques assurés *(fig. 212)* [65]. À d'autres images d'aèdes ou de musiciens aveugles on n'a pas cherché à attacher de nom. Citons comme exemple le jeune musicien peint sur une kylix de l'atelier d'Akestoridès [66].

LE TRAITEMENT DES YEUX

Les affections des yeux et les interventions qu'elles nécessitent ont souvent une connotation ésotérique, tant dans l'iconographie païenne que dans celle des chrétiens. Sur le pilastre de la Malmaison (provenant d'Écurey, IIIᵉ ou IVᵉ siècle de notre ère), la fameuse scène dite de soins oculaires a probablement une signification double, médicale et mystique *(fig. 213)* [67]. Une femme, vêtue d'une longue tunique, la tête couverte d'une voilette, tient dans ses mains un pot rond et porte, jetée sur le bras, une sorte de serviette. Debout, face à elle, un homme, plus court vêtu, lui immobilise la tête de sa main gauche, tandis que, de sa main droite, il lui touche la paupière inférieure gauche. On voit mal s'il se sert d'un instrument

213. Scène dite de soins oculaires sur le pilastre de la Malmaison. *(Musée Barrois, Bar-le-Duc)*

214. Scène dite de soins oculaires sur le sarcophage de la famille Sosias.
(Musée national, Ravenne)

pointu, à une ou deux branches, ou s'il agit seulement avec deux doigts écartés. Est-ce une opération de la cataracte[68], une blépharoplastie ou l'ablation d'un kyste? Est-ce un simple examen de l'œil, la paupière abaissée? Est-ce le dessillement initiatique, procédé qui apporte la connaissance de la vraie lumière? Au-dessus de cette scène est inscrit le nom d'un dieu, MOGOUNUS; au-dessous, un autre bas-relief représente un personnage emmailloté, couché dans un lit à pied, derrière lequel sont penchés trois personnages attentifs, dont l'un, portant un pot, semble bien être la femme du registre supérieur.

Sur le pilier calcaire de Mavilly du IIIe siècle de notre ère, un homme, vêtu d'une tunique, tient dans ses mains un récipient; sur son épaule gauche est perché un aigle et à ses pieds est couché un chien; derrière lui, un autre homme couvre ses yeux de ses mains largement ouvertes[69]. L'aigle est un animal réputé pour sa vue perçante ; le chien est souvent associé au culte des dieux guérisseurs[70] ; la pyxide est un symbole fréquent de l'activité médicale. Ce sont là des arguments en faveur d'une interprétation médico-religieuse. On a même pu parler de la guérison miraculeuse d'une cécité[71].

À première vue, l'interprétation médicale s'impose dans le cas d'un sarcophage de la fin du IIIe siècle de notre ère conservé à Ravenne[72], puisque deux énormes ventouses, symboles traditionnels du métier de médecin, décorent l'arrière-plan *(fig. 214)*[73]. Mais là aussi des doutes surgissent ; cette fois à cause de l'inscription : MEMPHI GLEGORI. Ces mots grecs inscrits en lettres latines signifient « Memphius, réveille-toi », le reste du sarcophage permettant de comprendre que Memphius est le surnom mystique de Tetratia Isias, épouse de C. Sosias Julianus. La femme est assise sur une chaise à haut dossier, les pieds posés sur un tabouret, tandis que l'homme, debout devant elle, lui touche l'œil de sa main droite. Dans sa main gauche, l'homme tient un objet, boîte à médicaments ou livre sacré, sur lequel la femme pose sa propre main. La scène fusionne et confond des réalités de deux ordres[74].

La symbolique chrétienne est certaine dans le cas d'une image gravée sur une plaque de marbre, car elle fermait un loculus dans la catacombe de Domitille à Rome *(fig. 215)*[75].

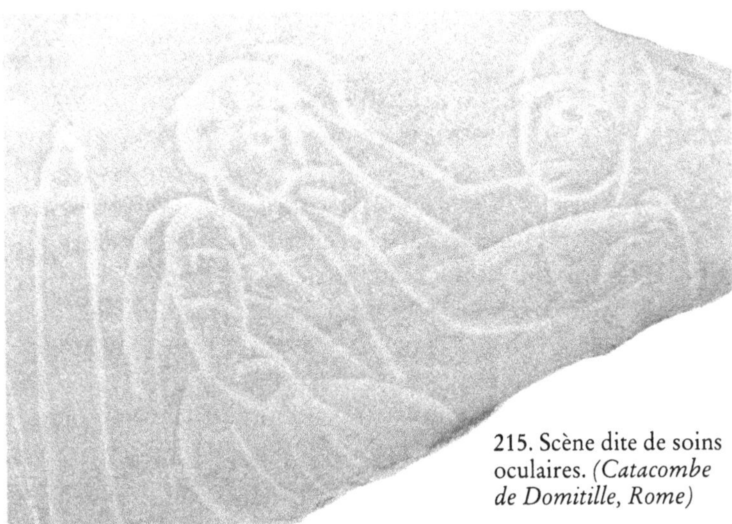

215. Scène dite de soins oculaires. *(Catacombe de Domitille, Rome)*

216. Tumeur de l'œil droit, probablement rétinoblastome. Terre cuite qui aurait été trouvée à Cos. *(Collection Meyer-Steineg)*

Un personnage imberbe, assis sur une chaise à haut dossier, le buste bien droit, se prête à un examen ou à une intervention de la part d'un homme qui lui fait face. Ce second personnage pose sa main droite sur la tête du premier, avec le pouce sur le front, l'autre main appuyée contre la joue, comme s'il lui écartait les paupières ou lui appliquait un collyre. La position des doigts sur la joue n'est pas clairement dessinée, ce qui permet à l'esprit imaginatif du père Antonio Ferrua de voir sur ces graffiti un dentiste en train de soigner un patient[76]. À notre avis, le contexte archéologique suggère un acte christique plutôt qu'un traitement médical réel[77]. On peut d'ailleurs rapprocher la position écartée des deux doigts sur les scènes précédentes avec celle qu'on prête au Christ sur les images qui illustrent indubitablement son activité de thaumaturge, telles que les guérisons de l'aveugle de Bethsaïde et des aveugles de Jéricho[78].

LES TUMEURS DE LA RÉGION ORBITAIRE, L'EXOPHTALMIE ET LA PARALYSIE DU SYMPATHIQUE

On voit parfois dans la série coroplastique de Smyrne de petites tumeurs sur l'arcade sourcilière et des cas d'ectropion ou de déformation de la paupière[79]. L'interprétation de ces particularités aux allures pathologiques est difficile, voire impossible.

En revanche, c'est avec une précision et un réalisme étonnants que deux de ces terres cuites reproduisent une tumeur qui fait saillir l'œil hors de son orbite. L'une d'elles appartenait à la collection de Theodor Meyer-Steineg[80]. Son origine n'est pas assurée. Selon le collectionneur, elle aurait été trouvée dans

217. Œil exorbité par une énorme tumeur. Tête hellénistique.
(Anciennement au *Musée national de Tarente*)

l'enceinte même du temple d'Asclépios à Cos, mais ne serait pas d'origine locale. Le revêtement particulier, constaté – toujours selon Meyer-Steineg – uniquement sur les terres cuites gréco-romaines provenant d'Égypte, indique-rait son lieu de fabrication. À notre avis, cette figurine provient plus probablement d'un atelier d'Asie Mineure. Elle est aujourd'hui disparue, mais l'ancienne description, accompagnée de photographies, rend bien son aspect *(fig. 216)*[81]. Il s'agit d'une petite tête (7 cm de hauteur) d'un jeune gar-çon à l'œil gauche normal et au globe ocu-laire droit fortement exorbité et dévié latéralement vers le bas. La paupière inférieure de ce côté n'est pas visible et sa place est occupée par une importante excroissance, empiétant large-ment sur la joue. Meyer-Steineg y voyait l'image typique d'une tumeur maligne orbitaire et n'hésitait pas à préciser ce diagnostic en parlant de sarcome.

Des doutes ont été émis sur l'authenticité de certains objets antiques acquis par Meyer-Steineg en Grèce, en parti-culier à Cos[82]. Il est donc heureux qu'une autre figurine hel-lénistique exhibe le même état pathologique. Elle se trouvait au Musée national de Tarente ; sa trace est perdue, mais sa photographie conservée. C'est également une tête, de facture plus grossière mais aussi réaliste que la figurine d'Iéna *(fig. 217)*[83]. L'œil droit y est exorbité par une énorme tumeur. Angelo Galeone, premier auteur qui ait attiré l'attention sur la signification médicale de cette figurine, se demande si une telle protubérance sphérique correspond à un sarcome, à un kyste dermoïde ou bien à un gliome de la rétine.

Francis Munier, Claude Bérard et leurs collaborateurs ont pu affiner le diagnostic différentiel et rapprocher ces deux pièces extraordinaires de saisissantes photographies de petits malades contemporains [84]. Ils notent que la première figurine comporte, outre la lésion orbito-malaire, une encoche de la lèvre supérieure droite, suggérant une forme fruste et unilatérale de fente labiale. En supposant que les deux lésions soient liées, il pourrait s'agir soit d'une sinusite maxillaire, déclenchée par une infection à travers la fente labio-palatine et se terminant par une cellulite orbitaire avec un abcès et une forte exophtalmie, soit d'un rétinoblastome unilatéral associé à une délétion interstitielle du bras long du chromosome 13. Ce dernier diagnostic est peu probable, car les rares cas décrits de cet état héréditaire présentent une fente exclusivement palatine, sans participation labiale. En supposant que la lésion orbito-malaire et l'ébauche de la fente palatine soient deux entités pathologiques distinctes fortuitement associées, on peut envisager quatre possibilités : le sarcome de l'orbite, notamment le rhabdomyo-sarcome ; l'hématome orbitaire post-traumatique avec contusion de la joue ; l'hémangiome capillaire orbito-malaire et, enfin et surtout, le rétinoblastome unilatéral. L'aspect de la seconde figurine est, lui aussi, compatible avec le diagnostic de rétinoblastome végétant, mais on ne peut pas exclure le sarcome orbitaire primaire ou la métastase cancéreuse. Le grand intérêt médico-historique de ces terres cuites réside dans le fait que le rétinoblastome, maladie souvent congénitale et répartie de manière uniforme dans les populations actuelles, devait théoriquement exister depuis les temps les plus reculés et que, curieusement, sa première description clinique et anatomopathologique, faite par Petrus Pavius à Amsterdam, ne date que de 1597. Les figurines hellénistiques apportent donc un indice précieux en faveur de l'existence très ancienne du rétinoblastome et de sa présence dans le bassin méditerranéen.

On peut rapprocher de ces figurines la petite tête gallo-romaine en calcaire, trouvée dans le Cher en amont de Montrichard. Malgré une nette exophtalmie unilatérale droite et une ressemblance certaine avec la figurine de Tarente, la facture est trop sommaire et la lésion trop peu marquée pour qu'on puisse affirmer l'existence d'une tumeur derrière l'œil protubérant [85].

L'exophtalmie associée au goitre suggère le diagnostic de thyréotoxicose [86]. Plus encore que les troubles endocriniens,

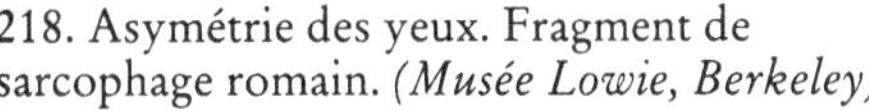

218. Asymétrie des yeux. Fragment de sarcophage romain. *(Musée Lowie, Berkeley)*

certains états pathologiques génétiquement déterminés, par exemple la thalassémie et le syndrome de Down, comportent des déformations de la région orbitale et périoculaire [87]. La représentation réaliste et particulièrement dramatique de l'« homme sans cou » ne néglige pas, parmi les signes du syndrome de Klippel-Feil, ceux qui concernent l'orbite et les yeux (déformation osseuse, gonflement des paupières) [88].

Le ptosis palpébral unilatéral est le plus souvent signe d'une hémiplégie ou d'une paralysie du nerf facial. On connaît quelques exemples historiques assez typiques [89]. Le diagnostic n'est pas aussi facile dans le cas d'un bas-relief en marbre provenant d'un sarcophage romain du IIIe siècle de notre ère : sur un portrait de face, l'œil droit est presque complètement fermé, le sourcil droit abaissé et le sillon naso-buccal nettement marqué ; du côté gauche, l'œil est grand ouvert, le sourcil relevé en accent circonflexe et le sillon effacé *(fig. 218)* [90]. C'est cette dernière moitié de la face qui serait atteinte de paralysie, en supposant toutefois que ce personnage s'efforce de fermer les yeux et de serrer les muscles faciaux. Certes, un tel effort n'est pas habituel lorsqu'on se fait portraiturer, mais le choix de cette mimique pourrait s'expliquer par le désir de bien mettre en évidence les particularités de l'état pathologique.

La lésion est certainement du côté de l'œil moins ouvert sur un buste romain de provenance inconnue qui, d'après ses caractéristiques stylistiques, semble dater du IIIe siècle après J.-C. *(fig. 219)* [91]. Sur ce portrait d'un inconnu dans la force de l'âge, l'œil droit est grand ouvert et d'apparence normale, tandis que l'œil gauche est à moitié fermé, sa paupière supérieure recouvrant la plus grande partie de la pupille. Si la fente palpébrale mesure dans sa partie centrale environ 10 mm du côté droit, elle n'atteint que 5 mm du côté gauche.

Un examen minutieux montre qu'une élévation discrète de la paupière inférieure contribue à ce rétrécissement de la fente. Le diagnostic de syndrome de Claude Bernard-Horner (atteinte unilatérale du tractus sympathique cervical innervant les yeux) ne fait aucun doute : l'artiste a reproduit aussi bien le ptosis paralytique et l'hémiatrophie faciale que le retrait apparent du globe oculaire (pseudo-énophtalmie) et l'asymétrie des pupilles (anisocorie avec un myosis modéré du côté affecté).

219. Syndrome de Claude Bernard-Horner.
Portrait d'un Romain inconnu.
(Château d'Erbach)

CHAPITRE XI

Affections des membres

Parmi les maladies et les blessures[1] des membres supérieurs et inférieurs se distinguent les maladies générales visibles au niveau des membres, les maladies et les traumatismes ne concernant que ceux-ci et, enfin, les maladies attestées seulement par le contexte archéologique, notamment par la pléthore de mains et de pieds normaux qui encombrent tous les musées archéologiques d'Italie centrale et de Gaule[2]. On peut alors parler de « diagnostic topographique » plutôt que de « diagnostic nosologique »[3].

LA SIRÈNE ET LE PHOQUE

Certaines anomalies congénitales concernent exclusivement les membres[4]. Quelques historiens aiment ici évoquer les sirènes, monstres démoniaques de la mythologie grecque, moitié femmes, moitié oiseaux, qui surveillent la mer. Selon l'auteur de l'*Odyssée*, ce sont d'excellentes musiciennes qui charment les marins, les attirent dans leur domaine et dévorent leurs corps. Ulysse sut se méfier d'elles et leur échapper. Les sirènes antiques ne présentent donc pas la déformation qui caractérise le monstre symèle ou *sirenomelus* (forme majeure d'avortement du pôle caudal de l'embryon), confusion des deux membres inférieurs en un. Cette réunion, en rotation externe, plantes en avant, peut évoquer la queue d'un poisson avec sa nageoire caudale, d'où cette référence mythologique déviée selon une tradition non-méditerranéenne (Mélusine, petite sirène d'Andersen, amies de Peter Pan, etc.)[5]. Cette anomalie n'entre donc pas dans notre histoire des maladies dans l'art antique[6]. Si la symélie est bien présente chez Tritons et autres monstres marins de la mythologie grecque[7], elle ne retient pas non plus notre attention, car ce jeu de l'imagination ne s'inspire pas de faits pathologiques réellement observés.

Les phoques étaient, il n'y a pas si longtemps, encore nombreux en Méditerranée. Leur vie à la limite du sec et de l'humide, leur apparence étrange, rappelant à la fois l'homme et le poisson, et surtout leur démarche, ont nourri bien des légendes grecques[8]. En 1836, ils ont inspiré à I. Geoffroy Saint-Hilaire le nom d'une variété d'ectromélie proximale, la phocomélie, avec défaut grave de développement des membres. Cette malformation peut être déterminée génétiquement ou induite par la prise de certains médicaments lors de la grossesse (on se souvient de la pénible « affaire de la thalidomide »).

C'est sans doute une agénésie squelettique que représente un vase plastique archaïque (env. 600 av. J.-C.) : un malheureux homme nu a les jambes et le bras gauche réduits à des moignons (*fig. 220*)[9]. L'état des trois membres avortés et le léger empâtement du corps sont extraordinairement parlants. On remarquera également la force de l'épaule droite et le

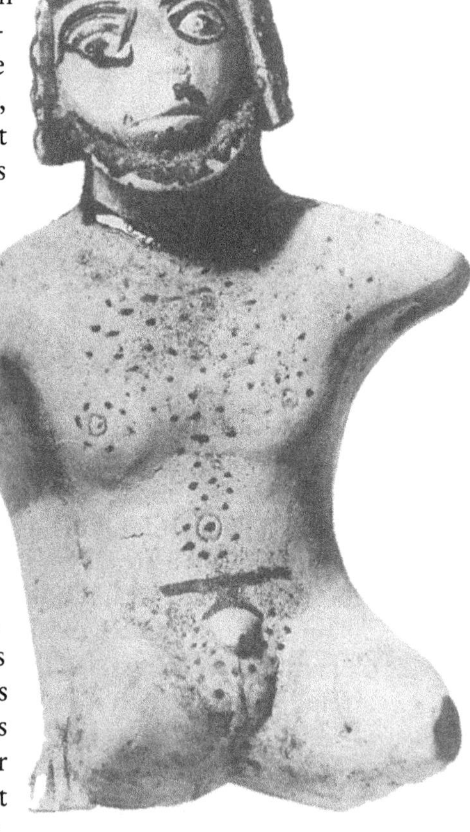

220. « Homme tronc ». Vase plastique corinthien d'époque archaïque. *(Musée d'art et d'histoire, Genève)*

développement du pectoral droit qui montrent que l'infirme se déplace à la seule force de son bras droit. Le diagnostic est évident : il s'agit d'un cas d'ectromélie [10].

AMPUTATIONS ET PROTHÈSES

On a pu croire, à tort, que la statuette de l'« homme-tronc » avait été inspirée par des amputations chirurgicales. En fait, personne à cette époque n'aurait pu survivre à une triple intervention d'une telle importance. Certes, les médecins antiques décrivent aussi bien l'amputation des extrémités que leur mutilation spontanée par la nécrose. L'inscription en grec d'une stèle de Sandal (Turquie) raconte que le jeune Métrodoros a été cruellement puni par la divinité pour une profanation involontaire : l'image d'un bras amputé de sa main fait voir le châtiment subi [11].

On connaît même un cas d'auto-amputation : fait prisonnier par les Spartiates, Hégésistrate, guerrier grec au service des Perses, se libéra de ses entraves en se coupant le pied [12]. Guéri, il se fit faire un pied artificiel en bois. En effet, les prothèses des membres sont connues depuis les temps les plus reculés [13]. Par exemple, dans la mythologie, Pélops, coupé en morceaux et cuisiné par son père Tantale, eut alors l'épaule dévorée par Déméter ; ressuscité mais resté amputé, il se serait fait poser une articulation de remplacement, en ivoire. Dans l'histoire, M. Sergius Silus, arrière-grand-père de Catilina, avait perdu sa main droite et s'était fait faire une prothèse de fer, qu'il pouvait attacher à son avant-bras [14]. De telles prothèses étaient peu fonctionnelles. Ainsi Lucien de Samosate raconte qu'un de ses contemporains, ayant perdu les deux pieds à cause du froid, se servait de prothèses en bois mais néanmoins ne pouvait marcher qu'en s'appuyant sur des esclaves [15]. Une prothèse a effectivement été conservée, la fameuse jambe de bois, découverte en 1884-1885, dans la tombe d'un jeune adulte de Capoue, dont manquaient les os de la jambe droite [16].

Deux témoignages iconographiques concernant les prothèses sont invoqués par les historiens. Sur un skyphos lucanien, un personnage ithyphallique, nu, debout, tient de la main gauche un bâton sur lequel semble s'appuyer son genou

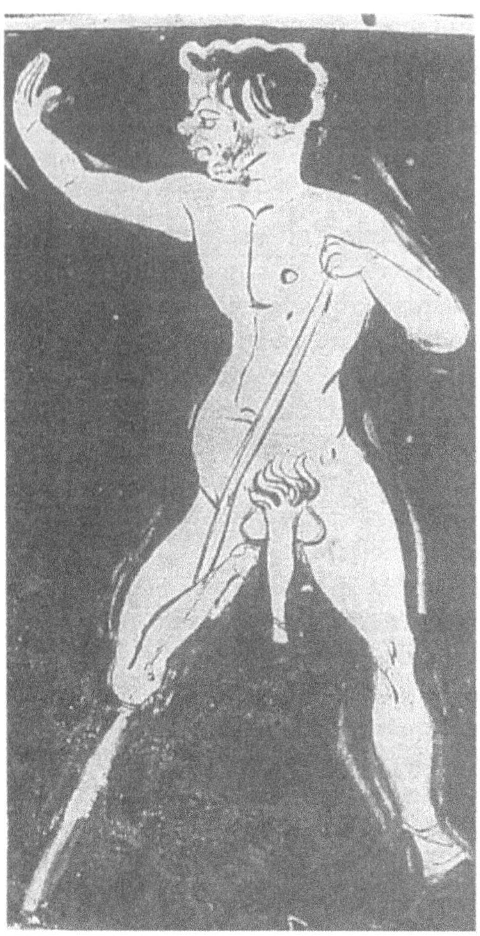

221. Faux amputé. Skyphos lucanien. (*Louvre*)

droit, la jambe proprement dite manquant (*fig. 221*)[17]. Depuis Charcot et Richer, il est étiqueté comme Pan estropié[18]. En fait, la jambe droite est bizarrement repliée, le pied dans l'aine, ce qui crée l'illusion. Adrien de Longpérier avait déjà affirmé qu'il s'agissait d'une invention comique d'un mime[19]. Un acteur de comédie jouant le rôle d'un amputé fournit une preuve indirecte de l'usage des prothèses. L'autre image ornait un bol de céramique sigillée[20] : un sujet masculin, assis sur un trône, la lyre à la main, semble présenter une jambe droite au pied remplacé par une espèce de patte. En fait, la comparaison avec d'autres vases sigillés prouve qu'il y avait là un manque dû à l'imperfection d'un premier poinçon et que celui-ci fut maladroitement remplacé par un autre : Apollon musicien n'a jamais été amputé ! Il faut donc renoncer à utiliser ces deux images pour illustrer l'histoire de la prothèse dans l'Antiquité[21].

Peu convaincante nous paraît également l'interprétation proposée par Ghaliounghi et Wagner pour une terre cuite de l'Égypte gréco-romaine : il s'agirait d'un gladiateur africain qui aurait perdu le bras gauche, nettement tranché à l'articulation de l'épaule[22]. Il est assurément plus facile de trancher dans l'argile que dans la chair — comme le dit un texte attribué à Galien — et le bras manquant a été sans doute cassé sur la figurine elle-même, tout comme la jambe droite. En revanche, une jambe en pierre du sanctuaire de la forêt d'Halatte semble bien être un ex-voto évoquant une amputation au-dessous du genou[23].

222.
Xanthippos
présente son
pied. Stèle
funéraire
athénienne.
*(British
Museum)*

Très débattue est la signification d'une magnifique stèle athénienne du Vᵉ siècle avant J.-C. *(fig. 222)*[24]. Un homme dans la force de l'âge, assis sur un tabouret, tient dans sa main droite un pied droit, isolé et sans signes d'affection. L'inscription nous révèle son nom, Xanthippos, mais ne dit rien sur le sens de ce bas-relief. Deux interprétations s'affrontent, chacune critiquant efficacement la thèse adverse mais n'apportant pas d'arguments positifs décisifs. Pour Eugen Holländer, ce serait un ex-voto pour une affection du pied[25].

Mais comment expliquer alors l'absence de dédicace à une divinité alors que le nom du personnage est bien précisé ? et, surtout, la forme générale et le schéma iconographique du monument qui ont toutes les caractéristiques d'une stèle funéraire ? Admettant donc que la stèle a été exécutée après la mort de Xanthippos, plusieurs archéologues interprètent la présentation du pied comme une indication du métier du défunt : Xanthippos aurait été cordonnier. Mais comment expliquer alors qu'il tienne dans sa main un pied nu et non une sandale ou du moins un pied chaussé ? Nous ne connaissons aucun exemple où, dans l'art funéraire classique, le métier aurait été indiqué par une partie du corps, sans instrument professionnel ni inscription explicative. En revanche, il y a des bas-reliefs qui rappellent la cause du décès. Nous en parlons à propos des femmes mortes en couches, pleurées par leurs proches [26]. Alors est-ce seulement un effet de perspective si l'on ne voit pas à sa place normale le pied droit de cet homme, mais seulement son pied gauche, nu et en tout point semblable au pied qu'il tient dans sa main ? Xanthippos et l'un des enfants qui se tiennent debout à ses côtés regardent fixement ce pied détaché, soulignant ainsi son rôle décisif dans l'histoire que l'artiste veut nous rappeler. Il nous semble donc tentant de proposer une hypothèse interprétative nouvelle qui, sans être prouvée, présente moins de difficultés que les deux anciennes : Xanthippos serait mort d'une acropathie, probablement d'une gangrène avec amputation artificielle ou détachement spontané du pied. La stèle remémorerait cette circonstance spectaculaire de la fin de sa vie.

Les pieds d'Héphaïstos

Les dieux olympiens sont beaux. Il n'y a qu'une exception : Héphaïstos, fils de Zeus et d'Héra, est boiteux. Tenant compte du fait que les divinités germaniques du feu souffrent de la même infirmité, on peut penser que cette particularité du dieu forgeron grec remonte à un archétype indo-européen [27]. À l'époque d'Homère existaient déjà au moins deux explications de ce trait dégradant. D'après l'*Iliade*, Héphaïstos fut victime d'un accident : ayant eu la naïveté imprudente de prendre le parti de sa mère lors d'une querelle conjugale entre ses parents, son père le jeta du haut de l'Olympe. Il tomba des heures durant et finit par rencontrer durement le sol, à Lemnos. Blessé, il fut sauvé par les habitants de cette île, mais resta définitivement infirme[28]. L'*Iliade* donne aussi une autre version : Héphaïstos était boiteux de naissance. Dans la honte d'avoir mis au monde un tel rejeton, Héra le cacha longtemps, puis voulut s'en débarrasser en le jetant dans la mer où il fut recueilli par Thétis[29].

Quoi qu'il en soit, l'Héphaïstos homérique dit bien que, tare congénitale ou accident, sa claudication lui vient de ses parents[30]. Quelques exégètes modernes ne partagent pas cette opinion ancienne et interprètent l'infortune d'Héphaïstos, le dieu artisan, comme le souvenir imaginaire des intoxications professionnelles dont auraient souffert les forgerons de l'Âge du bronze. Il s'agirait d'une atteinte nerveuse avec paralysie des muscles jambiers due à l'exposition au plomb ou, plus probablement, à l'arsenic présent dans les exhalaisons qui se produisent lors du coulage du bronze[31]. S'agissant d'un mythe, ces trois explications confluent en surdéterminant un détail magico-religieux[32].

Un défaut aussi important et aussi visible devait stimuler l'imagination des artistes et on peut même s'interroger sur la priorité des arts plastiques par rapport aux récits littéraires. Ainsi, Fernand Robert pense qu'à l'origine du mythe grec se trouve une particularité de la statue du culte dans un sanctuaire. Héphaïstos, dit-il, n'est pas boiteux parce qu'il fut précipité de l'Olympe, mais on a inventé sa chute pour expliquer qu'il fût représenté boiteux. Aucune idole avec cette infirmité et remontant à l'âge préhomérique n'étant connue, Robert ne dispose d'aucun argument archéologique décisif et suppose donc que les pieds d'une statue, représentant au départ une divinité normalement constituée, avaient été abîmés par une chute et qu'ensuite, cet accident ayant été oublié, les prêtres avaient attribué au dieu Héphaïstos l'aventure subie par l'œuvre d'art. Ainsi formulée, l'hypothèse reste invérifiable[33].

Une tradition aberrante mais très ancienne expliquait la démarche claudicante d'Héphaïstos par une difformité générale du corps et non par une infirmité locale des pieds : à l'instar des dieux égyptiens Ptah et Bès, Héphaïstos aurait été une sorte de nain dysplasique. Hérodote raconte que, lors de son séjour à Memphis, le roi perse Cambyse « pénétra dans le temple d'Héphaïstos et se gaussa fort de la statue du dieu ; elle ressemble beaucoup en effet aux patèques, ces images que les Phéniciens promènent sur les mers à la proue de leurs vaisseaux. Pour en donner une idée à qui n'en a jamais vu, je dirai qu'elles représentent un pygmée ». Cambyse fit même brûler les statues du temple des Cabires « ressemblant elles aussi à celle d'Héphaïstos, dont les Cabires sont, dit-on, les fils [34] ». Dans ce récit, il s'agit évidemment du dieu égyptien Ptah, mais son identification avec le dieu grec ne pouvait pas se faire sans contamination dans les cultes et dans l'iconographie. Par exemple, sur une amphore apulienne, on voit le forgeron divin Héphaïstos sous la forme d'un nain qui fait face à une assemblée de divinités olympiennes [35].

Selon le médecin Kurt Aterman, Héphaïstos aurait été initialement un nain achondroplase dérivé de la tradition égyptienne [36]. Cette explication de la démarche claudicante est peaufinée par un autre médecin, Frédéric Silverman, qui, fort de ses connaissances de radiologue spécialiste du nanisme, note que, si l'image de Bès correspond effectivement à l'achondroplasie, celle de Ptah est plus proche du nanisme diastrophique [37]. Or, c'est justement dans cette forme de nanisme qu'on rencontre une sorte de pied bot et une démarche particulière. Soit, mais même en acceptant cette interprétation médicale, il nous paraît plus probable que, dans les cas où Héphaïstos est nain, il s'agit de l'influence secondaire d'une civilisation étrangère et non de la racine du mythe grec.

Les représentations iconographiques de l'infirmité d'Héphaïstos sont étonnamment rares, datent uniquement de la période archaïque et concernent presque toutes un seul épisode de sa légende, le retour de ce dieu sur l'Olympe [38]. Parfois on ne voit qu'une allusion discrète : un simple bâton qui aide Héphaïstos à marcher. Ailleurs, il voyage monté et, dans ces cas, les expressions de son infirmité proviennent plus de l'imagination de l'artiste que de l'aspect clinique d'un état pathologique particulier. Les descriptions littéraires ne précisent pas si la claudication d'Héphaïstos qui fait rire les autres

223. Héphaïstos
aux pieds tournés.
Coupe laconienne.
(*Musée archéologique,
Rhodes*)

dieux provient des pieds estropiés, des jambes cassées, des faisceaux musculaires paralysés ou des hanches luxées. Si la démarche roulante dont parle Homère peut suggérer au médecin moderne ce dernier diagnostic [39], c'est bien sur les pieds que les expressions comme « pieds rabougris » et « pieds tordus » attirent l'attention. L'iconographie antique n'a effectivement retenu que l'affection des pieds.

Dans la série non réaliste se place le fameux vase à figures noires dit vase François ; le jeune dieu est assis à califourchon sur un mulet ; ses pieds ont une forme normale, mais sont tournés l'un vers l'avant, l'autre vers l'arrière [40]. Sur la coupe laconienne de Rhodes (*fig. 223*) [41], le dieu est assis de face sur sa monture, ce qui permet de voir ses deux pieds, chacun bizarrement incurvé et tourné vers l'extérieur. Là aussi la pathologie n'est que symbolique. D'autres artistes vont plus loin et soulignent l'état pathologique par une déformation grossière des pieds. Évoquons deux exemples : d'abord une amphore corinthienne sur laquelle le dieu du feu monte en amazone, les jambes grêles et les pieds, hypertrophiés et difformes, tournés vers l'arrière [42] ; ensuite une gemme où Thétis et Achille encadrent Héphaïstos, debout sur des pieds monstrueux [43].

Tout à fait exceptionnelle est l'approche réaliste adoptée par le peintre de Caere : Héphaïstos, adolescent imberbe à califourchon sur une mule fringante, agite des bras puissants

224. Héphaïstos aux pieds bots. Hydrie de Cerveteri.
(*Musée d'histoire de l'art, Vienne, Autriche*)

qui contrastent avec des jambes infirmes *(fig. 224)*[44]. La jambe gauche est entièrement visible; l'extrémité droite ne l'est que partiellement mais assez pour qu'on puisse affirmer une atteinte bilatérale. L'artiste s'est inspiré d'une affection réelle que l'on peut aisément reconnaître: le pied bot[45]. La plante des deux pieds étant tournée vers l'intérieur, il s'agit plus précisément du varus équin, qui en est la forme la plus fréquente.

Cette attitude vicieuse permanente du pied qui, contracté et dévié, ne repose pas sur ses points d'appui normaux, était bien connue des médecins antiques. Ils savaient que, comme Homère le dit pour la difformité d'Héphaïstos, elle peut venir de naissance ou être acquise pendant la petite enfance. Hippocrate en décrit les principales formes, envisage un traitement chirurgical et conseille le port de chaussures orthopédiques[46].

La fréquence du pied bot congénital est à peu près constante dans toutes les civilisations et à toutes les époques, mais elle varie fortement pour les formes acquises[47]. Ces dernières peuvent être non seulement traumatiques mais aussi paralytiques, ce que les Anciens ignoraient. Le pied bot paralytique est aujourd'hui le plus souvent une séquelle de la poliomyélite antérieure aiguë. La présence du virus responsable n'est pas démontrée pour le monde gréco-romain, mais certains indices la rendent probable [48]. Puisque les historiens de la médecine s'accordent pour voir une victime de la poliomyélite dans le jeune infirme d'une stèle égyptienne [49], on est tenté d'interpréter dans le même sens deux cas grecs. Sur un vase corinthien archaïque, un danseur a le pied gauche tordu [50]. Bien qu'il n'y ait pas rotation mais seulement rétroflexion de ce pied, on peut à la rigueur le considérer comme un pied bot ; une légère atrophie de la jambe du même côté pourrait faire penser à une atteinte poliomyélitique, mais le fait que cet homme danse semble l'exclure. Sur un vase de Tarente, un homme encore jeune marche à petits pas en s'appuyant sur un bâton. Son pied gauche aminci et contracté se présente comme un pied bot unilatéral et, si l'on peut envisager des séquelles de poliomyélite, ce diagnostic reste incertain et douteux [51].

Tous les cas cités de pieds gravement difformes datent du VIᵉ siècle avant J.-C. Par la suite, cette triste réalité disparaîtra du répertoire des peintres. Héphaïstos aura dorénavant des pieds et des jambes dignes de son statut de dieu, de même que Vulcain, son homologue latin. Cela reflète non seulement l'idéalisation des divinités mais peut-être aussi le rejet du handicap par la société.

Le talon de Talos et d'Achille

Il était une fois un robot de bronze, Talos. Ce héros crétois se débarrassait de ses ennemis en les serrant contre son corps porté au rouge, faisant naître sur leurs lèvres un « rire sardonique ». Comme tous les héros dits invulnérables, il avait un point faible ; une petite veine au talon fermée par une goupille, de bronze également, par où la vie pouvait s'échapper. C'est ce qui finit par lui arriver lors de la venue des Argonautes ; Médée, pour plaire à Jason, réussit à faire s'écouler son étrange sang métallique [52].

Dans l'iconographie de la mort de Talos [53], deux vases, que les historiens de l'art considèrent comme inspirés par la grande peinture, sont particulièrement intéressants pour notre propos. Sur le cratère à volutes conservé à Ruvo di Puglia, on voit le géant mourant, la couleur blanche de son corps indiquant sa nature métallique ; il est soutenu par

225. Le talon de Talos.
Détail d'un cratère.
(Musée provincial, Salerne)

les Dioscures[54]. On ne comprendrait pas bien ce qui lui arrive, si la magicienne à la coiffure exotique et au riche chiton brodé ne figurait à l'arrière-plan[55]. Le héros, à l'article de la mort, s'affaisse, les bras relâchés, mais garde les yeux ouverts. Cette circonstance peut faire allusion à la fascination qu'avait exercée sur lui la Caucasienne, obtenant par l'effet du mauvais œil qu'il heurte lui-même contre une pierre sa cheville fragile.

Sur un cratère à colonnettes, de découverte relativement récente, la goupille qui fermait la veine du héros est desserrée par un petit démon ailé, probablement Thanatos, et par Jason, absorbé dans son geste mortifère *(fig. 225)*[56]. Cela se passe sous l'œil grave d'une femme qui ne peut être que Médée, comme le laisse entendre la pyxide à poisons qu'elle tient à la main[57].

Un personnage mythologique, Achille, est éponyme du tendon qui relie le talon à la jambe. Considéré d'abord comme mortel, il sera plus tard dit invulnérable ou plutôt imparfaitement invulnérable. L'histoire de l'art connaît plusieurs versions de sa mort[58]. La plus ancienne se trouve sur une amphore chalcidienne du milieu du VIe siècle : Achille est mort, tombé sur le côté droit, clairement blessé au flanc et transpercé par une flèche dans la direction postéro-antérieure au-dessus de la cheville gauche *(fig. 226)*[59]. Sur plusieurs gemmes étrusco-italiques, Achille, blessé ou mort, ne porte qu'une seule flèche, toujours fichée au pied[60]. Une telle blessure ne saurait tuer le commun des mortels sur le champ de bataille. Cette localisation prouve la faiblesse particulière et la prédestination tragique du fils de Thétis.

226. Mort d'Achille. Amphore chalcidienne (aujourd'hui disparue). D'après Rumpf, 1921.

AFFECTIONS DU PIED HUMAIN

Les humains souffrent des pieds plus souvent encore que les dieux et les héros, mais le sujet n'intéresse guère que les arts mineurs. Congénital comme le pied bot, un orteil surnuméraire est considéré dans les temps très anciens comme une monstruosité, mais étant sans gêne pour les fonctions vitales celle-ci n'entraînait pas nécessairement l'abandon de l'enfant. Sur un ex-voto romain, le petit orteil est accompagné de l'ébauche d'un sixième doigt *(fig. 227)*[61]. Son insertion et sa forme sont très réalistes, ce qui distingue ce cas des pseudo-polydactylies dues à la négligence lors d'un travail vite fait[62].

Sur le linceul peint d'une momie égyptienne de la période romaine (IIe siècle de notre ère), on voit l'image de la défunte : son corps est couvert d'une tunique brodée que dépassent en haut la tête aux traits fins et à la coiffure individualisée, et en bas les pieds nus, avec six orteils chacun. L'inscription en

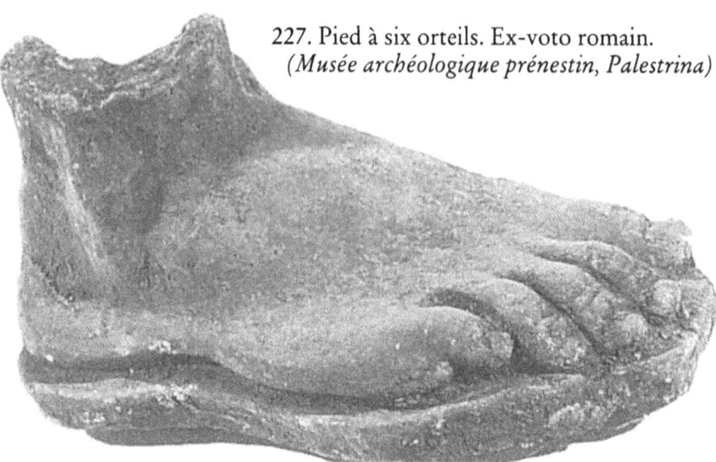

227. Pied à six orteils. Ex-voto romain.
(*Musée archéologique prénestin, Palestrina*)

écriture démotique sur le bord du linceul identifie la jeune morte comme Taathyr fille de Thatres. S'il ne s'agit pas d'un faux habile, le réalisme et la méticulosité de cette peinture parleraient en faveur d'un cas réel de polydactylie bilatérale[63].

Félix Regnault croit voir sur une terre cuite de Smyrne un tendon d'Achille rompu, diagnostic aujourd'hui invérifiable, puisque cet objet n'est connu que par une mauvaise reproduction photographique[64]. Il nous semble qu'il s'agit d'une fausse pathologie, suggérée cette fois non par une maladresse d'exécution mais par un accident de conservation qui a entaillé le talon.

Innombrables sont les pieds déformés par le port de la sandale, avec le gros orteil et l'orteil suivant écartés par le passage du lacet et le dernier orteil ramassé et arqué. Dans la grande statuaire, un exemple amusant est offert par les pieds de la fameuse statue d'Auguste de Prima Porta, conservée au Vatican. Du point de vue médical, plus intéressant encore sont des cas d'hallux valgus sur des ex-voto[65]. En commentant un spécimen romain (conservé alors à Madrid, aujourd'hui à Mérida[66]), Regnault explique bien comment s'acquéraient ces déformations[67]. Markwart Michler a repris en détail l'étude de la déviation des orteils par les chaussures antiques, leur correction par les bandages et leurs représentations dans l'art[68]. Sur une stèle athénienne de qualité exceptionnelle, dédiée à Asclépios, la sandale qui surmonte le serpent sacré indique sans doute où souffrait le suppliant,

228. Tireur d'épine. Terre cuite de Priène.
(Charlottenburg, Berlin)

bien que sur sa petite image, sculptée sur la semelle, les pieds soient parfaitement normaux [69].

Quant au petit malheur qui consiste à avoir une épine dans le pied, si fréquent qu'il a donné naissance à une expression française consacrée par l'usage, il est l'objet de multiples variations artistiques : depuis le fameux « tireur d'épine » du Palais des Conservateurs à Rome et ses répliques de la Galerie des Offices de Florence, du British Museum et du Pergamon-Museum de Berlin, qui représentent un adolescent délicat se penchant avec inquiétude sur la plante de son pied gauche, jusqu'à des caricatures et à des scènes à deux personnages où l'accident est l'occasion de jeux érotiques plus ou moins poussés. Sur une terre cuite de Tanagra, un jeune homme nu, agenouillé à côté d'une jeune beauté, elle-même nue mais impeccablement coiffée, en examine le pied gauche avec une feinte consternation. Dans la même note badine, sur un marbre du Vatican, un satyre retire une épine du pied droit d'un faune. On comprend bien que dans les deux situations la fiction thérapeutique ne tiendra pas longtemps [70]. Plus instructives du point de vue médical sont les statuettes qui abordent ce sujet avec un réalisme narquois, par exemple un esclave négroïde grotesque qui, en tirant l'épine de la plante de son pied, souffle sur sa blessure *(fig. 228)* [71].

Pour faciliter l'extraction de petits corps étrangers enfoncés dans la chair du pied, les médecins conseillaient d'appliquer sur la blessure des substances auxquelles on attribuait un pouvoir d'attraction. Leur intérêt pour ces accidents mineurs n'était pas sans fondement : fréquentes chez des personnes qui marchaient pieds nus, les blessures par des pierres rugueuses ou des objets piquants ou tranchants n'étaient pas toujours anodines. Même en l'absence de notion d'infection, on savait qu'une simple piqûre au pied provoque souvent un petit abcès localisé et parfois des complications graves.

Sur un ex-voto gallo-romain en calcaire dédié à la déesse des sources de la Seine, une éponge est plaquée sur le talon[72]. Le membre est de conformation normale et ne porte aucune trace de blessure. Ce ne semble donc pas être le traitement d'un traumatisme aigu (à moins qu'il ne s'agisse d'une lésion du tendon d'Achille, cachée par la place occupée par l'éponge), mais plutôt un moyen de rafraîchir un pied endolori ou de faire pénétrer des médicaments soulageant les souffrances articulaires. Curieusement, il ne semble pas que la goutte, si présente dans la littérature antique, ait laissé de traces dans les beaux-arts[73].

AFFECTIONS DE LA JAMBE ET DU GENOU

Plusieurs ex-voto à Séquana évoquent une gêne dans la région de la cheville et de la partie inférieure de la jambe. Ainsi une jambe en calcaire oolithique, bien galbée, sans déformation, repose non pas sur un simple socle permettant la mise en place de l'ex-voto dans le lieu de culte, mais sur une éclisse à angle droit remontant jusqu'au mollet et maintenant le membre *(fig. 229)*[74]. Les médecins anciens recommandaient un tel appareil pour les fractures et le complétaient habituellement par un système de bandage compliqué. On en voit peut-être les vestiges sur un pied fragmentaire du même sanctuaire[75] et sur une jambe d'Alésia[76]. Il y a également des jambes reposant à plat sur une sorte de gouttière, probablement aussi témoins de fractures appareillées[77].

Quelques jambes votives d'Italie et de Gaule présentent une atteinte de la face antérieure du genou. La cavité

229. Jam[be]
sur écliss[e].
Ex-voto
gallo-rom[ain]
*(Musée
archéologi[que,]
Dijon)*

230. Éléphantiasis de la jambe gauche. Statuette minoenne. *(Musée archéologique national, Athènes)*

sous-rotulienne impressionnante de l'ex-voto de Rome suggère une ostéomyélite[78], tandis que celui des Sources de la Seine pourrait présenter une infection de la bourse séreuse prérotulienne ou une plaie contuse infectée de cette région[79].

Pour l'interprétation médicale des « grosses jambes », on hésite entre une maladresse de l'artiste et une pathologie réelle. Historiquement le plus intéressant est un ex-voto minoen (env. 2000 av. J.-C.). Chez cette femme nue, assise de face, on est frappé par la grosseur d'une jambe sur un corps par ailleurs normal et bien symétrique. Le gonflement commence à la hanche et continue uniformément jusqu'au mollet où la jambe est malheureusement cassée *(fig. 230)*[80]. Cette éléphantiasis pourrait bien être due à une filariose.

Deux jambes isolées, l'une provenant de Lucera[81] et l'autre de Calvi près de Rome[82], sont nettement gonflées, tout comme la jambe gauche d'une statuette masculine acéphale[83]. S'agit-il d'un lymphœdème ou d'un trouble chronique de la circulation du sang ? La filariose lymphatique était, certes, connue des médecins de l'Antiquité, mais comme une maladie non européenne, alors que la stase veineuse était fréquente partout. Un ex-voto étrusco-romain en terre cuite, une lourde jambe droite, associe nettement le gonflement général de ce membre à une veine variqueuse[84].

Sur le bas-relief d'une superbe stèle en marbre trouvée sur l'acropole d'Athènes, le membre malade est figuré en quelque sorte au deuxième degré : le malade s'est fait représenter lui-même apportant une jambe votive dans un temple où se trouvent déjà des ex-voto de pieds *(fig. 231)*[85]. L'inscription dit que Lysimaclidès, fils de Lysimachos, offre ce

231. Lysimaclidès offre une jambe variqueuse à Asclépios. Bas-relief en marbre. *(Musée archéologique national, Athènes)*

monument à Asclépios. L'ex-voto apporté, presque aussi grand que le donateur, se distingue par une varice qui parcourt latéralement la jambe de la cheville au jarret. Le réalisme de cet ex-voto personnalisé permet d'affirmer que Lysimaclidès souffrait très probablement d'une thrombophlébite de la veine saphène interne. Puisqu'il considérait son vœu comme exaucé, c'est qu'il s'estimait sinon guéri, du moins soulagé de son mal. L'appel à un dieu n'exclut pas que Lysimaclidès ait cherché aussi une aide chirurgicale.

Hippocrate connaît bien les varices aux jambes, mais se méfie des interventions intempestives et conseille de faire simplement de temps à autre des piqûres dans les parties dilatées. La technique de l'excision des varices a été mise au point sans doute à l'époque hellénistique, mais n'est décrite dans les ouvrages chirurgicaux conservés qu'à partir de Celse (Ier siècle). Dans le monde romain, les varices aux jambes passent pour une maladie professionnelle, notamment des orateurs, qui restent interminablement debout au forum. Le médecin moderne lira avec étonnement l'affirmation de Pline selon laquelle cette maladie serait typiquement masculine. Marius, célèbre général et homme politique, s'est fait extirper la veine dilatée en restant courageusement debout, mais il n'a supporté cette opération que d'un côté, jugeant que le soulagement ne valait pas la souffrance [86].

Un ex-voto gallo-romain de la forêt d'Halatte représente une main droite offrant à la divinité guérisseuse un genou droit tuméfié. L'articulation pourrait souffrir d'une hémarthrose, d'une hydarthrose d'origine inflammatoire, en tout cas d'un état relevant de la compétence du rhumatologue [87].

ATTEINTE GÉNÉRALISÉE DE L'APPAREIL LOCOMOTEUR

Plus embarrassant est le cas d'un vase anthropomorphe en bronze, trouvé en 1889 dans un puits galloromain à Vichy, que les historiens de la médecine thermale croient relever également de la rhumatologie *(fig. 232)* [88]. Cette vieille femme rhumatisante, connue sous le nom de « buveuse de Vichy », serait venue aux eaux chercher remède à son affection. Accroupie, accablée, affaissée, tenant mollement dans la main

232. La « buveuse de Vichy ». Bronze gallo-romain. *(Louvre; copie au Musée de Moulins)*

droite un de ces gobelets de curiste comme on en a tant trouvé dans les sanctuaires des stations thermales, elle n'a qu'une chaussure, la droite. Cette bizarrerie a fait penser à la podagre et on a voulu voir aussi des nodules goutteux sur ses mains, mais en fait elle ne porte aucun stigmate de cette maladie. D'autres auteurs attirent l'attention sur la mollesse de son attitude et diagnostiquent un ramollissement de l'ossature. Ce serait un cas d'ostéomalacie, rachitisme de l'adulte [89]. Mais comment faire sur un tel objet le diagnostic différentiel avec une affection rhumatismale chronique des articulations ou même une myopathie [90] ?

233. Guérison d'un malade en présence du serpent sacré.
Plaque votive. *(Glyptothèque Ny Carlsberg, Copenhague)*

Sur une plaque votive classique mais de provenance incertaine, un malade d'âge mûr bénéficie d'un miracle de la part du dieu-serpent *(fig. 233)* [91]. Allant au sanctuaire, ou plus probablement en revenant, il rencontre l'animal sacré, perché dans un arbre. Il arrivait en effet que le dieu, fâché de certaines mauvaises dispositions morales de ses clients, les renvoyât sans intervenir mais se ravisât par la suite, dans sa grande indulgence. Ici on imagine facilement que le malade ait quitté le temple toujours impotent ; il est porté sur un brancard par quatre beaux éphèbes ; un cinquième jeune homme accompagne la petite troupe. À la vue de l'animal, on s'étonne ; les jeunes gens sont sur le point de poser la litière par terre, certains s'apprêtent à chasser la bête à coups de pierre. Seul le malade a compris ce qui se passe et salue d'un geste de supplication. De quoi souffre-t-il ? Vu l'état de ses jambes, apparemment gonflées, on a suggéré une éléphantiasis [92]. Cela nous paraît douteux. Contentons-nous de constater que, incapable de marcher, ce dévot fait un effort pour soulever sa jambe droite vers l'hypostase du dieu.

234. La guérison du paralytique. Fresque paléochrétienne de Doura-Europos. D'après H. F. Pearson. *(Université Yale, New Haven)*

On peut rapprocher ce tableau d'une fresque du début du IIIᵉ siècle qui, dans le baptistère de Doura-Europos, relate les miracles de Jésus *(fig. 234)* [93]. L'histoire du paralytique est racontée sur un panneau. Elle se déroule en deux temps : le malade est couché sur une sorte de lit de camp, le Christ le bénit de la main droite et lui donne l'ordre de se lever ; l'homme se lève alors, marche et part, son grabat sur le dos. Le même sujet est traité dans la catacombe de Priscille à Rome, mais la peinture est mal conservée ; on n'y voit que le bas du corps du paralytique et une partie du lit qu'il porte.

235. Luxation de la hanche. Bronze étrusque. *(Collection privée)*

L'ancienneté de ces fresques donne à l'histoire médicale qu'elles racontent, à la fois antique et chrétienne, un caractère exceptionnel.

LUXATION DE LA HANCHE ET SCIATIQUE

Certaines anomalies gênent la marche, comme par exemple la luxation de la hanche. Malgré une certaine grossièreté de facture, une telle luxation est indubitable sur un petit bronze étrusque du Musée archéologique de Florence, qui présente une rotation de la jambe droite. Il s'y ajoute une nette dissymétrie dans l'épaisseur des membres supérieurs, suggérant une malformation congénitale complexe[94]. Plus frappante encore pour le médecin est une autre statuette étrusque qui montre avec réalisme non seulement la luxation postéro-supérieure de la hanche gauche mais aussi la scoliose et la position typique de l'ensemble du corps entraînées par ce vice de conformation *(fig. 235)*[95]. Il s'agit d'une femme adulte, aux seins bien développés, au pelvis basculé, ce qui fait saillir la hanche et la fesse gauches. Les courbures exagérées de son corps lui donnent un certain charme et ne l'empêchent pas de se pomponner avec coquetterie.

La luxation accidentelle de la hanche avec ses différentes formes est bien connue des médecins anciens, qui savent qu'il faut agir le plus vite possible après l'accident, puisqu'un cal se forme rapidement, rendant toute intervention impossible. La jeune femme qui a inspiré la statuette souffrait plus probablement d'une luxation congénitale négligée. Cette forme est fréquente dans certaines populations. Paul d'Égine considère que, si une telle situation existe dès la prime enfance, le médecin doit agir au plus vite, sinon il n'y pourra bientôt plus rien [96].

La sciatique est-elle évoquée dans les arts plastiques bien qu'elle ne provoque pas de changements apparents ? Le cas de Glykia, fille d'Agrios, à Kula, a pu le faire penser. Elle-même s'est considérée comme châtiée par la déesse Anaeitis d'une maladie dans « ses fesses ». L'inscription de l'époque impériale qui raconte son malheur encadre une jambe courte, exagérément musclée pour une femme, et une lourde fesse [97]. En rapprochant ce monument votif d'une stèle phrygienne, érigée par Aphias, fils de Théodote, souffrant lui aussi des « fesses », Irina Diakonoff évoque le diagnostic d'arthrite, de douleur à la cuisse, voire de sciatique [98].

AFFECTIONS DE L'ÉPAULE ET DU BRAS

Plusieurs petites terres cuites blanches de l'Allier, offertes dans un sanctuaire de source, représentent un personnage masculin, debout face à la divinité et vêtu d'une courte tunique qui s'arrête au-dessus des genoux (probablement le sagum gaulois par-dessus les braies) ; il a le haut du corps soigneusement emmitouflé, tête comprise. Ce costume pourrait avoir quelque chose de rituel, comme on le constate sur d'autres ex-voto gallo-romains. Ce qui nous intéresse ici, c'est que le bras gauche est maintenu plié contre le thorax par une sorte de châle triangulaire soigneusement serré. L'homme viendrait-il demander sa guérison, en apportant à la divinité un fruit rond que, de la main droite, il tient maladroitement contre lui ? On connaît actuellement plusieurs répliques de cette représentation, provenant toujours de lieux célèbres pour leurs sources curatives [99]. Arthrite rhumatismale, paralysie, fracture ou luxation mal réduites ? En fait, il est impossible de poser un diagnostic précis pour un objet répété presque industriellement en plusieurs exemplaires, encore que sur certains d'entre eux l'épaule semble abaissée du côté malade et le massif acromial raccourci, ce qui plaiderait en faveur d'une luxation de l'épaule.

Une attitude analogue du bras se constate aussi sur un bois gaulois des sources de la Seine ; un personnage a le bras droit

236. Bras en écharpe. Stèle gallo-romaine.
(*Musée archéologique, Metz*)

maintenu plié à angle droit [100]. Enfin, sur une stèle de Metz, le bras d'une femme gallo-romaine est soutenu par une écharpe nouée autour de son cou (*fig. 236*) [101].

La luxation de l'épaule était dans l'Antiquité un traumatisme particulièrement fréquent à cause des activités sportives assez violentes. Hippocrate donne déjà de bons conseils pour sa réduction. Galien commente et perfectionne les procédés hippocratiques et raconte comment il a souffert d'un tel accident. Comme il s'était lui-même blessé, à l'âge de trente-cinq ans, lors d'un combat sportif dans une palestre à Rome, son maître de gymnastique a cru à un déboîtement de la tête humérale et s'est livré à de vains efforts de réduction. Galien a alors compris qu'il s'agissait en fait d'une luxation acromio-claviculaire. Un bandage a remis la clavicule en place mais, trop serré, a provoqué aussi une assez forte atrophie de l'épaule et du bras [102].

237. Manipulation de l'épaule. Bas-relief de Cyrène.

238. Intervention sur l'épaule. Plaque votive d'Oropos.
(Musée archéologique national, Athènes)

Nous risquerions de nous tromper autant que le gymnaste romain, si nous nous hasardions à diagnostiquer de quoi souffre exactement le patient dont, sur un bas-relief de Cyrène, le médecin palpe ou masse l'épaule *(fig. 237)* [103]. La scène sculptée sur cette plaque biface en marbre blanc se passe en plein milieu du Vᵉ siècle avant J.-C., époque où Cyrène était un important centre médical.

D'un siècle plus récente environ, une tablette votive offerte par Archinos à Amphiaraos, dieu guérisseur d'Oropos, constitue une exceptionnelle bande dessinée en quatre temps *(fig. 238)* [104]. Tout au fond, la plaque figure elle-même sur son présentoir ; à droite, sur un plan intermédiaire, arrive le jeune homme, normalement habillé et sans aucun signe de maladie, saluant de la main droite en un geste de supplication. En troisième lieu vient ce qui se passe réellement dans l'abaton, ou salle d'incubation : le suppliant est étendu sur une couchette, le haut du corps dévêtu ; un gros serpent, comme il en circulait dans les temples sanitaires, la gueule très largement ouverte, lui saisit l'épaule droite. Enfin, en plus grand, occupant le premier plan dans toute la moitié gauche du tableau, on voit l'interprétation médico-religieuse de la scène précédente ; Archinos, la partie droite du torse dépouillée de ses vêtements, est debout devant la divinité, prêt à soutenir de la main gauche le bras droit sur lequel opère le dieu. Celui-ci a le même aspect et les mêmes attributs qu'Asclépios. Il tient, de la main gauche, le bras qui lui est présenté et, de la main droite, opère l'épaule avec un instrument, à l'endroit même que mordait le serpent. Le patient laisse pendre la main du côté souffrant, ce qui exprime plutôt une sorte de relâchement volontaire qu'une parésie. On peut rapprocher cette suite de représentations associant un événement réel et sa version onirique de l'une des inscriptions sur les tablettes d'Épidaure : atteint d'un ulcère dévorant à un orteil, un homme cherchait secours dans le temple d'Asclépios et, tandis qu'il dormait, chacun put voir un serpent lui lécher le pied ; à son réveil, guéri, il raconta qu'un beau jeune homme y avait appliqué un remède [105]. Une étude récente montre que la salive des serpents du genre *Elaphe,* ceux mêmes qui côtoyaient les malades dans les temples, contient du facteur épidermique de croissance et que son application sur les plaies par un simple léchage peut avoir des effets bénéfiques [106]. Si, dans le cas d'Épidaure, on nous dit que le malade souffrait d'un ulcère phagédénique, pour le patient venu se soigner à Oropos ni les images ni l'inscription succincte de la tablette votive ne permettent malheureusement de reconnaître la nature de la lésion de son épaule.

Sur les statues grecques, on ne voit qu'exceptionnellement le parcours des veines sur les bras. Guy Métraux a attiré l'attention sur le fait que cette particularité physiologique du corps humain était accentuée par les artistes antiques chez les vieilles femmes et les guerriers éprouvés par les combats [107].

Le docteur B. Blankoff a remarqué lors d'une exposition à Bruxelles en 1965 une urne de Volterra dont le couvercle représente un homme semi-couché dans la position habituelle, mais avec une main gauche énorme au premier plan : effet de l'art, disent les archéologues ; que non pas, dit le médecin : il s'agit d'une hypertrophie congénitale, anomalie qui touche plus souvent les membres inférieurs mais qui peut siéger aussi aux membres supérieurs. Ici sont atteints l'épaule, le bras, l'avant-bras, la main et particulièrement l'index. Cette anomalie ne met pas la vie en danger et ce n'est pas elle qui a tué cet Étrusque, mais elle lui a certainement causé une grande gêne fonctionnelle [108].

Mentionnons enfin un bras votif étrusque de Tarquinies porteur de trois gros ulcères [109].

DIFFORMITÉS ET POSITIONS ANORMALES DE LA MAIN

Les figurines en forme de main et de doigt isolés sont très fréquentes mais il ne s'agit pas toujours d'ex-voto et, même quand c'est le cas, on ne peut reconnaître avec certitude les stigmates d'une affection particulière. Elles prouvent qu'il y a eu souffrance et sujet de plainte, mais parlent peu au médecin. Eugen Holländer a déjà bien remarqué que les mains déformées, noueuses, élargies ou amincies, mentionnées par certains historiens de la médecine comme exemples de tumeurs, d'œdème ou d'atrophie sont beaucoup plus probablement le résultat de la maladresse et de la négligence dans l'exécution artisanale, en grand nombre, de ces objets [110]. Un exemple typique est la main du Musée archéologique de Madrid dont la facture sommaire a pu faire croire à « une consolidation vicieuse à la suite de fracture des métacarpiens » [111]. Des mains dans une position particulière, doigts recourbés, ne sont point l'expression d'une crampe ou d'une contracture, mais tiennent un fruit ou une autre offrande à la divinité, absents dans l'état actuel de l'objet ou interprétés comme une tumeur [112].

Une main de terre cuite trouvée dans un temple minoen semble tuméfiée et peut faire penser à une affection rhumatismale, mais on reste toujours dans l'incertitude sur la véritable intention de l'artiste [113]. N'est pas douteuse celle du coroplaste corinthien qui a modelé au dos d'une main,

239. Atrophie musculaire de la main.
Statuette hellénistique d'Égypte.
(Musée gréco-romain, Alexandrie)

à la hauteur de l'extrémité distale du deuxième os métacarpien, une excroissance conique, mais on ne saurait dire s'il s'agit d'un petit abcès, d'un kyste synovial ou d'un nodule juxta-articulaire d'autre nature [114]. Sur un bol d'argent trouvé dans le tumulus de Gaymanova, datant du IVe siècle avant J.-C., un chef scythe emmitouflé a la main gauche déformée et les doigts affectés de nodules rhumatismaux juxta-articulaires [115].

Posent un problème les mains qui, par leur attitude et par leur forme, suggèrent une affection nerveuse généralisée ou une atteinte locale du plexus brachial. Plusieurs personnages d'Égypte hellénistique sont des idiots difformes à la tête souvent grimaçante et au corps disgracié, tenant gauchement un bras contre le corps, avec la main dans une attitude typique de la paralysie du nerf radial [116]. Ces handicapés n'en vaquent pas moins à leurs occupations ; tel, la main pendante et griffue, porte malaisément un panier [117], tel autre semble marcher vers une destination qui nous échappe [118]. Dans un cas, l'amincissement de la main et la position en griffe des doigts évoquent l'atrophie musculaire progressive du type Aran-Duchenne *(fig. 239)* [119].

Particulièrement frappant est un petit bronze conservé à Boston : un nain assis, recroquevillé, très amaigri, a du mal à tenir sa lourde tête ; le

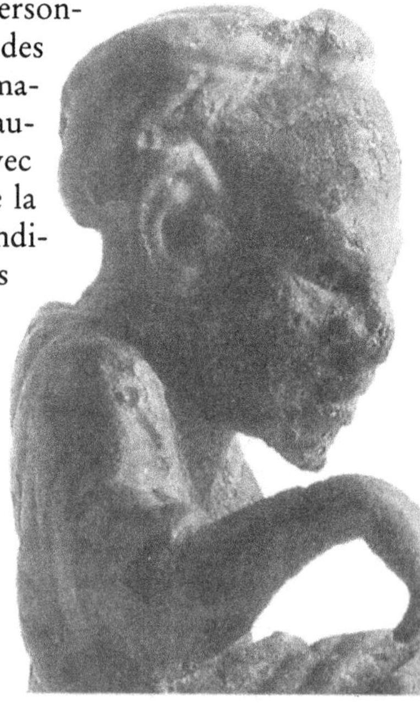

240. Main en col de cygne chez un nai
Bronze hellénistique. *(Musée
des Beaux-Arts, Boston)*

bras gauche manque, mais le droit, plié au coude, porte une main qui semble plier sous son propre poids *(fig. 240)* [120]. Cette position de la main en col de cygne peut provenir d'une lésion du nerf radial, de la poliomyélite, de l'abus des boissons alcooliques ou de l'intoxication par le plomb ou l'arsenic.

La polydactylie se rencontre non seulement au pied mais aussi à la main. C'est une anomalie congénitale qui, en des temps très anciens, a justifié l'abandon du nouveau-né, mais par la suite on laissa la vie à de tels sujets. Selon Pline, un patricien romain, M. Coranus, eut deux filles appelées Sedigita à cause de cette particularité, et le poète latin Volcacius reçut pour la même raison le surnom de Sedigitus [121]. Paul d'Égine explique que le doigt surnuméraire peut se trouver du côté du pouce ou du côté de l'auriculaire, rarement près d'un autre doigt ; il peut être pourvu d'os ou ne consister qu'en une simple excroissance charnue [122]. L'amputation chirurgicale, selon lui, est facile dans le dernier cas et possible mais risquée dans le premier. On connaît une main à six doigts, mais il s'agit d'une main propitiatoire destinée à protéger contre le mauvais œil et non d'un ex-voto se rapportant à une pathologie réelle [123].

Malgré une hypothèse récente des chirurgiens plasticiens à propos d'une particularité de l'art funéraire antique de la Toscane, la position de la main qui fait les cornes n'est pas une déformation acquise par l'usage habituel de la lourde patère étrusque mais un signe apotropaïque qui s'est d'ailleurs conservé de nos jours dans cette région [124].

Quelques doigts isolés romains sont étonnamment longs [125]. Un doigt trouvé dans le temple d'Asclépios à Athènes est plié à angle droit, ce qu'on a interprété comme une contraction pathologique, et un pouce conservé au Musée étrusque de la Villa Giulia à Rome est érodé, ce qui a fait penser à un panaris [126]. Dans les deux cas, le diagnostic n'est, à notre avis, qu'une improbable possibilité.

Enfin, sur une main votive de bronze, datant du IVe siècle de notre ère, découverte lors de la fouille d'un sanctuaire romain à Lydney Park (Gloucestershire, Angleterre), on constate une anomalie de la forme des ongles, la koïlonychie, qui est l'un des signes cliniques d'anémie ferriprive : les bords

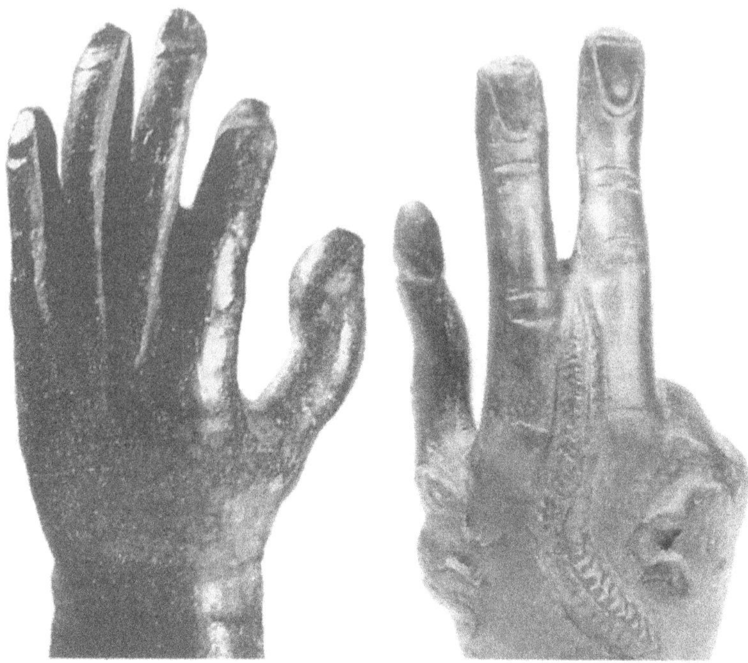

241. Koïlonychie. À gauche, ex-voto en bronze *(Lydney Park, Angleterre)*. À droite, main propitiatoire. *(Musée du Val d'Aoste, Aoste)*

latéraux des ongles sont relevés et le centre est concave, en forme de cuiller. La même particularité se trouve sur une main propitiatoire conservée à Aoste *(fig. 241)* [127].

LES ILLUSTRATIONS D'UN TRAITÉ CHIRURGICAL

Les écrits chirurgicaux de la Collection hippocratique témoignent de connaissances détaillées concernant non seulement l'anatomie normale et les fonctions mécaniques des os longs et des articulations, mais aussi les traumatismes et les modalités du traitement. Ces textes datent de la seconde moitié du Ve siècle avant J.-C. et la tradition ne se trompe pas en attribuant à Hippocrate lui-même le traité *Des articulations*. La version originale ne comporte aucune allusion à des illustrations qui auraient pu accompagner ce texte, mais dès le Ier siècle avant J.-C., un médecin alexandrin, Apollonios de Cition, a préparé une édition du traité hippocratique conçue

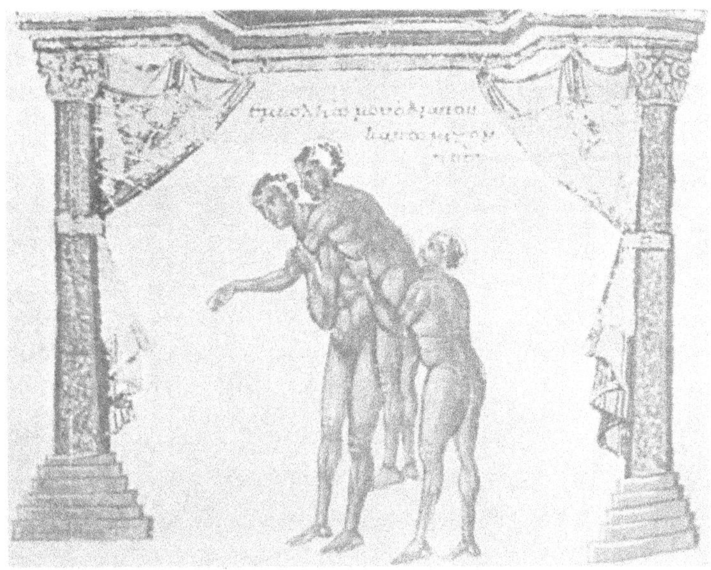

242. Réduction de l'épaule luxée. Scène chirurgicale illustrant la version
hellénistique du traité hippocratique *Des articulations* préparée
par Apollonios de Cition. *(Florence, Bibliothèque Laurentienne)*

d'une manière très originale comme un manuel illustré du
traitement chirurgical des luxations [128]. Cette importante iconographie médicale n'est connue qu'indirectement, sous une
forme tardive, par les planches en couleurs qui ornent un
manuscrit de la fin du IX\ ou du début du X\ siècle, le Codex
chirurgical dit de Nicétas (d'après le médecin byzantin qui le
fit exécuter) [129]. Plusieurs indices font croire que les copistes
byzantins, tout en modifiant le décor et en imposant un autre
style pictural, ne se sont pas éloignés du contenu proprement
médical de leur modèle.

Une scène de réduction de l'épaule luxée, choisie parmi la
trentaine de planches qui illustrent le Codex de Nicétas, nous
permet d'apprécier l'importance de ces images dans la transmission d'un savoir technique *(fig. 242)*. Le cadre est sans
doute byzantin, mais la position du malade et les gestes du
médecin et de son aide reflètent fidèlement le texte ancien et
imitent sans doute le dessin original. Il n'est pas surprenant
que le patient soit nu, mais on peut s'étonner de la nudité du
médecin et de son aide. Il nous semble peu probable que cette
particularité remonte au modèle iconographique antique.

La luxation de l'épaule est mentionnée dans la légende, mais sur la figure elle-même la forme de l'épaule et la position du bras ne s'écartent pas de l'état normal. Soulignons enfin que le procédé décrit par Hippocrate et représenté sur cette image est vraiment efficace.

CHAPITRE XII

États pathologiques liés au sexe

Dans les cavernes et dans les grottes[1], sur les montagnes[2], auprès des sources[3], puis dans les temples bâtis qui leur sont consacrés, règnent des divinités de la fécondité et de la vie[4] auxquelles viennent rendre visite les femmes et les couples désireux d'avoir des enfants. À ces dieux, ils laissent des images de couples enlacés, d'hommes bien pourvus, de femmes enceintes, de mères allaitantes, de bébés emmaillotés.

La femme respectable est procréatrice ; deux organes ont donc une importance capitale dans sa vie d'épouse : l'utérus et les seins. Le monde antique en a fabriqué des milliers de représentations et nombreuses sont celles qui ont subsisté jusqu'à nous.

LES EX-VOTO DES ORGANES GÉNITAUX FÉMININS

La représentation isolée des organes génitaux féminins externes est relativement rare, schématique (un triangle plat barré d'un trait vertical) et, en tout cas, ne comporte jamais de signes pathologiques[5]. Nombreux au contraire sont les ex-voto d'utérus, mais ils ne sont pas réalistes. On les sculpte tels qu'on les imagine plutôt que tels qu'ils sont[6]. Comme tous les ex-voto, ces représentations sont offertes en supplication ou satisfaction reçue, comme dans le cas de Philouménè remerciant Aphrodite[7].

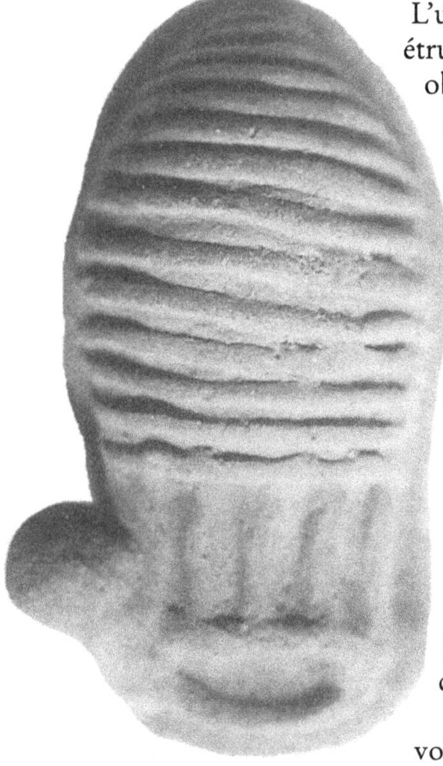

243. Utérus avec une boule attachée
au flanc. Ex-voto romain.
(*Musée national romain, Rome*)

L'utérus de la sculpture grecque, étrusque et romaine est un organe oblong, côtelé ou exceptionnellement lisse, pourvu d'un col et d'une ouverture. Les « côtes » transversales soulignent la nature musculaire de l'organe, suggèrent qu'il peut se déplacer dans le corps (explication ancienne de l'hystérie) ou indiquent sa capacité d'expulser l'enfant lors de l'accouchement. Les bourrelets musculaires sont à peu près parallèles, mais on connaît des cas où la disposition est arborescente. Sur un spécimen étrusque, les cordons musculaires dessinent sept cases [8]. Cela s'inspire peut-être de l'idée populaire qui attribue sept chambres à la matrice.

Le double orifice cervical que l'on voit sur un ex-voto décrit par Sambon comme un « uterus septus » ne représente certainement pas une malformation réellement observée mais suggère la bifidité attribuée à la matrice par de nombreux auteurs antiques [9]. L'ouverture de l'utérus est presque toujours exagérée. Dans les cas relativement nombreux où elle est béante, on peut penser que cela indique l'état de cet organe à la suite de l'accouchement [10].

Les utérus sont parfois pourvus d'un appendice, situé de côté, le plus souvent à gauche. Dans un cas pourtant, il est placé sur la face ventrale de la matrice [11]. Parfois cet appendice est une ampoule ou une boule attachée au flanc de l'organe (*fig. 243*) [12], dans d'autres cas, une masse vermiforme plus ou moins allongée, sortant latéralement de la paroi du col (*fig. 244*) [13]. Il est impossible de savoir si c'est un sac ou une structure compacte. On ignore la signification de cette formation. Plusieurs auteurs s'acharnent à y voir une excroissance pathologique et parlent de fibrome ou, plus correctement, de myome utérin[14]. Ce diagnostic peut se concevoir pour des cas où la masse est ovoïde, mais il s'accommode mal de la forme et du mode d'insertion des appendices longs. La fréquence de ce type de représentation rend peu probable l'hypothèse d'une forme de tumeur rare dans la réalité[15]. Il est donc tentant d'interpréter cet appendice comme une vessie normale.

Mais cela ne va pas non plus sans difficultés : l'orifice urinaire n'est pas figuré et le sac – s'il s'agit bien d'un sac – débouche presque toujours dans l'utérus. Et pourquoi aurait-on ajouté la vessie à un don qui traduit des préoccupations relatives à la vie sexuelle et à la fécondité ? Pour contourner cette difficulté, d'aucuns voient dans ce compagnon de l'utérus un ovaire (organe pourtant mal connu par les médecins antiques)[16]. Mais alors pourquoi un seul et, de surcroît, attaché au col et non à la partie supérieure du corps de l'utérus ? Il est astucieux, mais hélas ! aussi parfaitement arbitraire, de vouloir expliquer cette réunion par des adhérences utéro-ovariennes dues à une salpingite[17]. On a même pensé au placenta, ce qui convient parfaitement du point de vue de la valeur symbolique de cette pièce anatomique transitoire, mais s'éloigne considérablement de la réalité morphologique[18]. On pourrait y voir, enfin, la figuration interprétée d'un utérus bicorne animal.

244. Utérus flanqué d'une masse vermiforme.
Ex-voto étrusco-romain.
(Musée archéologique, Florence)

Une autre énigme vient de s'ajouter récemment à celle de l'appendice utérin : dans certaines modèles étrusques en terre cuite la matrice contient des boulettes du même matériau[19]. Ces boulettes ont été enfermées dans la cavité, car leur diamètre dépasse la largeur de l'orifice. On peut constater leur présence par le bruit que l'on entend en secouant l'objet ou par la radiographie. S'agit-il de la représentation symbolique de l'embryon, comme le pense Gaspare Baggieri, d'une particularité dont le sens nous échappe ou d'une caractéristique non intentionnelle due à une technique spéciale de moulage ?

Les utérus *in situ*, figurés dans un tronc exposant les viscères, sont beaucoup plus rares que les utérus isolés [20]. Un très curieux abdomen féminin, conservé à Florence, laisse voir, en quelque sorte à la fois en surface et à l'intérieur par transparence, un ombilic bien formé et, au-dessous de lui, un utérus côtelé, avec un col large et un orifice très marqué *(fig. 245)* [21]. Les dimensions de l'utérus, remontant très haut, semblent indiquer une grossesse bien avancée. Si l'on admet que l'appendice utérin désigne vraiment un ovaire, sa localisation du côté droit pourrait indiquer la « pédopoièse » d'un garçon. Cet objet nous intéresse ici dans la mesure où on lui a attribué une signification pathologique. Paul Rouquette note que « le segment moyen de cet utérus paraît hypertrophié considérablement », que « les faisceaux musculaires ont disparu pour faire place à une masse charnue, irrégulière, dans laquelle se confond la lèvre antérieure du col » et que « l'appendice ovarien lui-même semble déformé et comme engainé dans des productions pathologiques ». En somme, « cet ex-voto ainsi présenté, avec l'utérus en saillie sur la paroi abdominale, paraît plutôt se rapporter à une maladie de la matrice que figurer une simple offrande de remerciement pour une heureuse délivrance [22] ». Le docteur Rouquette tente même un diagnostic : ce serait « une affection des annexes du côté

245. Utérus côtelé, *in situ,* avec un col large et un orifice bien marqué. Ex-voto étrusco-romain. *(Musée archéologique, Florence)*

droit » accompagnée d'un cancer du col ou, du moins, d'une hypertrophie du col consécutive à l'accouchement. Hypothèses hardies que nous ne pouvons certes complètement démentir, mais qui nous semblent néanmoins fondées sur l'imagination de l'interprète moderne plus que sur les connaissances médicales de l'artiste antique.

La grossesse normale et l'accouchement physiologique

Sans doute la grossesse et l'accouchement sont-ils habituellement considérés comme des événements non pathologiques, mais si, dans la tradition hippocratique, c'est un accomplissement de la nature féminine et, de ce fait, la perfection de la santé, Soranos (IIᵉ siècle) en viendra à considérer la grossesse comme une sorte de *pathos* qui, à la différence de la maladie au sens fort, est conforme à la nature[23].

Une ravissante statuette de Béotie semble démentir le médecin d'Éphèse : avec son élégante coiffure en côtes de melon, entièrement nue, les bras croisés au-dessus du ventre, une future jeune mère est toute à sa joie et à sa fierté *(fig. 246)*[24]. On ne connaît pas le lieu exact de sa découverte et on ignore donc sa signification. En revanche, on a trouvé dans la grotte de Pitsa (région de Corinthe), vraisemblablement consacrée à plusieurs divinités – les nymphes, Corè, Déméter et Ilythie (déesse protectrice de l'accouchement) – plusieurs ex-voto de femmes enceintes. L'une, bien qu'ayant perdu tête et jambes, est particulièrement attendrissante : la jeune femme, les bras écartés, dénude son corps et montre glorieusement ses seins alourdis mais encore charmants et son ventre gonflé, mais ferme et hardi[25].

246. Femme enceinte.
Terre cuite hellénistique de Béotie. *(Louvre)*

247. Femme enceinte. Vase archaïque trouvé dans une tombe
de Ferrone dans les monts de Tolfa près de Rome.
D'après Baggieri, 1998.

Parfois, il est difficile de choisir entre grossesse et obésité, voire hydropisie [26]. Le doute n'est pas permis dans le cas d'un splendide vase archaïque trouvé récemment à Ferrone dans les monts de Tolfa (près de Rome), car sur l'une de ses faces on voit un couple préluder à l'événement qui se prépare sur l'autre : couchée sur un lit plat et rigide, la femme, le dos légèrement soulevé et le ventre protubérant, est manifestement à terme *(fig. 247)* [27].

Quant à l'accouchement normal, il se déroule selon plusieurs modes : debout, à genoux, à croupetons [28], sur un lit bas ou, selon le dernier cri de l'obstétrique antique, sur un siège obstétrical [29]. C'est à l'aide de ce meuble professionnel que pratiquait la sage-femme Scribonia, qui reposa pendant des siècles près d'Ostie, à l'Isola sacra, auprès de son mari M. Ulpius Amerinus, médecin [30]. Sur une plaque en terre cuite, la parturiente, assise sur le fauteuil obstétrical, est soutenue sous les épaules par une assistante ; la sage-femme, assise devant elle sur un tabouret bas, touche de la main droite l'entrejambe de la patiente et, conformément aux règles de la pudeur, évite de la regarder en face *(fig. 248)* [31]. On retrouve le même geste d'exploration génitale sur une lampe à huile du Ier siècle après J.-C., trouvée à Nin, mais cette fois la sage-femme, consciente de la délicatesse de sa tâche, regarde bien les parties génitales de sa cliente. Gêné par le trou de la lampe, l'artisan a mal rendu l'avant-bras *(fig. 249)* [32].

248. Scène d'accouchement. Plaque en terre cuite d'une tombe d'époque
romaine. *(Musée des fouilles, Ostie)*

249. Scène d'accouchement. Fragment d'une lampe romaine
trouvé à Nin (ancienne Ænona) en Dalmatie.
Objet disparu pendant la Seconde Guerre mondiale.

L'ACCOUCHEMENT DRAMATIQUE ET LA MORT EN COUCHES

Le thème de l'accouchement malheureux au bout duquel meurt la parturiente n'est presque jamais traité avec un véritable réalisme : on y voit l'agitation de la famille affolée ou son accablement inefficace autour d'un corps, certes affaissé mais ne portant ni trace de saignement ni signe particulier des douleurs [33]. Du point de vue qui nous occupe ici, deux types principaux peuvent se distinguer : celui où la femme conserve une certaine énergie et redresse encore le buste [34] et celui où elle est tout à fait défaillante [35]. Un bel exemple est le bas-relief funéraire de Plangon, dame distinguée morte en couches à Oropos au IVe siècle avant J.-C. : face au mari éploré, soutenue par deux femmes, l'épouse malheureuse se laisse tomber à la renverse sur son lit (*fig. 250*) [36]. Trois stèles d'Alexandrie ont le mérite de montrer que la mourante est visiblement déformée par la grossesse [37].

Une représentation, aujourd'hui assez abîmée, est étonnamment réaliste et émouvante : c'est une stèle funéraire en

250. Femme en couches. Bas-relief funéraire d'Oropos.
(*Musée archéologique national, Athènes*)

251. Femme morte en couches. Stèle funéraire en marbre peint,
provenant de la nécropole de Pagasai-Démétrias.
(Musée archéologique, Volos en Thessalie)

marbre peint, du IIe siècle avant J.-C., provenant de la nécropole de Pagasai-Démétrias *(fig. 251)* [38]. Une femme, morte en
couches, repose sur un matelas rayé, la tête sur deux oreillers,
les yeux clos, les bras croisés, les seins nus, gonflés, prêts à
allaiter. Son mari, assis au pied du lit, les yeux dans le vague,
manifeste un étonnement douloureux ; une servante, debout
à la tête de la couchette, porte dans ses bras le nouveau-né,
emmailloté de rouge ; il va mourir ou est déjà mort lui aussi ;
dans une embrasure de porte apparaît de loin un jeune
homme, qui croise le regard de la servante. L'image est
accompagnée d'une épitaphe : « C'est un triste fil que les

Moires, de leur fuseau, filèrent pour Hédistè, quand la jeune femme a affronté les douleurs de l'enfantement. Malheureuse ! En effet, elle ne devait pas donner de nom à son petit enfant ; elle ne devait pas arroser de son sein la lèvre de son nourrisson. Il ne vit en effet qu'une fois la lumière du jour. La Fortune les attaqua sans distinction et les entraîna tous deux dans une tombe unique. »

LES SUITES DE L'ACCOUCHEMENT OU DE L'AVORTEMENT

Dans un ensemble de terres cuites qu'il dit avoir reçu de Capoue, Luigi Sambon croit reconnaître deux représentations de placentas [39]. Quant aux hémorragies du *post partum*, si elles ne semblent pas avoir été représentées (ni non plus d'ailleurs les autres hémorragies gynécologiques), elles sont symbolisées par un certain type d'amulettes gréco-égyptiennes : le plus souvent en hématite rouge, celles-ci portent l'image d'un utérus en forme de ventouse, accompagnée d'une clef et parfois d'une inscription qui en explicite l'utilité [40].

Deux statuettes de femmes assises semblent bien évoquer un avortement et ses suites. La première, une terre cuite hellénistique, conservée à Athènes *(fig. 252)* [41], représente une jeune femme assise au-dessus d'une sorte de pot, les jambes largement écartées, remontées vers le ventre ; elle est déshabillée mais reste fort élégante avec sa haute coiffure impeccable et son lourd collier torsadé. Les seins petits et haut placés, la taille fine, le regard absorbé dans ses pensées, que fait-elle en pareille position ? Sa main droite posée sur son genou droit semble maintenir l'écartement de

252.
Avortement
ou toilette
gynécologique.
Terre cuite
hellénistique.
*(Musée Benaki,
Athènes)*

253. Avortement ou toilette gynécologique.
Figurine gallo-romaine en bronze.
(Musée Vivant Denon, Châlon-sur-Saône)

la jambe droite ; sa main gauche
approche de l'entrejambe ; de la vulve
semble sortir une grosseur bizarre : un
avortement est-il en cours, chez une
courtisane qui n'aurait pas voulu laisser
se ternir sa beauté ?

La seconde figurine, un petit bronze
conservé à Châlon-sur-Saône, n'a
pas l'élégance de la terre cuite
d'Athènes, mais la situation est
plus explicite *(fig. 253)* [42]. La malheureuse femme aux traits rudes,
aux seins en outres, est assise
sur le bord arrière d'une bassine :
la vulve basculée en avant est
largement et profondément ouverte, la main droite en approche
un objet triangulaire (linge ou
plutôt instrument ?), la gauche
semble soutenir l'abdomen [43].

Les femmes de l'Antiquité se
plaignaient des vergetures que
procure souvent la grossesse. Une
terre cuite smyrniote, vraisemblablement du IIIe s. avant J.-C., montre bien
ces *striae gravidarum* sur un ventre encore
lourd [44]. Les médecins admettaient que c'était là un véritable
préjudice esthétique mais se bornaient à conseiller des
crèmes et autres palliatifs. Ils prenaient plus au sérieux la disparition du lait chez la femme qui allaite.

Une très curieuse terre cuite, qui proviendrait du temple
d'Asclépios à Athènes, représente, allongés sur une couchette,
une femme et un tout petit enfant accroché à son flanc gauche
et tendant les deux bras vers les seins maternels. La femme,
nue, les cheveux ondulés entièrement dénoués, ne regarde pas
le petit, mais d'un œil lointain fixe peut-être la divinité ; sa

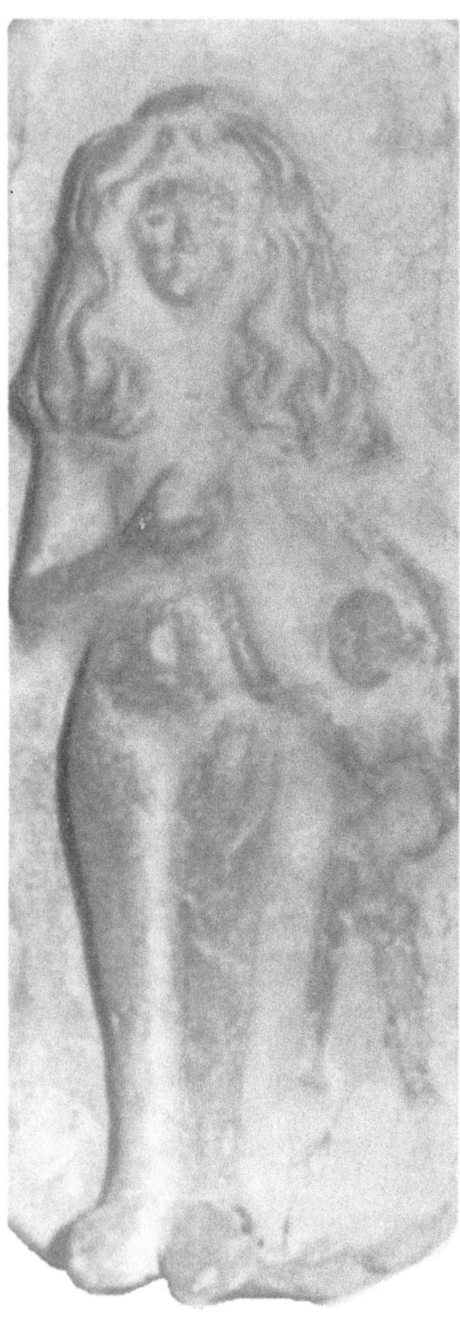

254. Jeune accouchée ayant du mal à allaiter son enfant. Terre cuite du temple d'Asclépios à Athènes. D'après Benedum, 1971.

main droite semble empoigner le sein du même côté, assez lourd. Selon Jost Benedum, il s'agit là de l'offrande d'une jeune accouchée ayant du mal à allaiter son enfant (*fig. 254*)[45]. Un autre enfant, à Smyrne, serait décédé privé du lait maternel: sa stèle funéraire le présente s'agrippant des deux mains à un sein isolé, assez volumineux, rappelant les ex-voto de cet organe; l'inscription précise son nom (Mènogénès) et la date de sa mort en 41 de notre ère[46].

LES AFFECTIONS DES SEINS

Isolés ou par paires, sur une plaque ou autonomes, les seins sont légion parmi les ex-voto offerts à Asclépios-Esculape bien sûr, mais aussi à des divinités féminines, comme des Aphrodite ou des Artémis aux multiples surnoms, Ilythie, et des divinités secondaires, d'importance locale, féminines et même masculines. La dédicante précise parfois qu'elle s'est crue châtiée en eux par un dieu: à Kula, sur une inscription datée du IIe siècle de notre ère, c'est Ammia qui, punie pour une indiscrétion religieuse, fait amende honorable auprès de la Grande Mère[47]. Ailleurs, au IIIe siècle, c'est Alexandra qui adresse une prière à Artémis «pour ses seins»; toutefois, ni l'inscription ni l'image schématique (deux

espèces de boutons de coutu-
rières parfaitement ronds) ne
permettent de deviner ce qui
n'allait pas [48].

La macromastie (dévelop-
pement exagéré des seins chez
la femme) n'est pas inconnue de
l'art antique, mais comment faire
la part de la maladresse artistique,
des goûts, des idées religieuses
et de la pathologie ? Ainsi, par
exemple, sur une peinture murale
du site archéologique minoen dit
« Maison des femmes » de Théra (île
de Santorin), une femme élégante,
parée, fardée et décolletée, exhibe
une gorge généreuse [49]. L'hypertrophie mammaire est très accentuée
aussi sur des statuettes crétoises en
terre cuite [50]. Il faut y voir, au moins
pour cette aire culturelle archaïque,
une marque exagérée de féminité et de
fécondité plutôt qu'un trait racial ou un
fait pathologique [51].

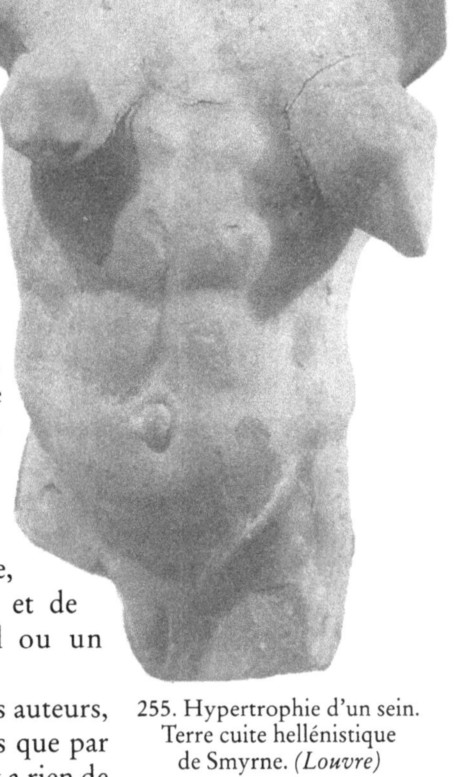

255. Hypertrophie d'un sein.
Terre cuite hellénistique
de Smyrne. *(Louvre)*

Malgré les remarques de quelques auteurs,
guidés par leur sens esthétique plus que par
leurs connaissances médicales, il n'y a rien de
pathologique sur les gros seins, allongés et pendants, de
quelques terres cuites hellénistiques [52]. Particulièrement intéressant est un torse de belle facture, conservé au Louvre : on
y voit deux seins puissants, en forme de poire, surgissant
d'un tronc très musclé, d'allure masculine *(fig. 255)* [53]. Assez
bizarre et déconcertant à première vue, cet ensemble
n'évoque nullement un hermaphrodite (la vulve est bien
modelée), mais fait penser à une lutteuse. Le sein gauche,
nettement plus gros et plus pointu, pourrait suggérer le
diagnostic de tumeur mammaire [54]. Cependant, une simple
asymétrie ne justifie pas, à elle seule, une telle conclusion. On
ne retrouve pas cette anomalie sur une figurine analogue,
conservée en Hongrie [55]. D'une exécution plus sommaire

256. Cancer du sein ou accident de conservation. Ex-voto gallo-romain. *(Musée archéologique, Dijon)*

mais datant de la même époque que la terre cuite du Louvre, elle représente un corps mince et musclé, pourvu de deux seins pédonculés et parfaitement symétriques.

Dans l'iconographie des seins abonde ce que nous appelons la « fausse pathologie », à savoir des diagnostics erronés ou, du moins, insuffisamment étayés. Prenons à titre d'exemple une plaquette métallique, trouvée parmi les ex-voto des Sources de la Seine *(fig. 256)*[56] : l'un des deux seins ciselés est complètement écrasé, ce qui a permis aux docteurs Robert Bernard et Pierre Vassal de diagnostiquer « un cancer rongeant du sein gauche et sans doute ulcéré avec commencement d'atteinte dégénérative du sein opposé[57] ». Toutefois, l'objet peut avoir été endommagé après le dépôt dans le sanctuaire. L'apparente lésion du sein droit nous semble parler en faveur d'un tel accident de conservation. La lecture médicale est encore plus improbable pour la déformation mammaire sur un ex-voto de bois dans le même dépôt[58]. Entrée dans la littérature par l'ouvrage de Giuseppe Penso, l'erreur d'interprétation est manifeste pour deux ex-voto conservés au Musée archéologique de Florence, le premier « avec un renflement au-dessous du mamelon » qui ferait penser au « cancer » et le second « squirreux »[59].

Célèbre est le cas d'un ex-voto en marbre provenant de Chypre sur lequel on a voulu voir un carcinome bourgeonnant ou une actinomycose du sein. Effectivement, si l'on en juge par le dessin de Louis Sambon publié par Alexander Haddow, le diagnostic paraît possible[60]. Cependant, l'examen de l'objet, conservé aujourd'hui à New York[61], montre que la prétendue excroissance pathologique est en fait une grappe de raisin dont la queue manque sur l'image publiée *(fig. 257)*[62]. De même, la divinité qui, sur le fragment d'une plaque de terre cuite hellénistique, semble toucher avec sa main droite un sein gauche apparemment déformé par une tumeur, presse en fait contre sa poitrine un fruit, symbole de fécondité[63]. Dans l'interprétation d'un buste de la collection de Meyer-Steineg, le caractère fragmentaire du spécimen conservé nous expose au même risque de confusion entre une tumeur et un objet tenu devant la poitrine[64].

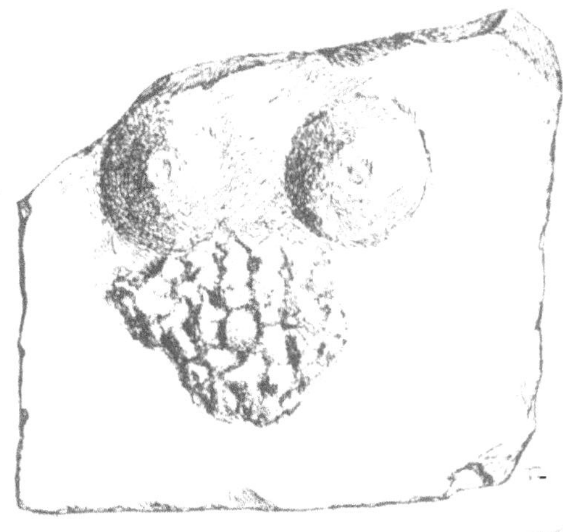

257. Une grappe de raisin pressée contre la poitrine peut être interprétée comme une excroissance pathologique *(Metropolitan Museum, New York).* Photographie et dessin suggestif de Louis Sambon.

Malheureusement, le cas le plus probant par l'aspect de la lésion figurée est douteux par son origine *(fig. 258)*. Theodor Meyer-Steineg aurait acquis à Smyrne une terre cuite représentant une femme nue, au ventre ballonné, dont le sein gauche comporte une ulcération circulaire évoquant une destruction cancéreuse[65]. L'authenticité de l'objet est invérifiable. En effet on ne connaît pas les conditions de sa découverte et on ne dispose aujourd'hui que d'une photographie et d'un moulage en plâtre[66].

Les chirurgiens antiques traitaient parfois le cancer du sein par ablation totale de la glande[67]. Il n'est donc pas impossible qu'une terre cuite de Smyrne, un buste féminin auquel manque incontestablement le sein gauche, rappelle le résultat d'une telle intervention[68]. Bien entendu, ce n'est pas la seule explication possible. Par exemple, les Amazones, dit-on, se brûlaient le sein gauche pour mieux tirer à l'arc.

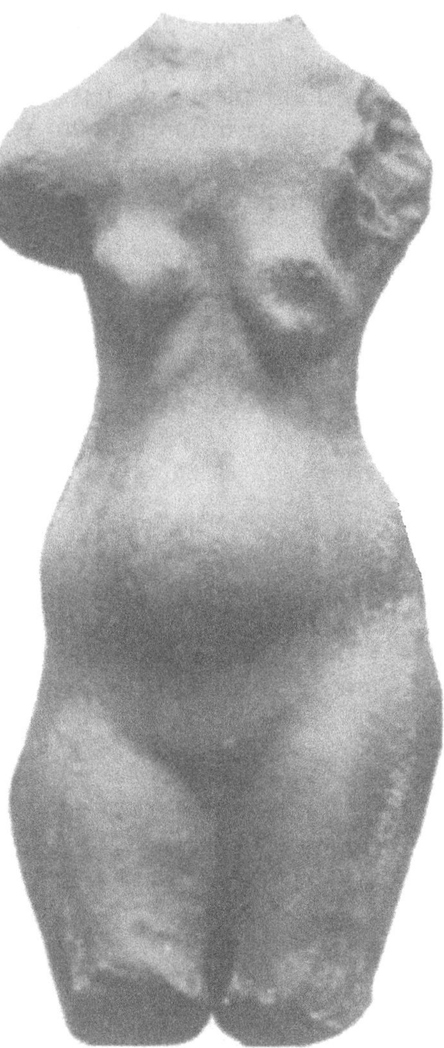

258. Cancer du sein. Terre cuite hellénistique de Smyrne ou peut-être un faux récent. *(Collection Meyer-Steineg)*

Les organes génitaux masculins

Dans l'art grec et romain, les organes génitaux des nus masculins sont exhibés sans fausse honte mais, exception faite pour les images des satyres, les scènes érotiques et quelques caricatures, leur taille est nettement au-dessous de la normale. Le gland n'est jamais découvert et le prépuce se prolonge en petite trompe[69]. Cette hypotrophie et ce phimosis sont l'expression d'un canon esthétique plutôt que le reflet d'une pathologie réelle[70]. Quant à l'asymétrie scrotale, Johann Joachim Winckelmann, le célèbre archéologue homosexuel du XVIIIe siècle, avait remarqué que, sur les statues grecques, le testicule gauche est toujours le plus gros. Ajoutons qu'il est également en règle générale plus bas, ce qui correspond à la disposition constatée effectivement par les anatomistes. Cependant, les artistes d'autrefois se sont trompés à propos de la taille relative des testicules, car paradoxalement, dans la réalité, c'est le plus petit et le plus léger qui descend le plus bas dans le scrotum[71].

Le développement harmonieux des organes sexuels de leurs petits garçons est une préoccupation pour des parents gallo-romains qui offrent parfois de grossières statues de pierre de la taille d'un vrai bébé, des poupons soigneusement emmaillotés avec une sorte de fenêtre ouverte dans les langes pour laisser voir le sexe[72].

Les représentations isolées des organes génitaux masculins sont très fréquentes, notamment sous forme de pendentifs phalliques ou de vases qui portent bonheur et protègent du mauvais œil[73].

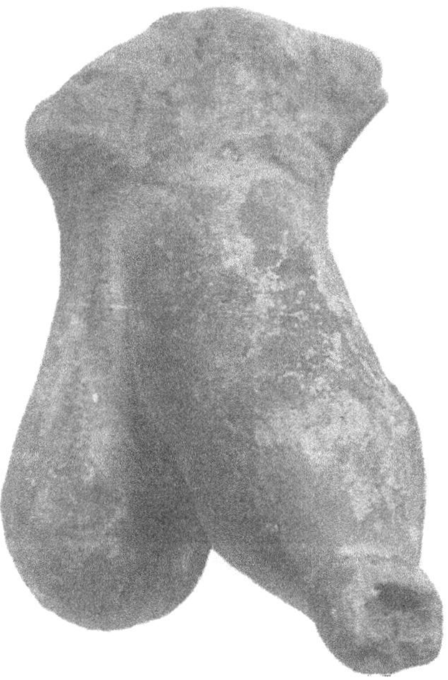

259. Sexe masculin avec phimosis.
(*Musée national romain, Rome*)

Dans ces cas, la verge – véritable *medicus invidiae*[74] – est puissante, souvent avec des ailes, en érection, avec le gland décalotté. On attribuait également une fonction apotropaïque aux images de membre viril qui, en peinture murale ou en mosaïque, ornaient l'entrée des maisons d'époque romaine.

Parmi ces représentations d'organes isolés, les plus intéressantes du point de vue médical sont indubitablement les ex-voto. Là aussi, comme sur les organes *in situ*, le prépuce est souvent allongé *(fig. 259)*[75]. Si de tels pénis avec phimosis se trouvent partout dans l'ancien monde romain, on ne rencontre qu'exceptionnellement des ex-voto avec le gland libre. Les médecins gréco-romains connaissaient l'hypospadie et le paraphimosis, mais aucun des objets archéologiques que nous avons pu examiner ne présente de signe net de tels états.

Sur plus d'une centaine d'organes génitaux masculins trouvés dans un sanctuaire du IIIe-IIe siècle près de Corchiano (province de Viterbe), à peu près 70 % ont un phimosis indubitable, 20 % ont le gland couvert et un prépuce d'apparence normale, tandis que 10 % environ ont le gland décalotté, dans certains cas avec une disparition du prépuce qui semble bien être due à la circoncision[76]. Dans l'Empire romain, la circoncision et d'autres mutilations des organes génitaux furent interdites à partir de la fin du Ier siècle de notre ère[77]. D'après Celse, les médecins romains pratiquaient, *decoris causa*, la restauration du prépuce insuffisant de naissance ou manquant par circoncision chez des individus d'origine non italique[78].

ASPECTS ÉNIGMATIQUES DE LA VERGE

Très étrange est une verge du même dépôt votif de Corchiano, car le gland porte latéralement deux excroissances rondes et est parcouru aussi bien du côté ventral que du côté dorsal par une sorte de longue crête *(fig. 260)*[79]. Cette crête pourrait n'être qu'un défaut dû à la technique du moulage, mais les deux boules sur le gland sont certainement intentionnelles. S'agit-il de condylomes (bien décrits par Celse, mais rarement disposés de manière aussi symétrique) ou de

260. Phallus avec des excroissances.
Ex-voto étrusco-romain.
(Musée archéologique, Cività Castellana)

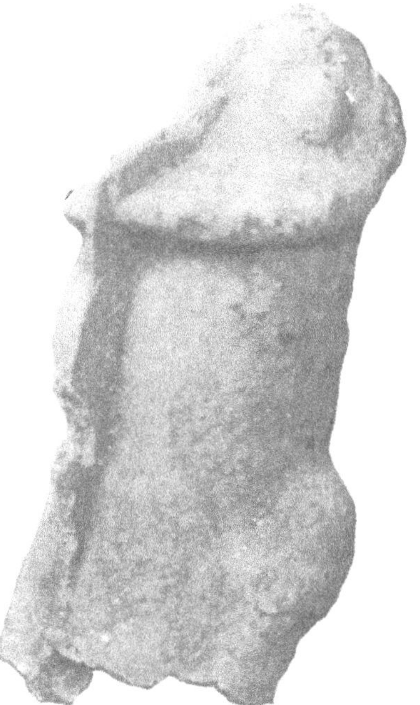

cicatrices provoquées artificiellement, soit pour améliorer les performances sexuelles, soit pour une raison magique ou autre qui nous échappe ? La solution la plus simple consiste à considérer ces ajouts à l'organe masculin en érection comme une décoration en argile qui n'a aucun lien avec la réalité observée sur la chair. Reste toutefois encore un élément surprenant : une petite verge est sculptée sur le flanc de la grande et fait manifestement partie du même organe. Or, on voit une anomalie semblable aussi sur un autre ex-voto : de la racine d'une verge, celle-ci non circoncise mais avec un phimosis incontestable, sort un petit tuyau qui a toutes les apparences d'un pénis accessoire *(fig. 261)* [80]. Dans la littérature médicale moderne, un tel *penis duplex* est signalé comme une malformation innée possible mais extrêmement rare.

Si le dieu Priape passe pour avoir le bonheur d'être toujours prêt à l'exploit, on donne le nom de priapisme à un état pathologique d'érection prolongée et douloureuse.

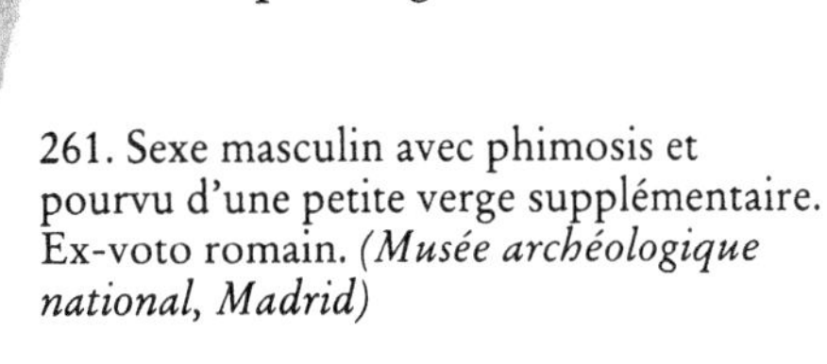

261. Sexe masculin avec phimosis et pourvu d'une petite verge supplémentaire. Ex-voto romain. *(Musée archéologique national, Madrid)*

262.
Grotesque
à la verge
démesurée.
Terre cuite
hellénistique
de Smyrne.
(Louvre)

Seules la durée de l'engorgement et l'état psychique du patient distinguant le priapisme de l'érection physiologique, on peut en soupçonner la présence dans un document iconographique par le contexte de la scène figurée ou par une inscription explicative. Selon Jost Benedum, ce serait en effet le sujet d'un bas-relief du temps d'Hippocrate trouvé à Cos. On y voit, au milieu d'une orgie avec musiciens et femmes en tenue légère, un jeune homme étendu par terre, la verge en érection, tandis qu'un compagnon se prépare à lui faire une saignée dérivative au bras[81]. Cette interprétation est plausible, mais loin d'être prouvée[82]. Il en va de même pour un bas-relief de tuf trouvé dans le camp romain de Vindonissa (Windisch en Suisse) qui représente un membre en érection accompagné d'une inscription maladroitement surajoutée en cursive : *(h)abui tremorem*[83]. Alexander Speidel interprète cette sculpture comme un apotropaion ou plutôt, donnant au mot *tremor* une signification érotique, comme une « plaisanterie grossière »[84]. Mais si l'on considère que ce terme décrit la palpitation de la verge, symptôme majeur du priapisme (mentionné par tous les auteurs antiques), alors il pourrait bien s'agir de l'ex-voto d'un légionnaire atteint de cette affection. L'inscription complète l'image du membre gonflé pour préciser une caractéristique que l'image ne peut pas rendre.

Certains personnages peints ou sculptés sont pourvus d'une verge de dimensions exagérées. Dans la plupart des cas, cette hypertrophie des organes sexuels relève de la plaisante-rie et de la caricature [85], mais parfois quelques autres détails peuvent suggérer une interprétation médicale. Hamonic a choisi une solution de facilité en déclarant à propos d'une statuette de ce genre qu'il s'agit simplement de l'usage combiné du gros ventre, du membre géant et de la calvitie pour produire un effet comique, tourner en ridicule un per-sonnage concret et en tirer une morale [86]. La verge démesurée des nains et des sujets disproportionnés, à l'allure hébétée, est peut-être à mettre en relation avec des tableaux cliniques réellement observés, notamment avec certains troubles du développement liés au dysfonction-nement hormonal. On peut interpréter en ce sens, par exemple, une terre cuite hellénistique de Smyrne *(fig. 262)* [87]. Christos Bartsocas propose le diagnostic de syndrome d'hyperandrogénisme sur-rénal à propos d'une figurine du Musée Benaki qui combine un corps juvénile trapu et musclé avec un pénis géant [88].

Dans la collection du Louvre, plu-sieurs statuettes en argile, provenant toutes de Smyrne, représentent un corps masculin athlétique, bien propor-tionné, avec une tuméfaction de la verge *(fig. 263)* [89]. Si les torses de ces hommes se ressemblent, les déformations des organes génitaux diffèrent : la verge est soit épaissie uniformément dans toute sa longueur soit gonflée davantage dans sa partie distale ; le scrotum est soit nor-mal soit enflé de manière asymétrique [90]. On a proposé le diagnostic vague de « tumeur de la verge » ou celui, plus pré-cis, d'œdème provoqué par la filariose, voire même celui, trop précis, de bala-nite due à l'infection par le gonocoque [91].

263. Tuméfaction de la partie distale de la verge. Terre cuite hellénistique de Smyrne. *(Louvre)*

LES TUMÉFACTIONS DU SCROTUM, LE GLOBE VÉSICAL ET LES HÉMORROÏDES

Lorsque, dans les cas qu'on vient de rappeler, les bourses sont déformées, Félix Regnault espérait pouvoir faire la distinction entre « hydrocèle », « varicocèle chez un enfant », « sarcocèle » et « bubonocèle » ou « oschéocèle » (hernie scrotale) [92]. Si, en fait, ce raffinement du diagnostic n'est pas possible, il y a néanmoins quelques spécimens où le réalisme de l'exécution artistique atteint un tel niveau que s'impose la reconnaissance d'une hydrocèle, c'est-à-dire d'un épanchement séreux dans la tunique vaginale testiculaire. Une toute petite statuette de la série smyrniote conservée au Louvre en offre un exemple extraordinaire aussi bien par la finesse de l'exécution que par la précision de l'observation médicale: l'harmonie d'un beau corps d'athlète est rompue par une tuméfaction énorme du scrotum *(fig. 264)* [93]. La forme régulière de cette tumeur aux téguments tendus, lisses et indemnes ainsi que l'absence d'une lymphadénite inguinale et l'aspect de la verge rendent beaucoup plus probable le diagnostic d'hydrocèle que celui d'éléphantiasis. Il en va de même pour une terre cuite hellénistique d'Alexandrie, un vieillard barbu avec une énorme tuméfaction du scrotum qu'Angélique Panayotatou interprète pourtant comme éléphantiasis[94].

264. Hydrocèle. Terre cuite hellénistique de Smyrne. *(Louvre)*

Il est surprenant qu'un sujet tellement particulier, laid et rebutant ait été traité non seulement par d'habiles coroplastes grecs mais aussi par de rudes tailleurs de pierre gaulois et par des peintres romains pour leur clientèle lubrique. Parmi les scènes érotiques sur les fresques découvertes

265. Hydrocèle. Fresque
romaine. *(Pompéi)*

récemment dans les Thermes suburbains de Pompéi, il y en a une dont on ne comprend pas bien la fonction au milieu des illustrations variées du plaisir charnel : un jeune homme seul, la tête couronnée comme celle d'un poète, lit un *volumen* dont le texte est malheureusement effacé ; il est nu, son corps est bien formé, à part un scrotum géant qui pendouille entre ses jambes écartées *(fig. 265)*[95]. La présence de cette image sur les murs d'un lupanar a-t-elle une signification humoristique qui échappe au spectateur moderne et dont la clé se trouve peut-être dans des plaisanteries populaires ? Les hernies et l'état des organes sexuels sont en effet le thème privilégié du *Philogelos*, recueil de petites histoires qui faisaient rire les Anciens.

Parmi les ex-voto du temple de la forêt d'Halatte, conservés au Musée de Senlis, se trouve un bas-relief en pierre, de facture assez grossière, représentant un homme nu, dont le scrotum atteint la largeur de sa cuisse et s'étire jusqu'aux genoux. La tuméfaction occupe surtout la partie inférieure des bourses et n'englobe pas les testicules qui sont repoussés vers le haut, des deux côtés de la verge. Il pourrait donc s'agir aussi bien d'une hydrocèle que d'une varicocèle, d'une hernie scrotale ou d'un œdème du scrotum.

Plusieurs ex-voto de ce sanctuaire gallo-romain reproduisent, à de petites variations près, le bas du tronc d'un homme, vêtu d'une tunique qu'il tient relevée des deux mains pour exposer ses organes génitaux *(fig. 266)*[96]. La forme et les dimensions de ces organes sont parfois dans les limites

266. Homme relevant sa tunique pour exposer ses organes génitaux malades. Ex-voto gallo-romain. *(Musée d'art, Senlis)*

du normal, mais il y en a aussi avec la verge, le scrotum ou les deux à la fois tuméfiés [97]. On peut rapprocher ces offrandes en pierre des ex-voto en bois du temple gallo-romain des Sources de la Seine, car là aussi le donateur expose ses organes génitaux et pointe même vers eux ses doigts [98].

Le médecin moderne risque de laisser échapper le diagnostic rétrospectif d'un état qui ne lui est pas familier et qui, pourtant, pourrait expliquer la fréquence de ce type d'ex-voto dans le passé : la tuméfaction du scrotum peut être le signe d'une carence alimentaire, notamment du manque de protéines [99].

Parmi les sculptures de la forêt d'Halatte, deux sont particulièrement intéressantes : on y voit, outre un scrotum gonflé, une proéminence globulaire dans la partie médiane du bas-ventre, juste au-dessus du bord de la tunique relevée *(fig. 267)* [100]. On a pensé d'abord à une hernie, mais le siège et la forme de ce globe correspondent parfaitement à ceux d'une vessie distendue. Galien note déjà qu'une tumeur dans cette région « indique clairement que la vessie est remplie et que l'émission de l'urine est supprimée [101] ». Il s'agit donc d'ex-voto offerts à l'occasion d'une affection qui se manifeste par la rétention urinaire, telle que l'adénome de la prostate, la lithiase urinaire ou le rétrécissement de l'urètre.

267. Globe vésical. Ex-voto gallo-romain. *(Musée d'art, Senlis)*

Dans un cas particulier [102], la tuméfaction qui apparaît en arrière entre les cuisses d'une statuette a été interprétée comme un paquet hémorroïdaire [103]. L'hypothèse serait vraisemblable à ne regarder que la face postérieure de l'objet, mais l'examen de la face antérieure, privée d'organes sexuels, prouve que le prétendu prolapsus rectal n'est en fait qu'un scrotum volumineux. Bien entendu, les hémorroïdes étaient connues et traitées au moins depuis Hippocrate et un ex-voto étrusque d'une paire de fesses montre bien l'éversion de la muqueuse anale [104].

L'HERMAPHRODISME ET LES AMBIGUÏTÉS SEXUELLES

Les états intersexuels somatiques mériteraient une étude détaillée et approfondie, mais sortent du cadre de notre livre dans la mesure où les Anciens, qui voyaient en l'hermaphrodite réel un monstre à exclure du reste des humains [105], ne représentaient que sa forme mythologique. Le nom même de cette anomalie, combinant ceux d'Hermès et d'Aphrodite, exprime bien une sorte de contradiction, comme aussi son équivalent, « androgyne », homme-femme. De nombreuses images, peintes et sculptées, souvent particulièrement gracieuses, d'un être dont le corps combine les caractéristiques

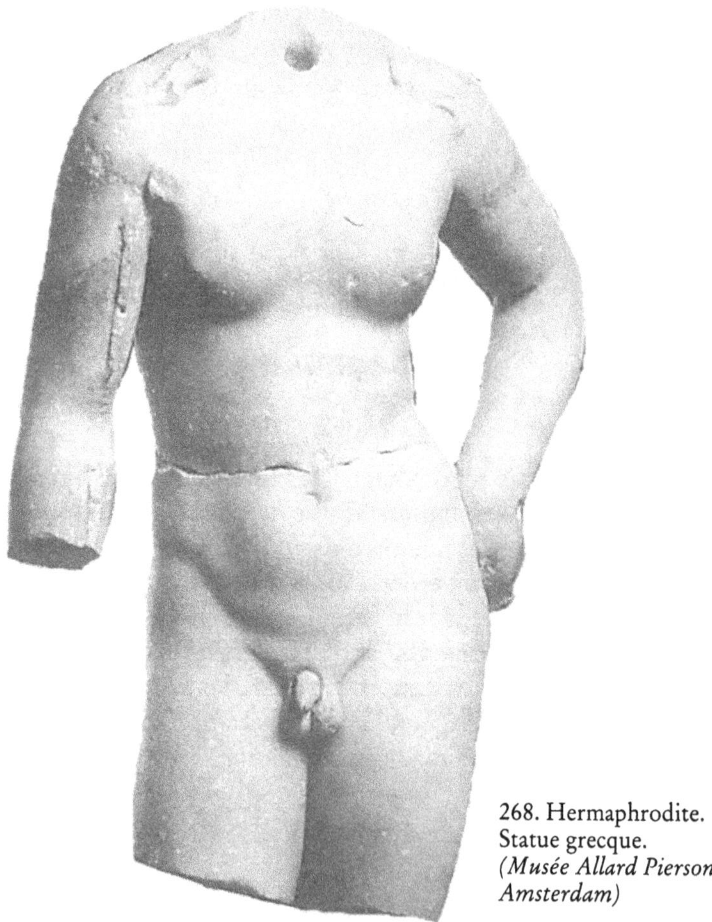

268. Hermaphrodite.
Statue grecque.
(*Musée Allard Pierson,
Amsterdam*)

sexuelles masculines et féminines les plus agréables à regarder [106], sont la création de l'imagination artistique et ne s'inspirent pas de la réalité [107]. Pline signale que Polyclidès est l'auteur d'un Hermaphrodite célèbre [108]. Pour certains historiens de l'art, cette statue serait le prototype des nombreux Hermaphrodites endormis, trop connus pour figurer ici. Plusieurs autres types existent et nous reproduisons, à titre d'exemple, une sculpture grecque en marbre, conservée à Amsterdam *(fig. 268)* [109]. La tête n'est pas conservée, mais quelques boucles sur les épaules montrent que ce personnage portait des cheveux longs ; les seins sont d'une jeune fille à peine pubère ; les organes génitaux mâles sont parfaitement formés. Beaucoup plus rares sont les représentations qui combinent torse viril et vulve. Une statuette archaïque trouvée à Ischia associe à un corps d'homme un sexe féminin dessiné en rouge [110]. Toutefois, en de tels cas, il est difficile de deviner l'intention de l'artiste et de choisir entre l'hermaphrodisme et l'aplasie mammaire chez une femme.

Dans la vie réelle, l'hermaphrodite vit en fille ou en garçon, selon le verdict immédiatement post-natal, l'éducation que lui a donnée sa famille et les avatars de sa biographie. Il pourra changer de sexe, situation qui aurait été dans la mythologie celle de Tirésias à titre provisoire, mais aussi, dans la réalité et à titre définitif, de Callo-Callon à Épidaure et d'Héraïs-Diophante en Arabie : au IIᵉ siècle avant J.-C., ces deux jeunes femmes seraient devenues des mâles après avoir été mariées à un âge très tendre, probablement prépubertaire, et restées dans les liens conjugaux un certain temps ; leur vrai sexe se serait alors révélé lors d'un épisode dramatique, les deux fois avec la persistance de certaines malformations et la nécessité d'une intervention chirurgicale pour les corriger partiellement [111].

La mythologie et la légende connaissent aussi des cas de travestissement à forte implication érotique : nous avons déjà évoqué Dionysos prenant un plaisir étrange à habiller Penthée en femme [112] ; une coupe le montre aussi regardant avec satisfaction une ménade aux seins nus qui danse habillée d'une culotte satyrique pourvue d'un pénis artificiel [113]. Le bouillant Achille, qui sera si prompt à se mettre en colère et deviendra le très tendre ami de Patrocle, n'avait pas rechigné à se déguiser en fille : ainsi accoutré, il serait resté neuf ans parmi les princesses de Skyros. Polygnote l'a peint ainsi sur un tableau aujourd'hui perdu que les anciens Grecs admiraient [114]. On sait comment Ulysse mit fin à cette agréable retraite. Quant à Héraclès, il n'est pas mécontent d'être nu ou vêtu en femme lydienne et assis aux pieds d'Omphale [115] : il apprend à filer, en abandonnant ses attributs, la massue et la peau de lion. Une gemme de l'Ermitage offre un exemple charmant et peu connu de cette scène *(fig. 269)* [116]. Lors de ses démêlés avec le roi égyptien Busiris, ce héros, chez lequel la petitesse du sexe contraste avec la force des muscles, soulève comme une plume un garde oriental au gros pénis circoncis [117].

269. Héraclès aux pieds d'Omphale. Sardoine provenant d'Alexandrie.
(L'Ermitage, Saint-Pétersbourg)

CHAPITRE XIII

Les pièges et les acquis
de l'iconodiagnostic

L'exégèse de la documentation iconographique sur les maladies de l'Antiquité se heurte, certes, à quelques pièges mais elle donne un éclairage nouveau et apporte de précieux renseignements sur l'existence, la fréquence et l'impact psychologique et socio-culturel des maladies.

LES FAUX

Les objets du passé tendent à exercer sur tous une dangereuse séduction : le désir de connaître des faits nouveaux et de posséder personnellement des « antiquités » est bien connu des marchands et tend à susciter en quelque sorte la fabrication de faux conformes au désir exprimé par le client. De tels exemples sont nombreux, quelle que soit la branche du savoir considérée et quel que soit le niveau culturel du commanditaire : chacun connaît les mésaventures du mathématicien Michel Chasles, qui réussit à obtenir des manuscrits, fabriqués à son insu, des plus prestigieux de ses prédécesseurs.

Un cas exemplaire pour notre sujet est celui de l'ophtalmologiste allemand Theodor Meyer-Steineg et de sa collection médico-historique[1]. En 1910, il se rend en Grèce, en Turquie et notamment à Cos, alors turque pour quelques années encore. C'est déjà un historien de la médecine renommé et la partie grecque de sa collection se constitue avec une rapidité étonnante lors de ce voyage unique. En effet, il se montre aimable avec les indigènes ; il les soigne, notamment du trachome alors très répandu. La population reconnaissante lui trouva les objets dont il avait rêvé, sans en révéler pourtant la provenance [2]. Lui-même croyait que les ex-voto qu'on lui avait procurés provenaient en grande partie de l'asclépiéion de Cos. En fait, pour beaucoup de pièces on ne saurait douter aujourd'hui : certaines sont des objets modernes sur la date desquels le médecin s'est trompé, certaines sont des faux véritables avec lesquels on l'a trompé, d'autres des objets retouchés pour mieux lui plaire, quelques-unes authentiques mais difficilement datables [3].

Le sort de la collection pendant et après la Seconde Guerre mondiale reste mystérieux. On a dit qu'elle avait été emportée en Union soviétique. Il semble toutefois qu'elle n'ait pas quitté Iéna ; retrouvée en 1968, elle est aujourd'hui exposée dans la Maison-musée d'Ernst Haeckel [4]. Quoi qu'il en soit exactement, cette période de silence offrit une bonne occasion de faire disparaître des objets douteux, si bien que l'incertitude subsistera définitivement pour certains dont on ne possède que le moulage ou la photo. Aussi avons-nous utilisé avec prudence cette collection qui comporte des pièces uniques.

Parfois l'histoire de la fabrication du faux a pu être reconstituée. C'est le cas de la scène d'accouchement dramatique la plus connue du grand public, un faux si bien entré dans les livres d'histoire de l'obstétrique qu'il nous paraît indispensable de le montrer ici pour mettre en garde contre son exploitation médico-historique abusive *(fig. 270)*. Il s'agit d'un bas-relief de marbre sculpté en 1937, sans doute pour faire plaisir à Silvestro Baglioni, professeur à la Faculté de médecine de Rome. Il s'empressa de le publier pour démontrer que les Romains se servaient déjà du forceps [5]. Ernst Künzl a pu établir que la scène veut représenter la naissance d'Auguste et a été fabriquée à l'occasion de son 2000e anniversaire, célébré avec faste l'an XV de l'ère fasciste [6]. L'un de nous en avait déjà démontré l'invraisemblance technique et psychologique : sonnent faux l'architecture de l'arrière-plan, la ligne du fauteuil d'accouchement, les attitudes des personnages secondaires ; plus faux encore la tenue agressivement

270. Scène d'accouchement. Bas-relief moderne qui se présente comme une œuvre ancienne. *(Collection privée, Rome)*

impudique de l'accouchée, la présence de spectateurs au balcon, dont même une fillette, la participation de deux accoucheurs masculins dont – comble de l'imposture – l'un brandit un instrument obstétrical, le fameux forceps qui ne sera inventé qu'au XVIIe siècle [7].

Le fils de Baglioni dit aujourd'hui s'être débarrassé de cet encombrant tableau à la mort de son père en 1957, ainsi que d'un vase étrusque à vernis noir, « provenant de fouilles de fortune », comportant deux scènes médicales (examen gynécologique et lavement) au contenu anachronique par la forme des instruments utilisés. Le vase en question est sans doute un bucchero authentique, mais le dessin, gravé au trait, est indubitablement moderne [8].

En matière d'obstétrique, signalons aussi un autre objet pour le moins douteux : un relief prétendument grec montrant d'une manière particulièrement réaliste l'apparition de la tête fœtale dans l'ouverture vulvaire. Cet objet, qui appartiendrait à un collectionneur privé suisse, a été en quelque sorte « authentifié » par son entrée dans la fameuse histoire de la médecine d'Henri Sigerist, volume édité après la mort de l'auteur d'après un manuscrit encore au stade de l'ébauche [9].

Il arrive même aux historiens de l'art professionnels du plus haut niveau de tomber dans les pièges tendus par les faussaires. En 1984, le J. Paul Getty Museum faisait publier par le spécialiste de la sculpture grecque archaïque Jirí Frel une plaquette intitulée *Death of a hero*, qui étudiait, par la méthode comparative, un fragment de stèle en marbre de Paros, légèrement éraflé *(fig. 271)* [10]. Entré dans les collec-

271. Un héros panse son ami blessé à la tête. Fragment d'un monument funéraire, aujourd'hui considéré comme un faux.

tions du musée quelques années auparavant, il avait été présenté au public pour la première fois en 1980. Par la comparaison avec une autre stèle funéraire, également fragmentaire, du Musée national d'Athènes (femme caressant la tête de son enfant mort), on considéra qu'il provenait d'Anavysos au sud-est d'Athènes et on le data de 520 avant J.-C. On y voit la tête et une partie du corps de deux jeunes gens, dont l'un blessé à la tête, mourant malgré les soins reçus, et l'autre lui posant un bandage et le soutenant tendrement. On admira le modelé délicat des traits, les sourires suggestifs. On crut même pouvoir reconstituer l'ensemble de la scène : le héros meurt, s'écroulant les genoux ployés, la tête incapable de se redresser ; il est plus grand que son jeune ami, debout bien droit devant lui.

Cet exemple de *kalos thanatos* (belle mort), comme le dit l'auteur de la plaquette [11], aurait dû faire merveille dans notre livre. Mais le travail final de révision et la correspondance systématique avec les musées nous apportèrent une mauvaise surprise. Comme l'écrit le conservateur de Malibu, Karol

Wight, « cet objet n'appartient plus à nos collections ; nos conservateurs et nos collaborateurs scientifiques ont établi qu'il s'agissait d'un faux, et on l'a rendu au marchand auquel on l'avait acheté[12] ».

LES PATHOLOGIES ILLUSOIRES

Il existe des cas où, sur des objets authentiques, on a voulu voir des états pathologiques là où il n'y avait qu'une particularité artistique. C'est ainsi qu'un médecin allemand, Emil Braun, s'était extasié devant un petit Bacchus manchot de la collection Fejervary : « Ce qui rend cette représentation [...] très singulière et inexplicable, c'est l'absence radicale de bras gauche. C'est que là où l'épaule doit s'articuler, l'insertion de l'os cylindriforme qui devrait se détacher de la poitrine, non seulement fait défaut, mais encore ne semble pas admise par la formation de cette partie du corps. [...] L'aspect qui se présente est celui d'une amputation faite avec un rare succès [...] et les lobes de la peau sont réunis, comme on dit, *ad primam intentionem*[13]. » Un antiquaire averti, Adrien de Longpérier, a vertement repris le médecin imprudent qui « ne s'est pas demandé s'il n'avait pas sous les yeux une statuette aujourd'hui défectueuse, jadis entière, mais composée de deux pièces dont l'une est perdue ». Et l'érudit de poursuivre : « Il s'agit d'une statuette dont l'épaule gauche était drapée. [...] En pareil cas, il vaut beaucoup mieux couler la figure en plusieurs pièces[14]. » Ici il y en avait deux, soudées. Or de telles soudures tiennent mal, et c'est ainsi que les musées d'aujourd'hui conservent des statues qui ont perdu leurs bras et des bras qui ont perdu leur corps. S'il y a un diagnostic à porter sur cet objet, il n'est certainement pas médical.

S'il manque quelque chose à ce petit bronze, la grande statue qui va suivre a quelque chose en plus. Un historien de la médecine téméraire aurait pu proclamer que le syndrome de Marfan figurait dans l'iconographie antique des maladies. Cette maladie génétique, caractérisée par une grande taille et une maigreur extrême, semblait un diagnostic tout indiqué pour l'éphèbe de Sélinonte. Découverte en 1882, cette statue fit beaucoup parler d'elle, d'une part parce qu'elle fut volée en 1962 et récupérée en 1970, d'autre part parce que l'élégante minceur que nous lui voyons n'avait pas été prévue par son premier bronzier. Cette œuvre, coulée vers 490-480 avant J.-C., a un tronc particulièrement long. Est-ce un provincialisme maladroit, un anti-classicisme local, un réalisme audacieux ? Toutes les hypothèses furent envisagées par les historiens de l'art, avant que sa récente restauration ait montré une importante erreur initiale dans les proportions, suivie de retouches successives, dont l'ajout d'une bande métallique à la taille, qui lui donnèrent sa curieuse allure gracile [15]. Décidément, l'existence de ce syndrome est encore moins crédible chez l'éphèbe de Sélinonte que chez les dégingandés de Giacometti ou chez le jeune homme étrusque de Volterra, dit « Ombre du soir ».

Dans le chapitre sur les affections liées au sexe, nous avons déjà attiré l'attention sur l'erreur qui consiste à voir un carcinome bourgeonnant ou une actinomycose du sein là où il n'y avait qu'un fragment de grappe de raisin [16]. Le même type d'illusion a fait prendre pour un bubon tuméfié ce qui n'était qu'un morceau de draperie sur la cuisse d'une statue féminine [17].

Parfois la situation n'est pas aussi claire, l'histoire artistique et l'aspect ambigu de l'objet laissant ses chances à une interprétation médicale. Dans la rubrique « Scientific correspondence » d'un récent numéro de *Nature*, Nicola Ragge et Francis Munier ont proposé le diagnostic rétrospectif de neurofibromatose de type 1 à propos d'une statue hellénistique [18]. David Linden a réagi dans la même rubrique en leur reprochant de considérer cet objet comme un modèle pédagogique, alors qu'il s'agirait selon lui d'un ex-voto [19]. À nos yeux, le cas est plus énigmatique encore [20]. Tout d'abord l'origine de cette statuette est hautement suspecte, car elle appartient aux objets disparus de la collection Meyer-Steineg dont il a été question plus haut. Elle n'est connue que par une photo publiée bizarrement non pas dans la monographie de Meyer-Steineg sur ses figurines pathologiques mais dans une histoire générale de la médecine *(fig. 272)* [21]. D'après le catalogue actuel, on ne connaît pas le lieu de sa découverte, on ne sait pas de quel matériau elle est faite, on ignore même ses dimensions [22]. Il s'agirait probablement non pas d'une statue mais d'une statuette de petit format. Nous ne pouvons plus

272. Corps
portant des nodules
disséminés qui suggèrent
le diagnostic de
neurofibromatose.
Terre cuite d'origine
incertaine. *(Collection
Meyer-Steineg)*

contrôler l'authenticité de cet objet, ni examiner l'aspect intégral du corps et les détails concernant les nodules.

En supposant que la statuette en question soit antique (elle serait alors probablement hellénistique), s'agit-il d'un modèle à trois dimensions destiné à l'enseignement, d'un ex-voto ou d'un simple objet décoratif ? Tant la première que la deuxième de ces hypothèses nous semblent également peu fondées. En revanche, des traits pathologiques abondent sur les figurines décoratives, notamment les grotesques. De telles statuettes trompent parfois les médecins à l'affût des preuves iconographiques de la pathologie ancienne. Des nodules semblables sur des fragments du corps ont déjà fait l'objet de diagnostics qui nous paraissent erronés ou du moins hautement suspects. Les nœuds sur le corps sont un moyen

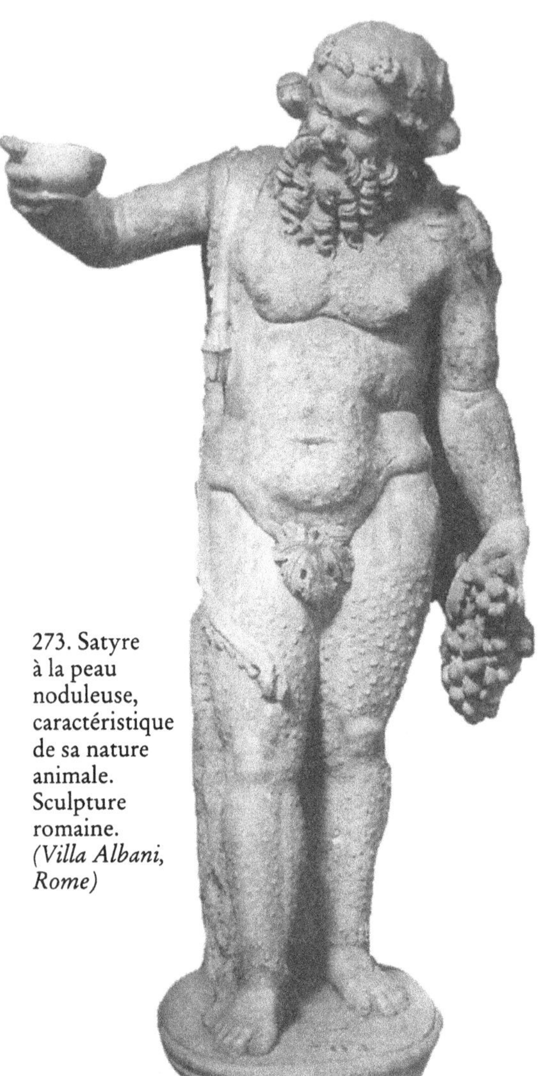

273. Satyre
à la peau
noduleuse,
caractéristique
de sa nature
animale.
Sculpture
romaine.
*(Villa Albani,
Rome)*

artistique de montrer la nature particulière de la peau des satyres, comme le prouve par exemple la statue complète du Silène du Musée Torlonia *(fig. 273)*[23]. Il n'est donc pas impossible que la statuette de la collection Meyer-Steineg représente aussi un être mythologique humanoïde. Une statuette hellénistique du Louvre, avec un tronc tout à fait analogue, porte une queue qui ne saurait être humaine[24]. Même si l'on pouvait balayer toutes ces incertitudes, le diagnostic rétrospectif de neurofibromatose ne resterait qu'une possibilité, étayée certes par des considérations théoriques d'ordre génétique, mais faible néanmoins en l'absence de preuves littéraires ou paléopathologiques.

On a interprété comme « pustules » les nodosités multiples collées sur deux fragments conservés à l'Antiquarium comunale au Capitole[25]. Il semble qu'il s'agisse d'un genou et d'un coude *(fig. 274)*. Ils auraient été découverts par Louis Sambon dans un tas de terres cuites et de fragments de marbres, amassé à proximité du Jardin botanique d'alors, c'est-à-dire sur le site du sanctuaire de Minerva medica. L'inventeur admet bien que le diagnostic d'une maladie de peau déjà difficile sur un sujet vivant l'est encore plus sur une

274. Fragment
de bras portant
des boutons.
*(Antiquarium
comunale, Rome)*

grossière terre cuite, mais il envisage néanmoins le diagnostic de psoriasis ou de syphilomes psoriasiformes. La première proposition est peu conforme à l'aspect réel des lésions psoriasiques, la deuxième est historiquement très improbable. D'autres états pathologiques sont-ils plus vraisemblables ? On a parlé de varicelle [26] et de dermatite allergique [27]. Nous serions tentés de croire que ces fragments n'ont rien de pathologique et appartiennent en fait à une statue de satyre, mais le doute persiste puisqu'ils proviennent du dépôt votif d'un temple guérisseur [28].

Le système pileux sur des têtes incontestablement humaines pose également des problèmes. Deux têtes romaines aux cheveux frisés, conservées à Rome et à Madrid, ont perdu certaines de leurs boucles. Est-ce que, au cours des temps, la tête en tant qu'objet d'art a perdu des éléments (comme le Bacchus évoqué plus haut) ou le fidèle s'adressant à la divinité souffrait-il d'une maladie du cuir chevelu ? Le contexte archéologique de la tête de Madrid n'est pas connu. Celle de Rome provient du même temple que les membres « pustuleux » *(fig. 275)* [29]. Pour cette raison, Sambon pense qu'il s'agit nécessairement d'une maladie du cuir chevelu et propose le diagnostic d'alopecia areata. Il est vrai que des boucles de cheveux manquent par plaques ; la représentation artistique de la pelade n'est donc pas exclue. Carla Martini y voit des cheveux qui repoussent chez un sujet qui les a entièrement perdus [30]. De tout temps les chauves ont rêvé de voir leurs cheveux repousser. Une inscription dans un sanctuaire, également de Minerve, à Travi près de Plaisance, remercie la déesse pour un tel miracle capillaire [31]. Un

275. Face et profil droit d'une tête ayant partiellement perdu ses cheveux.
(Antiquarium comunale, Rome)

examen attentif nous fait penser que, malgré le lieu de la découverte, ce mal est archéologique et non médical. Certaines des boucles, qui sont collées une par une sur le crâne, pourraient être tombées parce que mal fixées. Les parties aujourd'hui glabres sont légèrement surélevées et striées, comme pour faciliter l'encollage. Les petites incisions visibles sur la partie non chevelue ne marqueraient pas l'ébauche d'une repousse des cheveux, mais l'emplacement de chaque boucle disparue[32].

Les pilosités du visage aussi sont souvent d'interprétation difficile. Le Vatican conserve le portrait d'un beau jeune homme dont le bas du visage, gâté des oreilles au menton (les pommettes restant épargnées), semble souffrir d'un mal figuré par une multitude de petits trous[33]. Le siège étant bien celui de la barbe, on peut penser à un sycosis. Mais l'uniformité de cette prétendue lésion nous fait repousser le diagnostic de trichophytie pyogène en faveur d'une représentation maladroite d'une fine barbe normale.

Dans le cas d'un ex-voto du temple d'Asclépios à Corinthe figurant l'occiput, les boucles ont une disposition tellement curieuse qu'on a pensé à un crâne ouvert laissant voir les circonvolutions cérébrales [34].

De même, on s'est peut-être trompé en voulant reconnaître le sycosis sur le visage d'un homme dont le portrait est conservé à Naples *(fig. 276)* [35]. On est allé jusqu'à proposer le diagnostic de variole, à notre avis hautement improbable, et à évoquer la « mentagre » des auteurs anciens. S'il voulait vraiment représenter l'une de ces maladies, le modeleur en a trop fait, non seulement en exagérant le nombre de « pustules » au visage mais encore en formant avec les mêmes pastilles une espèce de décor sur le cou et le tronc du sujet.

276.
Visage couvert de pastilles évoquant la barbe normale ou peut-être un sycosis. Terre cuite romaine. *(Musée archéologique, Naples)*

La surinterprétation

Nous réserverons le terme de surinterprétation aux cas où l'historien en présence d'un objet authentique, fabriqué avec des clins d'œil à la médecine ou découvert dans un contexte médical, y voit plus que permis. Tout au long de ce livre, nous avons donné des exemples d'une telle surinterprétation, notamment dans les travaux de Félix Regnault parmi les auteurs du siècle dernier et dans le livre plus récent de Giuseppe Penso. L'abus peut consister non seulement en un diagnostic différentiel trop poussé mais aussi en des généralisations indues. Même un auteur aussi compétent en matière de paléopathologie que Calvin Wells n'a pas su éviter cet écueil, au moins dans son dernier travail, publié – il est vrai – seulement après sa mort. En commentant la série d'ex-voto médicaux de Ponte di Nona, il remarque que les pieds y sont beaucoup plus nombreux que les mains. Pourquoi ? Sans doute, explique-t-il, dans une population pratiquant l'agriculture les accidents aux mains sont fréquents, mais la main récupère le plus souvent, tandis qu'un pied plat, un hallux valgus ou un ongle incarné de l'orteil ne guérissent pas spontanément[36]. Quant aux têtes offertes en ex-voto, elles pourraient indiquer, selon Wells, des douleurs causées par l'arthrose vertébrale ou même le paludisme, vu que les atteintes cérébrales de cette affection sont terribles et rapidement mortelles. Hypothèse combien arbitraire ! Et, poursuit le même auteur, puisqu'on trouve aussi des demi-faces, c'est que les donateurs souffraient de la moitié de la tête, ce qui suggère le diagnostic de migraine. Quant à la fréquence des yeux en argile, il l'explique encore par la migraine, maladie accompagnée souvent de scotomes scintillants. Il faut distinguer, dit-il, les globes oculaires isolés de ceux qui sont accompagnés des structures annexes. La première série se rapporterait à la myopie, au décollement de la rétine, à la cataracte, à l'opacité cornéenne et peut-être au strabisme, la seconde aux lésions infectieuses intéressant aussi les paupières, notamment la blépharite, le trachome et la conjonctivite chronique. La fréquence relative des deux séries refléterait la fréquence réelle des maladies énumérées. Wells pense que beaucoup des ex-voto de la deuxième série concernent les enfants et il conclut à la présence endémique de la blennorragie, cause commune de cécité. Et de fil en aiguille, il en arrive à déplorer les souffrances des Anciens causées par l'arthrite à gonocoques[37]. Nous avons largement cité ces affirmations, car elles nous semblent paradigmatiques d'un procédé séduisant et dangereux qui confond les catégories logiques : il y a loin du possible au probable. N'oublions jamais que l'impossibilité de sa réfutation n'est pas une preuve de la vérité d'une assertion.

LES MOTS ET LES IMAGES

En proposant et en définissant le néologisme d'*icono-diagnosis*, Anneliese Pontius a insisté sur l'importance de la documentation iconographique pour l'histoire des maladies dans les civilisations sans écriture. Or, tout au long de ce livre, nous avons montré que l'intérêt de ce procédé de recherche historique ne se limite pas aux situations où les témoignages littéraires font défaut. Par la nature même des informations qu'elles contiennent, les images ne disent pas la même chose que les concepts véhiculés par les mots. L'icono-diagnostic, tel que nous le concevons, se justifie par le fait que le message des images complète celui des mots quels que soient le niveau d'évolution culturelle et la sophistication du langage.

Tout en étant sensibles à la beauté d'un bon nombre des œuvres d'art prises en considération, nous n'avons pas dans ce livre cherché à apprécier leur perfection technique ou leur valeur expressive, car notre attention s'est portée essentiellement sur leur contenu. Si l'on met à part les ex-voto qui forment une catégorie d'objets dont nous avons montré les particularités dans le chapitre introductif et les images techniques dont il sera question plus loin, on peut, du point de vue que nous adoptons, distinguer trois sources principales d'inspiration : la mythologie, les événements historiques et les scènes de la vie quotidienne.

Les temples étaient décorés de fresques et de grandes sculptures célébrant les divinités et évoquant les cycles légendaires. Les mêmes thèmes se retrouvent non seulement sur les monuments funéraires et les compositions décoratives qui ornaient les demeures seigneuriales mais aussi sur des objets de taille réduite comme les vases, les figurines en terre cuite et les bijoux. Les sujets mythologiques sont imposés par la tradition orale et par la tradition littéraire, notamment l'épopée et les œuvres dramatiques. Toutefois, les artistes antiques racontent souvent ces anecdotes à leur manière et, pour rendre plus crédibles les événements d'ordre divin ou héroïque, ils introduisent des éléments inspirés par leur expérience personnelle, par leurs propres observations des hommes et des choses qui les entourent. C'est en cela que réside pour nous l'intérêt particulier de cette iconographie. Comme l'a bien constaté Charles Dugas, « il existe une tradition graphique autonome, indépendante de la tradition littéraire. Le plus souvent la tradition graphique est parallèle à la tradition littéraire, elle la double, la complète. [...] En d'autres cas, elle n'est pas seulement indépendante de la tradition littéraire, elle y est opposée, et elle nous donne une variante de la légende incompatible avec la variante conservée par les textes [38] ».

S'il est inévitable que la vie réelle fasse irruption jusque dans la visualisation des sujets légendaires et façonne la manière de voir les corps et les actions des dieux, il faut s'attendre à ce que le vécu de l'artiste soit encore plus présent dans les images des affaires humaines ordinaires. Ainsi les coroplastes, les orfèvres et les peintres de vases nous ont laissé une foule d'objets qui témoignent de la misère corporelle de leurs contemporains. La vue des monstres et des grotesques en image amuse, le mal figuré exorcise, rendant le créateur et le propriétaire plus contents de leur propre sort.

L'ILLUSTRATION DES TRAITÉS MÉDICAUX

Il semble bien qu'aucun texte médical antérieur à la période alexandrine n'ait comporté d'illustrations. Non seulement aucune image destinée à aider l'enseignement de l'art médical aux siècles de l'essor de cette discipline en Grèce n'est parvenue jusqu'aux temps modernes, mais même les sources indirectes sont muettes à ce sujet. On mentionne seulement des *schemata*, des dessins, dont Aristote et ses successeurs se seraient servi en enseignant l'histoire naturelle au Lycée. Nous ne connaissons aucune allusion de cette sorte à propos de l'enseignement de la médecine à l'époque classique. Il est étonnant que les historiens de la médecine n'aient pas mis à profit l'absence d'images à l'usage des médecins pour mieux comprendre les méthodes de transmission du savoir au moment de la naissance de la médecine scientifique en Grèce.

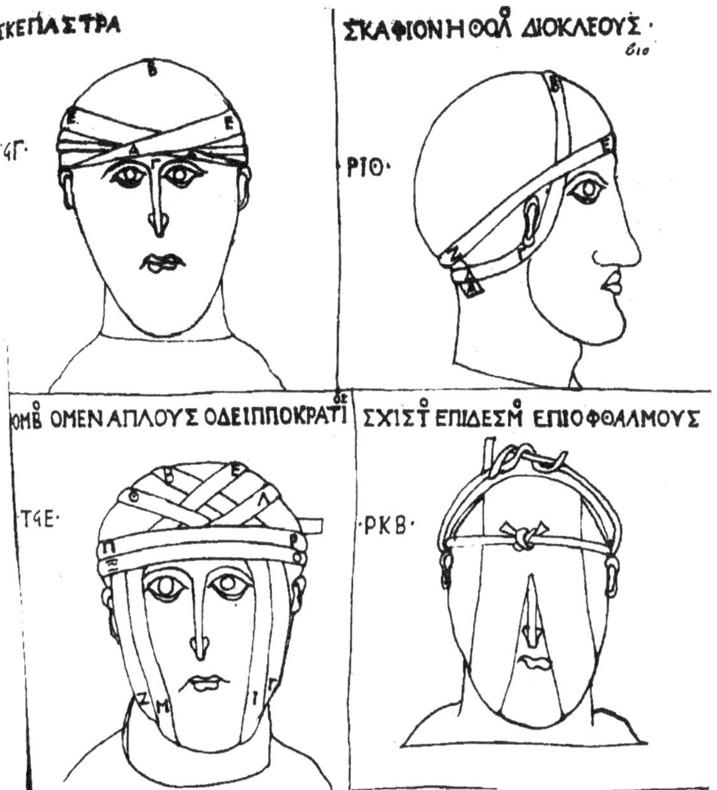

277. Comment bander les blessures de la tête. Illustrations d'un traité d'Oribase. *(Bibliothèque nationale, Paris)*

C'est seulement après l'essor de la mécanique et des recherches anatomiques à l'époque alexandrine qu'on ajoute des illustrations à certains textes d'intérêt médical. Ainsi Apollonios de Cition a préparé une version abrégée et illustrée du traité hippocratique *Des articulations* en adaptant le texte ancien aux images ajoutées dans un but didactique clairement annoncé[39]. Tardives sont aussi les autres illustrations de l'Antiquité concernant l'art médical, notamment les figures qui ornaient la *Thériaque* de Nicandre et les ouvrages pharmacologiques de Cratevas, d'Apulée, de Dioscoride et d'Antonius Musa[40].

L'origine de la série de cinq schémas anatomiques reproduits dans plusieurs manuscrits médiévaux remonte probablement à la période alexandrine. Dans cette imagerie technique, la représentation des états pathologiques est rare. Tous les exemples connus concernent la chirurgie ou la gynécologie. Aux illustrations déjà mentionnées des procédés hippocratiques de réduction des luxations, on peut ajouter la présentation schématique des positions intra-utérines du fœtus selon Soranos et les dessins dans les traités de ce même auteur et d'Oribase sur les bandages *(fig. 277)*[41]. Énigmatiques sont les trois scènes chirurgicales montrant le traitement des hémorroïdes, des polypes du nez et des taies blanches de la cornée[42]. C'est l'avatar médiéval d'une iconographie technique remontant à la période hellénistique d'Alexandrie et illustrant un texte antique aujourd'hui perdu ou du moins non identifiable.

Il résulte de ce survol de l'iconographie médicale technique qu'elle apporte bien peu à notre connaissance des maladies d'autrefois. La série des terres cuites hellénistiques de Smyrne qui reproduisent avec un réalisme étonnant plusieurs états pathologiques fait-elle exception ? On a pensé qu'il pourrait s'agir de matériaux didactiques, de figurines montrant une pathologie typique à l'intention des disciples d'une école de médecine[43]. Or, cette supposition s'accorde mal avec la taille réduite de ces objets (ils n'ont que quelques centimètres de hauteur), n'explique pas leur présence au milieu de figurines de facture semblable sans aucun signe de pathologie et, surtout, contredit les témoignages littéraires sur les modes d'enseignement de la médecine.

LA CONTRIBUTION DE L'ICONODIAGNOSTIC À L'ÉTUDE DE LA PATHOCÉNOSE

Bien que cela puisse paraître paradoxal, la variété, la spécificité et la précision morphologique des états pathologiques figurés sur certaines statuettes hellénistiques prouvent qu'elles n'étaient faites ni par ni pour les médecins. À côté des états connus depuis les débuts de la médecine occidentale, tels que l'hydropisie, l'hydrocèle, le torticolis et la paralysie faciale, le spécialiste moderne peut reconnaître sur ces objets des états morbides dont les médecins antiques ne pouvaient même pas soupçonner l'existence.

Le diagnostic rétrospectif moderne s'appuie sur une vérité morphologique perçue et représentée par l'artiste sans être conditionnée, transformée ou normalisée par un savoir médical formalisé. D'une importance capitale nous paraît précisément la visualisation des états pathologiques dans un contexte naïf.

Depuis l'Antiquité, la notion de maladie a fondamentalement changé et est passée d'un syndrome clinique à une lésion définie par sa morphologie anatomique et par sa cause externe [44]. Il faut bien comprendre que les maladies au sens actuel de modèle médical n'existent pas. Les espèces morbides et leur nomenclature sont une création de l'esprit humain modifiée au cours des siècles pour mieux saisir, plus encore que pour les combattre, des causes pathogènes multiples, des lésions et des symptômes qui, eux, sont une dure réalité. Un diagnostic rétrospectif des maladies dont souffraient les personnages représentés dans les œuvres d'art est relativement facile si l'on reste dans le cadre d'une nosologie symptomatique, essentiellement descriptive, mais pose de gros problèmes lorsqu'on veut arriver à le concevoir et à l'exprimer dans les termes d'une nosologie anatomopathologique et étiologique moderne. Et pourtant, le but de ce que nous avons appelé iconodiagnostic est précisément cette interprétation moderne des états morbides dont les Anciens avaient observé et fixé par l'image les caractéristiques morphologiques externes. Il interprète les symptômes apparents à la lumière de ce que nous savons des processus biologiques et des conditions écologiques.

En scrutant les œuvres d'art, nous avons souvent admiré la précision des observations de l'artiste antique. Ainsi, par exemple, dans le cas du Niobide de Florence, le sculpteur a rendu de manière tellement réaliste la position du corps du blessé que le médecin moderne ne peut douter du diagnostic rétrospectif de pneumothorax traumatique ouvert, état qui n'était pas encore reconnu par les médecins [45].

De même, dans les cas de nanisme et de déformation de la colonne vertébrale, la richesse et la précision des détails permettent un diagnostic différentiel qui dépasse de loin les connaissances médicales de l'époque de la réalisation de ces images. Certaines particularités ne peuvent être vraiment appréciées à leur juste valeur qu'à la lumière de découvertes médicales relativement récentes. Par le défilé de personnages disgracieux mais rarement repoussants, nous avons montré de quelle manière l'iconographie peut compléter les sources écrites et à quel point s'éclairent mutuellement l'archéologie, l'histoire de l'art, l'histoire des mentalités et la médecine.

L'appréciation des symptômes à la limite du pathologique doit tenir compte du cadre social. L'obésité est à ce propos un cas paradigmatique. Sur les vases peints de l'époque classique, on ne la voit que chez des lutteurs : elle y représente la force brutale et s'oppose à la grâce des autres protagonistes. La surcharge graisseuse apparaît clairement aussi comme un trait humoristique prêté à leurs personnages par les auteurs de la nouvelle comédie. Discrète en peinture (par exemple sur les vases italiotes), elle se fait caricaturale en coroplastie. C'est sur les figurines en terre cuite de l'époque hellénistique que l'obésité devient non seulement plus fréquente, mais aussi et surtout morphologiquement plus variée. Les artistes de cette époque ont su observer et rendre dans l'argile certains traits d'états pathologiques dans lesquels l'obésité résulte de troubles endocriniens ou de défauts génétiques. Cette fréquence et cette variété des obèses dans l'iconographie hellénistique confirment bien ce que les sources littéraires et même l'analyse des squelettes nous rapportent sur le déclin général, à partir du Ve siècle avant J.-C., de l'état de santé dans le monde gréco-romain.

Les états pathologiques présents dans une population forment un ensemble que nous avons appelé pathocénose [46]. L'existence et la fréquence de chaque maladie à un moment donné dépendent, en plus de divers facteurs endogènes et exogènes, de la fréquence de toutes les autres maladies qui sévissent dans cette population. La répartition globale des morbidités particulières tend vers un état d'équilibre qui peut être exprimé par des expressions mathématiques. Une caractéristique importante de la pathocénose est l'existence, dans toutes les populations étudiées, d'un petit nombre de maladies très fréquentes – qui méritent le qualificatif de dominantes – et d'un nombre assez élevé de maladies très rares.

Vu la diversité du cadre géographique, les mouvements des populations et une durée de plusieurs siècles, on ne peut évidemment pas parler d'une pathocénose unique du monde antique. Nos connaissances sur ces pathocénoses des sociétés méditerranéennes, fondées sur l'interprétation moderne des sources littéraires et des restes des corps humains, sont évidemment d'une importance capitale pour asseoir l'iconodiagnostic, mais il n'en est pas moins vrai que ce dernier apporte de son côté des informations permettant d'affiner notre savoir sur les anciens ensembles d'états pathologiques. Cela suppose cependant une analyse minutieuse et réfléchie, car la pathologie iconographique est un reflet déformé de la pathocénose.

En fait, l'iconodiagnostic nous apporte trois sortes de renseignements sur la situation historique d'un état pathologique déterminé : son absence, sa présence et sa fréquence.

L'absence des représentations iconographiques d'un état pathologique n'est qu'une indication assez incertaine de sa rareté ou même de son absence réelle dans une population à un moment historique donné. Une importante distorsion du reflet de la pathocénose provient de l'impossibilité d'une présentation iconographique de certains symptômes qui n'affectent pas la forme du corps ou qui sont purement fonctionnels [47]. La fièvre en est un bon exemple. C'est ainsi qu'une maladie autrefois dominante en Grèce et en Italie, le paludisme, n'a laissé que peu de traces dans les œuvres d'art. Les inscriptions parlent de la fièvre, on la craint et on l'implore comme un être divinisé, de même qu'on bâtit des sanctuaires particuliers pour révérer la personnification divine des exhalaisons méphitiques, mais on reste incapable de leur donner une image évoquant la réalité médicale [48].

Si les médecins ont bien remarqué l'existence de la splénomégalie, pour nous signe majeur du paludisme endémique, l'imagination populaire n'a pas attribué une importance particulière à la rate. L'image du médecin Jason palpant l'abdomen d'un petit malade se rapporte peut-être à ce signe [49]. Toujours est-il que les artistes ne se sont pas intéressés à l'état de l'hypocondre gauche et que les ex-voto en forme de rate sont rarissimes. En fait, nous n'en connaissons aucun, mais une inscription du IVe siècle, trouvée à Rome et rédigée en grec, rappelle qu'un certain Néocharès Julianos a été guéri par Esculape d'une tuméfaction de la rate et lui offre en signe de remerciement un modèle d'argent de ce viscère [50].

Les œuvres d'art nous livrent néanmoins un indice inespéré de l'importance des formes malignes du paludisme. Grâce à des connaissances récentes sur les relations entre le paludisme endémique et les anémies héréditaires, on sait maintenant que les têtes porteuses des stigmates de thalassémie trouvées à Smyrne et ailleurs confirment ce que disent les sources littéraires sur les méfaits de la fièvre tierce maligne (paludisme du type falciparum) dans le monde gréco-romain à l'époque hellénistique [51].

S'il est souvent difficile de comprendre ce que signifie réellement l'absence des signes d'un état pathologique dans la documentation iconographique, leur présence prouve en revanche l'existence d'une maladie déterminée au moment de sa représentation. C'est une donnée précieuse pour les cas où nous ne disposons pas d'autres témoignages et, en particulier, lorsqu'il s'agit de maladies non encore reconnues par les médecins de l'époque. D'extraordinaires intuitions artistiques ont permis la création de quelques tableaux cliniques pathognomoniques : thalassémie, syndrome de Down, rhinosclérome, syndrome de Klippel-Feil, rétinoblastome, maladie de Cushing, dysplasie spondylo-épiphysaire de Maroteaux et Lamy, torticolis d'origine oculaire, trichoépithéliome, etc.

L'iconodiagnostic peut apporter des preuves indubitables de l'existence d'une maladie dans une pathocénose historique, mais il ne permet que des assertions hypothétiques sur sa fréquence. La représentation des maladies dans les œuvres d'art reflète leur perception par une société beaucoup plus que leur fréquence réelle : on fait des efforts pour rendre son corps plus beau selon les critères esthétiques de son époque et l'on est en même temps fasciné par certains défauts corporels, congénitaux ou acquis, qui provoquent le rire, la gêne, voire les deux à la fois. Ce rire devant le corps d'autrui est un moyen de défense contre des peurs et des identifications subconscientes. La légende de Thersite montre bien l'enracinement de l'idée que la laideur physique révèle la laideur de l'âme.

Si donc, dans la pathologie qui fascine les artistes, se rencontrent peu de fiévreux, il s'y trouve certainement trop de nains et de bossus. Dans ces cas, tout comme dans celui des ex-voto anatomiques, il faut se garder de tirer des conclusions hâtives sur la fréquence réelle des affections en question. Notre livre n'apporte pas des tableaux fidèles des pathocénoses du monde antique, mais reflète, à travers un panorama à la fois incomplet et exagéré, ses souffrances, ses dégoûts, ses craintes et ses espérances.

278. La déesse qui protège des maladies.
Monnaie romaine.
(Cabinet des médailles, Lausanne)

Notes

La belle maladie

1. Nous n'avons tenu compte qu'exceptionnellement des scènes de guérison miraculeuse de l'Antiquité tardive chrétienne, car la maladie y apparaît de manière stéréotypée « selon la perception qu'on en veut donner pour conduire à la foi » (LANÇON, 1996, p. 10).

2 . Du nom du peintre Paul Milliet qui l'avait voulu et financé dès 1906 auprès de l'Association pour la défense des études grecques. Cf. ROUVERET, 1985.

3. Un livre récent (KURTZ, 1983) a été consacré à ces efforts du spécialiste anglais, avec une analyse particulièrement pertinente de trois « écorchés » (le satyre de l'amphore de Berlin et deux Héraclès, l'un sur l'amphore panathénaïque de Wurtzbourg et l'autre sur une hydrie de la collection Lagunillas), décrits dans BEAZLEY, 1963, p. 197, n° 1 et n° 8, et p. 209, n° 168.

4. MÉTRAUX, 1995.

5. Sur la nudité comme une sorte de costume, cf. BONFANTE, 1989, et McDONNEL, 1991.

6. Cette explication est déjà avancée par WUNDERLICH, 1944.

7. CLEMENTELLI et JALONGO, 1967 ; NAKAMURA et DELMAS, 1970 (avec des évaluations chiffrées des proportions corporelles) ; STEWART, 1978 ; MICHLER, 1985 ; PIGEAUD, 1995.

8. « L'art peint Héraclès vivant et chaud... » (PHILOSTRATE, *Images*, II, 22, 2).

9. « Naucère a fait un lutteur haletant » (PLINE, XXXIV, 80).

10. « Atlas est représenté [sur un tableau] comme épuisé, si l'on en juge à la sueur qui coule de lui, et si l'on s'en rapporte à son bras tremblant » (PHILOSTRATE, *Images*, II, 20, 2).

11. Dans le fameux groupe de la villa de Tibère (Sperlonga, *Museo archeologico nazionale*), Ménélas porte le cadavre de Patrocle, du nez duquel s'écoule encore un filet de sang. Pour de nombreux autres exemples, voir chap. 3.

12. Crésilas de Crète a représenté « un blessé à l'instant de la mort d'une façon telle qu'on puisse comprendre ce qu'il lui reste du souffle de la vie (*anima*) » (PLINE, XXXIV, 74).

13. *Poétique*, 1448 b, 10-12.

14. *Rhétorique*, 1371 b, 6-10.

15. *République*, 605 a-d.

16. Nous retrouverons ce personnage, véritable singe humain, dans le chap. 8, p. 210.

17. Voir chap. 5. Le tableau de Timomachos de Byzance fut acheté par César qui l'exposa dans son temple dynastique.

18. Pour la folie réelle d'Oreste et celle que simule Ulysse, voir chap. 5.

19. Aristophon est le frère de Polygnote. Pour l'histoire de Philoctète, voir chap. 4.

20. Sculpteur athénien de la seconde moitié du IVe siècle av. J.-C.

21. PLUTARQUE, *Comment lire les poètes*, 17f-18d.

22. *Anthologie grecque, Anthologie palatine XI, Épigrammes satiriques*, n° 412 (éd. R. AUBRETON, t. X, Paris, 1972).

23. *Anthologie grecque, Anthologie de Planude*, n° 57 (éd. R. AUBRETON et F. BUFFIÈRE, t. XIII, Paris, 1980).

24. *Ibid.*, n° 60.

25. LECHAT, 1922, p. 121.

26. Voir chap. 4, p. 111.

27. HERTL, 1969.

28. BAGGIERI et VELOCCIA, 1996, p. 36, fig. 1.

29. *Louvre*, D 206, terre cuite de Béotie.

30. PLUTARQUE, *Propos de table*, V, 1, 674a. Pour un « truc » analogue rendant le rouge de la honte, voir chap. 5, p. 123.

31. SÉNÈQUE (le rhéteur), *Controverses*, X, 5. Pour Prométhée, voir chap. 3, p. 91.

32. Voir chap. 4, p. 104.

33. CELSE, *De la médecine*, Préface, 40-44.

34. PLINE, XXXIV, 38.

35. PLINE, XXXV, 153.

36. PLINE, XXXV, 4.

37. Voir chap. 9, pp. 231-232.

38. Les meilleurs spécialistes ne croient plus à cette filiation artistique ; cf. BIANCHI-BANDINELLI, 1965 ; BRECKENRIDGE, 1968 ; BAZANT, 1991.

39. CICÉRON, *De la nature des dieux*, I, 28.

40. Comme par exemple sur le visage de Jucundus ; voir chap. 2, pp. 55-56.

41. C'est pourquoi certains attribuent à Pythagoras les fameux bronzes de Riace où ces détails sont merveilleusement rendus.

42. PLINE, XXXIV, 59 (pour les deux citations).

43. Voir chap. 3.

44. Lucien, *Le Coq (Alectryon)*, éd. A. M. Harmon, Londres, 1915, II, p. 222.

45. Boèce, *Consolations*, III, 8.

46. Toschi, 1970.

47. Marie, 1904 ; Capparoni, 1927 ; Vertet, 1962 ; Laurencin-Nicolas, 1984.

48. Pazzini, 1935.

49. Meyer-Steineg, 1912 ; Frohmann, 1956 ; Van Straten, 1981.

50. Rouse, 1902 ; Daufresne 1909 ; Hovorka, 1914 ; Edelstein, 1945 ; Semeria, 1980 ; Van Straten, 1992 ; Forsén, 1996.

51. Athènes, *Musée archéologique national*, Inv. 1393. Cf. *Efimeris archaiologiki*, 1890, p. 131, et Reinach S., 1899, I, p. 515. Autre exemple athénien, la plaque votive en marbre du Musée de l'Acropole (Inv. 7232).

52. Baggieri et Veloccia, 1996, p. 10, fig. A.

53. Tite Live, XLV, 28.

54. Newton et Pullan, 1862-1863.

55. Forsén, 1996.

56. Forsén recense ainsi Athènes (Asclépiéion, 49 pièces ; Amynéion, 4 ; temples du Héros médecin, 1 ; d'Éros et d'Aphrodite, 2 ; d'Artémis « très belle et très bonne », 3 ; d'Artémis « Konainis », 1 ; d'Héraclès Pancratès, 2 ; de Zeus Hypsistos, 23 et un temple indéterminé situé à Athènes ou en Attique, 13), Le Pirée (Asclépiéion, 2), Daphni (temple d'Aphrodite, 9), Éleusis (Asclépiéion, 1), Épidaure (Asclépiéion, 2), Sparte (temple d'Artémis « Kyparissa », 16), Messénè (4), Kalamata (1), Démétrias (temple d'Aphrodite « Néléia », 1), Phères (temple d'Artémis « Ennodia », 1), Védélos (1), Ilion (1), Mytilène de Lesbos (temple d'Athéna, 1), Pergame (2), Smyrne (3), Samos (temple d'Aphrodite, 1), Cos (Asclépiéion, 3), Rhodes (1), Délos (Asclépiéion, 1) ; Paros (Asclépiéion, 3 ; temple des Nymphes, 1 ; celui d'Ilithye, 7 ; plaques d'origine inconnue, 4), Mélos (Asclépiéion, 2), et enfin en Crète (temple d'Artémis à Éleutherna, 1, et un ex-voto d'origine inconnue).

57. Rouse, 1902.

58. Le Pirée, *Musée archéologique*, MP 405.

59. Sambon, 1895 ; Stieda, 1899 et 1901 ; Aschoff, 1903 ; Alexander, 1905 ; Rouquette, 1912.

60. Avec quelques autres ouvrages parus chez d'autres éditeurs sont ainsi passés en revue la Capoue préromaine (Garofano-Venosta, 1967) ; Campetti à Véies (Vagnetti, 1971 ; Comella et Stefani, 1990) ; Lavinium (Fenelli, 1975) ; l'Étrurie en général (Bonghi Jovino, 1976) ; Gravisca (Comella, 1978) ; le temple dit de Minerva medica à Rome (Gatti Lo Guzzo, 1978, et Martini, 1990) ; le Tibre (Pensabene *et al.*, 1980) ; l'Ara della Regina (Comella, 1982) ; Faléries (Comella, 1986) ; Frégelles (Coarelli, 1986) ; Ponte di Nona (Potter, 1985, avec en appendice Wells, 1985) ; le Belvédère à Lucera (D'Ercole, 1990), Vulci (Pautasso, 1994) et Tessennano (Costantini, 1995). On a décrit aussi certaines collections sorties d'Italie, notamment celle de la Vignaccia (Cerveteri),

conservée au *Lowie Museum of Anthropology* à Berkeley (NAGY, 1988).

61. MAULE et SMITH, 1959 ; TABANELLI, 1960 et 1962 ; BAGGIERI, 1998.

62. CAZANOVE, 1991, pp. 207-208.

63. COMELLA, 1982-1983.

64. Sur le Tibre guérisseur, voir BESNIER, 1902, et LE GALL, 1953, 1986 et 1988.

65. *British Museum*, Q 1974. Cf. BAILEY, 1974, n° 1974, et JACKSON, 1988, p. 151, fig. 40.

66. Ces ex-voto sont conservés au Musée de Dijon. Cf. DEYTS, 1965, 1970, 1983, 1985, 1988, et DEYTS et MARTIN, 1966. Pour l'interprétation médicale, voir BERNARD et VASSAL, 1958 ; LEBEL, 1962, et VASSAL, 1966.

67. Clermont-Ferrand, *Musée Bargoin*. Cf. VATIN, 1969 et 1972 ; DUMONTET et ROMEUF, 1980 ; ROMEUF, 1986.

68. MITARD, 1993.

69. BOURGEOIS, 1991, et SCHEID, 1992.

70. JACKSON, 1988, p. 165, fig. 44.

71. CUNLIFFE, 1988.

72. JACKSON, 1990.

73. *Collection privée* ; cf. JACKSON, 1990, p. 12, fig. 6 ; BARATTE, 1992, et KRUG, 1993, p. 181, fig. 83.

74. Pour les sources chrétiennes relatives à ces régions, cf. LANÇON 1991 et 1996. Pour l'Orient, citons par exemple, en Israël – dans une basilique à laquelle l'impératrice Eudoxie avait fait don d'un pied de saint Étienne comme relique – une sorte d'ex-voto pour la guérison de son pied.

75. UHLENBROCK, 1990.

76. RICHER, 1926, p. 338.

77. LAUMONNIER, 1946.

78. Voir chap. 13, p. 352.

79. REGNAULT, 1908 (b).

80. Voir chap. 6, pp. 159-160.

81. Cf. CLARKE, 1998.

82. SCHATZ, 1901.

83. HOLLÄNDER, 1912.

84. MEYER-STEINEG et SUDHOFF, 1921. Voir chap. 13, pp. 337-338.

85. REGNAULT, 1899 et 1907 (a).

86. Nous avons tenté d'en établir une bibliographie complète ; voir pp. 461-462.

87. RICHER, 1926.

88. Pour la santé des athlètes et son expression artistique, cf. MÉTRAUX, 1995, pp. 9-13.

89. RICHER, 1926, p. 306.

90. Voir la liste bibliographique, pp. 454-455 et 462.

91. PONTIUS, 1983.

CHAPITRE II

Portraits de personnalités

1. Pour l'art grec, cf. ZINSERLING, 1967 ; RICHTER, 1959 et 1965, et SMITH, 1991 ; pour l'art romain, cf. CURTIUS, 1931 ; TOYNBEE, 1978, et LAHUSEN, 1985. Le vérisme des portraits des ancêtres exposés dans les maisons des aristocrates romains est bien souligné par LEIGH, 1995, pp. 207-208.

2. Pour la cécité d'Homère, innée, acquise ou allégorique, ainsi que sur le prétendu daltonisme des poètes grecs archaïques, cf. GRMEK, 1983 (réimpr. 1994), pp. 47-50.

3. PASQUALI, 1940 ; SMITH, 1991, et ZANKER, 1995.

4. MAGNUS, 1896 ; RICHER, 1902, p. 253, fig. 167 : BOEHRINGER, 1939 ; LAURENZI, 1941, pp. 87-88, 115-116 et 136-137, fig. 6, 7, 64 et 113 ; RICHTER, 1965, vol. I, pp. 45-56, et BINARD *et al.*, 1992, pp. 37-39.

5. Pour l'expression particulière d'un visage d'aveugle, même si les yeux sont bien sculptés ou peints, cf. ESSER, 1933, et 1961, pp. 74-79.

6. *Anthologie grecque, Anthologie palatine,* II. *Description de Christodoros,* v. 331-336 (éd. P. WALTZ, t. I, Paris, 1928).

7. Naples, *Museo archeologico nazionale,* Inv. 6023.

8. ÉLIEN, *Histoire variée,* XIII, 22 ; cf. REINACH A., 1985, n° 537.

9. Pour la représentation de ce poète sous l'apparence d'un vieillard voûté (statue malheureusement sans tête), voir HEIDENREICH, 1972, pp. 570-583.

10. LAURENZI, 1941, pp. 87-88, fig. 6 et 7.

11. MEIGE, 1897 (b), p. 105.

12. *Vita Aesopi,* 4.

13. Rome, *Villa Albani,* Inv. 964.

14. CHARCOT et DECHAMBRE, 1857, p. 25 ; CHARCOT et RICHER, 1889, p. 28 ; MEIGE, 1897 (b), pp. 105-110 ; RICHER, 1902, pp. 189-192 ; HOLLÄNDER, 1912, pp. 316-319 ; GALEONE, 1938, p. 336.

15. Rome, *Musei Vaticani, Museo Gregoriano Etrusco,* Inv. 16552 ; cf. BARTSOCAS, 1982, pp. 9-10, fig. 6 ; KUNZE et NIPPERT, p. 35 ; GRMEK, 1982, p. 18, fig. 17 ; BATTIN, 1996, pp. 312-313, fig. 4.

16. Opinion exprimée dans une lettre à Christos Bartsocas (cf. BARTSOCAS, 1982, p. 9).

17. Rome, *Villa Albani,* Inv. 942. Cf. HOLLÄNDER, 1912, p. 385 ; EISLER, 1931 ; LAURENZI, 1941, p. 124 et fig. 81 ; BOUCHER-COLOZIER, 1965, p. 30 ; RICHTER, 1965, II, pp. 182-183, fig. 1057.

18. DIOGÈNE LAËRCE, *Vie des philosophes,* VI, 2.

19. DIOGÈNE LAËRCE, *op. cit.,* VI, 92. Cf. EISLER, 1931.

20. La statue de Rome est notamment complétée par des parties copiées sur une autre statue, conservée à New York.

21. RICHTER, 1965, I, p. 89, fig. 364-365.

22. BOUCHER-COLOZIER, 1965, p. 31, fig. 4.

23. Diogène Laërce, *Vie des philosophes*, VII, 1, et Sidoine Apolli-naire, *Lettres*, IX, 9.

24. Notamment un hermès de Lyon (déposé au Louvre) et un petit bronze de Naples; cf. Richter, 1965, II, pp. 186-189, fig. 1086-1087 et 1095-1097.

25. Dechambre, 1852.

26. Laurenzi, 1941, pp. 91-92, 104-105 et 135, fig. 16, 39 et 106; Rich-ter, 1965, I, pp. 109-119, fig. 456-573. Pour les gemmes à l'effigie de Socrate, cf. Weiss, 1996, pp. 554-556.

27. Diogène Laërce (II, 5) témoigne de l'existence d'une statue de Socrate, faite par Lysippe et érigée à Athènes en l'honneur du philosophe presque immédiatement après sa mort.

28. Aulu-Gelle, dans les *Nuits attiques* (II, 1), insiste sur sa sobriété, son endurance et son excellente santé.

29. Pour la discussion sur la prétendue syphilis congénitale de Socrate, cf. Fahlbusch, 1938.

30. Pour montrer ce visage, nous avons choisi à titre d'exemple le buste romain de la Villa Albani, Inv. 1040.

31. Zanker, 1995.

32. Lucien, *Timon*, 54.

33. Rome, *Musei Vaticani*, Inv. 288. Cf. Richter, 1965, II, pp. 179-180; Nikolaus Himmelmann, « Antisthenes », dans Andreae, 1990, pp. 13-23, pl. 1-7.

34. Valère Maxime, VIII, 7, ext. 1. Cf. aussi Plutarque, *Démosthène*, 11. Contrairement à une opinion répandue, les cailloux ne pouvaient ser-vir à obturer une hypothétique fente du palais, car l'abandon de leur usage aurait fait réapparaître le défaut initial.

35. Diogène Laërce, *Vie des philosophes*, II, 11, s. v. *Euclide (dit le Socratique)*.

36. Quintilien, *Institution oratoire*, XI, 3.

37. Chervin, 1898, pp. 466-477, et Debru, 1996, pp. 248-249.

38. Rome, *Museo nazionale romano delle Terme*, Inv. 8581. Des bustes semblables se trouvent à New Haven (*Yale University Gallery*), Paris (*Louvre*), Oxford (*The Ashmolean Museum*), Vatican et ailleurs. Cf. Lau-renzi, 1941, p. 114, fig. 61; Richter, 1965, II, pp. 215-223.

39. Plutarque, *Pyrrhus*, III, 6. Cf. aussi Népotien, *Épitomè*, IX, 24.

40. Laurenzi, 1941, p. 110, n° 51; Richter, 1965, III, p. 258.

41. Valère Maxime, I 8, ext. 13.

42. Philadelphie, *The Museum of the University of Pennsylvania*.

43. Fay, 1958-1959, et Grmek, 1983, pp. 108-109.

44. Sculptures conservées à Vérone, Boston, Venise, Washington, Copen-hague et ailleurs. Cf. Laurenzi, 1941, pp. 139-140, et Richter, 1965, II, pp. 227-233.

45. Malibu, *The J. Paul Getty Museum*. Cf. Ashmole, 1973.

46. Charitonidis, Kahil et Ginouvès, 1970, pp. 27-31.

47. Faute d'inscription, l'identification n'est que probable; cf. Mey-boom, 1979, pp. 111-114, fig.1.

48. Outre les publications citées de RICHTER et de CHARITONIDIS *et al.*, cf. en particulier BIEBER, 1961 (b), pp. 82-92.

49. *Suda*, s. v. Menandros.

50. ALCIPHRON, *Epistulae*, IV, 18, 4.

51. PHÈDRE, *Fabulae Aesopiae*, V, 1.

52. SCHNEIDER, 1973.

53. Lyon, *Musée de la civilisation gallo-romaine*, buste en marbre; ESPERANDIEU, *Recueil*, n° 1676. Cf. AUDIN, 1982, p. 7.

54. Actuellement au Musée national romain.

55. JULLIEN, 1892, p. 4.

56. PLUTARQUE, *Périclès*, 3, 3-4. Traduction de R. FLACELIÈRE et E. CHAMBRY, Paris, 1964, p. 16.

57. Les exemplaires les plus connus se trouvent au British Museum et au Vatican. Pour une étude détaillée de la « schinocéphalie » de Périclès, cf. COHEN, 1991.

58. Salonique, *Musée archéologique*. Cf. ANDRONIKOS, 1977 (édition française, 1980); HATZOPOULOS et LOUKOPOULOS (dir.), 1982, fig. 119, et ANDRONIKOS, 1984.

59. Cet événement est mentionné d'une manière assez réaliste et crédible par plusieurs auteurs anciens (Démosthène, Didymus, Diodore de Sicile, Justin, Sénèque et autres). Strabon attribue la perte de l'œil à une blessure par catapulte, tandis que Plutarque en donne, dans sa biographie d'Alexandre, une version fantaisiste. Cf. SWIFT RIGINOS, 1994, pp. 106-114.

60. C'est probablement le même personnage que le médecin nommé Critodème qui a soigné Alexandre, blessé par une flèche au-dessus du flanc droit.

61. PLINE, VII, 124.

62. Selon le témoignage de Didymus (*Commentaires à Démosthène*, 11-12), cet œil aurait été « excisé », c'est-à-dire énucléé.

63. Ces lésions ont échappé à l'attention des spécialistes grecs et allemands lors du premier examen paléopathologique des restes osseux de Philippe en 1981 et n'ont été reconnues que trois ans plus tard, lors d'une nouvelle expertise par Jonathan Musgrave. Cf. PRAG, MUSGRAVE et NEAVE, 1984, pp. 61-65.

64. PRAG, 1990, pp. 237-247.

65. PLUTARQUE, *Alexandre*, 2, 2.

66. Salonique, *Musée archéologique*. Cf. ANDRONIKOS, 1977 (édition française,1980, fig. 20), et 1984, fig. 77 et 78.

67. *Louvre*, MA 436.

68. DECHAMBRE, 1851 et 1852.

69. DECHAMBRE, 1851, p. 717.

70. *Ibid.*, p. 720.

71. Pour un catalogue de ces portraits, cf. BIEBER, 1964 et 1965. Parmi les travaux les plus récents, cf. CARLSEN *et al.,* 1993; STEWART, 1993, et LASKARATOS, 1995.

72. SCHWARZENBERG, 1976.

73. KILLERICH, 1983, et KILLERICH, in CARLSEN *et al.*, 1993.

74. Par exemple LEIMBACH, 1979.

75. LASKARATOS, 1995, et LASKARATOS et DAMANAKIS, 1996.

76. PLUTARQUE, *Alexandre*, 45, 5.

77. PSEUDO-CALLISTHÈNE, I, 13.

78. Pour une vue d'ensemble, cf. BERNHARD, 1926; HART, 1966 (a), 1973 (a) et 1973 (b); BEATTY, 1974, et PENN, 1994.

79. PLINE, XXXV, 90. Cf. aussi QUINTILIEN, *Institution oratoire*, II, 13, 12.

80. FRONIMOPOULOS et LASKARATOS, 1992, pp. 122-123.

81. HART, 1967, et 1973 (a).

82. HART, 1973 (a), p. 126, et 1973 (b), pp. 64-65.

83. TOYNBEE, 1978, fig. 192 et 193.

84. Une gemme à l'effigie de Philétère se trouve au British Museum, une autre fait partie d'une collection privée (cf. E. BÖHRINGER, dans *Corolla Curtius*, Stuttgart, 1937, p. 114), tandis que l'hermès est conservé à Naples, *Museo archeologico nazionale*, Inv. 6148. Cf. RICHTER, 1965, III, p. 273 et fig. 1910-1912 et 1916.

85. STRABON, XIII, 4.

86. Pour la représentation de cette maladie dans l'art antique, voir chap. 8, pp. 198-200.

87. HART, 1973 (a), p. 127, et 1973 (b), pp. 60-61.

88. Buste trouvé en Égypte et conservé à Copenhague, *Glyptothèque Ny Carlsberg*.

89. CÉLIUS AURÉLIEN, *Maladies chroniques*, V, 50 (éd. DRABKIN, p. 930; éd. BENDZ, II, p. 884).

90. Descendants de Lagos, père de Ptolémée Ier. Pour leurs portraits sur les monnaies, cf. surtout TOYNBEE, 1978, pp. 77-87.

91. SMITH, 1991, pp. 93-94.

92. WELLS, 1967.

93. TOYNBEE, 1978, p. 17-18, fig. 1.

94. Pour les interprétations diverses du portrait de ce général romain, cf. A. LONGO, « Claudius Marcellus », in *Enciclopedia dell'arte antica*, Roma, 1959, vol. II, pp. 707-708.

95. LAHUSEN, 1985.

96. WROTH, 1903.

97. HART, 1966 (a), 1973 (a) et 1973 (b).

98. TOYNBEE, 1978, pp. 157-158, fig. 316. Cf. PENN, 1994.

99. HART, 1966 (b), p. 547, fig. 2, et 1973 (a), p. 124.

100. SELLWOOD, 1971, n°s 47 et 48; HART, 1973 (b), p. 53; TOYNBEE, 1978, pp. 159-160, fig. 321-322; CALLATAŸ, 1994.

101. PLUTARQUE, *Crassus*, 38, 8-9; traduction de R. FLACELIÈRE et E. CHAMBRY, Paris, 1972, p. 254.

102. HART, 1966 (b), p. 548, fig. 5; 1973 (a), p. 123, fig. 2, et 1973 (b), pp. 54-56; TOYNBEE, 1978, pp. 160-161; CALLATTAŸ, 1994, et PENN, 1994. Nous reproduisons son effigie d'après la pièce conservée au Cabinet des médailles, Paris.

103. Hart, 1973 (b), p. 56; Toynbee, 1978, p. 162, fig. 326.

104. Sellwood, 1971.

105. Toynbee, 1978, p. 164, fig. 331.

106. Penn, 1994.

107. Hart, 1973 (a), p. 124, fig. 6.

108. Hart, 1966 (b), p. 548, fig. 8; Toynbee, 1978, pp. 164-165, fig. 332.

109. Hart, 1966 (b), p. 549, fig. 11, et 1973 (a), p. 125.

110. Hart, 1966 (b), et 1973 (a).

111. Curtius, 1931, pp. 226-254 (étude utile par son apport érudit, mais déroutante par son parti pris raciste); Bianchi Bandinelli, 1965; Lahusen, 1985; Winsor Leach, 1990.

112. Rome, *Villa Albani*, buste en marbre provenant d'Otricoli; cf. Bianchi Bandinelli, 1965, fig. 29; Lahusen, 1985, pl. 108 et 111.

113. Rome, *Musei Vaticani*, buste en marbre. Cf. Bianchi Bandinelli, 1965, fig. 41.

114. Oslo, collection privée; cf. L'Orange, 1969, fig. 1-4.

115. Berlin, *Staatliche Museen, Antikensammlung*, SK 840; cf. Bianchi Bandinelli, 1965, fig. 31.

116. Naples, *Museo archeologico nazionale*, Inv. 110663. Cf. Holländer, 1912, p. 321. Pour l'identification, cf. Andreau, 1974.

117. Le cas du patricien romain Munatius Plancus, mentionné plus haut comme victime d'une attaque apoplectique, est à ce point de vue tout à fait exceptionnel.

118. Naples, *Museo archeologico nazionale*, Inv. 5616; cf. Reinach S., 1917, et Strandman, 1950. Pour d'autres copies du même modèle, cf. Seeberg, 1959.

119. Sur le profil psychologique de Sénèque, voir M. Rozelaar, *Seneca*, Amsterdam, 1976, et Gourevitch D., 1984 (b), pp. 111-119 et 504-505; sur ses idées concernant l'alimentation et la digestion, voir en particulier D. Gourevitch, « Le menu de l'homme libre », in *Mélanges Pierre Boyancé*, Rome, 1974, pp. 311-344.

120. Sénèque, *Lettres à Lucilius*, 78, 1.

121. Ravaisson-Mollien, 1876.

122. Voir chap. 9, p. 242.

123. Berlin, *Staatliche Museen, Antikensammlung*, SK 391; cf. Blümmel, 1933, p. 44, pl. 71; cf. Hübner, 1880, pp. 20-22, pl. 5; Schefold, 1943, pp. 178-179, fig. 3, et J. Briegler dans *Enciclopedia dell'arte antica*, vol. 6, 1965, pp. 531-533, et vol. 7, 1966, p. 197.

124. Tacite, *Annales*, XV, 63.

125. Sénèque, *Lettres à Lucilius*, 54.

126. Pour les pathographies des empereurs romains, cf. en particulier Esser, 1958, Dirckx, 1986, et Martin, 1991.

127. Pour une vue d'ensemble, cf. Toynbee, 1978, et Bastien, 1992-1994.

128. Curtius, 1931, fig. 11-12; Borda, 1957; Johansen, 1967, pl. 1-27; Andreae, 1973, fig. 175-183; Toynbee, 1978, fig. 24-37; Yavetz, 1990, pp. 15-16; Anonyme, *Mozaeik der Antieken*, 1990, pp. 100-101, fig. 54; Saletti, 1996, fig. 1-3; Étienne, 1997, pp. 281-284. Les portraits

de Virgile montrent qu'une allure ascétique peut être l'indice d'une mauvaise santé (cf. HEINTZE, 1987); certains, en effet, estiment que ce poète était phtisique (les sources parlent de son hémoptysie et de ses douleurs gastriques).

129. SUÉTONE, *César*, 45, 1.

130. PLUTARQUE, *César*, 17, 2.

131. TOYNBEE, 1978, pp. 34-35, fig. 32-33.

132. ALFÖLDI, 1959; HERBIG, 1965; MACCHI et REGGI, 1986.

133. NEUHAUSER, 1975.

134. TOYNBEE, 1978, p. 102, fig. 173.

135. VIERNEISEL, 1980.

136. Cf. M. D. GRMEK, *Le chaudron de Médée*, Paris, 1997, pp. 121-124.

137. FERRUA, 1960, p. 61, pl. CI et CII; DU BOURGUET, 1965, fig. 110. Certains auteurs pensent que ce n'est pas Cléopâtre mais une allégorie du printemps ou Ève au paradis; cf. FINK, 1970. La présence de cette Cléopâtre héroïque s'accorde pourtant bien avec les autres sujets païens de cette catacombe au décor insolite. Voir chap. 4, p. 98, et chap. 7, pp. 193-196.

138. Par exemple la figurine conservée au Musée du Caire (Inv. 28704); cf. GRAINDOR, 1939, p. 35, fig. 1.

139. DION CASSIUS, *Histoire romaine*, 69, 22; cf. KANNGIESER, 1911, et GOUREVITCH D., 1984 (b), pp. 169-170.

140. FRANK, 1973, et KAUKOLA, 1978.

141. Athènes, *Musée archéologique national*, MN 3729. On voit les mêmes stigmates sur les bustes d'Hadrien conservés à Rome, à Madrid et à Florence. Cf. PETRAKIS, 1980, et GUTIU *et al.*, 1996. Le docteur Ioan Gutiu a aussi remarqué le même sillon sur quelques statues du Louvre (Démosthène, « pseudo-Sénèque », « poète en marche »).

142. PENN, 1994, fig. 69.

143. Copenhague, *Ny Carlsberg Glyptotek*, Inv. 744. Cf. ZINSERLING, 1963, p. 210.

144. *Histoire Auguste, Vie des deux Maximins*, 6. Pour l'interprétation médicale de ce cas, cf. KLAWANS, 1982.

145. WELLS, 1964, fig. 10, et HART, 1973 (a), p. 127.

CHAPITRE III

Blessures

1. Pour une vue d'ensemble, limitée à l'art grec, cf. GEROULANOS et BRIDLER, 1994.

2. Dresde, *Staatliche Kunstsammlungen*; cf. LEIGH, 1995, pp. 208-209, fig. 17.

3. BOARDMAN, 1980, pp. 330-333.

4. BÉRARD, 1994, p. 164. Pour la représentation de la mort et du sommeil dans l'art grec, cf. EGER, 1966; VERMEULE, 1979; RAFFAELLI (réd.), 1987, et SARIAN, 1994-1995.

5. APOLLODORE, *Épitomè*, III, 17 ; HYGIN, *Fables*, 120. Comme en témoigne Galien (*De methodo medendi*, II, 2 ; KÜHN, X, 83 ; *De tumoribus praeter naturam*, 13 ; KÜHN, VII, 727), les médecins grecs s'inspirent de cette histoire pour qualifier de « téléphéennes » des plaies et des ulcérations rebelles au traitement.

6. BAUCHHENSS-THÜRIEDL, 1971, pp. 37-74.

7. CHARBONNEAUX, 1946, II, p. 89.

8. *Anthologie grecque, Anthologie de Planude*, t. XIII (éd. R. AUBRETON et F. BUFFIÈRE, Paris, 1980), *Épigrammes descriptives*, n° 110.

9. Saint-Pétersbourg, *L'Ermitage*, Inv. 1843 ; fragment de cratère en figures rouges peint par Phintias. Cf. BAUCHHENSS-THÜRIEDL, 1971, pp. 16-18 et 87, pl. 1.

10. Pour l'iconographie du mythe de Télèphe, cf. JAHN, 1841 et 1859 ; PILLING, 1886 ; SÉCHAN, 1927 ; METZGER, 1951 ; SCHETINO NOBILE, 1969 ; BAUCHHENSS-THÜRIEDL, 1971, et KEMP-LINDEMANN, 1975.

11. Ce vase est décrit dans HORNBOSTEL, 1977, pp. 384-385, fig. 332, mais l'auteur de la notice y voit Oreste et Électre sur l'autel d'Agamemnon.

12. Collection privée ; pour la description et l'interprétation de cette scène, cf. SCHAUENBURG, 1983, pp. 344-347, fig. 79-81.

13. PAIRAULT, 1972, pp. 245-252, pl. 133-137.

14. Boston, *Museum of Fine Arts*, Inv. 98.931. Cf. BAUCHHENSS-THÜRIEDL, 1971, pp. 18-25.

15. Londres, *British Museum*, E 382. Cf. PILLING, 1886, p. 93 ; SMITH, 1896, III, p. 247 ; LOEPER et VALLOIS, 1924, p. 28 ; BAUCHHENSS-THÜRIEDL, 1971, p. 25.

16. SÉCHAN, 1927, pp. 121-127, fig. 37.

17. SÉCHAN, 1927, pp. 503-518.

18. Naples, *Museo nazionale*, Inv. 86064 (Raccolta cumana, 141). Cf. PILLING, 1886, p. 95 ; REINACH S., *Répertoire des vases...*, 1899, I, p. 387 ; SÉCHAN, 1927, pp. 503-518, fig. 149 ; TRENDALL et WEBSTER, 1971, III, 3, 48 ; BAUCHHENSS-THÜRIEDL, 1971, p. 89.

19. Berlin, *Staatliche Museen, Pergamon-Museum*, Inv. 3974. Cf. METZGER, 1951, pp. 287-290, pl. XXXIX/1, et BAUCHHENSS-THÜRIEDL, 1971, pp. 26-28, pl. 2. Séchan range dans la même catégorie un cratère de Naples et un vase dont on ne connaît aujourd'hui qu'un dessin (cf. SÉCHAN, 1927, fig. 150 et 151).

20. Boston, *Museum of Fine Arts*, Inv. 1970.487. Cf. BAUCHHENSS-THÜRIEDL, 1971, pp. 28-30, pl. 3.

21. Deux exemples typiques de cette longue série se trouvent à Volterra, *Museo Guarnacci*, Inv. 511 ; PAIRAULT, 1972, pp. 253-255, pl. 152-153, et à Florence, *Museo archeologico*, Inv. 5747/71 ; cf. BRUNN, 1870, pp. 29-39, fig. 11, et PAIRAULT, 1972, pp. 252-253, pl. 139.

22. Rome, *Museo Palatino*, Inv. 381405.

23. L'histoire, résumée par APOLLODORE (*Épitomè*, III, 17-20), est racontée déjà dans les *Chants cypriens* et a fait l'objet de drames d'Eschyle, d'Euripide et d'autres tragiques grecs.

24. PLINE, XXV, 42.

25. PLINE, XXXV, 71 ; PILLING, 1886, pp. 102-103 ; REINACH A. (éd. ROUVERET), 1985, n° 267.

26. BAUCHHENSS-THÜRIEDL, 1971, pp. 91-92, et KEMP-LINDEMANN, 1975, pp. 64-68.

27. Berlin, *Staatliche Museen, Antikensammlung,* Inv. Fr. 35. Miroir étrusque provenant de Bomarzo. Dessin dans GERHARD, 1843, I, p. 229, et KEMP-LINDEMANN, 1975, p. 65.

28. Florence, *Museo archeologico,* Inv. 5751. Cf. BRUNN, 1870, pl. 34,18.

29. Berlin, *Staatliche Museen, Antikensammlung,* FG 678 ; cf. FURTWÄNGLER, 1896, n° 678 ; HOLLÄNDER, 1912, p. 369.

30. Naples, *Museo archeologico nazionale;* cf. A. MAIURI, *Ercolano. I nuovi scavi,* Rome, 1958, vol. I, p. 357, n° 147.

31. Berlin, *Staatliche Museen, Antikensammlung,* F 2278. Cf. DAREM-BERG, 1865, pp. 81-82 ; REINACH S., 1899, I, p. 71 ; LOEPER et VALLOIS, 1924, p. 28 ; ARIAS et HIRMER, 1962, pl. 118 ; BEAZLEY, 1963, p. 21 ; SCHA-DEWALDT, 1966, p. 42 ; BUSCHOR, 1975, p. 292 et fig. 167 ; MÉTRAUX, 1995, pp. 93-94, pl. 15.

32. Guy Métraux (*l. cit.*) pense que cette erreur est intentionnelle : l'artiste aurait fait un clin d'œil au public en montrant ainsi la maladresse d'Achille. Bien qu'il ait appris quelques secrets du centaure Chiron, ce héros de l'épopée n'est pas un vrai médecin et Patrocle sera obligé de se faire poser un nouveau bandage par un praticien expérimenté. L'amateur qui a acheté cette coupe ne l'aurait pas choisie seulement pour sa qualité picturale mais aussi pour l'humour de Sosias. Séduisante à première vue, l'hypothèse de Métraux montre le manque d'expérience médicale chez cet historien de l'art : il s'agit bien d'une erreur du peintre, car la position du bandage est matériellement impossible et ne peut donc pas résulter d'une maladresse du thérapeute.

33. *Iliade,* XI, 510 et 618.

34. Paris, *Bibliothèque nationale, Cabinet des médailles,* Inv. 5295. Pour la gemme correspondante, cf. INGHIRAMI, 1836, p. 11, pl. CXVIII.

35. *British Museum,* D 607. Cf. INGHIRAMI, 1836, p. 117 ; WALTERS, 1903, p. 402. On retrouve le même sujet sur des reliefs romains conservés à Rome, Berlin et Copenhague.

36. Prague, *Institut d'archéologie;* cf. SVOBODA, 1966.

37. Rappelons en particulier l'exécution des prisonniers troyens.

38. INGHIRAMI, 1831, p. 394 ; DAREMBERG, 1865, p. 82 ; REINACH S., 1899, I, p. 82 ; LOEPER et VALLOIS, 1924, p. 28 ; RUMPF, 1927, n° 5, pl. 12 ; KRUG, 1993, p. 11. GEROULANOS et BRIDLER, 1994, fig. 111.

39. *Iliade,* V, 111-113.

40. Une collection particulièrement riche de ces gemmes se trouve à Berlin. Cf. FURTWÄNGLER, 1896 et 1900, et HOLLÄNDER, 1912, pp. 369-372. Pour d'autres exemplaires, cf. RICHTER, 1968 et 1971.

41. Berlin, *Staatliche Museen, Antikensammlung.* Cf. GEROULANOS et BRIDLER, 1994, fig. 114.

42. Berlin, *Staatliche Museen, Antikensammlung.* Cf. INGHIRAMI, 1836, p. 15, pl. CXXII ; FURTWÄNGLER, 1896, n° 685.

43. Berlin, *Staatliche Museen, Antikensammlung*. Cf. Furtwängler, 1896, n⁰ˢ 681-683. C'est aussi le sujet d'une cornaline étrusque trouvée à Populonia (Florence, *Museo archeologico*, Inv. 88200).

44. *British Museum*, Inv. 1867.5-7.420. Cf. Inghirami, 1831, p. 134, pl. LXV; Holländer, 1912, p. 371; Walters, 1926, n° 975.

45. Inghirami, 1831, p. 140, pl. LXVIII.

46. Inghirami, 1836, pl. CXVI.

47. Boston, *Museum of Fine Arts*, cratère italiote du ive siècle av. J.-C., Inv. 03.804. Cf. Paton, 1908, pl. XIX, et Trendall et Webster, 1971, fig. III 4, 2. Le corps de Thersite, stigmatisé dans l'*Iliade* comme un être difforme, ne comporte sur cette image aucune anomalie particulière.

48. Munich, *Antikensammlungen*, Inv. 1426 et 1410. Cf. Geroulanos et Bridler, 1994, fig. 51 et 52.

49. Florence, *Museo archeologico*, Inv. 4209. Cf. Arias et Hirmer, 1962, et Geroulanos et Bridler, 1994, fig. 61. Pour ce sujet sur une gemme, cf. Inghirami, 1831, pl. XIII, et Richter, 1968, p. 203, n° 822.

50. Munich, *Staatliche Antikensammlungen*, Inv. 2406 WAF.

51. New York, *Metropolitan Museum*, Inv. 1972.11.10. Cf. Bulas, 1929, pp. 48-49; Arias, 1973, et Geroulanos et Bridler, 1994, fig. 54.

52. Pausanias, *Description de la Grèce*, X (Phocide), 25, 6. Cf. Reinach A. (éd. Rouveret), 1985, p. 95.

53. En donnent une idée par exemple des reliefs trouvés en 1961 à Mykonos (cf. Rühfell, 1984, pp. 46-49, fig. 17a-c) ainsi que la coupe attique de Sosias et une hydrie de Cléophrades. Voir les notes 31 et 84 de ce chapitre.

54. Grmek, 1983, pp. 43-60. Cf. aussi Laser, 1983, pp. 62-67; Krug, 1993, pp. 9-15.

55. Voir chap. 5, pp. 134-135.

56. *Louvre*, G 152. Cf. Rühfell, 1984, pp. 54-55, fig. 20. Sur un vase de Berlin (*Antikenmuseum*, F 3988), Néoptolème frappe avec le corps d'Astyanax le roi Priam qui gît effondré sur l'autel. Cf. Dugas, 1937, p. 15; Geroulanos et Bridler, 1994, fig. 25.

57. Naples, *Museo archeologico nazionale*, Inv. H 2422. Cf. Dugas, 1937, pp. 16-17, fig. 16; Henle, 1973, pp. 149-152, fig. 74; Touchefeu-Meynier, 1983; Rühfell, 1984, pp. 55-59, fig. 21, et Geroulanos et Bridler, 1994, fig. 24. D'après une autre version, Astyanax a été précipité du haut des remparts de Troie par Néoptolème ou par Ulysse lui-même. Cet événement est figuré sur un fragment de vase archaïque d'Athènes (*Musée de l'Agora*); cf. Rühfell, 1984, pp. 45-47, fig. 16. Les artistes ne reculaient pas devant la représentation réaliste des infanticides, perpétrés par Médée, par les ménades et par des mères égorgeuses (par exemple l'immolation d'Itys sur le vase de Munich, Inv. 2638), mais ils évitaient néanmoins de montrer le corps enfantin massacré ou mutilé. Pour le crime de Médée, voir chap. 5, pp. 137-138. Pour l'iconographie de l'infanticide, cf. Halm-Tisserant, 1994.

58. *British Museum*, Inv. 1897.7-27.2.

59. Le stamnos se trouve à Berlin (*Staatliche Museen, Antikensammlung*, V. I. 5828), le cratère au Cabinet des médailles à Paris, le sarcophage

au Musée d'Orvieto et la fresque à la Villa Albani à Rome. Cf. GALLI, 1910, pp. 118-127 ; SAVIGNONI, 1910, pp. 128-145 ; LOEPER et VALLOIS, 1924, p. 27 ; BULAS, 1929, pp. 57-63, fig. 25-30.

60. BEAZLEY, 1947, p. 89, et BONFANTE et THOMSON DE GRUMMOND, 1989. Jacques Chamay a attiré l'attention sur plusieurs vases, notamment un d'Amsterdam (*Allard Pierson Museum*, Inv. 2586) et un de Naples (*Museo archeologico nazionale*, Inv. 3222) représentant les ombres de jeunes héros pansés. Il s'agit des Héraclides dont les bandes rappellent les blessures mortelles infligées par leur père en proie à la folie. Cf. CHAMAY, 1977-1978, pp. 247-251.

61. Paris, *Bibliothèque nationale, Cabinet des médailles*, Inv. 920. Cf. TORELLI, 1992, p. 205, fig. 144.

62. Voir chap. 4, pp. 95-96.

63. *Louvre*, G 341 ; cf. REINACH S., 1899, I, 227 ; WEBSTER, 1935, pl. 2-5 ; GEROULANOS et BRIDLER, 1994, fig. 55, et DENOYELLE, 1997, fig. 1-2 et 7-9.

64. Pour une vue d'ensemble de l'iconographie particulièrement abondante de la tragédie de Niobé, cf. LOEWY, 1927 et 1932, ainsi que l'article d'Albin LESKY dans PAULY-WISSOWA, *Real-Encyclopädie*, s. v. *Niobe*, t. 17, 1936, pp. 673-705.

65. Berlin, *Staaliche Museen, Antikensammlung*, Inv. Terr. 6286. Cf. JACOBSTHAL, 1931, p. 68, pl. 42.

66. *British Museum*, E 278 ; cf. REINACH S., 1899, I, 70 ; HENLE, 1973, p. 38 ; LASER, 1983, p. 105, fig. 6. Pour l'iconographie particulièrement riche et variée de ce sujet, cf. GREIFENHAGEN, 1959.

67. Rome, *Museo nazionale di Villa Giulia* ; cf. TORELLI, 1992, fig. 80 et 81 ; COLONNA, 1997.

68. Volterra, *Museo Guarnacci* ; cf. CATENI, 1989, figure en couverture.

69. Genève, *Musée d'art et d'histoire*, scarabée n° 8. Pour des gemmes sur ce sujet conservées à Londres et à New York, cf. RICHTER, 1968, pp. 205-206, n°s 833-836.

70. Cette traumatologie athlétique est bien décrite par GALIEN (notamment dans *Thrasybule*, ch. 84). Pour les accidents au cours des combats sportifs, cf. JUETHNER, 1965-1969 ; PATRUCCO, 1972 ; ARIETI, 1975 ; RUDOLPH, 1976 ; BROPHY R. et M., 1985 ; POLIAKOFF, 1987 ; DOBLHOFER et MAURITSCH, 1995.

71. *British Museum*, B 295, amphore à figures noires peinte par Nicosthène ; cf. PIRSIG et PENTZ, 1994, pp. 151-152, fig. 1 ; GEROULANOS et BRIDLER, 1994, fig. 3.

72. Berlin, *Staatliche Museen, Antikensammlung*, V 2276. Cf. VAN HOORN, 1909, p. 80, fig. 28.

73. Paestum, *Museo archeologico*, nécropole d'Andriuolo, tombes 4/1971 et 24/1971. Cf. PONTRANDOLFO *et al.*, 1987, pp. 45 et 51. Pour d'autres exemples, cf. POLIAKOFF, 1987, pp. 35-36, fig. 21, et p. 87, fig. 91.

74. KHANOUSSI, 1992 ; PIRSIG et PENTZ, 1994, pp. 151-152, fig. 2 ; FANTAR *et al.*, 1995, p. 175.

75. TERTULLIEN, *De spectaculis*, 23.

76. Benedum, 1968. Voir chap. 9, pp. 230-231.

77. Athènes, *Musée archéologique national*, MN 5764. Voir aussi chap. 9, fig. 176.

78. Dresde, *Staatliche Kunstsammlungen, Skulpturensammlung*, ZV 803. Voir chap. 7, fig. 122.

79. Rome, *Museo archeologico nazionale*, n° 1055. Cf. Holländer, 1912, p. 310; Richer, 1926, pp. 308-310, fig. 421-423; Benedum, 1968, pp. 16-17, fig. 19; Poliakoff, 1987, fig. 74.

80. Munich, *Staatliche Antikensammlungen*, Inv. 2428 WAF. Cf. Lissarrague et Thélamon (réd.), 1983, p. 166, fig. 13.

81. Vienne, *Oesterreichisches Museum*, As IV 3176. Cf. Reinach S., 1899, I, p. 169.

82. Florence, *Museo archeologico*, Inv. 4026. Cf. Pottier, 1906, p. 154, n° 4; Albizzati, 1918-1919, pp. 140-147; Loeper et Vallois, 1924, p. 28, et Beazley, 1947, pp. 33-35, pl. IX.

83. Athènes, *Musée archéologique national*, NM 862. Cf. Pottier, 1906, p. 160, pl. XV; Holländer, 1912, pp. 496-497.

84. Munich, *Staatliche Antikensammlung*, amphore attique du peintre Cléophradès.

85. Naples, *Museo archeologico nazionale*, Inv. 9009. Cf. Meige, 1896 (a), pp. 36-48; Richer, 1902, p. 388, fig. 253; Tabanelli, 1956, pp. 115-116, pl. 76; Auteurs divers, *Médecine antique*, Lausanne, 1981, p. 87.

86. *Énéide*, XII, 387-390.

87. Paris, *Bibliothèque nationale, Cabinet des médailles*, Coll. Luynes, Inv. 299.

88. Rome, Forum de Trajan; cf. Richer, 1902, p. 385, fig. 251; Reinach S., 1909, I, p. 341, n° 33; Holländer, 1912, p. 488, fig. 364; Cesarini, 1937, pp. 9-25, fig. 5; Tabanelli, 1956, pp. 118-119, pl. 80; Florescu, 1969, pl. 40; Auteurs divers, *Médecine antique*, Lausanne, 1981, p. 89.

89. Saint-Pétersbourg, *Musée de l'Ermitage*, K-0 11. Cf. Heitz, 1901, p. 528, pl. 72; Holländer, 1912, p. 489, fig. 365; Kurtz et Kurtz, 1975, pp. 19-24. Pour une autre scène médicale de ce même vase, voir chap. 9, p. 236. Sur le fourreau d'un glaive, trouvé dans un tombeau scythe de la région de Rostov-sur-le-Don (IVe siècle av. J.-C.), on voit gravée en or, au milieu des scènes de bataille entre Grecs et Scythes, une scène médicale: un guerrier grec cherche à extraire avec ses dents la flèche qui a blessé son camarade à la jambe. Cf. Tchernetski, 1976.

90. Pour d'autres blessures des membres et notamment les résultats des soins dispensés dans de tels cas, voir chap. 11.

91. *Louvre*, CA 2183. Cf. Pottier, 1906; Holländer, 1912, p. 493, fig. 368; Perrot, 1914, pp. 60-63; Loeper et Vallois, 1924; Beazley, 1963, pp. 813-814, n° 96. Pour ce vase, voir chap. 8, pp. 204-205.

92. Ostie, *Museo degli scavi*, Inv. 5604, plaque funéraire de l'Isola sacra. Cf. Capparoni, 1930, p. 547; Tabanelli, 1956, p. 119, pl. 81. L'épouse de ce médecin était une sage-femme. Pour leur tombe commune, voir chap. 12, pp. 314-315.

93. Athènes, *Musée archéologique national*, Inv. 2441. Cf. HOLLÄNDER, 1912, p. 122, fig. 56.

94. Sur la figuration de la mort dans l'art ancien, cf. VERMEULE, 1979, et BÉRARD, 1988.

95. Rome, *Antiquarium comunale*; catalogue d'A. M. SOMMELLA et C. SALVETTI, 1994, fig. 15.

96. Boston, *Museum of Fine Arts*, Inv. 63.1246. Cf. VERMEULE, 1966, fig. 4, et GEROULANOS et BRIDLER, 1994, fig. 28.

97. Vienne, *Kunsthistorisches Museum*, Inv. 3725; cf. REINACH S., 1899, I, 169, et GEROULANOS et BRIDLER, 1994, fig. 31.

98. Wurtzbourg, *Martin von Wagner Museum*, Inv. 515; stamnos athénien. Cf. BOARDMAN, 1979, fig. 199.

99. Sienne, *Museo archeologico*, urne étrusque de Chiusi.

100. Rome, *Villa Albani*.

101. *British Museum*, B 210; amphore attique datant d'environ 540-530; cf. HENLE, 1973, p. 140; GEROULANOS et BRIDLER, 1994, fig. 22. La même scène est peinte sur une coupe attique conservée à Munich, *Staatliche Antikensammlungen*, Inv. 2688; cf. ROBERTSON, 1959, pp. 115-116; GEROULANOS et BRIDLER, 1994, fig. 21. Pour les images anciennes d'Amazones blessées, cf. aussi BORD, 1931.

102. Rome, *Museo archeologico nazionale*, Collection Ludovisi, Inv. 8608. Cette sculpture romaine en marbre du Ier siècle de notre ère est faite probablement d'après une statue en bronze appartenant au monument érigé à Pergame vers la fin du IIIe siècle av. J.-C. par le roi Attale Ier pour fêter sa victoire sur les Galates. Cf. RICHER, 1926, p. 165, fig. 207; HÖLSCHER, 1985, pp. 120-123, pl. 30.1; GEROULANOS et BRIDLER, 1994, fig. 60; MORENO, 1994; COARELLI, 1995.

103. Pour la reconstruction de la composition initiale, cf. COARELLI, 1995.

104. Rome, *Museo Capitolino*, Inv. 747/S. Cette copie romaine en marbre s'inspire probablement du même monument hellénistique que la statue citée dans la note précédente. Cf. RICHER, 1902, p. 485, fig. 305, et 1926, pp. 164-166, fig. 206; MATTEI, 1987.

105. Remarque judicieuse de CHURCHILL, 1958, p. 282.

106. Florence, *Galleria degli Uffizi*. Pour la bibliographie concernant cette statue, voir la note 64 de ce chapitre.

107. CHURCHILL, 1971, pp. 304-305.

108. Selçuk, *Musée*, Inv. 1562. Cf. SUPPAN, 1986, p. 40, fig. 4-5.

109. SUPPAN, 1986, en particulier pp. 42-43.

110. AUGUET, 1970; VISMARA, 1987; BARTON, 1989 et 1993; BROWN, 1992; WIEDEMANN, 1992.

111. Paestum, *Museo archeologico*, tombe X.

112. AURIGEMMA, 1960, pl. 144; BROWN, 1992, fig. 9.5 et 9.11.

113. El Jem (Tunisie), *Domus Sollertiana*, salle 3. Cf. VISMARA, 1987, pp. 139-140; FANTAR *et al.*, 1995, fig. sur la p. 24.

114. *Louvre*, CA 2613; terre cuite trouvée près de Sousse; cf. VISMARA, 1987, p. 141, fig. 10; WIEDEMANN, 1992, fig. 7.

115. Gentili, 1964, pl. XI.

116. Florence, *Museo archeologico*, Inv. 4209, vase François, vers 570 av. J.-C., signé du peintre Clitias et du potier Ergotimos. Cf. Beazley, 1956, p. 76, n° 1 ; Auteurs divers, *Médecine antique*, Lausanne, 1981, p. 90. Pour d'autres représentations de ce sujet, notamment sur des sarcophages aujourd'hui disparus, cf. Koch, 1973.

117. Les reflets de la légende d'Adonis dans la littérature et l'art grecs sont amplement traités par Atallah, 1966.

118. Bion, *Épitaphe d'Adonis*, 12-14.

119. Naples, *Museo archeologico nazionale* ; cf. Schadewaldt, 1966, p. 57, et Atallah, 1966, fig. 20.

120. Rome, *Musei Vaticani*, ancienne collection du Musée de Latran, 675 ; cf. Atallah, 1966, fig. 12.

121. Photius, *Bibliothèque*, III (Cod. 186-222), 146b ; éd. R. Henry, Paris, 1962, p. 52. Cf. Atallah, 1966, p. 82.

122. Rome, *Musei Vaticani, Museo Gregoriano Etrusco*, Inv. 14147. Cf. Atallah, fig. 11, pp. 77-79.

123. Rome, *Musei Vaticani, Museo Gregoriano Etrusco*, Inv. 16592. Cf. Geroulanos et Bridler, 1994, fig. 84.

124. Pausanias, *Description de la Grèce, V. Élide*, I, XI, 6.

125. New York, *Metropolitan Museum of Arts*, Inv. 03.24.3.

126. Athènes, *Musée archéologique national*, NM 2495. Cf. Vermeule, 1979, p. 103, fig. 20 et 21.

127. *British Museum*, Inv. B 61. Cf. Spivey, 1987, p. 27 et fig. 30a.

128. Lacco Ameno (Ischia), *Museo*. Cf. Vermeule, 1979, p. 184, fig. 6 ; Geroulanos et Bridler, 1994, fig. 93.

129. *Anthologie grecque, Anthologie palatine*, t. III (éd. P. Waltz, Paris, 1931), livre VII, *Épigrammes funéraires*, n° 294.

CHAPITRE IV

Empoisonnements

1. Pour les diverses versions du mythe d'Actéon dans la tradition littéraire et dans l'iconographie ancienne, cf. Mercanti, 1914 ; Zielinsky, 1926 ; Jacobsthal, 1930 ; Winsor Leach, 1981, et Mugione, 1988.

2. Par exemple, sur un alabastron d'Érétrie à figures noires (cf. Kuruniotis, 1913, p. 303, pl. XVII-2). Cette présentation devient plus rare mais survit jusqu'à l'époque romaine (cf. Toynbee, 1977, pp. 354-356 et fig. 8).

3. Citons, dans les différents arts, une amphore sur laquelle les morsures sont représentées avec beaucoup de réalisme (Copenhague, *Thorwaldsen Museum*, Inv. 99 ; cf. Jacobsthal, 1930, pl. 6) ; un cratère athénien trouvé à Cumes (Boston, *Museum of Fine Arts*, Inv. 10.185 ; cf. Robertson, 1959, p. 119, et Geroulanos et Bridler, 1994, fig. 82) ; une pélikè de Vulci (*Louvre*, G 224, cf. Beazley, 1947, 141) ; une plaque Campana (*Louvre*, n° 439-43) ; une fresque de la maison de Ménandre à Pompéi.

4. Ainsi sur l'amphore d'Eucharidès (Hambourg, *Museum für Kunst und Gewerbe*; cf. HOFFMANN, 1967, et WINKLE, 1971, fig. 2) et sur une métope de Sélinonte (Palerme, *Museo archeologico*; cf. BENNDORF, 1873, p. 75, pl. IX, et WINKLE, 1971, fig. 3).

5. Par exemple sur un vase qui se trouvait dans un musée privé (Santangelo) à Naples, Actéon tue un cerf alors qu'il est déjà pourvu de grands bois de cervidé. Cf. VINET, 1849, pp. 460-475, pl. 100). Sur cette transformation, cf. aussi KOSSATZ-DEISSMANN, 1978.

6. Outre le vase de Boston dont il va être question, citons comme exemple un magnifique bas-relief sur une urne étrusque en albâtre (Volterra, *Museo etrusco Guarnacci*, Inv. 356; cf. CATENI, 1989, p. 58, fig. 27; ancien dessin dans KOERTE, 1896, II/1, pp. 11-13).

7. Boston, *The Museum of Fine Arts*, H. L. Pierce Fund, Inv. 00.346, cratère attique en cloche du milieu du ve siècle. Cf. notamment SCHWARTZ, 1882; MERCANTI, 1914, pp. 124-127, fig. 20; SÉCHANT, 1926, pp. 133-134 et fig. 40; BEAZLEY, 1963, p. 691; HENLE, 1973, p. 41, fig. 25; SIMON, 1978, pp. 68 et 131-132; SHAPIRO, 1993, pp. 168-170, fig. 111.

8. Déjà Kurt Sprengel dit qu'Actéon mourut d'hydrophobie (SPRENGEL, 1815, I, p. 117). Pour l'histoire de la rage canine dans l'Antiquité, cf. BAUMANN, 1928, pp. 137-151; HAGEN, 1940; WINKLE, 1971, pp. 34-44; GRMEK, 1983, p. 60, et THÉODORIDÈS, 1986, pp. 22-23.

9. Cf. HORSTMANSHOFF, 1989 (avec une bibliographie abondante).

10. Il est possible toutefois qu'une miniature concernant la peste de Troie dans le codex byzantin *Ilias Ambrosiana* remonte à une tradition iconographique ancienne. Les sources littéraires sur les arts plastiques grecs ne mentionnent aucune œuvre célèbre ayant pour sujet les ravages d'une maladie pestilentielle. Il n'y a pas de contrepartie iconographique de la fameuse description thucydidienne de la peste d'Athènes.

11. Les fresques se trouvent dans la Casa del Criptoportico et dans la Casa di Loreio Tiburtino. La plaque en marbre est conservée au Musée du Capitole. Cf. TYBOUT, 1979, pp. 82-86, et HORSTMANSHOFF, 1989, pp. 90-92.

12. SADURSKA, 1964, pp. 24-37 et fig. 1; cf. aussi INGHIRAMI, 1831, I, pp. 51-53 et 56-57, fig. XV, et BULAS, 1929, p. 128.

13. INGHIRAMI, 1831, pl. XVIII.

14. Voir chap. 3, pp. 76-77.

15. GRMEK, 1979, pp. 143-144.

16. AMANDRY, 1951-1952, et JONGSTE, 1992.

17. AMANDRY ET AMYX, 1982, pp. 102-116, pl. 18-19.

18. STIBBE, 1972, n°s 158, 162 et 206a; TIBÉRIOS, 1978 (1980), pl. 18 et 19; SCHAUENBURG, 1971.

19. AMANDRY et AMYX, 1982, p. 110.

20. *Ibid.*, p. 109.

21. BODSON, 1986.

22. Pour la répartition géographique des zones impaludées et l'évolution chronologique des fièvres intermittentes en Grèce, notamment les exacerbations du type falciparum, cf. GRMEK, 1983, pp. 355-407; CORVISIER, 1985, pp. 13-22 et 93-96; GRMEK, 1994, pp. 1-6; CORVISIER, 1994,

pp. 297-319. Pour les conditions sanitaires dans la région de Lerne, cf. ROEBUCK, 1951, et ANGEL, 1971.

23. Bâle, *Antikenmuseum*, Inv. BS 425. Description empruntée à AMANDRY et AMIX, 1982, pp. 105-106.

24. *Louvre*, CA 598 (ve siècle). Cf. FLACELIÈRE et DEVAMBEZ, 1966, pl. V.

25. *Archeological Reports for 1982-1983*, British School at Athens, n° 29, 1983, figure de couverture et pp. 30-31.

26. Toulouse, *Musée Saint-Raymond*, Inv. 30374.

27. JONGSTE, 1992, pp. 16-17 et 48-50.

28. FERRUA, 1956; FERRUA, 1960, pp. 78-79, pl. LXXX 1; FERRUA, 1980, et DU BOURGUET, 1965, fig. 107.

29. KOTT, 1970, chap. 2 et 4. La volonté des dieux n'est pas étrangère à ces tragédies: sur certaines images, Athéna assiste à la mise à mort de l'hydre en tenant un petit vase qui pourrait être destiné à recueillir son sang. Cf. BOARDMAN, 1982, pp. 237-238.

30. HOOKER, 1950.

31. SERVIUS, *Schol. Lucan.*, VI 354. Cette version ne semble pas avoir été retenue par les arts figurés.

32. Version représentée sur une coupe attique de Vulci (Dijon, *Musée des Beaux-Arts,* Inv. 1223); cf. BEAZLEY, 1963, p. 225.

33. C'est la version de l'*Iliade*, II, 718-725, des *Chants cypriens* et de la plupart des mythographes anciens.

34. SOPHOCLE, *Philoctète*, v. 7.

35. *Scholies à Homère*, 2, 723; HÉPHAÏSTION, *Historiae* VI.

36. MILANI, 1879 et 1881. Milani s'inspire en grande partie du recueil d'INGHIRAMI, 1831. Pour des mises au point récentes, cf. MANDEL, 1981, et THOMASEN, 1983.

37. *Louvre* G 413, stamnos du VIe siècle provenant de Caeré. Cf. MILANI, 1879, p. 68 et fig. 4; REINACH S., 1899, I, p. 145; BEAZLEY, 1963, p. 590; THOMASEN, 1983, pp. 3-4, fig. 4.

38. GOUREVITCH D., 1972.

39. Copenhague, *Nationalmuseet*, skyphos signé de Cheirisophos (Ier siècle av. J.-C.); FRIIS JOHANSEN, 1923, pl. IX; REINACH S., 1923, et 1924, II, pp. 345-348, fig. 465; SÉCHAN, 1926, p. 489. Pour les répliques antiques de ce vase, cf. LABROUSSE, 1954, pp. 304-306; PICARD, 1957, pl. 52 et 53, et FRIIS JOHANSEN, 1960.

40. New York, *The Metropolitan Museum of Arts*, Fletcher Fund, 1956 (56.171.58); ancienne collection Castellani; cf. MILANI, 1879, pp. 80-81; RICHER, 1902, p. 384, fig. 249; SÉCHAN, 1926, p. 489, fig. 143.

41. Pour les raisons magiques de cette ségrégation, cf. MASSENZIO, 1976.

42. Pour cette notion d'ensauvagement de l'homme civilisé, cf. AVEZZU, 1988; LAVAGNE, 1988, pp. 35-46 («La grotte de Philoctète»); DARMON, 1989, et MAUDUIT, 1995.

43. MILANI, 1879, fig. 14-36.

44. INGHIRAMI, 1831, I, pp. 108-110, pl. LI; MILANI, 1881, fig. 4; RICHER, 1902, p. 4, fig. 2; THOMASEN, 1983, fig. 3.

45. Homère (*Iliade*, XIX, 22-27) relate déjà que les mouches pénètrent dans les plaies, notamment sur les cadavres, et y font naître des vers.

46. Boston, *The Museum of Fine Arts*, Francis Bartlett Fund, Inv. 13.237. Cf. BROMMER, 1976, vol. 3, p. 409, n° 17, et Auteurs variés, *Catalogue Médecine antique*, 1981, p. 89, n° 59.

47. *British Museum*, B 177.

48. Bâle, *Antikenmuseum*, Inv. Zü 364. CVA Basel, pl. 30,4.

49. Mosaïque du VIe siècle à Madaba en Jordanie (Église de la Vierge).

50. Cf. notamment BODSON, 1991.

51. PAUSANIAS, I, 24,8 (éd. M. CASEWITZ, J. POUILLOUX et Fr. CHAMOUX, Paris, 1992, p. 78).

52. SÉCHAN, 1926, pp. 488-489. Pour Parrhasios, cf. MILANI, 1881, pp. 258-264 ; RUMPF, 1951.

53. *Anthologie grecque, Anthologie de Planude, Épigrammes descriptives*, n° 111 (éd. R. AUBRETON et F. BUFFIÈRE, t. XIII, Paris, 1980). Cf. REINACH A., 1985, pp. 228-229, n° 270.

54. *Anthologie grecque, ibid.*, n° 113 (REINACH A., 1985, pp. 230-231, n° 271). Philostrate le Jeune (*Images*, 17) décrit aussi de manière pathétique l'image de Philoctète abandonné.

55. Des fresques avec l'image de Philoctète ont été trouvées dans une tombe de la Via Latina à Rome et dans la région IX des fouilles de Pompéi. Cf. MILANI, 1881, pp. 249-258.

56. DARMON, 1989, p. 233, fig. 1.

57. *British Museum*, médaillon de lampe, Inv. 1380, cf. MILANI, 1879, fig. 48.

58. Le même sujet est traité encore plus explicitement sur un vase italiote de Syracuse (*Museo nazionale*, Inv. 36319) ; cf. SÉCHAN, 1927, p. 490, fig. 144.

59. Volterra, *Museo etrusco Guarnacci*, urne, Inv. 332 ; cf. BRUNN, 1870, pp. 80-85 ; MILANI, 1879, fig. 42 ; PAIRAULT, 1972, pp. 200-202 et pl. 79b et 80a. Le même sujet est représenté sur une autre urne étrusque, conservée au Musée archéologique de Florence (Inv. 5764) ; cf. MILANI, 1879, fig. 43, et PAIRAULT, 1872, pp. 199-200 et pl. 79a.

60. Copenhague, *Nationalmuseet*. Voir la note 39 de ce chapitre.

61. Dans la pinacothèque des Propylées se trouvait une peinture de Polygnote où l'on voyait « Diomède dérobant à Lemnos l'arc de Philoctète » (PAUSANIAS, I, 22, 6 ; éd. M. CASEWITZ, J. POUILLOUX et Fr. CHAMOUX, 1992, p. 71).

62. Cortone, *Museo dell'Accademia etrusca*, urne, n° 24 ; cf. BRUNN, 1870, pp. 80-85 ; MILANI, 1879, fig. 46 ; PAIRAULT, 1972, pp. 205-206 et pl. 83a, 83b et 84a ; GOUREVITCH D., 1972, fig. 2.

63. Volterra, *Museo etrusco Guarnacci*, urne, Inv. 333 ; cf. OVERBECK, 1853, pl. 24 ; BRUNN, 1870, pp. 80-85 ; MILANI, 1879, fig. 47 ; PAIRAULT, 1972, pp. 200-202 et pl. 79b et 80a ; GOUREVITCH D., 1972, fig. 3. Le même sujet est représenté aussi sur deux urnes du Musée archéologique de Florence (Inv. 5765 et 78515) ; cf. MILANI, 1879, fig. 44 et 45, et PAIRAULT, 1872, pp. 203-205 et pl. 81a, 81b et 82. Sur l'urne n° 5765, le pied malade porte un épais bandage, particulièrement bien posé.

64. Quintus de Smyrne, *Suite d'Homère*, IX, 356-357, 428-430 et 461-465.

65. Par exemple la *Petite Iliade* de Leschès.

66. Bologne, *Museo civico archeologico*, Coll. Univ. n° 273 ; cf. Schiassi, 1814, pl. 1 ; Gerhard, 1840-1897, IV, pp. 42-43, pl. 394, n° 2 ; Overbeck, 1853, XXIV, 18 ; Daremberg, 1865, p. 83 ; Milani, 1879, fig. 49 ; Richer, 1902, p. 384, fig. 250 ; Gourevitch D., 1972, fig. 4 ; Sassatelli, 1981, n° 114. Le même sujet est représenté sur un scarabée étrusque de Chiusi, conservé au *British Museum*, Inv. 65.7-12.94 ; cf. Richter, 1968, p. 204, n° 829.

67. Un scarabée étrusque trouvé à Chiusi et datant du ve siècle av. J.-C. traite le même sujet que le miroir de Bologne : face au malade qui se tient debout, le médecin est assis sur un tabouret dont la forme rappelle celle de la table du miroir (*British Museum*, intaille Inv. 65.7.12.94). Cf. Milani, 1881, pp. 280-282 et fig. 5 ; Walters, 1926, pl. XII, n° 730 ; Richter, 1968, n° 829, et Gourevitch D., 1972, fig. 5. Enfin, d'après une interprétation discutable, un miroir étrusque découvert en 1964 à Ischia di Castro (province de Viterbe) serait lié à l'histoire de Philoctète : on y voit Hermès entre Palamède (identifié d'après l'inscription) et un guerrier casqué qui porte un discret bandage sur la cuisse (cf. Lambrechts, 1968).

68. Pour l'interprétation strictement médicale, cf. Wilson, 1965, et Stefanato, 1989, et pour une interprétation religieuse de ce mythe dans son ensemble, cf. les contributions de Domenico Musti, Maurizio Giangiulio et Giuseppe Nenci dans La Genière, 1991, pp. 20-35, 37-53 et 131-135.

69. Pour la notion de maladie sauvage et dévorante, cf. Jouanna, 1990.

70. Sophocle, *Philoctète*, v. 5-11, 38-39, 265-267, 697-698, 742-743, 746, 756, 765-769, 784, 797-798, 821, 825, etc. Descriptions semblables aussi chez Apollodore, Pausanias et Tzétzès.

71. Psichari, 1908.

72. Saint-Pétersbourg, *Musée de l'Ermitage*, B 1714, amphore provenant de Ruvo ; cf. Séchan, 1926, p. 365, fig. 105.

73. *Louvre*, K 790, vase attribué à Lasimos ; cf. Séchan, 1926, pp. 358-360, fig. 102.

74. Amphiaraos lui-même sera divinisé comme guérisseur et un culte comportant le don d'ex-voto lui sera rendu à Oropos et à Rhamnonte. Pour l'iconographie concernant son culte, cf. Karidas, 1968 ; Daumas, 1978, pl. 7-8, et Lohmann, 1986.

75. Par exemple, un stamnos du Louvre (début du ve siècle av. J.-C.) montre Héraclès étranglant les deux serpents, tandis que son frère Iphiclès se détourne peureusement ; cf. Graves, 1967, p. 357 et fig. 26. Pour l'iconographie peinte et sculptée, cf. Schwarz, 1882 ; Tibérios, 1980, fig. 2 ; Reeder Williams, 1982, et Woodfod, in Lissarrague et Thélamon (réd.), 1983, pp. 121-130.

76. Virgile, *Énéide*, II, 213-218 (traduction H. Goelzer et A. Bellessort, Paris, 1926).

77. *Musei Vaticani, Museo Pio Clementino*, Inv. 1059, 1064 et 1067 ; cf. parmi une bibliographie très abondante, Howard, 1989 ; Himmelmann,

1991, et Queyrel, 1993. La scène est aussi peinte sur une fresque de la maison dite de Ménandre à Pompéi.

78. Voir chap. 1, p. 11, fig. 1, et chap. 10, p. 264. Pour le plaisir pervers qu'éprouve le spectateur face à cette sculpture ou le non moins fameux groupe des Niobides, cf. Golden, 1988.

79. Séchan, 1926, pp. 160-166, fig. 50, et Schmidt, 1979, pp. 239-248, fig. 1. Pour le même sujet sur un vase de la collection Ludwig, cf. Schmidt, 1979, pp. 182-185, fig. 70A.

80. Par exemple sur les bas-reliefs d'Oropos et de Rhamnonte, conservés au Musée archéologique national d'Athènes (MN 3369 et 1397); cf. Daumas, 1978, pl. 8,1 et 8,3. Pour les serpents des temples et l'efficacité de leur salive, cf. Angeletti *et al.,* 1992. Voir p. 302.

81. Voir chap. 2, p. 60, fig. 26.

82. Pausanias, X, 28, 5; cf. Reinach A. (éd. Rouveret), 1985, n° 107b, 5.

83. Colonne de Trajan, 327-329; cf. Florescu, 1969, pl. CII; Van Hoof, 1990, fig. 2, et 1994, p. 184.

84. Colonne de Trajan, 384-387; cf. Florescu, 1969, pl. CXVI; Van Hoof, 1990, fig. 3, et 1994, pp. 181-182 et fig. 2. Pour le bol provenant de la Gaufresenque, cf. Vernhet, 1981, pp. 33-34, et Van Hoof, 1994, p. 182.

85. Munich, *Staatliche Antikensammlungen,* SH 3296, cratère de Canosa, datant du IVᵉ siècle; cf. Bieber, 1920, fig. 106, et Séchan, 1926, pp. 398-402 et 405-406 et pl. VII.

86. Cette scène orne le col de l'amphore n° 1002 du Musée archéologique national d'Athènes (VIIᵉ siècle av. J.-C.); cf. Flacelière et Devambez, 1966, pp. 108-110 et pl. 17.

87. Strabon, *Géographie,* VIII, 23 (éd. R. Baladier, Paris, 1978); cf. Reinach A. (éd. Rouveret), 1985, n° 348.

88. Pline, XXXIV, 93 (éd. H. Le Bonniec et H. Gallet de Santerre, Paris, 1953).

89. Pline, XXXV, 139 (éd. J. M. Croisille, Paris, 1985).

90. Vienne (Autriche), *Niederoesterreichisches Landesmuseum*; cf. Toynbee, 1977, pp. 385-386 et fig. 18.

91. Pour l'iconographie de l'ivresse, cf. Regnault, 1911 (d); pour celle des banquets décents et solennels, cf. Dentzer, 1982, et Lissarrague, 1987.

92. Pausanias, II, 27, 3 et VI, 24, 8. Cf. Reinach A. (éd. Rouveret), 1985, n° 326.

93. Par exemple sur le vase de Boston, n° 352, où elle est en compagnie de Thymédia (la Joie) et de Sikinnos (inventeur de la danse des satyres); cf. Beazley, 1963, p. 1214.

94. Ainsi, sur un skyphos grec du Vᵉ siècle av. J.-C., une femme bien en chair boit à la hâte et manifestement en cachette dans un skyphos semblable à celui sur lequel elle est représentée (Malibu, *The J. Paul Getty Museum,* Coll. Bareiss, 337).

95. Comme celle que sculpta Lysippe (cf. Pline, XXXIV, 63).

96. De nombreux exemples chez Salomonson, 1980; Laubscher,

1982; Greco C., 1984; Pfisterer-Haas, 1989, et Kossatz-Deissmann, 1996.

97. Un pot de Pompéi illustre bien ce genre de persiflage (Naples, *Museo archeologico nazionale*, Inv. 124844); cf. Levi, 1926, n° 849, pl. 13, et Salomonson, 1980, fig. 2.

98. C'est-à-dire pendant cent jours.

99. *Anthologie grecque, Anthologie palatine*, VI. *Épigrammes votives*, n° 29 (éd. P. Waltz, t. III, Paris, 1931).

100. Voir chap. 5, p. 121.

101. Par exemple, deux vases attiques du ve siècle av. J.-C (Athènes, *Musée archéologique national*, MN 1218, et *British Museum*, E 129) et une amphore à figures noires d'époque tardive (Madrid, *Musée archéologique*, Inv. 10.916). Pour le culte de Bacchus, cf. Jeanmaire, 1991.

102. Willers, 1986, p. 34.

103. Par exemple une mosaïque romaine trouvée à Vienne (Isère) et conservée à Lyon au Musée de la civilisation gallo-romaine.

104. Pochmarski, 1990, pp. 333-387 et 388-391.

105. Holtzmann, 1993, pp. 247-256.

106. *Louvre*, Inv. MR 985-N 275, cratère hellénistique en marbre de l'ancienne collection Borghèse.

107. Wilson, 1990, fig. 192. Une autre scène de ce genre est peinte sur un cratère provenant de Lucanie et conservé au *British Museum* (1947.7-14.818). Pour l'aveuglement de Polyphème ivre, voir chap. 10, pp. 259-260.

108. Maison dite de Dionysos à Néa Paphos (Chypre), mosaïque du IIIe siècle de notre ère (*Lexicon iconographicon mythologiae classicae*, s. v. Dionysos-Bacchus, n° 257).

109. Fresque de Pompéi (Naples, *Museo archeologico nazionale*).

110. Copenhague, *Nationalmuseet*, Inv. 3880. Cf. Beazley, 1963, p. 373, n° 36, et CVA Copenhague 3, pl. 142, 1a. Même sujet sur un vase de Capoue (*Musée de l'Ermitage*, 651); cf. Beazley, 1963, p. 325, n° 77.

111. *Musei Vaticani, Museo Gregoriano Etrusco*, Inv. 16561. Cf. Regnault, 1911 (d), fig. 1. D'autres scènes de vomissement en présence d'un amant se trouvent sur des vases conservés dans les musées de Tarquinies (kylix du peintre de Véies, Inv. 697), de Cleveland (cratère attique, Inv. 24.197), de Malibu (coupe attique, Collection Bareiss 229) et de Berlin (coupe attique, F 2309).

112. Wurtzbourg, *Martin von Wagner Museum, Antikenabteilung*, L 479. Cf. Regnault, 1911 (d), fig. 4; Beazley, 1963, p. 372, n° 32; Buschor, 1969; Simon, 1975.

113. Athènes, *Musée de l'Agora*, P 32418; péliké à figures rouges trouvée en 1995; cf. Camp, 1996, p. 248, n° 27, pl. 73.

114. Malibu, *The J. Paul Getty Museum*, Coll. Bareiss, 327.

115. *Ibid.*, 101.

116. Athènes, *Musée archéologique national*, A 1045; cf. Beazley, 1956, 186.

117. Pour Hypnos (dieu personnifiant le sommeil) et ses liens, dans l'iconographie grecque, avec Thanatos (personnification de la mort), cf.

Shapiro, 1993, pp. 132-158, et Sarian, 1994-1995, pp. 63-73. Pour l'image du dormeur à l'époque hellénistique, cf. Bieber, 1961 (a), pp. 112-113 et 145-146; pour une étude plus minutieuse, cf. McNally, 1985, pp. 152-192.

118. Rome, *Museo Capitolino*, Inv. 503/S. Cf. McNally, 1985, fig. 14.

119. Munich, *Glyptothek*, GI 218. Cf. McNally, 1985, fig. 16.

CHAPITRE V

États paroxystiques et folie

1. Cambridge, *Fitzwilliam Museum*, GR. 1. 1864; cf. Nicholls, 1982, pp. 321-328. On connaît plusieurs sculptures montrant Héraclès ivre, titubant et parfois, comme par exemple le bronze trouvé dans la Maison des cerfs à Herculanum, en train d'uriner sans vergogne.

2. *Anthologie grecque, Anthologie de Planude, Épigrammes descriptives*, n°s 98-99 (éd. R. Aubreton et F. Buffière, t. XIII, Paris, 1980).

3. Athénée, *Deipnosophistes*, II, 3 (éd. A. M. Desrousseaux et Ch. Astruc, Paris, 1956). Des comportements analogues en état d'ivresse figurent notamment sur l'amphore d'or de Panaguristé. Cf. Griffith, 1974, et Daumas, 1978, p. 23 et pl. 7.

4. Genève, *Collection Jacques Chamay*, cratère italiote, œuvre du peintre de Darius, vers 330 av. J.-C.; cf. Chamay et Cambitoglou, 1980, pp. 35-43, et Aellen *et al.*, 1986, pp. 168-170.

5. Philostrate, *Images*, II, 23.

6. L'auteur de ce tableau perdu serait soit Parrhasios (d'après Plutarque), soit Euphranor (selon Pline et Lucien); cf. Reinach A. (éd. Rouveret), 1985, n°s 269, 351 et 357.

7. Pline, XXXIV, 140.

8. Pour le comportement des bacchantes ou ménades (nous ne chercherons pas à distinguer ces deux termes), cf. Coche de La Ferté, 1951 et 1980, et Dodds, 1965. Pour l'iconographie sur ce sujet, cf. Meige, 1894 (b), pp. 35-64; Richer, 1902, pp. 61-165, et Richer, 1926, pp. 330-335; Philippart, 1930; McNally, 1978, pp. 101-135.

9. Philostrate, *Images*, I, 18.

10. Pour les satyres, êtres mi-humains mi-bestiaux, et leurs relations avec les ménades, cf. particulièrement Bérard, 1983, pp. 43-54 et fig. 1-13, et Keuls, 1984, pp. 287-296 et pl. XVII-XXII. Parfois la ménade danse devant Dionysos lui-même, comme sur un vase de Carthagène; cf. *Archivio español de arqueología*, 65, 1992, pp. 22-23, fig. 15.

11. Munich, *Staatliche Antikensammlungen*, NI 8732, amphore attique provenant de Vulci; cf. Buschor, 1969.

12. Rome, *Museo Torlonia, Villa Albani*, Inv. 948.

13. RICHER, 1926, pp. 121-126, fig. 146. Voir chap. 1, pp. 10-11.

14. Munich, *Staatliche Antikensammlungen*, Inv. 5195, terre cuite hellénistique provenant de Myrina.

15. *Louvre*, D 1166, terre cuite hellénistique provenant de Smyrne; BESQUES, 1971-1972, III, p. 168, pl. 233b. Cf. GOUREVITCH D. et M., 1963, p. 2752, fig. 7; GIULIANI, 1987, p. 708, fig. 13.

16. Voir par exemple le vase conservé à Ferrare (T 128; ARV, 10952, 25); cf. KEULS, 1984, pl. XVII, fig. 2.

17. Notamment MEIGE, 1984 (a), 1894 (b) et 1909, puis, dans une optique plus moderne, COCHE DE LA FERTÉ, 1980, qui renvoie à Pierre JANET, *De l'angoisse à l'extase*, Paris, 1926, p. 105.

18. Une opinion extrémiste est soutenue par BREMMER, 1984, pour qui cette aventure cultuelle des femmes est « just as visits to the disco » (p. 286).

19. Compiègne, *Musée Antoine Vivenel*, Inv. L 1349.

20. PHILOSTRATE, *Images*, I 18.

21. Pour l'iconographie de cette scène (vases à Boston, Oxford, Rome, Paris et ailleurs), cf. DILTHEY, 1874, pp. 79-85; HARTWIG, 1892, pp. 153-164; CURTIUS, 1929; ROMMER, 1960, et MATTES, 1970, p. 15.

22. Boston, *The Museum of Fine Arts*, Inv. 10.221, vase attique daté d'environ 520 av. J.-C.; cf. PHILIPPART, 1930, n° 50, et BEAZLEY, 1963, 2, p. 16, n° 4.

23. LIBERTINI, 1939-1940, pp. 139-145, fig. 4.

24. Par exemple un lion, comme sur un stamnos d'Oxford (*The Ashmolean Museum*, Inv. 1912.1165); cf. BEAZLEY, 1963, p. 208, n° 144.

25. GALLINI, 1963, pp. 211-228.

26. Ischia di Castro (Viterbe), *Antiquarium*, fouilles belges de 1965; cf. F. DE RUYT, *Comptes rendus de l'Académie des inscriptions et belles lettres*, 1967, p. 265.

27. *British Museum*, E 246, hydrie du IVᵉ siècle av. J.-C.; cf. COCHE DE LA FERTÉ, 1980.

28. Salonique, *Musée archéologique*, Inv. B 1, cratère en bronze doré, sculpté au repoussé, rehaussé d'argent et de cuivre (dernier tiers du IVᵉ siècle av. J.-C.), entièrement consacré à des scènes dionysiaques. Cf. BARR-SHARRAR, 1979 et 1982.

29. INGHIRAMI, 1831, I, pp. 156-160, pl. LXXXI-LXXXIII; KOERTE, 1874, pp. 23-31; SÉCHAN, 1926, pp. 70-74; BROMMER, 1960; Auteurs divers, *Letteratura e arte figurata nella Magna Grecia*, 1966, pp. 20-21; MATTES, 1970, p. 21; TRENDALL et WEBSTER, 1971, pp. 49-52; FERRIN SUTTON, 1975, pp. 356-360.

30. PAUSANIAS, I, 20, 3 (éd. M. CASEWITZ, J. POUILLOUX et Fr. CHAMOUX, Paris, 1992, p. 65). Lycurgue et Penthée sont également associés sur une hydrie à figures rouges du Musée de la Villa Giulia. Cf. CULTRERA, 1938, pl. 1-3, et COCHE DE LA FERTÉ, 1980, p. 176.

31. DI MARCO, 1987, pp. 167-175.

32. Naples, *Museo archeologico nazionale*; HEYDEMANN, 1872, n° 3219; cf. REINACH S., 1899, I, p. 125; SÉCHAN, 1926, pp. 73-74, fig. 23; FERRIN SUTTON, 1975, p. 357.

33. *British Museum*, F 271, amphore de Ruvo, IVᵉ siècle av. J.-C.; cf. SÉCHAN, 1926, pp. 71-72, fig. 21; TRENDALL et WEBSTER, 1971, pp. 49-52, pl. III, 1, 15; FERRIN SUTTON, 1975, p. 357. Même sujet sur un vase de Naples (HEYDEMANN, 1872, n° 3237; SÉCHAN, 1926, p. 72, fig. 22; SIMON, 1978, p. 69). Sur un cratère du Musée de Naples et sur une amphore du Musée Jatta à Ruvo, Lycurgue s'élance avec une hache sur son fils agenouillé; cf. SÉCHAN, 1926, p. 70, fig. 18-19.

34. SHAPIRO, 1993, pp. 168-170.

35. Munich, *Staatliche Antikensammlungen*, SH 3300, amphore de Canosa, fin du IVᵉ siècle av. J.-C.; cf. FERRIN SUTTON, 1975, p. 357.

36. *Anthologie grecque, Anthologie de Planude, Épigrammes descriptives, n° 127* (éd. R. AUBRETON et F. BUFFIÈRE, t. XIII, Paris, 1980).

37. *British Museum*, MLA 1958, 12-2, 1; cf. COCHE DE LA FERTÉ, 1956, pp. 131-162. Même sujet sur une mosaïque gallo-romaine du Musée lapidaire de Vienne; cf. LANCHA, 1981, p. 188, pl. LXXIX.

38. SAVIGNONI, 1912, pp. 145-178, et MATTES, 1970, p. 23.

39. Paris, *Bibliothèque nationale, Cabinet des médailles*, camée 145, IVᵉ siècle av. J.-C. Cf. BABELON, 1897, pp. 73-74.

40. *Ibid.*, camée 145a; cf. SAVIGNONI, 1912, fig. 2.

41. Naples, *Museo archeologico nazionale*; HEYDEMANN, 1872, n° 1760; cf. SAVIGNONI, 1912, fig. 1.

42. Cf. en particulier SCARPI, 1980, pp. 431-444.

43. *Anthologie grecque, Anthologie palatine*, tome I, livre III, 2, *Description de Christodoros*, v. 243-245 (éd. P. WALTZ, Paris, 1928, p. 71).

44. Cf. notamment SPRENGEL, 1815, t. I, pp. 94-97.

45. DODDS, 1951 et 1965; SMITH, 1965, pp. 403-426, et PADEL, 1983, pp. 13-19.

46. PAILLER, 1976, II, pp. 731-742; VAN STRATEN, 1976, p. 19, et CONNOR, 1988, pp. 155-189.

47. KOERTE, 1874, et SHAPIRO, 1993.

48. SHAPIRO, 1993, pp. 51-61 et n. 11-15.

49. Voir chap. 6, pp. 159-160.

50. SHAPIRO, 1993, pp. 208-215 et n. 132-140.

51. CAIRNS, 1996, pp. 152-158.

52. Heidelberg, *Antikenmuseum des Archäologisches Instituts der Universität*, Inv. 59/5; cf. HAMPE et SIMON, 1964, pl. 5.

53. Pour le riche symbolisme du taon, cf. DE MARTINO, 1960, et traduction française, 1966, pp. 218-229. Pour les Érynies ou Euménides, cf. LLOYD-JONES, 1989.

54. SÉCHAN, 1926, pp. 86-101; DELCOURT, 1959; MATTES, 1970, pp. 21-22; TRENDALL et WEBSTER, 1971, pp. 44-49; SIMON, 1978, pp. 102-113.

55. ESCHYLE, *Les Euménides*, v. 416 (trad. P. MAZON).

56. ESCHYLE, *Les Choéphores*, v. 1050 et 1054 (trad. P. MAZON).

57. Naples, *Museo archeologico nazionale*; HEYDEMANN, 1872, n° 3249; cf. SÉCHAN, 1926, pp. 95-96, fig. 31.

58. Sujet analogue au Musée de Paestum, 4794; cf. SESTIERI, 1959, fig. 3-5; TRENDALL et WEBSTER, 1971, pl. III 1, 12.

59. *Louvre*, K 710, vase trouvé à Armento, probablement dernier tiers du vᵉ siècle av. J.-C.; cf. SÉCHAN, 1926, pp. 97-99, pl. I, 2; HENLE, 1973, p. 22, fig. 14.

60. Saint-Pétersbourg, *Musée de l'Ermitage*, n° 349, Inv. B 1743; cf. SÉCHAN, 1926, pp. 94-95, fig. 30, TRENDALL et WEBSTER, 1971, pl. III 1, 10.

61. *British Museum*, Inv. 1917.12-10.1, vase trouvé à Paestum, IVᵉ siècle av. J.-C.; cf. SÉCHAN, 1926, pl. II; TRENDALL et WEBSTER, 1971, pl. III 1, 11.

62. *Musei Vaticani, Magazzino Corazze*, Inv. 10461. Cf. ANTONI, 1956, pp. 29-33.

63. GRIFFITHS, 1990, envisage sous cet angle la passion d'Héraclès pour Iole (d'après le vase 10.916 du Musée archéologique national de Madrid, et un vase d'une collection privée), et le désir lubrique de Tityos pour Lêto (d'après le vase G 164 du Louvre).

64. SHAPIRO, 1993, pp. 110-124 et n. 17, 19 et 52-61.

65. CAZANOVE, 1983, pp. 55-113.

66. Voir chap. 6, p. 154.

67. Sur ce motif, cf. DEVAMBEZ, 1955, pp. 121-134 et pl. 4, et SÉCHAN, 1926, pp. 322-340.

68. GHIRON-BISTAGNE, 1981, fig. 3, et WILSON, 1990, p. 242. Ce sujet est également traité sur un vase de la Basilicate (*British Museum*, F 272) et sur un miroir antique.

69. Quant au fol amour de Didon et à son iconographie, cf. *Anthologie grecque, Anthologie de Planude, Épigrammes descriptives,* n° 151 (éd. R. AUBRETON et F. BUFFIÈRE, t. XIII, Paris, 1980).

70. Pour le sort d'Hippolyte et l'iconographie de sa mort, cf. SÉCHAN, 1911, pp. 110-112, et GHIRON-BISTAGNE, 1981, fig. 6. Pour une interprétation psychanalytique de son cas, appuyée en partie sur un vase de Ruvo (*British Museum*, F 279), cf. SMOOT, 1976, pp. 292-303.

71. *Anthologie grecque, Anthologie de Planude, Épigrammes descriptives,* n° 109 (éd. R. AUBRETON et F. BUFFIÈRE, t. XIII, Paris, 1980).

72. ROBERT, 1939, III, 2, fig. 167 et 168; TOYNBEE, 1977, p. 386 et fig. 20.

73. PLINE, XXXV, 100; cf. REINACH A. (éd. ROUVERET), 1985, n° 347, 7.

74. Voir chap. 4, pp. 74-75.

75. SHAPIRO, 1993, pp. 168-170 et n. 111.

76. *Anthologie grecque, Anthologie palatine,* V. *Épigrammes amoureuses,* n° 266 (éd. P. WALTZ et J. GUILLON, t. II, Paris, 1928).

77. Leyde, *Rijkmuseum van Oudheden*; cf. DIAKONOFF, 1979, p. 146, n° 12.

78. Il en sera question à propos d'Œdipe; voir chap. 10, pp. 262-263.

79. MATTES, 1970, p. 19.

80. Paris, *Cabinet des médailles*, 811, coupe du vᵉ siècle av. J.-C.; cf. BEAZLEY, 1963, p. 829, n° 45; FLACELIÈRE ET DEVAMBEZ, 1966, pl. III (avec une identification erronée), et surtout MAFFRE, 1982, pp. 208-212, qui décrit sept autres vases à figures rouges traitant le même sujet.

81. PIGEAUD, 1981, pp. 407-429; STADEN, 1992, pp. 131-150.

82. EURIPIDE, *Héraclès*, v. 833-837 et 867-868 (éd. L. PARMENTIER et H. GRÉGOIRE, Paris, 1959).

83. PHILOSTRATE, *Images*, II 23.

84. Madrid, *Museo arqueológico*, Inv. 11094 ; cf. FLACELIÈRE et DEVAMBEZ, 1966, pp. 102-104 et pl. XV, et SIMON, 1978, pp. 130-139.

85. PHILOSTRATE, *Images*, II 23.

86. MATTES, 1970, p. 18.

87. KOERTE, 1874, pp. 38-43 ; SIMON E. 1954, pp. 203-227 ; ZINSERLING-PAUL, 1979, pp. 407-436, MEYER, 1980 ; PIGEAUD, 1981, pp. 373-407 ; GAGGADIS-ROBIN, 1994, pp. 147-177, et CLAUSS et JOHNSTON, 1997.

88. Naples, *Museo archeologico nazionale*, fresque du début du Ier s. de notre ère (la seule traitant ce sujet qui nous soit parvenue dans son intégralité) ; reproduite dans le catalogue *À l'ombre du Vésuve*, Paris, 1995, n° 45. Voir aussi la fresque de la Maison du Centaure de Pompéi (R IX, 8, 3-6) où Médée brandit déjà l'épée en direction de ses enfants.

89. Leon Galis donne une autre interprétation, normalisatrice et même vertueuse, du crime de Médée. Cf. GALIS, 1992, pp. 65-81.

90. Pour d'autres représentations de Médée en train de méditer le meurtre de ses enfants, cf. GAGGADIS-ROBIN, 1994, pp. 151-170.

91. Antalya, *Musée*, A 927, IIe siècle de notre ère ; cf. MARCADÉ, 1987, pp. 247-258, pl. VIII-IX, qui fait le rapprochement avec un sarcophage de Bâle et une base de trapézophore d'Athènes. Voir aussi TOYNBEE, 1977, pp. 394-396, fig. 24, et GAGGADIS-ROBIN, 1994, pp. 171-172.

92. *Louvre*, K 300 ; cf. SÉCHAN, 1926, pp. 403-404, fig. 120 ; TRENDALL et WEBSTER, 1971, III 3, fig. 36 ; ZINSERLING-PAUL, 1979, pp. 434-435, fig. 24. Pour d'autres scènes d'infanticide dans l'art antique, cf. HALM-TISSERANT, 1994.

93. Székesfehérvar, *Musée*, Inv 10413 ; GAGGADIS-ROBIN, 1994, p. 175, fig. 75.

94. Paris, *Cabinet des médailles*, n° 947 ; cf. DAVIES, 1971, pl. 48.4.

95. Vienne, *Niederösterreischisches Landesmuseum*, sculpture romaine provenant de Sommerein ; cf. TOYNBEE, 1977, p. 353.

96. Genève, *Musée d'art et d'histoire*, MF 2736, pâte de verre jaune, art italique étrusquisant, IIe siècle av. J.-C. ; cf. CHAMAY, 1984, pp. 18-19.

97. L'iconographie du suicide d'Ajax est exceptionnellement riche. Pour une mise au point générale, cf. H.-G. BUCHHOLZ et H. P. GUMTZ in LASER, 1983, pp. 77-84. Cf. aussi MATTES, 1970, pp. 15-16 ; PAPASTAMOS, 1970 ; DAVIES, 1971 et 1985 ; STAROBINSKI, 1974 ; SIMON, 1978, pp. 124-130 ; BROMMER, 1985, pp. 21-24 ; GALLET DE SANTERRE, 1989, et VAN HOOFF, 1990 et 1994.

98. Cf. l'argumentation très convaincante de VANDVIK, 1942, pp. 169-175.

99. Boulogne-sur-mer, *Château-Musée*, Inv. 558, amphore du VIe siècle av. J.-C. ; cf. BEAZLEY, 1956, p. 145, n° 18 ; HENLE, 1973, p. 144, fig. 69 ; SIMON, 1978, p. 125 ; GEROULANOS et BRIDLER, 1994, fig. 65.

100. Bâle, *Antikenmuseum* (Coll. particulière), vase attique du Ve siècle av. J.-C. ; cf. SCHEFOLD, 1976, pp. 71-78, pl. 15.

101. Boston, *The Museum of Fine Arts,* Inv. 27. 717; cf. ZAZOFF, 1968, n° 335; DAVIES, 1971, p. 150, pl. 46.2. New York, *Metropolitan Museum of Art,* Inv. 41.160. 489; cf. RICHTER, 1968, p. 201, n° 814.

102. Boston, *The Museum of Fine Arts,* Inv. 99.494; cf. MACH, 1900, pp. 93-99, et DAVIES, 1971, p. 154, pl. 48.3.

103. Florence, *Museo archeologico,* Inv. 12193; cf. DAVIES, 1971, p. 153, pl. 48.2.

104. Tarquinies, *Museo nazionale,* et Bâle, *Antikenmuseum,* Inv. BS 1404; cf. DAVIES, 1971, p. 148, pl. 46.1.

105. Bâle, *Antikenmuseum,* Collection Käppeli, 531; cf. DAVIES, 1971, pp. 148-157, pl. 45, 1-4.

106. Malibu, *The J. Paul Getty Museum,* S.82 AE 27; coupe attique, ve siècle av. J.-C.; cf. DAVIES, 1973, pp. 60-70, pl. 9 (décrivant aussi trois gemmes traitant le même sujet).

107. *British Museum,* F 480, cratère étrusque du IVe siècle; cf. SÉCHAN, 1926, pp. 128-130, fig. 38.

108. Ce thème est illustré par trois urnes étrusques de Volterra; cf. SMALL, 1976, pp. 349-360.

109. Ce sujet a été traité dans un tableau de peintre anonyme, décrit dans l'*Anthologie palatine, Anthologie de Planude,* n° 151 (éd. R. AUBRETON et F. BUFFIÈRE, t. XIII, Paris, 1980).

110. MATTES, 1970, pp. 19-20; CIANI, 1974, pp. 70-79; LIVREA, 1983, pp. 40-42.

111. GOUREVITCH D. et M., 1979, pp. 263-279.

112. ESCHYLE, *Prométhée,* v. 645-654 (trad. P. MAZON, Paris, 1958).

113. ESCHYLE, *Les Suppliantes,* v. 568-569 et 573 (trad. P. MAZON, Paris, 1958). Pour les variantes concernant le sexe de l'animal, cf. MORET, 1980, pp. 3-26.

114. Pour cette séquence, cf. YALOURIS, 1986.

115. Boston, *The Museum of Fine Arts,* Inv. 00366. Cf. ENGELMANN, 1903, p. 39, n° 1; TRENDALL, 1967 (Pisticci group, n° 6); TRENDALL et WEBSTER, 1971, II, 6, p. 23.

116. Naples, *Museo archeologico nazionale.* Cf. *Enciclopedia dell'arte antica,* IV, 208.

117. Catane, *Museo archeologico,* cratère Biscari; cf. REINACH S., 1899, I, p. 407.

118. Rome, mosaïque murale dans un nymphée du Quirinal (époque néronienne ou flavienne); cf. MÜLLER, 1986, p. 155.

119. Berlin, *Staatliche Museen, Antikensammlung,* Inv. 2342; cf. HENLE, 1973, pp. 165-166, fig. 78.

120. Volterra, *Museo etrusco Guarnacci,* urne 336; cf. BRUNN, 1870, pp. 118-120, fig. LXXXVIII 2.

121. *Odyssée,* X 133-405.

122. Boston, *The Museum of Fine Arts,* H. L. Pierce Fund, Inv. 99. 518; cf. MÜLLER, 1913, p. 52; BEAZLEY, 1956, p. 198; VERMEULE, 1979, p. 131, fig. 3.

CHAPITRE VI

Maigreur et émaciation

1. On en trouve un exemple saisissant dans l'art archaïque avec le célèbre « vase aux moissonneurs » d'époque minoenne : le joueur de sistre qui chante à pleins poumons paraît vigoureux bien que sa minceur lui donne l'apparence d'un « écorché » (Héracléion, *Musée archéologique*, Inv. 184). Cf. COULOMB, 1981.

2. Voir chap. 8, pp. 217-219.

3. Explication donnée à Ulysse par l'ombre de sa mère Anticlée (*Odyssée*, XI, 201). Dans ce contexte, on peut attribuer au terme grec *thumós* le sens général de *principe de vie.* Pour la consomption chez Homère et dans la tragédie grecque, cf. GRMEK, 1983, pp. 64-65.

4. Le mot *têkedôn* désigne aussi un remède contre l'obésité.

5. PAUSANIAS, *Description de la Grèce*, X, 29, 3.

6. *Odyssée*, XI, 576-579. Voir aussi la légende de Prométhée, p. 91.

7. *Aph.* II, 44 (LITTRÉ, IV, 482).

8. *Aph.* V, 44 (LITTRÉ, IV, 546) et *Articulations* 8 (LITTRÉ, IV, 100).

9. Cf. *Épid.* III, 3, 14 (LITTRÉ, III, 98-100).

10. Sur la phtisie antique, cf. GRMEK, 1983, pp. 269-290 (avec la bibliographie antérieure).

11. SKODA, 1994, pp. 107-128, et DEBRU, 1988, pp. 19-31.

12. PLUTARQUE, *Propos de table*, V, 1.

13. PAUSANIAS, *Description de la Grèce*, X, 2, 6.

14. SPRENGEL, 1792, vol. I, p. 391 ; cité d'après l'édition française, Paris, 1815, I, p. 303.

15. TREU, 1874, p. 49 ; HITZIG et BLUEMNER, 1907, vol. III, pp. 630-631, et POMTOW, 1917, pp. 306-307.

16. *Musée de Delphes*, Inv. 2255. Cf. POMTOW, 1917, pp. 307-311, et JOUANNA, 1992, pp. 54 et 585-586.

17. LONGPÉRIER, 1844-1845, pp. 458-461.

18. *Ibid.*, p. 459.

19. *Corpus Inscriptionum Graecarum*, IV, 6855 b.

20. MICHAELIS, 1882, p. 629.

21. *Catalogue of Ancient Greek Art*, Burlington, Fine Arts Club, 1904, p. XXVII.

22. POMTOW, 1917, pp. 313-316.

23. Publié par LONGPÉRIER, 1844-1845, pl. 13. Ce dessin a été souvent reproduit. Un autre dessin, plus de profil, a été publié par REINACH S., 1897, vol. II, p. 691.

24. *Dumbarton Oaks Research Library and Collection*, Inv. 47.22.

25. RICHTER, 1956, pp. 32-35.

26. CHAMOUX, 1961, pp. 37-38, et 1962, pp. 386-396.

27. Catalogue de WUILLEUMIER, 1928, pp. 83-84.

28. Carcopino, 1922, pp. 211-301. Pour la bibliographie récente, cf. Auteurs divers, *Médecine antique*, Lausanne, 1981, pp. 34-36.

29. Cf. Chamoux, 1962, p. 390. Toutefois, quelques détails restent sans explication satisfaisante : l'inscription ne convient pas pour une anecdote médicale, le vieillard a un sein féminin dénudé (symbolisant la nourrice spirituelle ?) et le jeune homme a un seul pied chaussé (rituel religieux, comme peut-être aussi chez la « buveuse de Vichy ; voir p. 295). La scène cumule peut-être plusieurs sens. Voir la discussion provoquée par la communication de François Chamoux à la Société des Antiquaires de France (Chamoux, 1961, p. 38).

30. Il en est question dans le *Presbeutikos,* dans le récit biographique de Soranos, dans une remarque de Galien et, avec des détails, dans le lexique *Suda.* Cf. Jouanna, 1992, pp. 50-51.

31. On en connaît plusieurs parallèles (Pline, Galien, Valère Maxime, Appien, Plutarque et autres). Cf. Mesk, 1913, pp. 366-369 ; Mesulam et Perry, 1972, pp. 546-551, et Maisano, 1992, pp. 71-83. Quant à la maladie d'amour chez les femmes, les légendes et les documents iconographiques insistent sur les évanouissements et non sur la consomption, sans doute pour ne pas porter atteinte aux rondeurs gracieuses des héroïnes. Voir chap. 5, pp. 132-133.

32. Grmek, 1983, p. 285.

33. Perdrizet, 1934, p. 723 et pl. IV.

34. Lexique *Suda,* s. v. *Theopompos* et *Phtoê.* Cf. Edelstein, 1945, vol. I, pp. 262-263.

35. Voir chap. 2, pp. 50-51, 54 et 59.

36. Richardson, 1933, et Boucher-Colozier, 1965, pp. 25-38. Plusieurs exemples de figurines représentant des vieillards cachectiques dans des poses burlesques sont répertoriés par Winter, 1903. En revanche, sur les portraits qui ornent les monuments funéraires grecs et romains, les ravages physiques de la vieillesse sont le plus souvent adoucis pour faire mieux ressortir la considération sociale et la sérénité qu'apporte un âge avancé (cf. notamment Meyer, 1989, pp. 49-82).

37. Voir chap. 2, p. 57, fig. 23.

38. Sur ce signe de la vieillesse dans la nature et dans l'art, cf. Meige, 1930, pp. 188-190.

39. Voir chap. 4, p. 115.

40. Voir p. 215, fig. 160.

41. Schwerin, *Staatliches Museum,* Inv. KG 708 ; cf. Pfisterer-Haas,1989, p. 19 et fig. 8 ; Crighton, 1991-1992, pl. 6 B.

42. Beazley, 1949-1951, pp. 18-20 ; Brommer, 1952, col. 60-73 ; Hafner, 1958, pp. 139-153 ; Shapiro, 1984, pp. 391-392 ; Shapiro, 1993, pp. 89-94 et 238-239 ; Garland, 1995, p. 118, fig. 50 et 51.

43. *Louvre,* G 234. Péliké provenant de Capoue. Cf. *Philologus,* 50, 1891, pl. 1 ; Pottier, 1897, pl. 131, Brommer, 1952, col. 61, n° 1, et Beazley, 1963, I, p. 175, n° 11 ; Flacelière et Devambez, 1966, pl. XIX.

44. Rome, *Museo nazionale di Villa Giulia.* Cf. Brommer, 1952, p. 73 ; Giglioli, 1953, pp. 111-113, pl. 36, et Fedeli, 1956, pp. 3-11.

45. *British Museum*, E 290. Cf. SMITH, 1883, pl. 30 ; BROMMER, 1952, pl. 2, et BEAZLEY, 1963, I, p. 440.

46. *Louvre*, E/D 1282 ; BESQUES, 1971-1972, III, p. 180, pl. 251g.

47. *Louvre*, D 1163, terre cuite hellénistique de Smyrne ; BESQUES, 1971-1972, III, p. 168, pl. 232d ; cf. REGNAULT, 1907 (b), pp. 28-29, fig. 7 ; GOUREVITCH D. et M., 1963, pp. 2751-2752, fig. 8 ; GOUREVITCH M., 1965, pp. 16-21, fig. 3. Trois autres statuettes de Smyrne, conservées à Paris (*Louvre*, D 1164 et 1165 ; *Cabinet des médailles* H 1182) ressemblent à celle dont nous reproduisons l'image (thorax émacié, seins flasques, dos dévié, ventre proéminent), mais s'en distinguent par l'écartement des jambes qui laisse voir une vulve largement ouverte. Cf. BESQUES, 1971-1972, III, p. 168, pl. 233d et 233f ; REGNAULT, 1907 (b), pp. 29-30, fig. 8 ; GIULIANI, 1987, pp. 706-707, fig. 12, et QUEYREL-BOTTTINEAU, 1989, p. 80, n° 10. Cf. aussi LAUMONNIER, 1946, pl. XV, 10.

48. Cette caractéristique se retrouve même sur la statuette soigneusement exécutée d'une femme dont le corps émacié est vêtu d'une tunique transparente ; cf. GARLAND, 1995, fig. 53.

49. *Anthologie grecque, Anthologie palatine*, V, n° 273 (éd. P. WALTZ et J. GUILLON, t. II, Paris, 1928). À propos du « désir » *(pothos)*, voir chap. 5, p. 132.

50. MÉTRAUX, 1997, p. 50.

51. *Louvre*, D 1211, terre cuite hellénistique de Smyrne ; BESQUES, 1971-1972, III, p. 173, pl. 241b ; cf. WINTER, 1903, p. 444, fig. 3.

52. *Louvre*, D 884, terre cuite hellénistique d'Asie Mineure ; BESQUES, 1971-1972, III, p. 132, pl. 163a. Même sujet : D 1180, D 1181 et D 1212.

53. REGNAULT, 1909 (a), p. 199, fig. 19.

54. GOUREVITCH D. et M., 1963, p. 2752, fig. 6 ; cf. aussi GOUREVITCH M., 1965, p. 21, fig. 12.

55. BESQUES, 1971-1972, III, p. 173, et Auteurs divers, *Médecine antique*, Lausanne, 1981, p. 101.

56. BRECCIA, 1930, vol. I, pl. XXXI 2, 5, 7.

57. PANAYOTATOU, 1927, p. 44, fig. 15.

58. Voir DAUX, 1958, pp. 728-731, et 1963, pp. 636-638.

59. DUNBABIN et DICKIE, 1983, pp. 7-37.

60. Athènes, *Musée archéologique national*, MN 447 ; cf. DUNBABIN et DICKIE, 1983, p. 22, pl. 4a-b.

61. *Musei Vaticani, Museo Gregoriano Etrusco*, n° 20397. Plusieurs figurines semblables ont été trouvées dans la tombe Regolini-Galassi à Cerveteri.

62. *British Museum*, n° 3010 et 3011 ; cf. DUNBABIN et DICKIE, 1983, pp. 22-23, pl. 4c-d.

63. Vienne, *Kunsthistorisches Museum*, Inv. 1925/2535, et *British Museum*, n° 1325 ; cf. DUNBABIN et DICKIE, 1983, pp. 24-25, pl. 5a-b.

64. SLANE et DICKIE, 1993, pl. 85.

65. LUCIEN, *Calumniae non temere credendum*, 5 ; cf. REINACH A. (éd. ROUVERET), 1985, pp. 320-323.

66. Pour les taudis urbains du monde romain, cf. SCOBIE, 1986, pp. 399-433.

67. CHARCOT et RICHER, 1889, p. 9.

68. *Louvre*, D 573, terre cuite hellénistique provenant de Pergame; BESQUES, 1971-1972, III, p. 96, pl. 121c.

69. Selon Félix Regnault, 1909 (a), pp. 195-201, fig. 6, ce serait « un acteur comique émacié ».

70. GRECO, 1960 (b), pp. 1244-1248.

71. Laon, *Musée*, Collection P. M. de la Charlonie, Inv. 37.376. Cf. GRMEK, 1988 (a), p. 20, fig. 13, et, pour le diagnostic de rachitisme dans l'Antiquité, GRMEK, 1983, pp. 119-120.

72. Volterra, *Museo etrusco Guarnacci*, urne, Inv. 141; cf. CATENI, 1989, fig. 11.

73. LANZI, 1824, fig. XII 1, et MAGGIANI, in CRISTOFANI *et al.*, 1975, col. 29-30.

74. F. PIETRANGELO, « Prima segnalazione di un caso di tubercolosi ossea in un soggetto di epoca etrusca », *Primo Congresso della Società italiana di paleopatologia*, Chieti, 1995.

75. Volterra, *Museo etrusco Guarnacci*, urne, Inv. 631; cf. CRISTOFANI *et al.*, 1975, fig. 252; CATENI, 1989, p. 83, fig. 52.

76. BLANKOFF, 1967, pp. 280-288.

77. Pour les blessés mourants, voir le chap. 3. Pour l'iconographie du cadavre et la différenciation entre la mort et le sommeil, cf. EGER, 1966; VERMEULE, 1979; RAFFAELI, 1987; BÉRARD, 1988; STAFFORD, 1991-1993, et HALM-TISSERANT, 1993.

78. En établissant un inventaire de tels objets, TREU, 1874, les a classés en sept catégories, dont une seule d'intérêt médical. DUNBABIN, 1986, révise et complète une partie de cette liste, passe en revue les opinions sur la signification des figures squelettiques et examine leur rôle lors des banquets.

79. Voir chap. 8, p. 220.

80. DUNBABIN, 1986, pp. 193 et 208, avance de bons arguments en faveur de l'origine égyptienne de l'usage de ces symboles de mort dans les festins gréco-romains.

81. *Louvre*, Br 710; *British Museum*, n° 1681; cf. DUNBABIN, 1986, pp. 196-198, fig. 5-6.

82. *British Museum*, n° 2391; cf. DUNBABIN, 1986, pp. 244-245 et fig. 54.

83. *Inscriptiones Graecae*, XIV 2131.

CHAPITRE VII

Obésité et affections du ventre

1. Gourevitch et Grmek, 1987, pp. 355-367.

2. Sauser, 1965, pp. 205-208. Pour les interprétations esthétiques et médicales de l'obésité dans l'art préhistorique, cf. Petrocchi et Calcagni, 1966, pp. 72-82 ; Rousseau, 1970, pp. 1-44 ; Helwin, 1973, pp. 433-437, et Pontius, 1986, pp. 544-546.

3. Ankara, *Musée archéologique* ; cf. J. Mellaart, *Çatal Hüyük*, Londres, 1967.

4. Winter, 1903, p. 458, et Pfisterer-Haas, 1989, pp. 71-73 et 137-139. Voir aussi Perdrizet, 1921, pp. 122-125 et pl. 84, et Graindor, 1939, pp. 100-107, fig. 30-35. Pour une autre conception de cette divinité (« la vulve qui marche »), cf. Olender, 1985.

5. C'est notamment le cas des figurines conservées dans la collection Fouquet ; cf. Perdrizet, 1921, p. 124.

6. Devereux, 1983.

7. Carslruhe, *Badisches Landesmuseum*, Inv. B 431, terre cuite provenant d'Égypte, Ier siècle av. J.-C. ; cf. Devereux, 1983, p. 51, fig. 6 ; Pfisterer-Haas, 1989, pp. 74 et 112, fig. 122.

8. *Louvre*, D 1265 ; Besques, 1971-1972, III, pl. 249d.

9. Graindor, 1939, pp. 100-103, fig. 30.

10. Voir chap. 12, pp. 313-314.

11. *Louvre*, D 1150, terre cuite hellénistique trouvée à Smyrne ; Besques, 1971-1972, III, p. 167, pl. 231a. La stéatopygie et un ventre bien rond se retrouvent sur une statuette hellénistique conservée à Munich, *Staatliche Antikensammlungen*, TC 5595 ; cf. Pfisterer-Haas, 1989, p. 130 et fig. 83-84.

12. Hippocrate, *Épidémies*, V, 42 (Littré, V, 232).

13. Aristote, *De la génération des animaux*, II, 7, 746b.

14. Pline, XI, 212.

15. Aristote, *De la génération des animaux*, IV, 6, 775a.

16. Soranos, *Des maladies des femmes*, I, 34-35 et IV, 2.

17. Gourevitch D., 1985 (b).

18. Célius Aurélien, *Maladies chroniques*, V, 130-131.

19. *Ibid.*, V, 129-130.

20. Catulle, *Carmen* 39, v. 11-12.

21. Virgile, *Géorgiques*, II, 193. Commune chez les anthropologues et les historiens de l'art, l'explication raciale de l'obésité étrusque est soutenue aussi par quelques historiens de la médecine ; cf. Medvei, 1982, p. 55.

22. Et non seulement sur « un petit nombre » comme le voulait Heurgon, 1961, p. 37.

23. Tarquinies, *Museo nazionale* ; cf. Herbig, 1952, n° 107, pl. 26a ; *Catalogo della mostra dell'arte e della civiltà etrusca*, Milano, 1955, pp. 95-96, et Sprenger et Bartoloni, 1977, p. 60, pl. 247-248.

24. Florence, *Museo archeologico;* cf. GIGLIOLI, 1935, pl. 365; HERBIG, 1952, n° 21, pl. 60a; TABANELLI, 1962, p. 71 et pl. 28.

25. HEURGON, 1961, p. 38.

26. Chiusi, *Museo nazionale etrusco;* cf. TABANELLI, 1962, p. 72 et pl. 29. Un autre exemple du même type d'embonpoint, à la limite du pathologique, est fourni par une urne de Volterra, conservée à Bologne (*Museo civico archeologico,* couvercle de l'urne de Vel Teta).

27. *Louvre,* CP 4489; cf. BESQUES, 1986, p. 75, pl. 67d. Ce vieillard ventru serait plutôt, d'après REGNAULT (1899, p. 271), un autre personnage de comédie : le barbon *pappus.*

28. Des séries de statuettes représentant de tels acteurs comiques sont conservées notamment aux musées archéologiques de Lipari (cf. BERNABÒ BREA, 1980, pp. 81-84) et de Nicosie (cf. NICOLAOU, 1989, pp. 275-276).

29. *Louvre,* E/D 846; BESQUES, 1971-1972, III, p. 126, pl. 154i. Deux autres figurines de même type sont conservées au Musée d'Istamboul.

30. REGNAULT, 1907 (a), p. 15, et 1907 (b), p. 35.

31. BESQUES, 1971-1972, III, p. 126. Notons aussi la trogne joyeuse d'un timonier germanique obèse sur un monument funéraire d'époque romaine (Musée de Trèves); BALTZER, 1983, fig. 26.

32. Anonyme latin, *Traité de physiognomonie,* 64 (éd. J. ANDRÉ, Paris, 1981).

33. PAZZINI, 1959 (a), et GOUREVITCH D., 1985 (b).

34. Voir chap. 2, p. 61.

35. *Louvre,* E/D 1691; BESQUES, 1971-1972; III p. 223, pl. 304c; cf. REGNAULT, 1907 (a), p. 15. Ce musée possède une autre figurine du même type : E/D 1692.

36. BAZANT, 1982.

37. Dresde, *Staatliche Kunstsammlungen, Skulpturensammlung,* ZV 803; cf. BENEDUM, 1968, p. 14, fig. 1b, et POLIAKOFF, 1987, p. 75, fig. 75.

38. Pour les têtes déformées d'athlètes obèses, voir chap. 9, pp. 230-231.

39. *Louvre,* D 199, terre cuite du IVe siècle av. J.-C. provenant de Béotie; BESQUES, 1971-1972, p. 36, pl. 44b; cf. CHARCOT et RICHER, 1889, pp. 10-11; BURR THOMPSON, 1954, p. 72. D'après CHARBONNEAU (1936, p. 20), il s'agirait de Baubô dans une position rituelle.

40. Athènes, *Musée archéologique national;* cf. HASPELS, 1951, pp. 54-56, fig. 1.

41. Francfort, *Städtische Gallerie, Liebighaus,* Inv. 2400.1241; catalogue d'Eva BAYER-NIEMEIER, 1988, n° 254. On voit un habitus semblable sur la figurine n° 7508 du Musée gréco-romain d'Alexandrie; cf. BRECCIA, 1930, fig. 268. Cf. aussi GRAINDOR, 1939, pp. 110-112, fig. 38.

42. Alexandrie, *Musée gréco-romain,* Inv. 7544; cf. BRECCIA, 1930, fig. 275.

43. Le musée d'Alexandrie conserve une autre statuette de femme porteuse qui présente le même type d'obésité (Inv. 7548); cf. BRECCIA, 1930, fig. 274. On le voit aussi, bien que moins prononcé, sur une statuette du *British Museum* provenant d'Italie méridionale (WT 548); cf. WINTER, 1903, fig. 460, 1.

44. PARIS, 1887, pp. 441-443.

45. Par exemple, pour la première série, à Munich (*Staatliche Antiken-sammlungen*, TC 5596), Athènes (*Musée archéologique national*, MN 13007) et à Paris (*Louvre*, D 199) et pour la deuxième à Londres (*British Museum*, 1856.12-26.451), Berlin (*Staatliche Museen, Antikensammlung*, Inv. 7350), Copenhague (Chr. VIII 252), Malibu (*The J. Paul Getty Museum*, 73 A.D. 53) et Lipari (*Museo archeologico*, 308 i). Cf. PFISTERER-HAAS, 1989.

46. REGNAULT, 1907 (b), p. 26, fig. 1.

47. LAUMONNIER, 1946, p. 315, fig. XIV 3.

48. *Louvre*, D 214 ; BESQUES, 1971-1972, III, p. 39, pl. 47b.

49. Athènes, *American School of Classical Studies, Agora Excavations*, T 97. Cf. BURR THOMPSON, 1954, pp. 90-92 ; celle-ci l'appelle « vieille courtisane » (Auteurs variés, *Les terres cuites grecques*, 1984, fig. 15).

50. *British Museum*, C 243 ; cf. BURR THOMPSON, 1954, p. 91, pl. 21 ; WELLS, 1964, pp. 109 et 274, pl. 64 ; MEDVEI, 1982, p. 44 ; PFISTERER-HAAS, 1989, p. 129 et fig. 74-76 (photographies de face, de profil droit et de dos). On retrouve le même type d'obésité sur une figurine de la même époque conservée à Oxford, *Ashmolean Museum*, Inv. 1966.672.

51. D'après WINTER (1903, p. 448, fig. 8) ; cette figurine se trouvait au Musée de l'École évangélique de Smyrne ; cf. REGNAULT, 1908 (d), fig. 9.

52. Voir chap. 8, pp. 206-207.

53. *Louvre*, D 439, terre cuite probablement attique ; BESQUES, 1971-1972, III, pl. 95b ; cf. DASEN, 1988, p. 274.

54. Voir fig. 150.

55. Par exemple une terre cuite de Rhodes (*Louvre*, B 224 ; BESQUES, 1954, I, pp. 38-39, pl. 28), et une autre d'Agrigente (WINTER, 1903, II, p. 266, fig. 5).

56. Voir chap. 11, p. 293.

57. *Louvre*, D 883, fragment (tête et buste) d'une terre cuite hellénistique provenant de Smyrne ; BESQUES, 1971-1972, III, p. 132, pl. 163b. Cf. WINTER, 1903, p. 460, fig. 6 (objet indiqué comme appartenant à la collection Gréau).

58. REGNAULT, 1907 (b), pp. 28-29, fig. 6. Remarquons que la notion de constitution lymphatique n'a plus cours en médecine : elle s'est dissoute en plusieurs états pathologiques définis par des causes et des mécanismes physiopathologiques particuliers.

59. Terre cuite trouvée lors des fouilles du temple d'Athéna Cranaia ; cf. PARIS, 1887, pl. III 7.

60. Dans le cas d'un ex-voto de la collection Meyer-Steineg, acquis par ce médecin à Cos, il nous paraît impossible de dire s'il s'agit d'hydropisie, comme le pensait le collectionneur lui-même, ou de grossesse, comme le suggérait Holländer. Malheureusement, la figurine originale est disparue ; on la connaît seulement par les photographies et par un moulage. Cf. MEYER-STEINEG, 1912, p. 17, pl. I 3 ; HOLLÄNDER, 1912, p. 267, fig. 159 ; VAN STRATEN, 1981, p. 131 ; KÜNZL et ZIMMERMANN, 1994, p. 194, pl. 67. Pour la représentation de la grossesse, voir chap. 12, pp. 313-314.

61. *Louvre*, E/D 1200, terre cuite hellénistique trouvée à Smyrne; BESQUES, 1971-1972, III, p. 172, pl. 239c; cf. REGNAULT, 1907 (b), p. 34, fig. 24.

62. BESQUES, *l. cit.*, p. 172.

63. Palerme, *Museo archeologico A. Salinas*, Inv. 1002, provenance inconnue. Des statuettes analogues sont conservées notamment au *Louvre* (B 221 et B 222), à Berlin *(Pergamon-Museum)*, à Copenhague *(Ny Carlsberg Glyptotek)* et aux musées archéologiques d'Alexandrie et de Tarente. Une figurine de ce type a été vendue aux enchères à Paris en 1979. D'après le catalogue de Brieux, ce serait une « caricature anatomopathologique de l'Antiquité ».

64. *Louvre*, D 1245, terre cuite hellénistique; BESQUES, 1971-1972, III, pl. 245h. Cf. REGNAULT, 1907 (b), pp. 32-33, fig. 17.

65. Athènes, *Musée Benaki*, Inv. 12793, terre cuite hellénistique.

66. *British Museum*, Sc. 629, monument funéraire du IIe siècle, trouvé à Athènes. L'inscription précise que le défunt est le médecin Jason, originaire d'Acharnie. Cf. HOLLÄNDER, 1912, p. 461, fig. 344; REINACH S., 1912, vol. II, p. 501, fig. 2; BERGER, 1970, pp. 78-79, fig. 89 et 99.

67. Auteurs divers, *Médecine antique*, Lausanne, 1981, n° 4, pp. 32-33.

68. *British Museum*, Inv. 1912.3-11.1; cf. WALTERS, 1926, p. 226, pl. 27, n° 2176; RICHTER, 1971, n° 362 et KRUG, 1982, p. 392.

69. *Musei Vaticani.* Cf. REINACH S., 1912, vol. 2, p. 501, n° 2; VEYNE, 1983, pp. 283-284, fig. 1.

70. CELSE, *De la médecine*, VII, 14.

71. Faux diagnostic chez PENSO, 1984, pp. 282 (fig. 151) et 333.

72. Faux diagnostic chez GHALIOUNGUI et WAGNER, 1974, p. 193, pl. 623a. Problématique aussi le cas signalé par REGNAULT, 1911 (b), p. 142, fig. 1.

73. *Louvre*, réserve.

74. HIPPOCRATE, *Épidémies*, II, 9 (LITTRÉ, V, 80-81).

75. Dijon, *Musée archéologique*, Inv. 75.2.175, plaquette en bois du sanctuaire des Sources de la Seine; cf. Auteurs divers, *Médecine antique*, Lausanne, 1981, n° 72, pp. 102-103; DEYTS, 1983, pp. 88-89, pl. XXII, n° 73; DEYTS, 1986, fig. 5; GOUREVITCH D., 1992, fig. 9. Malgré l'opinion de Penso (fig. 149 et 152), nous ne pensons pas qu'un bronze étrusque de Florence (*Museo archeologico*, Inv. 4793), assez semblable dans sa présentation générale à la sculpture en bois du sanctuaire gallo-romain, représente une hernie.

76. Terre cuite publiée par Félix REGNAULT (1908 d, fig. 15, et 1909 d, fig. 2) sans indication de son origine. Les autres figurines décrites dans ces deux articles de Regnault sont conservées au Louvre. Nous n'avons pas réussi à y trouver ce spécimen.

77. *Anthologie grecque, Anthologie palatine*, VI. *Épigrammes votives*, n° 166 (éd. P. WALTZ, t. III, Paris, 1931).

78. Iéna, *Institut für Geschichte der Medizin, Ernst-Haeckel Haus*, Inv. V 27, ex-voto en argile d'origine inconnue. Cf. MEYER-STEINEG et SUDHOFF, 1921, p. 67, fig. 41a; BRUNN, 1928, p. 50, fig. 52; GRECO, 1960 (b), p. 1246, fig. 5; KÜNZL et ZIMMERMANN, 1994, p. 195, n° 93, pl. 71.

79. *Louvre*, D 1167, terre cuite hellénistique; Besques, 1971-1972, III, p. 168; cf. Regnault, 1907 (b), p. 37, fig. 28; Decouflé, 1961, p. 3618, fig. 9; Gourevitch M., 1965.

80. Leyde, *Rijksmuseum*, LKA 1176; Leyenaar-Plaisier, 1979, pp. 151-152, pl. 55.

81. C'est la personnification du Phthonos (Invidia). Voir chap. 6, pp. 159-160.

82. Dunbabin et Dickie, 1983, pp. 21-22, pl. 3.

83. Decouflé, 1964.

84. *Louvre*, N 4757, terre cuite étrusque; cf. Rouquette, 1912, p. 281; Gourevitch M. et D., 1965, p. 2961, fig. 1.

85. Madrid, *Museo arqueológico nacional*, salle XVII; terre cuite provenant de Calvi près de Rome; cf. Regnault, 1910 (a), p. 258, fig. 1.

86. *Musei Vaticani;* cf. Stieda, 1901; Rouquette, 1911-1912, pp. 271-274.

87. Charcot et Dechambre, 1857, pp. 15-16.

88. Voir aussi chap. 7, pp. 193-196.

89. Ferrua, 1956.

90. Ferrua, 1960, pp. 70-71, et 1980, pp. 101 et 132, fig. 111.

91. Corner, 1957, pp. 245-248.

92. Klauser, 1962, pp. 177-184.

93. Artelt, 1957.

94. Fink, 1976.

95. *Chronique* II, XVI, 12; cf. aussi *Rois* I, XV, 23-24. Cité d'après l'édition de la Pléiade, Paris, 1956. Le commentaire de cette édition affirme que « le roi fut podagre sur ses vieux jours ». Diagnostic curieux, car la podagre n'est pas une maladie mortelle et que les circonstances évoquées (âge avancé, affection grave des pieds se terminant en deux ans par un décès) correspondent mieux à une gangrène d'origine vasculaire.

96. Boyancé, 1964, pp. 107-124. Ce récit de Cléarque est conservé par Proclus dans son commentaire de la *République* de Platon.

97. Galien, *De locis affectis*, 6, 5 (Kühn, VIII, 414-416). Cf. Grmek, 1987.

98. Gaiser, 1980, pp. 18-21.

99. Bruyne, 1969-1970.

100. Vulpi, 1994-1995, pp. 225-233, fig. 1.

CHAPITRE VIII

Anomalies de la taille et affections du thorax

1. Nous le retrouverons à l'occasion de son aveuglement. Voir chap. 10, pp. 200-201.

2. Fellmann, 1972.

3. New York, *Metropolitan Museum*, G 501.2, alabastron du VIᵉ siècle; cf. Fellmann, 1972, fig. 5.

4. Munich, *Staatliche Antikensammlungen*, Inv. 6940, et Boston, *The Museum of Fine Arts*, B 16392 ; cf. FELLMANN, fig. 20 et 21.

5. Bonn, *Akademisches Kunstmuseum*, Inv. D 103, moule en terre cuite, trouvé à Rome.

6. *Louvre*, G 103 ; cf. HENLE, 1973, pp. 25-26, fig. 18, et DENOYELLE, 1997, fig. 4. Une sculpture en bronze du IIIe siècle av. J.-C., attribuée à Damagète d'Achaïe, représentait aussi ce combat ; cf. *Anthologie grecque, Anthologie de Planude, Épigrammes descriptives*, n° 97 (éd. R. AUBRETON et F. BUFFIÈRE, t. XIII, Paris, 1980).

7. Melbourne, *National Gallery of Victoria* ; cf. CONNOR, 1984, p. 389, fig. 1.

8. MEDVEI, 1982.

9. SOUQUES, 1896.

10. *Louvre*, E 136, terre cuite de Smyrne, BESQUES, 1971-1972, III, pp. 229-230, pl. 309a. Autres têtes similaires E 135, 137-139, E/D 1758-1561. Cf. GOUREVITCH M., 1965, p. 19, fig. 8. Un autre exemple typique se trouve à Amsterdam, *Allard Pierson Museum*, Inv. 9139 ; cf. LUNSINGH SCHEURLEER, 1986, p. 84, fig. 90. Pour les exemplaires alexandrins, cf. PERDRIZET, 1921, n°s 449 et 465.

11. *Louvre*, D 1176, terre cuite de Smyrne (souvent à tort indiquée comme provenant de Myrina) ; BESQUES, 1971-1972, III, p. 169, pl. 235e. CHARCOT et RICHER, 1889, p. 9 ; RICHER, 1902, pp. 174-175, fig. 106 ; GOUREVITCH D. et M., 1963, p. 2751, fig. 2.

12. Tarente, *Museo nazionale* ; cf. GALEONE, 1938, p. 332.

13. ARISTOTE, *Histoire des animaux*, VI 24, 577b.

14. ARISTOTE, *Génération des animaux*, II 8, 748b-749a.

15. *Ibid.*

16. ARISTOTE, *Problèmes*, X 12.

17. ARISTOTE, *Du sommeil et de la veille*, 457a ; *Histoire des animaux*, VI 24, 577b.

18. Bologne, *Museo civico archeologico* ; cf. DUCATI, 1934, pl. 29.

19. Les aspects les plus divers du nanisme dans les anciens mondes égyptien et grec sont traités exhaustivement dans la monographie de Véronique Dasen (DASEN, 1993). Pour des considérations d'ordre général et la distinction des différentes formes du nanisme dans l'art, cf. MEIGE, 1896 (b) et 1901 ; RICHER, 1926, pp. 341-351 ; MONESTIER, 1977 ; SHAPIRO, 1984 ; BARTSOCAS, 1985 ; SILVERMAN, 1982, et DASEN, 1988 et 1990.

20. Athènes, *American School of Classical Studies, Agora Excavations*, P 2574 ; cf. DASEN, 1993, p. 290, pl. 49 (1).

21. Athènes, *Musée archéologique national*, MN 12139 ; cf. DASEN, 1993, p. 240, pl. 40 (1).

22. Voir chap. 7, p. 180.

23. Londres, *British Museum*, 1912.11-25.12, et Oxford, *Ashmolean Museum*, 1930.300 ; cf. DASEN, 1988, p. 274.

24. Cf. JANNI, 1978, et BALLABRIGA, 1981. Cf. une belle illustration chez INGHIRAMI, 1831, pl. LIII.

25. Citons à titre d'exemple un cratère athénien de Florence (*Museo*

archeologico, 4209), un arybale attique de New York (*Metropolitan Museum*, 26.49) et une hydrie étrusque de Paris (*Louvre*, F 44).

26. Fragment d'une peinture sur un autel à Corinthe (*Musée*, MF 8953); cf. ROBERTSON, 1959, pp. 79-81, et DASEN, 1993, p. 296 et fig. 61 (2).

27. Voir notamment les scènes de combat sur deux rhytons d'époque classique, conservés à Saint-Pétersbourg (*L'Ermitage*, b 1818; cf. DASEN, 1993, p. 298, fig. 62 a-b) et à Compiègne (*Musée Vivenel*, Inv. 898).

28. WILSON, 1975; DASEN, 1990, et HECHT, 1990. Sur les ressemblances entre les divinités égyptiennes (Ptah et Bès) et une certaine tradition iconographique d'Héphaïstos et de sa suite, cf. ATERMAN, 1965, pp. 381-392. Voir chap. 11, pp. 283-284. La tradition iconographique des dieux égyptiens a été sans doute déterminante dans la peinture murale de la *Casa del Labirinto* à Pompéi qui comporte douze petites figures de nains aux allures chondrodystrophiques; cf. WINTZER, 1987. Les statuettes caricaturales appelées *grylloi* sont le plus souvent des nains de fantaisie; cf. BINSFELD, 1956. Dans cette tradition s'inscrit aussi une terre cuite de Lipari (*Museo archeologico eoliano*, Inv. 6978), avec des traits indubitables d'achondroplasie.

29. CHARCOT et RICHER, 1899, p. 19; RICHER, 1902, pp. 194-201; REGNAULT, 1902, p. 254; WACE, 1903-1904, pp. 106-107; BARTSOCAS, 1972 (b); DASEN, 1993, pp. 171-174.

30. *Louvre*, CA 2183, vase attique du ve siècle; cf. POTTIER, 1906; BARTSOCAS, 1972 (b) et 1985; DASEN, 1993, pp. 171 et 289, pl. 44a-d. Ce sujet a été abondamment traité aussi par des coroplastes grecs. Deux représentations d'achondroplasie en terre cuite nous semblent particulièrement instructives: un jeune nain couché, avec un visage d'«idiot» (Musée du Céramique à Athènes) et un nain âgé, barbu, avec un visage de «penseur» (*Louvre*, D 833).

31. Boston, *The Museum of Fine Arts*, 76.45, vase attique du ve siècle; cf. DASEN, 1993, p. 289, pl. 46, 2a-b.

32. Naples, *Museo archeologico nazionale*, Inv. 10003.

33. Rome, *Villa Albani*. Cf. TABANELLI, 1963, pl. XXXI.

34. Erlangen, *Kunstsammlung der Universität*, Inv. J.707, ve siècle; cf. LIPPOLD, 1937, pp. 44-47, pl. 14; DASEN, 1988, p. 271, pl. 4d, et 1993, pp. 224 et 290, pl. 47.1

35. Avignon, *Musée Calvet*; cf. REGNAULT, 1902, pp. 254-255, fig. 28 et 29.

36. Un beau spécimen de nain gladiateur est conservé au Cabinet des médailles de la Bibliothèque nationale de Paris; cf. REGNAULT, 1902, p. 254, fig. 24, et SILVERMAN, 1982, p. 138, fig. 12.

37. Lyon, *Musée de la civilisation gallo-romaine*, A 2000; cf. OGGIANO-BITAR, 1984, p. 124, n° 274. Deux exemples de nains pugilistes bien pourvus se trouvent à Boston, *The Museum of Fine Arts*, Res. 08.32k et Res. 08.32j; cf. CUMSTOCK et VERMEULE, 1971, p. 129, n° 143 et 144. Ce type romain remonte à la tradition grecque comme le montre un spécimen de l'époque classique conservé dans la Collection Giamalakis à Héracléion.

38. Leyde, *Rijksmuseum van Oudheden*, KVZ 8. Cf. Anonyme, *Mozaeik der Antieken*, 1990, p. 97, fig. 52.

39. Munich, *Staatliche Antikensammlungen*, NI 8934 ; cf. ROBERTSON, 1979, pp. 129-134, pl. 34.3 ; DASEN, 1988, p. 271, pl. 5a, et 1993, p. 291, pl. 51a.

40. DASEN, 1993, pp. 172-173.

41. Tunis, *Musée du Bardo*, F 215 ; cf. ADRIANI, 1963, pp. 80-92 ; Auteurs divers, *Médecine antique*, Lausanne, 1981, pp. 95-96, et KUNZE et NIPPERT, 1986, p. 25. Des figurines semblables se trouvent aussi au *British Museum* (Inv. 1926.4.1532) et au Musée archéologique de Florence (Inv. 2353). Sur une mosaïque de Carthage, six naines font de la musique et dansent (Tunis, *Musée du Bardo* ; cf. POINSSOT et LANTIER, 1924, pl. VI).

42. Florence, *Museo archeologico*, Inv. 2346 ; cf. PENSO, p. 267, fig. 140-141 (qui propose le diagnostic de « nanisme hormonal avec hyperplasie testiculaire » !).

43. *Louvre*, D 1178 ; BESQUES, 1971-1972, p. 169, pl. 235 ; cf. GOUREVITCH D. et M., 1963, p. 2751, fig. 3 ; GOUREVITCH M., 1965, p. 16, fig. 1 ; BARTSOCAS, 1982, p. 10 ; GRMEK, 1983, pp. 110-111 ; KUNZE et NIPPERT, 1986, p. 45, fig. 49.

44. Pour cette affection, voir chap. 9, p. 245.

45. BARTSOCAS, 1973, pp. 107-109 (en se référant au dessin d'une rencontre entre Agammenon, Nestor et Thersite, fait d'après un vase athénien). Sur un vase conservé au *British Museum* (E 196), un personnage qui passe pour Thersite est laid et chauve mais, à notre avis, n'a pas les stigmates de la dysostose cléidocrânienne.

46. GRMEK, 1983, p. 111.

47. *Iliade*, II, 219-220 ; trad. P. MAZON.

48. Toulouse, *Musée Saint-Raymond*, Inv. 25634A.

49. GRMEK, 1988 (a), p. 18, fig. 14, et 1988 (b), pp. 52-53. Pour le diagnostic différentiel, cf. SILVERMAN, 1982.

50. Florence, *Museo archeologico*, Inv. 2314.

51. *British Museum*, Coll. Towneley, 1959.4.15.2.

52. WELLS, 1964, p. 271, pl. 52.

53. RICHER, 1926, p. 345, fig. 475.

54. GRMEK, 1988 (a), p. 18, fig. 15.

55. Ferrare, *Museo nazionale*, 20363 ; cf. DASEN, 1993, p. 289, pl. 46.

56. GRMEK, 1974.

57. Une coupe grecque du Ve siècle av. J.-C., conservée au *British Museum* (Inv. C 1268), illustre bien ce genre de piège.

58. Cela a été fait notamment à propos de certaines figurines hellénistiques d'athlètes en action, conservées au Louvre et au Musée Semmelweis à Budapest.

59. Palestrina, *Museo archeologico nazionale* ; cf. BAGGIERI et VELOCCIA, 1996, p. 59, fig. 50.

60. Compiègne, *Musée Vivenel*, Inv. V 1326.

61. WACE, 1903-1904 ; LEVI, 1941, et VEYNE, 1982.

62. Antioche, *Maison à Jekmejeh ;* cf. LEVI, 1941, p. 228 et pl. 56, fig. 120, et VEYNE, 1982, p. 42.

63. BERGMARK, 1947.

64. Athènes, *Musée archéologique national*, MN 5050; cf. WINTER, 1903, II, fig. 448, 2, et GRMEK, 1988 (a), fig. 18 (texte explicatif dans la version anglaise, 1987, p. 21).

65. Voir p. 156, fig. 106.

66. Voir p. 157, fig. 107-108.

67. Paris, *Bibliothèque nationale, Cabinet des médailles*, Inv. 235 (FROEHNER, 1881, n° 924). Cf. WINTER, 1903, II, p. 404; QUEYREL-BOTTINEAU, 1989, pp. 73-74. Type voisin *Louvre*, D 8 et D 164; cf. BESQUES, 1971-1972, III, p. 3, pl. 2b et p. 31, pl. 38b.

68. GHALIOUNGUI et WAGNER, 1974, p. 195 et pl. 63 d-e.

69. Berlin, *Staatliche Museen, Antikensammlung*, Fr. 2142a. Cf. HOLLÄNDER, 1912, p. 325, et GRMEK, 1988 (a), p. 20, fig. 20.

70. Toulouse, *Musée Saint-Raymond*, Inv. 25635; cf. MEIGE, 1897 (b), pp. 117-118, fig. 71.

71. Tarquinies, *Museo nazionale*, miroir étrusque en bronze; cf. GERHARD, 1843-1897, vol. V (1897), pl. 142; TABANELLI, 1963, p. 72, pl. 33; Auteurs divers, *Médecine antique*, Lausanne, 1981, pp. 93-94.

72. Pour d'autres cas de rachitisme, cf. chap. 6, pp. 160-161.

73. Berlin, *Staatliche Museen, Pergamon-Museum*, Inv. 30894. Cf. NEUGEBAUER, 1951, pp. 69-71, pl. 30; HIMMELMANN, 1975, p. 31, pl. 16; GIULIANI, 1987, pp. 703-704, fig. 3-4. Du même type est une statuette en bronze de Hambourg (*Museum für Kunst und Gewerbe*, Inv. 1949, 40); cf. HIMMELMANN-WILDSCHÜTZ, 1983, p. 59, et GIULIANI, 1987, pp. 710-711, fig. 17-17.

74. Professeur Franz Schede, consulté par NEUGEBAUER, *l. cit.*

75. MORSE, 1967, pp. 249-271, et GRMEK, 1983, pp. 262-290.

76. MEIGE, 1897 (b).

77. WELLS, 1964, p. 98.

78. REGNAULT, 1900 (b), p. 467.

79. *Louvre*, D 1216 et D 1223 (notre figure 164); BESQUES, 1971-1972, III, pp. 173-174, pl. 242a et 243c. D'autres statuettes hellénistiques du Louvre présentent aussi une cyphose angulaire (notamment D 1177; BESQUES, 1971-1972, III, pl. 235a), mais sur aucun de ces spécimens on ne voit de tuméfaction dans la région inguinale ou fémorale. Les bosses sont plutôt rondes sur deux statuettes en bronze de l'ancienne collection Thiers au Louvre; cf. MEIGE, 1897 (b), pp. 110-114. Le Musée gréco-romain d'Alexandrie conserve une statuette de femme bossue. Cf. PANAYOTATOU, 1927, p. 44, fig. 2. Il existerait aussi, dans la même ville, une statuette grecque de marbre blanc représentant cette difformité. Cf. RUFFER, 1910, p. 170.

80. *Gallia*, 37, 1979, p. 369.

81. Voir chap. 11, pp. 307-308.

82. *Musei Vaticani, Museo Gregoriano Etrusco*, Inv. 599; cf. CHARCOT et DECHAMBRE, 1857.

83. Ankara, *Musée des civilisations anatoliennes*; cf. GEROULANOS, JAGGI, WYDLER *et al.*, 1993, pp. 180-181, fig. 1.

84. New York, *Metropolitan Museum*, 14.130.15. Cf. KING, 1977, p. 33, fig. 7.

85. Athènes, *Musée archéologique national*, MN 11765, fibule du début du VIIᵉ siècle. Cf. KING, 1977, p. 32, fig. 5 ; DASEN, 1995, p. 314, fig. 8, p. 314 ; 1997 (a), p. 59, fig. 8, et 1997 (c), p. 121, fig. 1.

86. Madrid, *Bibliothèque nationale*, Ms. 4, 14. Cf. GEROULANOS, JAGGI, WYDLER *et al.*, 1993, p. 184, fig. 4.

87. Voir les exemples cités dans le chapitre 3 et une interprétation possible de la fresque de la Via latina à Rome (chap. 7, p. 194).

88. *Musei Vaticani, Museo Gregoriano Etrusco* ; cf. DECOUFLÉ, 1964.

89. Pour l'étouffement symbolique de la personnification de l'Envie, voir chap. 6, p. 159.

90. La sculpture n'est connue que par la tradition littéraire (*Anthologie de Planude, Épigrammes descriptives*, nᵒˢ 54, 54a et 54b).

91. Athènes, *Musée archéologique national*, MN 1959. Cf. PAZZINI, 1959 (b) et GEROULANOS et BRIDLER, 1994, fig. 12.

CHAPITRE IX

Affections de la tête et du cou

1. Dijon, *Musée archéologique*, Inv. 785 ; ESPERANDIEU, nᵒ 2433. Cf. BERNARD et VASSAL, 1958, fig. 96, et GOUREVITCH D., 1992, p. 88, fig. 14.

2. *Louvre*, E/D 1899-1905 ; BESQUES, 1971-1972, III, pp. 242-243, pl. 318 ; et E/D 564 ; BESQUES, 1971-1972, III, p. 94, pl. 120d.

3. GRMEK, 1975, et 1983, pp. 355-408.

4. *Louvre*, E/D 1904 ; BESQUES, 1971-1972, III, 242, pl. 318c. Cf. GRMEK, 1975, p. 1153. Félix Regnault signale déjà l'aspect particulier de cet enfant mais le caractérise d'abord d'une manière vague comme « un dégénéré » (REGNAULT, 1907-1908, p. 108, fig. 2-3), puis croit, à tort, à un lupus de la voûte palatine ayant provoqué l'effondrement du nez (REGNAULT, 1908 (d), p. 179, fig. 2). Quelques têtes hellénistiques en terre cuite provenant d'Égypte que la tradition a baptisées du syntagme de « petits idiots » portent, elles aussi, des stigmates de thalassémie.

5. REGNAULT, 1909 (a), p. 195, fig. 1-2 (cet objet faisait partie de la collection Gaudin).

6. Athènes, *Musée Benaki*, Inv. 12615 ; catalogue de S. PINGIATOGLOU, Athènes, 1993, nᵒ 413 ; cf. RICHTER, 1960, pl. 20, fig. 95 ; BARTSOCAS, 1975, p. 311 et fig. 1 ; KUNZE-NIPPERT, 1986, p. 81 ; GIAMPALMO, 1992, fig. 3, et 1994, fig. 10.

7. Tarquinies, *Museo nazionale*, skyphos falisque du groupe de Full Sakkos. Cf. TORELLI, 1992, p. 203, fig. 141.

8. Athènes, *Musée du Céramique*, tombe HTR 32.

9. Alexandrie, *Musée gréco-romain* ; cf. PANAYOTATOU, 1929, p. 45, fig. 22.

10. De riches séries sont décrites par REGNAULT, 1899, 1907-1908, 1908 (d), 1908 (e) et 1909 (a) ; WINTER, 1903 ; HOLLÄNDER, 1912, pp. 331-333 ; PERDRIZET, 1921, n. 492-520 ; LAUMONNIER, 1946, pp. 316-317 ; BESQUES,

1971-1972. Parmi les petits musées, particulièrement intéressantes sont quelques têtes grotesques du Musée Semmelweis (Musée d'histoire de la médecine à Budapest).

11. Deux têtes hellénistiques du *Louvre* (E 161 et D 3322 ; Besques, 1971-1972, III pp. 243 et 377) pourraient être une représentation de dolichocéphalie artificielle.

12. Par exemple une tête smyrniote, *Louvre*, E/D 1775 ; cf. Besques, 1971-1972, III, p. 232, pl. 310a. À cette catégorie appartient aussi un petit personnage gravé sur un miroir étrusque de Tarquinies ; cf. Gerhard, 1843-1897, vol. V (1897), pl. 141, et Tabanelli, 1963, p. 72, pl. 32.

13. Particulièrement impressionnant est un spécimen du *Louvre*, E 149 ; cf. Besques, 1971-1972, III, p. 238, pl. 315i.

14. Berlin, *Staatliche Museen, Antikensammlung*, Inv. 7788 ; cf. Winter, 1903, p. 447, fig. 10 ; Holländer, 1912, p. 341, fig. 242-243.

15. Une paire est sculptée, par exemple, sur une plaque votive en marbre provenant d'Asie Mineure et conservée aujourd'hui au Musée national des antiquités à Leyde. La précision anatomique de ces oreilles votives est souvent admirable. Cf. Anonyme, *Mozaeik der Antieken*, Leyde, 1990, p. 61, fig. 21.

16. *Louvre*, E 148 ; Besques, 1971-1972, III, p. 238, pl. 315k. Cf. Regnault, 1908 (d), fig. 5, et 1909 (a), fig. 9. De type similaire, franchement microcéphale et avec une bouche presque animale, E 149 ; Besques, 1971-1972, III, pl. 315i ; Regnault, 1909 (a), fig. 10. Cf. aussi *Louvre*, E/D 841 et E/D 1883 ainsi que *Musée de Szombathely*, Inv. 54.187.262 ; cf. Fettich, 1920-1922, fig. 22, et Castiglione, 1965, fig. 80,1.

17. *Louvre*, E/D 1855 ; Besques, 1971-1972, III, p. 238, pl. 315l. D'aspect similaire E/D 1893.

18. Regnault, 1909 (a), p. 198.

19. Lecaplain, 1924, p. 5 (légende de la figure).

20. Par exemple Trendall et Webster, 1971, p. 120.

21. *Louvre*, E 163.

22. Regnault, 1907 (a), p. 22, fig. 18. Il pose le même diagnostic invraisemblable à propos des spécimens du *Louvre*, E 164, E/D 1928 et E/D 1929.

23. Besques, 1971-1972, III, p. 242, pl. 319n.

24. *Louvre*, E/D 559 ; Besques, 1971-1972, III 94, pl. 119j.

25. Regnault, 1907 (a), p. 15, fig. 9.

26. Regnault, 1907 (b), p. 35, fig. 25.

27. Des lésions semblables se trouvent sur le buste en bronze attique d'un champion olympique du IVe siècle avant J.-C. (Athènes, *Musée archéologique national* ; cf. Holländer, 1912, pp. 310-311, fig. 204) et sur des têtes hellénistiques en terre cuite conservées au Louvre (D 854, E/D 561, E/D 1894 et autres), à Athènes, à Dresde et ailleurs. Cf. Benedum, 1968, et Poliakoff, 1987, pp. 71-78, fig. 74, 75 et 80.

28. Une magnifique statue en bronze conservée à Rome représente un boxeur portant sur la tête des séquelles de blessures, notamment

des oreilles en feuille de chou (voir chap. 3, p. 79). De même, on voit des oreilles abîmées sur une statue grecque de l'époque classique, attribuée à Myron et conservée à Stockholm (*Musée national,* SK 59).

29. GALIEN, *Protreptique*, 12 (KÜHN, I, 32).

30. HIPPOCRATE, *Mochlique*, 3 (LITTRÉ, IV, 346-347).

31. Trèves, *Landesmuseum*, RC 38.9. Cf. BALTZER, 1983, fig. 18.

32. Voir chap. 2, pp. 34-35.

33. SLIM, 1976, pp. 81-86 et fig. 1-3.

34. REGNAULT, 1909 (a), et PIRSIG, 1972.

35. Rome, *Museo nazionale di Villa Giulia*, Inv. 56513; tête en terre cuite du Ier siècle avant J.-C., trouvée dans un sanctuaire de Cerveteri. Cf. PIRSIG, 1972, pp. 780-781, fig. 2a et 2b.

36. SANTANGELO, 1960, p. 139.

37. *Louvre*, E/D 1917; BESQUES, 1971-1972, III, p. 244, pl. 319g.

38. Ainsi la terre cuite du *Louvre*, E 143, pourrait représenter un lutteur aux oreilles abîmées et à la lèvre inférieure tuméfiée et retournée.

39. REGNAULT, 1909 (a), p. 199, fig. 14.

40. On retrouve sur d'autres figurines conservées au *Louvre* (notamment E/D 561 et E/D 1787) cette position saillante de la mâchoire inférieure, associée au nez écrasé et aux lèvres tuméfiées.

41. REGNAULT, 1909 (a), pp. 507-508, fig. 4.

42. PANAYOTATOU, 1929, p. 44, fig. 16.

43. *Louvre* E/D 1747; BESQUES, 1971-1972, III 228, pl. 308a. Cf. REGNAULT, 1907-1908, p. 150, fig. 36, et 1908 (d), p. 179 (décrit comme « dégénéré obèse »); RICHTER, 1960, p. 25 (décrit comme personnage chauve et prognathe, d'aspect curieux mais essentiellement normal), et GOUREVITCH M., 1965, p. 18, fig. 4 (avec le diagnostic de leontiasis ossea).

44. Athènes, *American School of Classical Studies, Corinth Excavations;* cf. NEWHALL STILLWELL, 1952, p. 143, terracottas XIX. 9, pl. 30. Pour l'étude médicale, cf. SKOOG, 1971, pp. 50-54, et GRMEK, 1983, p. 111.

45. D'aucuns voient aussi un bec-de-lièvre sur une idole minoenne, conservée au Musée archéologique d'Héracléion. Cf. VELEGRAKIS *et al.,* 1993, p. 880 et fig. 4.

46. Palestrina, *Museo archeologico prenestino*; cf. BAGGIERI et VELOCCIA, 1996, pp. 40-42, fig. 5-9 et 12-13. Signalons aussi le moule d'une mandibule découvert à Calvi en Campanie; cf. BLAZQUEZ, 1961, p. 37, fig. 24, et des ex-voto en forme de bouche et de langue trouvés à Ponte di Nona près de Rome; cf. POTTER, 1985, p. 31.

47. Voir chap. 3, p. 83.

48. Saint-Pétersbourg, *Musée de l'Ermitage,* K-0 11. Cf. HEITZ, 1901, p. 529; LOEPER-VALLOIS, 1924, p. 27; ASBELL, 1948; KURTZ et KURTZ, 1975, pp. 19-24.

49. Un autre Scythe à la main malade est alourdi de la même manière. Voir chap. 11, p. 304.

50. HAMONIC, 1898 (b).

51. Voir chap. 2.

52. *Louvre*, E/D 1041 ; BESQUES, 1971-1972, III, p. 150 et pl. 189g. Cf. REGNAULT, 1907 (a), p. 14, fig. 3.

53. *Louvre*, E/D 1767 ; BESQUES, 1971-1972, III, p. 233, pl. 310/l.

54. Alexandrie, *Musée gréco-romain*, Inv. 10792 ; PANAYOTATOU, 1929, p. 45, fig. 18.

55. *Louvre*, E/D 1783 ; BESQUES, 1971-1972, III, p. 233 et pl. 311g ; cf. REGNAULT, 1908 (d), p. 181.

56. Alexandrie, *Musée gréco-romain*, Collection Fouquet. Cf. PERDRIZET, 1921, p. 165, n° 485, pl. 110, et PANAYOTATOU, 1929, p. 44, fig. 14.

57. PERDRIZET, 1921, p. 165, n° 486, pl. 110 ; cf. REGNAULT, 1911 (b), pp. 142-143.

58. Nous reproduisons une de ces têtes qui illustre bien l'importance primordiale du geste et non de l'état de la bouche ou de la langue (Alexandrie, *Musée gréco-romain* ; cf. PERDRIZET, 1921, p. 165, n° 484, pl. 110). Pour des mimiques similaires, cf. BRECCIA, 1930-1934, qui les interprète comme « grimace contre les forces magiques occultes ».

59. Citons à titre d'exemple PERDRIZET, 1921, p. 165, n° 482, pl. 110, et REGNAULT, 1908 (b), fig. 6-8, et 1911 (b), pp. 142-143, fig. 4.

60. Héracléion, *Musée archéologique*. Cf. VELEGRAKIS *et al.*, 1993, p. 880 et fig. 5.

61. Héracléion, *Musée archéologique*, Inv. 11279. Cf. PIRSIG, HELIDONIS et VELEGRAKIS, 1995, pp. 141-142, fig. 1.

62. MEYER-STEINEG, 1912, p. 17, pl. I, 3-5 ; MEYER-STEINEG et SUDHOFF, 1921, p. 87, fig. 52 ; GRECO, 1960 (b), p. 1244, fig. 1 ; KINDLER, 1961, pp. 414-415, fig. 2 ; VAN STRATEN, 1981, p. 130, n° 30.5, et KÜNZL et ZIMMERMANN, 1994, p. 194, fig. 89.

63. REGNAULT, 1908 (a), p. 878, fig. 5, et 1911, p. 143, fig. 3. Pour d'autres terres cuites provenant de la Basse-Égypte et représentant la paralysie faciale, cf. PERDRIZET, 1921, p. 165, pl. 111, et PANAYOTATOU, 1929, p. 44, fig. 4-6 et 11. On trouve aussi des cas semblables parmi les figurines de Smyrne (par exemple *Louvre* E/D 1911 et E/D 1732).

64. BARTSOCAS, 1975, p. 312, fig. 3.

65. GALEONE, 1938, pp. 333-334.

66. GOLDMAN, 1943, pp. 22-23, fig. 3, et KINDLER, 1961, p. 415, fig. 3.

67. KINDLER, 1969, pp. 136-137, fig. 3.

68. GOLDMAN et SCHECHTER, 1967, et KINDLER, 1961 et 1969.

69. Leyde, *Rijksmuseum van Oudheden*, Inv. I 1897/5.15, terre cuite d'époque romaine, achetée à Smyrne avec mention de provenance du Mont Pagus. Cf. Anonyme, *Mozaiek der Antieken*, 1990, p. 95, fig. 50.

70. Les plus instructives de notre point de vue sont celles de Rome (*Musei Vaticani, Museo Pio Clementino, Galleria dei Candelabri*, Inv. 2684) et de Berlin (*Staatliche Museen, Pergamon-Museum*, SK 1630). Voir LAUBSCHER, 1982, et BAYER, 1983.

71. VELEGRAKIS *et al.*, 1993, pp. 880-881, fig. 3.

72. Voir chap. 2, pp. 48 et 60.

73. HART, 1967.

74. MERKE, 1984.

75. Dijon, *Musée archéologique*, Inv. 55.14 et 4191. Cf. BERNARD et VASSAL, p. 332, et Auteurs divers, *Médecine antique*, Lausanne, 1981, p. 103.

76. HADDOW, 1936, p. 1019, fig. 4.

77. WELLS, 1964, p. 109.

78. Voir chap. 13, pp. 337-341.

79. *Louvre*, D 556 ; cf. BESQUES, 1971-1972, III, p. 94.

80. Voir chap. 6, p. 159.

81. Vichy, *Musée*, Inv. 25497.

82. On voit aussi une très curieuse figuration de la pomme d'Adam accompagnée de lignes horizontales qui semblent bien vouloir indiquer les anneaux de la trachée sur une idole minoenne d'Aghia Triada. Cf. VELEGRAKIS *et al.*, 1993, pp. 880-882, fig. 6-7.

83. *Louvre*, D 1182 ; BESQUES, 1971-1972, III, pl. 235c. Cf. REGNAULT, 1900 (a), p. 590, et 1907c, p. 857, fig. 1, et GOUREVITCH M., 1965, p. 21. On croit voir le torticolis aussi à propos de la tête inclinée d'une statuette hellénistique du Musée gréco-romain d'Alexandrie (Inv. n° 10726 ; cf. PANAYOTATOU 1929, p. 54, fig. 25) et d'un Pygmée peint sur un cratère étrusque du Musée archéologique d'Arezzo (Inv. 15465).

84. Voir chap. 2, pp. 51-54.

85. Voir chap. 2, p. 56.

86. Châtillon-sur-Seine, *Musée archéologique* ; ESPERANDIEU, n° 3416.

87. Alexandrie, *Musée gréco-romain*, Inv. 10726. Cf. PANAYOTATOU, 1929, p. 45, fig. 25. Le sujet a aussi le bras droit contracté et la tête inclinée comme s'il souffrait d'un torticolis.

88. Ancienne collection Fouquet ; cf. PERDRIZET, 1921, p. 166, n° 492, pl. 104.

89. Ancienne collection Fouquet ; cf. PERDRIZET, 1921, p. 163, n° 462, pl. 111, et REGNAULT, 1908 (a), fig. 13.

90. Voir chap. 13, pp. 342-344.

91. Voir chap. 12, p. 322, et chap. 13, pp. 341-347.

92. Cf. GRMEK, 1983, pp. 227-260, et 1992.

93. Parmi les premiers auteurs qui ont abordé ce sujet de manière systématique, il faut citer MEIGE, 1897 (a) ; REGNAULT, 1907 (a), et RICHER, 1902 (chap. VI : *Les lépreux*, pp. 274-313), puis en particulier GRÖN, 1930 (traduction anglaise, 1973) et OBER, 1983. Pour une appréciation générale, cf. aussi MALET, 1967.

94. Conservés actuellement au Musée archéologique national d'Athènes.

95. Cf. BLOCH, 1899, pp. 210 et 214-215.

96. Dijon, *Musée archéologique*, ex-voto n° 97 ; cf. DEYTS et MARTIN, 1966, et DEYTS, 1985.

97. BERNARD et VASSAL, 1958, p. 332.

98. Alexandrie, *Musée gréco-romain*, Collection Fouquet, n°s 454 et 455 ; cf. PERDRIZET, 1921, pl. 108.

99. PANAYOTATOU, 1927, p. 45, fig. 28a et 28b.

100. Athènes, *Musée Benaki*, Inv. 8212.

101. *Louvre*, E 17 ; BESQUES, 1971-1972, III, p. 95, pl. 120h.

102. REGNAULT, 1907 (a), pp. 26-27.

103. *Louvre*, E/D 567; BESQUES, 1971-1972, III, p. 55 et pl. 120c.

104. BESQUES, 1971-1972, III, p. 222 (à propos de E/D 1681; cf. pl. 303h).

105. *Louvre*, D 1469; cf. REGNAULT, 1907 (a), pp. 14-15, fig. 5, et BESQUES, 1971-1972, III, pl. 279g. Voir chap. 10, p. 259.

106. Plusieurs spécimens figurés dans BESQUES, 1971-1972, III, pl. 311-313.

107. *Louvre*, E 144; cf. REGNAULT, 1907 (a), pp. 26-27.

108. BESQUES, 1971-1972, III, p. 234 et pl. 312d.

109. Très convaincante nous paraît la comparaison de cette figurine avec la photographie d'un cas de rhinosclérome observé par A. BAUDUCEAU, A. M. CLAVEAU et collaborateurs à Bouaké (Côte-d'Ivoire) et publié dans le *Concours Médical*, 106, 1984, p. 491.

110. Amsterdam, *Allard Pierson Museum*, Inv. 1146.

111. GOUREVITCH D., 1995, pp. 275-278.

112. YOELI, 1955.

113. Figurine enregistrée sous le numéro 943.

114. HOGGAN, 1892, pp. 101-103.

115. Inv. MN 5871.

116. On peut rapprocher la « lépreuse » athénienne du type général de la vieille encapuchonnée que l'on compte parmi les acteurs de la comédie grecque. Quelques statuettes du IVe siècle av. J.-C., conservées notamment à Budapest (T 313 et T 311) et à Paris (N 4878), ressemblent à celle d'Athènes non seulement par l'accoutrement mais aussi par le visage ravagé. Cf. GREEN, 1980, pl. 5-7.

117. MARCOMBE et MANCHESTER, 1990.

CHAPITRE X

Affections des yeux

1. Pour une vue d'ensemble, cf. REGNAULT, 1911 (e); GOUREVITCH et GRMEK, 1994 (a); ANDERSON, 1994, et JACKSON, 1996. Pour la cécité, cf. notamment ESSER, 1961.

2. Voir chap. 2, pp. 29-31.

3. Voir p. 43, fig. 14.

4. VAN STRATEN, 1981, pp. 102 et 138, fig. 45.

5. *Ibid.*, p. 136.

6. *Ibid.*, p. 122.

7. PENSABENE *et al.*, 1980, n° 554-580.

8. GATTI LO GUZZO, 1978, et MARTINI, 1990.

9. Voir notamment, parmi les publications récentes, COMELLA, 1982 (objets de Tarquinies); POTTER, 1985 et 1989, et WELLS, 1985 (Ponte di Nona); FERRUA et PINNA, 1986 (sanctuaire d'Esculape à Frégelles).

10. PENSO, 1984, pp. 332 et 341, légende des fig. 173, 177 et 179.

11. *Ibid.*, p. 341, légende des fig. 178 et 178bis (ex-voto de Préneste). À la rigueur, on pourrait penser à la belladonne et non à la mandragore.

12. Pour les exemplaires grecs (trouvés notamment à Cos, Pergame, Héraclée et Calvi, cf. CAPPARONI, 1927, pp. 40-42 ; FROHMANN, 1956, pp. 133-135 ; BENEDUM, 1984, pp. 30-31, et JAEGER, 1988, pp. 9-17 ; pour les exemplaires gallo-romains, cf. GOUREVITCH D., 1992, pp. 81-88, et BAILLY, 1994.

13. Le Musée municipal d'Alise-Sainte-Reine conserve un grand nombre de telles plaquettes, datant des premiers siècles ap. J.-C. Voir ESPERANDIEU, 1910, pp. 225-280, pl. VI-IX, et LANDES, 1992, pp. 225-227, notices 101-108. Pour la série provenant d'un petit fanum campagnard qui semble spécialisé en ophtalmologie, cf. FAUDUET, 1990, pp. 93-100. Les plaquettes d'or et d'argent manquent, car on en a probablement réutilisé les matériaux. Pour une forme particulière de la convexité du globe oculaire, cf. BOURGEOIS, 1991, fig. 59.

14. Madrid, *Museo arqueológico nacional*, Inv. 5015.

15. Florence, *Museo archeologico* ; cf. PENSO, 1984, p. 332, fig. 174.

16. GALEONE, 1938, p. 335, fig. 7.

17. Quelques exemplaires se trouvent dans les lots de statuettes portant les masques de l'ancienne comédie grecque et conservées dans les musées de Lipari et de Syracuse.

18. Hambourg, *Museum für Kunst und Gewerbe, Antike Abteilung*, Inv. 1977.56 ; cf. HORNBOSTEL, 1978, pp. 215-216.

19. BENEDUM, 1984, pp. 23-32 ; MERKELBACH, 1992, pp. 55-56, fig. 1d.

20. Guiry-en-Vexin, *Musée archéologique du Val d'Oise*, GP 2022 ; cf. MITARD, 1993, p. 320, fig. 32, et Auteurs divers, *L'œil dans l'Antiquité*, 1994, Cat. 77.

21. Guiry-en-Vexin, GP 2097 ; cf. le catalogue de la note précédente, Cat. 78, et LANDES, 1992, notice 71.

22. Montbéliard, *Musée du Château des Ducs de Wurtemberg*, sans numéro d'inventaire. Description et photo chez BAILLY, 1994, p. 68 (Cat. 79). Il existe d'autres visages féminins analogues trouvés à Mandeure.

23. Même musée, sans numéro d'inventaire ; cf. le catalogue précité (Cat. 80).

24. Dijon, *Musée archéologique*, Inv. 816 ; cf. GOUREVITCH et GRMEK, 1994 (a), p. 58 (Cat. 75).

25. Dijon, *Musée archéologique*, Inv. 802 ; cf. BERNARD et VASSAL, 1958, p. 331 ; VASSAL, 1960, p. 115 et fig. 4 ; DEYTS et MARTIN, 1966, n° 89 ; LANDES, 1992, notice 70, et BAILLY, 1994, p. 69 (Cat. 74).

26. HÉSIODE, *Théogonie*, 139-143.

27. Sur les rapports possibles avec la réalité tératologique, cf. ROYER, 1990, et sur les racines indo-européennes de ce mythe, cf. BADER, 1985.

28. Sur le nombre et la localisation des yeux des cyclopes dans l'iconographie grecque, cf. en particulier COURBIN, 1955, pp. 36-39, et GARLAND, 1995, pp. 115-116 et fig. 41 et 44. Pour des exemples, voir TOUCHEFEU-MEYNIER, 1969, n°s 86, 87 et 92.

29. *Louvre*, D 1469 ; terre cuite de Smyrne ; BESQUES, 1971-1972, III, pl. 279g ; cf. REGNAULT, 1907 (a), pp. 14-15, fig. 5. Reproduit comme tête

d'un lépreux dans Laignel-Lavastine, 1948, vol. III, p. 142. Voir chap. 9, p. 259, fig. 200.

30. Mitard, 1993, pp. 198-200, fig. 214-215.

31. Athènes, *Musée archéologique national*, NM 1455 ; cf. Van Straten, 1976, p. 19, fig. 27.

32. Pavement de la villa romaine du Casale à Piazza Armerina (fin du IIIe siècle ap. J.-C.).

33. Cratère du Ve siècle av. J.-C. conservé au *British Museum* (1947.7-14,18). Cf. Séchan, 1927, pp. 42-43, fig. 11 ; Trendall, 1967, p. 27, fig. 85, et Esser, 1961, pl. II, fig. 3. Pour une vue d'ensemble sur l'iconographie antique concernant l'aveuglement de Polyphème, cf. Fellmann, 1972.

34. Argos, *Musée*, fragment d'un cratère archaïque ; cf. Fellmann, pp. 13-14 et 108, fig. 2, et Kunze et Nippert, 1986, p. 73, fig. 91 ; Éleusis, *Musée*, col d'une amphore ; cf. Henle, 1973, pp. 92-93, fig. 44. Voir aussi une coupe attique du Cabinet des médailles de la Bibliothèque nationale ; cf. Henle, 1973, p. 16, fig. 8. Belles sont les images de Polyphème qui, déjà aveugle (présenté aussi de profil), tâte la tête de l'animal sous lequel se cache Ulysse et le laisse s'échapper (Athènes, *Musée archéologique national*, NM 1085, vase du Ve siècle av. J.-C. ; cf. Fellmann, 1972, p. 93 et fig. 19 ; *Louvre*, A 482, œnochoé à figures noires ; cf. Henle, 1973, p. 164, fig. 77).

35. Müller, 1913, p. 2.

36. Euripide, *Le Cyclope*, v. 454-463 ; trad. Louis Méridier.

37. Picard, 1935, p. 521 et fig. 172.

38. *British Museum*, E 78. Cf. Smith, 1896, III, pp. 104-105 ; Poliakoff, 1987, p. 55, fig. 53, et Jackson, 1988, p. 35.

39. Athènes, *Musée de l'Acropole*. Cf. Rodenwaldt, 1948, pp. 11-12, pl. V, et Esser, 1961, p. 68, note 198, fig. 4.

40. Alise-Sainte-Reine, *Musée archéologique d'Alésia*. Cf. Olivier, 1981, pp. 250-251. On doit à cet auteur le recollement des deux fragments.

41. Vatin, 1969, p. 111, fig. 8.

42. Magnus, 1892, et Esser, 1933.

43. Pour la cécité d'Œdipe, voir Vernant et Vidal-Naquet, 1988, et Binard *et al.*, 1992, pp. 52-57.

44. Trèves, *Rheinisches Landesmuseum*, Inv. 9938. Fragment d'un relief provenant d'un pilier funéraire du IIe siècle de notre ère et comportant des scènes de la mythologie grecque. Cf. Massow, 1932, p. 52, fig. 35.

45. *British Museum*, VI G 105. Cf. Séchan, 1926, p. 484. L'interprétation de cette image est assurée par une inscription.

46. Florence, *Museo archeologico*, urne n° 44. Cf. Koerte, 1896, II/1, pp. 21-24, pl. VII/1.

47. Voir chap. 3, p. 86.

48. *British Museum*, C 3016.

49. Quintus de Smyrne, *La suite d'Homère*, XII, v. 400-415 (traduction de Francis Vian, Paris, Les Belles Lettres, 1969). Cf. Van Krevelen, 1964, p. 179.

50. François Queyrel, « Conférences sur l'archéologie grecque », *Livret de l'École pratique des hautes études (IVe section) pour l'année 1994-1995*, Paris, 1995, p. 54. Pour la sculpture en question, voir aussi chap. 1, p. 11, fig. 1, et chap. 4, p. 111.

51. Homère, *Iliade,* II, 594-595. La légende attribue aussi une telle hétérochromie à Alexandre le Grand ; cf. chap. 2, p. 47.

52. Pausanias, IX, 30, 2.

53. Pausanias, X, 30, 8 ; Reinach A. (éd. Rouveret), 1985, pp. 124-125. Cf. Löwy, 1929, et Kebric, 1983.

54. Oxford, *The Ashmolean Museum,* G 291. Cf. Löwy, 1929, fig. 23 ; Esser, 1961, p. 97 et fig. 6 ; Séchan, 1926, pp. 193-198 et fig. 60 ; Henle, 1973, p. 115, fig. 56 ; Zimmermann, 1980, pp. 188-189. Marcadé, 1982, décrit une représentation plus ancienne de Thamyris et donne la liste des vases attiques sur ce sujet.

55. Pausanias, V, 17, 11.

56. Ruvo di Puglia, *Museo archeologico Jatta,* Inv. 1095. Cf. Esser, 1961, p. 102 et fig. 8, et Di Palo, 1987, pp. 159-162.

57. Flasch, 1880, pp. 138-145, pl. 12, et Blome, 1978, pp. 70-75 et pl. XIX-XX.

58. *Louvre,* G 364.

59. Zielinsky, 1926, et Brisson, 1976, en particulier pp. 116-134.

60. Notamment la peinture de Polygnote qui, d'après Pausanias, *Description de la Grèce,* X 28, ornait jadis le temple d'Apollon à Delphes. Cf. Löwy, 1929, p. 97.

61. Tarquinies, *Tomba dell'Orco* (peinture murale du iiie ou iie siècle av. J.-C.) ; Vatican, *Biblioteca Vaticana* (peinture murale d'environ 40 av. J.-C) ; *Louvre,* Inv. 574 (bas-relief néo-attique provenant de la Villa Albani) ; *Musée de Samothrace,* n° 39531 (buste en marbre) ; *British Museum,* Inv. G 104 (bol à relief hellénistique de Thèbes) ; Berlin, *Staatliche Museen, Antikensammlung,* Inv. 3161 (bol à relief de Tanagra) ; Arezzo, *Museo archeologico* (anse à relief d'un vase de bronze du ve siècle av. J.-C.). Cf. Brisson, 1976, pl. I-III, V et VIII-X.

62. Paris, *Bibliothèque nationale, Cabinet des médailles,* Inv. 422. Cf. De Ridder, 1901, pp. 312-313 ; Esser, 1961, pl. IV, fig. 7, et Brisson, 1976, pp. 122-123 et pl. IV.

63. *Musei Vaticani, Museo Gregoriano Etrusco,* Inv. 12687. Cf. Gerhard, *Etruskische Spiegel,* t. II, pl. CCXL ; Brisson, 1976, pp. 123-124 et pl. VI.

64. Bâle, *Antikenmuseum,* Inv. BS 473, vase du peintre de Darius, milieu du ive siècle av. J.-C. Un dessin de Raoul-Rochette (*Monuments inédits,* Paris, 1833, t. III, pl. 78) reproduit l'image du même événement qui se trouvait sur un cratère italiote aujourd'hui perdu ; cf. Brisson, 1974, pl. VII.

65. *Louvre,* D 1549, terre cuite provenant de Smyrne ; Besques, 1971-1972, III, p. 208, pl. 289h.

66. New York, *Metropolitan Museum of Arts.* Cf. Richter et Hall, 1936, n° 106.

67. Bar-le-Duc, *Musée Barrois,* Inv. 850.20.1 ; Esperandieu, VI, 4665 ; cf. Auteurs divers, *Médecine antique,* Lausanne, 1981, n° 11, p. 40.

68. JACKSON, 1988, p. 122, fig. 31, penche pour l'abaissement de la cataracte. Selon lui, la femme aurait les mains liées, « probablement pour prévenir une blessure par mouvement involontaire ».

69. Dijon, *Musée archéologique.* Cf. Auteurs divers, *Médecine antique,* Lausanne, 1981, n° 41, p. 70.

70. GOUREVITCH, D., 1968.

71. Pour les interprétations, cf. BENOÎT, 1953, pp. 77-84, pl. I, fig. 1-4; THÉVENOT, 1955, pp. 78-99; HATT, 1966, pp. 491-506.

72. Ravenne, *Museo nazionale*; bas-relief sur le petit côté gauche d'un sarcophage. Cf. AMADUCCI, 1907, fasc. 4, 1-9; Auteurs divers, *Médecine antique,* Lausanne, 1981, n° 42, p. 71.

73. BERGER, 1970.

74. EGGER, 1951, 35, pl. VI, et FESTUGIÈRE, 1963, pp. 135-146.

75. Rome, *Basilique des saints Nérée et Achillée dans la catacombe de Domitille.* Cf. FERRUA, 1954, pp. 280-285, fig. 5; BALBONI, 1955, pp. 253-259; RENARD, 1957, pp. 293-313, pl. XVI, et CAPASSO, 1986, p. 66.

76. FERRUA, 1954, p. 281. Cette hypothèse pose le problème de l'usage actif de la main gauche au lieu de la main droite.

77. Pour l'interprétation mystique de cette série de monuments, voir en particulier BENOÎT, 1953, pp. 77-84, et 1957, pp. 348-349, pl. XVI-XVII.

78. Pour l'aveugle de Bethsaïde, voir en particulier le bas-relief paléochrétien du sarcophage de Marcia Romania Celsa à Arles; pour celle des aveugles de Jéricho, la mosaïque de Saint-Apollinaire-le-Neuf à Ravenne. Cf. JAEGER, 1960, et BINARD *et al.*, 1992, pp. 12-15.

79. Par exemple la paupière droite inférieure éversée sur une tête en terre cuite conservée au *Louvre* (E 115, BESQUES, 1971-1972, III, pl. 294c).

80. Sur ce médecin ophtalmologue, voir chap. 13, pp. 337-338.

81. MEYER-STEINEG, 1912, p. 13 et pl. I, 1a et 1b; MEYER-STEINEG et SUDHOFF, 1921, p. 87, fig. 51; GRECO, 1960 (b), p. 1245, fig. 3; VAN STRATEN, 1981, p. 130, n° 30.4, et GRMEK, 1983, p. 114.

82. VAN STRATEN, 1981, pp. 129-131.

83. GALEONE, 1938, pp. 332-333, fig. 3.

84. MUNIER et coll., 1987, pp. 591-597, fig. 2 et 4, et MUNIER et BÉRARD, 1988, pp. 72-74.

85. Blois, *Musée archéologique,* Inv. 869.1.121. Cf. Auteurs divers, *L'œil dans l'Antiquité,* 1994, Cat. 73, fig. p. 107.

86. Voir chap. 9, p. 244.

87. Voir chap. 9, p. 224.

88. Voir chap. 9, pp. 209-210.

89. Voir chap. 2, pp. 38-41, et chap. 9, pp. 239-241.

90. Berkeley, *Lowie Museum of Anthropology,* Inv. 8-4274; cf. BENEDUM, 1981, pp. 451-452.

91. Schloss Erbach, *Antikensammlung,* Inv. 35. Cf. FITTSCHEN, 1977, pl. 41, fig. 1-4, et BENEDUM, 1981, pp. 446-450.

CHAPITRE XI

Affections des membres

1. Pour les blessures sanglantes et les plaies, voir chap. 3.

2. Même si l'on exclut les pieds offerts après un heureux retour de voyage et les membres des poupées articulées, le nombre de tels ex-voto reste impressionnant. Cf. par exemple les trois étagères remplies de pieds du musée de la Villa Giulia (BAGGIERI et VELOCCIA, 1996, p. 52, fig. 15).

3. VASSAL, 1960, p. 114.

4. Pour les membres des obèses et des nains, voir chap. 7 et 8.

5. Un cas moderne réel qui ressemble à ce type de sirènes a été décrit par M. CAPAR *et al.*, « Siren, syndrome of caudal regression », *Liječnički Vjesnik* (Zagreb), 106, 1984, pp. 61-64.

6. BOULLET, 1958.

7. Par exemple les divinités pré-olympiennes sur la frise du grand autel de Pergame à Berlin.

8. Pour les Telchines, cf. DETIENNE et VERNANT, 1974, pp. 242-250.

9. Genève, *Musée d'art et d'histoire*, Inv. HR 79 ; vase corinthien en terre cuite trouvé probablement dans la nécropole de Sélinonte. Cf. Auteurs divers, *Médecine antique*, Lausanne, 1981, pp. 91-93, n° 61, et DASEN, 1997 (b), pp. 5-22.

10. On peut rapprocher cettte figure de la photo du Russe Nicolas V. Kobelkoff, né au milieu du XIXe siècle en Sibérie avec une amélie totale. Cf. WITKOWSKI, 1920, pp. 139-141, avec fig. 47 (chapitre « Singularité tératologique. L'homme-tronc »).

11. DIAKONOFF, 1979, pp. 54 et 162.

12. HÉRODOTE, IX, 37.

13. BLIQUEZ, 1996, pp. 2662-2674, pl. XV-XXII.

14. PLINE, VII, 104-105.

15. LUCIEN, *Contre un bibliomane ignorant*, 6.

16. BLIQUEZ, 1996, pp. 2667-2673, pl. XIX-XXII. Signalons aussi une prothèse du Haut Moyen Âge trouvée à Bonaduz (Suisse) ; cf. *Archeologie und Museum* (Bâle), 1984, pp. 63-73.

17. *Louvre*, K 51, IVe s. av. J.-C. ; cf. TRENDALL, 1967, p. 178, n° 1062.

18. CHARCOT et RICHER, 1889, p. 53. Auteurs divers, *Médecine antique*, Lausanne, 1981, pp. 94-95, n° 65.

19. LONGPÉRIER, dans la séance du 20 janvier 1864, de la Société impériale des antiquaires de France (cf. *Mémoires de la Société*, 1865, p. 41) ; RIVIÈRE, 1883, pp. 1053-1054 ; GARLAND, 1995, fig. 22.

20. Aujourd'hui disparu ; probablement du IIe siècle de notre ère ; cf. BLIQUEZ, 1996, pl. XVI-XVII.

21. L'archer de la mosaïque qui orne la cathédrale de Lescar (Pyrénées-Atlantiques) est bel et bien un amputé qui se sert d'une prothèse en bois, mais cette œuvre appartient déjà au Moyen Âge.

22. GHALIOUNGUI et WAGNER, 1974, p. 194, pl. 63 b.

23. Senlis, *Musée d'art;* ESPERANDIEU, n° 3881 (3); cf. REGNAULT, 1910 (c).

24. *British Museum*, 628, GR 42, stèle en marbre, 430 av. J.-C.

25. HOLLÄNDER, 1912, pp. 293-294, fig. 183.

26. Voir chap. 12, pp. 317-318.

27. CROCKER, 1977.

28. *Iliade*, I, 586-594.

29. *Iliade*, XVIII, 394-405.

30. *Odyssée*, VIII, 310-312.

31. ROSNER, 1955; MOZSOLICS, 1976; JOBBA, 1987.

32. DELCOURT, 1957, pp. 110-136; GARLAND, 1995, pp. 61-63; BAZO-POULOU-KYRKIANIDOU, 1997, pp. 144-155.

33. ROBERT, 1950, pp. 148-150.

34. HÉRODOTE, III, 37.

35. Foggia, *Museo*, 132723; cf. TRENDALL, 1989, p. 101, fig. 264, et DASEN, 1993, p. 307, fig. 76.

36. ATERMAN, 1965.

37. Lettre à la rédaction, faisant suite à l'article cité dans la note précédente (*American Journal of Children Diseases*, 109, 1965, p. 392).

38. BROMMER, 1978, pp. 145-146 et 203; HALM-TISSERAND, 1986, pp. 8-22; CARPENTER, 1986, pp. 13-29.

39. KÖRNER, 1929, pp. 16-17.

40. Florence, *Museo archeologico*, Inv. 4209, vase François, vers 570 av. J.-C.; cf. BEAZLEY, 1956, p. 76, n° 1; MINTO, 1960; BROMMER, 1978, pl. 1, fig. 1

41. Rhodes, *Musée archéologique*, Inv. 10711, vers 560 av. J.-C.; cf. LAURENZI, 1938, fig. 195; BROMMER, 1978, pl. 11, fig. 1; GARLAND, 1995, fig. 19; BAZOPOULOU-KYRKIANIDOU, 1997, fig. 5.

42. Athènes, *Musée archéologique national*, NM 664; amphore corinthienne du début du VIe siècle av. J.-C.; cf. BARTSOCAS, 1972 (a); BROMMER, 1978, pl. 10, fig. 1; KUNZE et NIPPERT, 1986, fig. 47; GARLAND, 1995, fig. 18; BAZOPOULOU-KYRKIANIDOU, 1997, fig. 3.

43. Malibu, *J. Paul Getty Museum;* cf. GARLAND, 1995, fig. 17, et BAZO-POULOU-KYRKIANIDOU, 1997, fig. 6.

44. Vienne, *Kunsthistorisches Museum*, Inv. 3577 (= M 218), hydrie provenant de Cerveteri, VIe siècle av. J.-C.; cf. ROBERTSON, 1959, p. 77; BROMMER, 1978, pl. 11, fig. 2; BARTSOCAS, 1982, p. 11, fig. 9; KUNZE et NIPPERT, 1986, p. 45, fig. 48.

45. BARTSOCAS, 1972 (a), pp. 450-451; HELWIN, 1973, pp. 442-443, fig. 15-16; GARLAND, 1995, pp. 113-114; BAZOPOULOU-KYRKIANIDOU, 1997, fig. 4 et p. 154.

46. HIPPOCRATE, *Des articulations*, 62 (LITTRÉ, IV, 262-268; PETREQUIN, II, 467-473); avec un excellent commentaire de Galien; cf. MICHLER, 1963.

47. Pour le débat sur son origine et sa fréquence, cf. GRMEK, 1983, pp. 24-25.

48. Grmek, 1983, pp. 464-470.

49. Copenhague, *Ny Carlsberg Glyptotek*, stèle de la XVIIIe dynastie (1580-1350); cf. Hamburger, 1911, pp. 407-412, et Schlegel (réd.), 1983, p. 41, fig. 1.

50. Garland, 1995, fig. 20. Il faut remarquer que les danseurs qui participent au komos ont souvent le pied tordu, mais ce n'est qu'un élément comique de plus, sans signification pathologique; cf. à ce propos Seeberg, 1971, p. 104.

51. Tarente, *Museo archeologico*; cf. Penso, p. 316, fig. 167. La tunique ne laissant voir que le pied, Penso se trompe en parlant aussi de la jambe amincie.

52. La légende est connue depuis Simonidès et Sophocle; le plus disert est Apollonios dans ses *Argonautiques*.

53. Gaggadis-Robin, 1994, chap. XIV.

54. Ruvo di Puglia, *Museo archeologico Jatta*, Inv. 1501, cratère attique à volutes, fin du ve siècle av. J.-C.; Beazley, 1963, p. 1338; cf. Reinach S., 1899, I, p. 361; Séchan, 1927, pp. 544-545; Sichtermann, 1966, p. 23, n° 14, pl. 1; Lesky, 1973, p. 119, fig. 3; Henle, 1973, pp. 107-108, fig. 51; Di Palo, 1987, pp. 186-187 et 213-218; Gaggadis-Robin, 1994, p. 106, note 7, n° 1.

55. Le nom de Médée est inscrit; cf. Zinserling-Paul, 1979, p. 424.

56. Salerne, *Museo provinciale*, cratère de Montesarchio, ve siècle av. J.-C.; publication de fouilles par G. d'Henry, *Studi etruschi*, 42, 1974, p. 508, pl. 82b. Cf. Gourevitch D., 1972, p. 9 (avec une interprétation fausse); Lesky, 1973, pp. 115-117, fig. 1 et 2; Robertson, 1977 (qui renonce à son ancienne hypothèse du géant frappé du mal d'amour); Gaggadis-Robin, 1994, pp. 106-107, note 7, n° 2.

57. Il faut ajouter à ces deux vases un fragment de cratère à figures rouges provenant de la nécropole de Valle Trebba (Ferrare, *Museo Spina*; Beazley, 1963, p. 1340; cf. Montanari, 1955, et Gaggadis-Robin, 1994, p. 107, note 7, n° 3), ainsi qu'un miroir étrusque (Rome, *Museo nazionale di Villa Giulia*, Inv. 24885; cf. Gaggadis-Robin, 1994, p. 106, note 6).

58. Kemp-Lindemann, 1975, pp. 218-223; Bothmer, 1985, p. 190; Lacroix, 1987; Burgess, 1995, et Balensiefen, 1996.

59. Aujourd'hui perdue, cette amphore appartenait à la collection Pembroke-Hope. Cf. Rumpf, 1927, pl. 12; Burgess, 1995, fig. 3.

60. Par exemple une sardoine datant d'environ 100 av. J.-C., conservée à Berlin, *Staatliche Museen, Antikensammlung*; cf. Balensiefen, 1996, p. 546. Pour d'autres exemples, cf. Richter, 1968, p. 202, n°s 820-821.

61. Palestrina, *Museo archeologico prenestino*; cf. Penso, 1984, p. 257, fig. 132.

62. Par exemple un pied façonné à la spatule, provenant de Corvaro (Rimini) et conservé à Rome, *Museo nazionale romano delle Terme*; cf. Baggieri et Veloccia, 1996, p. 52, fig. 34 (avec un commentaire pertinent de Luigi Capasso, p. 31). Nous ne croyons pas non plus aux diagnostics de pieds plats et de fractures à consolidation vicieuse proposés par Regnault, 1908 (b), fig. 24, 26 et 27. Dans tous ces cas, il s'agit très probablement d'un travail en série, maladroitement exécuté.

63. Barnett, 1990. D'après cette publication, l'objet serait un don au Musée d'art et d'archéologie de l'Université du Missouri. Les conditions de sa découverte ne nous sont pas connues.

64. Regnault, 1908 (b), fig. 28.

65. Un bel exemple grec provient du temple de Zeus Hypsystos à Athènes; cf. Van Straten, 1981, n° 8.19, et Forsén, 1996, p. 71, n° 8.21, fig. 67.

66. Mérida, *Museo nacional de arte romano*, Inv. 5889.

67. Regnault, 1910 (a), pp. 260-261, fig. 6 et 7.

68. Michler, 1986, pp. 1-18.

69. Athènes, *Musée archéologique national*; cf. Byzantinos, 1904-1905.

70. Cordier, 1936. Une sculpture en marbre conservée au Louvre traite le même sujet; cf. Richer, 1902, p. 386, fig. 252.

71. Berlin, *Staatliche Museen, Antikensammlung*, TC 8626, statuette en argile, provenant de Priène (Asie Mineure), 1er siècle av. J.-C. Pour les particularités stylistiques de cet objet, cf. Leipen, 1980, pp. 154-158 et pl. 41-42. Le musée de Châlon-sur-Saône possède une version gallo-romaine, assez rude, de ce thème (fragment de figurine trouvée à Marnay).

72. Dijon, *Musée archéologique*, Inv. 836; Espérandieu, n° 2448. Cf. Bernard et Vassal, 1958, fig. 113; Vassal, 1960, p. 116, pl. II, fig. 7; Gourevitch D., dans Landes (réd.), 1992, p. 87, fig. 13.

73. Le spécimen de Préneste reproduit par Penso (1984, p. 290, fig. 157) n'est guère convaincant, pas plus que la « buveuse de Vichy » (voir p. 295).

74. Dijon, *Musée archéologique*, Inv. 55.2; Bernard et Vassal, 1958, fig. 111; Auteurs divers, *Médecine antique*, Lausanne, 1981, p. 104. La collection de Dijon comporte aussi des exemplaires similaires (Inv. 800, 865 et 4060).

75. Dijon, *Musée archéologique*, Inv. 4122; cf. Deyts, 1983, p. 135, note 18.

76. Alise-Sainte-Reine, *Musée*; cf. Bourgeois, 1991, fig. 78.

77. Châtillon-sur-Seine, *Musée archéologique*; cf. Lebel, 1964, pp. 239-242, fig. 54.

78. Rome, *Museo nazionale romano delle Terme*, Inv. 47249; cf. Penso, 1984, p. 290, fig. 156.

79. Dijon, *Musée archéologique*, Inv. 761; cf. Lebel, 1962, pp. 220-222, fig. 85.

80. Athènes, *Musée archéologique national*; cf. Davaras, 1976, p. 246, fig. 138.

81. Greco, 1960 (a), fig. 15, et 1960 (b), fig. 7.

82. Madrid, *Museo arqueológico nacional*, Inv. 6064; cf. Regnault, 1910 (a), pp. 258 et 260, fig. 3.

83. Rome, *Museo nazionale romano delle Terme*; cf. Penso, 1984, p. 286, fig. 154 (avec une interprétation qui, à la différence de la nôtre, voit le siège de la maladie dans la jambe opposée, « inerte et bien plus mince », et suggère donc une atrophie paralytique).

84. Florence, *Museo archeologico*, Inv. 4799, IIe siècle av. J.-C.; cf. BAG-GIERI et VELOCCIA, 1996, p. 52, fig. 33. On voit aussi une veine gonflée sur le métatarse d'un pied offert au dieu guérisseur du Tibre; cf. PENSABENE *et al.*, 1980, n° 819, pl. 108.

85. Athènes, *Musée archéologique national*, MN 3526; stèle du IVe siècle av. J.-C.; *Inscriptiones graecae* II 5, n° 1511 b. Cf. KOERTE, 1893, tab. XI; HOLLÄNDER, 1912, p. 291, fig. 182; Auteurs divers, *Médecine antique*, Lausanne, 1981, p. 97; HELWIN, 1973, fig. 11; VAN STRATEN, 1981, pp. 100 et 113, fig. 52.

86. PLINE, XI, 104; PLUTARQUE, *Vie de Marius*, 6; CICÉRON, *Tusculanes*, II, 35, 53.

87. Senlis, *Musée d'art;* ESPERANDIEU, n° 3875; cf. BERNARD et VASSAL, 1958; GRMEK, 1988 (a), pl. I.

88. *Louvre*, statuette trouvée dans un puits à Vichy; copie au musée de Moulins; cf. MORLET, 1943.

89. MORLET, 1957, pp. 245-247, fig. 167.

90. CORROCHER, 1985, pp. 32-33; GRMEK, 1988 (a), p. 21; BOURGEOIS, 1991, pp. 236-238.

91. Copenhague, *Ny Carlsberg Glyptotek*, Inv. 233a; cf. HERZOG, 1931, p. 79; Auteurs divers, *Médecine antique*, Lausanne, 198, pp. 143-145.

92. HAMPERL, 1963.

93. New Haven, *Yale University Art Gallery*, Dura-Europos Collection, 4244; cf. MATHESON, 1982, p. 30, fig. 26.

94. Florence, *Museo archeologico*, Coll. Funghini; cf. BAGGIERI et VELOCCIA, 1996, p. 51, fig. 31.

95. WAGONER, 1929, p. 599. D'après WELLS, 1964, p. 40, elle se trouvait dans la collection J. Klejman à New York.

96. Cf. PAUL D'ÉGINE, VI, 118.

97. PLEKET, 1978-1979, pp. 88-90, n° 13 et pl. XIV.

98. DIAKONOFF, 1979, p. 151, n° 31 et fig. 34; VAN STRATEN, 1981, p. 137.

99. MORLET, 1957, p. 242, fig. 165; VAUTHEY, MOREAU et VAUTHEY, 1968, pp. 147-153, fig. 1-4.

100. Dijon, *Musée archéologique*, Inv. 75.2.272; cf. DEYTS, 1983, pp. 78 et 135; pl. VII, n° 18.

101. Metz, *Musée archéologique*, Inv. 11319, stèle gallo-romaine en calcaire; cf. *Annuaire de la Société d'histoire et d'archéologie de la Lorraine*, 1938, p. 210, fig. 3; *Civilisation romaine de la Moselle à la Sarre*, Paris, Musée du Luxembourg, 1983, pp. 42 et 144, fig. 76.

102. GALIEN, *In Hippocratis de articulis commentarii quatuor*, I, 61; KÜHN, XVIII, 401.

103. CHAMOUX, 1951, p. 694 et pl. XXII, fig. 3.

104. Athènes, *Musée archéologique national*, NM 3369; cf. B. LEONARDOS, « Amfiareiou skafai », *Efimeris archaiologiki*, 1916, pp. 118-121, fig. 2. Cf. VAN STRATEN, 1976, p. 4 et fig. 10, et WAGENSEIL, 1964, pp. 97-110, fig. 1-3.

105. HERZOG, 1931, inscription 17.

106. L. R. ANGELETTI *et al.*, « Healing rituals and sacred serpents », *The Lancet*, 340, 1992, pp. 223-225.

107. MÉTRAUX, 1997, p. 50 et fig. 11.

108. Volterra, *Museo etrusco Guarnacci*, urne, Inv. 238 ; cf. BLANKOFF, 1967, pp. 290-293, fig. 4.

109. P. ROMANELLI, *Notizie degli scavi*, 8e série, 1948, p. 216 ; cf. GIRARDON, 1994, p. 32.

110. HOLLÄNDER, 1912, pp. 305-307. La critique de Holländer s'adresse à SAMBON (1895) et à STIEDA (1899 et 1910 a et c) qui prétendent voir des tumeurs, des gonflements et des atrophies sur des mains étrusques et hellénistiques. La difficulté reste la même pour des propositions plus récentes voulant reconnaître le rhumatisme déformant sur des ex-voto gallo-romains des sources de la Seine (cf. BERNARD et VASSAL, 1958, fig. 107 et 108).

111. Madrid, *Museo arqueológico nacional*, Inv. 5527 ; cf. REGNAULT, 1910 (c), p. 261, fig. 8.

112. SAMBON, 1895, p. 148 ; MEIGE, 1895 (c), p. 260 ; STIEDA, 1899, pl. II, 4 ; cf. aussi BLAZQUEZ, 1961, pp. 37-39.

113. Athènes, *Musée archéologique national* ; cf. DAVARAS, 1976, fig. 139, et GRMEK, 1988 (a), p. 21, fig. 25.

114. ROEBUCK, 1951, p. 117, pl. 40, fig. 63.

115. ROLLE, 1980, p. 66 (trad. américaine, pp. 58-59).

116. Alexandrie, *Musée gréco-romain*, Collection Fouquet ; cf. REGNAULT, 1908 (b) ; PERDRIZET, 1921 ; et PANAYOTATOU, 1927.

117. REGNAULT, 1908 (b), fig. 3.

118. REGNAULT, 1908 (b), fig. 1 ; PERDRIZET, 1927, pl. CV, n° 477.

119. REGNAULT, 1908 (b), fig. 2 ; PERDRIZET, 1927, pl. CV, n° 476 ; PANAYOTATOU, 1927, fig. 9.

120. Boston, *The Museum of Fine Arts*, Gift of Mrs C. G. Smith's Group, Inv. 34.42. Cf. CUMSTOCK et VERMEULE, 1971, p. 79, n° 83.

121. PLINE, XI, 49 ; cf. AULU-GELLE, XV, 24.

122. PAUL D'ÉGINE, *Épitomè*, VI, 43.

123. DAUFRESNE, 1909, p. 46, fig. 14 ; cf. HOLLÄNDER, 1912, p. 306. Selon DASEN, 1997 (c), p. 127, la polydactylie marque la nature fantastique d'un Centaure en terre cuite de l'époque géométrique.

124. MARSILI, BREGANTE-MARSILI et SANTONI-RUGIU, 1980.

125. Par exemple Rome, *Museo nazionale romano delle Terme*, Inv. 30.627.

126. HOLLÄNDER, 1912, p. 307.

127. HART, 1970, pp. 76-79 ; l'objet faisait alors partie de la collection Bledisloe.

128. KOLLESCH et KUDLIEN, 1965 ; ROSELLI, 1998.

129. Florence, *Biblioteca Laurenziana*, Ms. Laur. Plut. 74. Cf. HERRLINGER, 1967, et GRMEK, 1984.

CHAPITRE XII

États pathologiques liés au sexe

1. Par exemple, une grotte en Crète avec source consacrée à Ilythie ; cf. Paul FAURE, *Fonctions des cavernes crétoises*, Paris, 1964, pp. 90-94.

2. Le sanctuaire d'Artémis Lochia sur le Mont Cynthe ; cf. Philippe BRUNEAU, *Recherches sur les cultes de Délos à l'époque hellénistique et à l'époque impériale*, Paris, 1970, p. 191.

3. Pour les Sources de la Seine, cf. DEYTS et MARTIN, 1966 ; DEYTS, 1983 et 1985.

4. HADZISTELIOU-PRICE, 1978, fig. 2c.

5. Une série d'exemples chez BAGGIERI et VELOCCIA, 1996, p. 64. Pour la personnification de la vulve, cf. OLENDER, 1985.

6. SAMBON, 1895, p. 149 ; ROUQUETTE, 1912, pp. 370-414 ; DECOUFLÉ, 1964, pl. I ; BARTOLONI, 1970, pl. 22 ; WELLS, 1985, pl. XI ; REUS, 1992 et 1993 ; BAGGIERI et VELOCCIA, 1996, pp. 63-70.

7. Athènes, *Musée archéologique national*, MN 1821, ${}$IVe s. av. J.-C. ; cf. VAN STRATEN, 1981, p. 121. La nature de la grâce n'est pas précisée.

8. Tarquinies, *Museo nazionale* ; cf. GOUREVITCH D., 1988, p. 43, et BAGGIERI et VELOCCIA, 1996, fig. 65. Un autre spécimen, conservé au Louvre, présente le même type d'arborescence mais avec un nombre de cases supérieur ; cf. ROUQUETTE, 1912, pp. 396-398, fig. 8.

9. SAMBON, 1895, p. 149, fig. 10. Cf. MEIGE, 1895 (c), p. 261 ; DECOUFLÉ, 1964, pl. I, fig. 1A.

10. SAMBON, 1895, p. 149, fig. 8.

11. Lucera, *Museo archeologico*, Inv. 169 ; cf. GRECO, 1960 (a), fig. 3.

12. Rome, *Museo nazionale romano delle Terme*, MN 24297.

13. Terre cuite provenant de l'Étrurie méridionale ; cf. GOUREVITCH D., 1984 (a), pp. 176-177. Ce type d'ex-voto est particulièrement fréquent dans la zone archéologique étrusco-romaine.

14. WELLS, 1964, p. 267, fig. 34. PENSO (1984, fig. 161-162) évoque à ce propos le diagnostic de cancer.

15. Remarquons à ce propos que sur 102 exemplaires du Musée national romain, 88 utérus possèdent un appendice (dont deux seulement à droite) et 14 seulement en sont dépourvus. Cf. ROUQUETTE, 1912, p. 377.

16. ROUQUETTE, 1912, p. 392 ; TABANELLI, 1963, p. 74.

17. Opinion exprimée par SAMBON, 1895, dans la légende de sa fig. 9, et reprise par DECOUFLÉ, 1964, pl. I, fig. 1B.

18. BAGGIERI et VELOCCIA, 1996, fig. 59 et 66. Sur la seconde de ces figures (ex-voto étrusque provenant du sanctuaire de Tessennano), l'utérus est flanqué d'une masse ovale comportant une tige et évoquant en effet le placenta.

19. BAGGIERI et VELOCCIA, 1996 ; BAGGIERI, 1998.

20. Ainsi, par exemple, le fragment d'un ex-voto polyviscéral, trouvé au temple du Manganello à Falerii Veteres (localité particulièrement riche en

ex-voto d'organes internes), présente des anses intestinales et un organe piriforme à large ouverture, sans doute un utérus de type lisse. Cf. TABANELLI, 1962, fig. 15, et 1963, pl. XII.

21. Florence, *Museo archeologico*, Inv. 4775. Cf. HOLLÄNDER, 1912, p. 193, fig. 102, et BARTOLONI, 1970, p. 266, n° 17, pl. 22a.

22. ROUQUETTE, 1912, pp. 407-408.

23. SORANOS, *Des maladies des femmes*, I, 13, et III, 1 (Paris, 1988-1994). Pour une vue générale, voir GOUREVITCH D., 1988.

24. *Louvre*, D 198; BESQUES, 1971-1972, III, p. 36, fig. 44a; cf. GOUREVITCH D., 1988, p. 43. Au même musée, deux figurines smyrniotes (D 1146 et D 1140) représentent aussi une femme enceinte, la première nue, l'autre habillée (BESQUES, 1971-1972, III, p. 166, fig. 230a). Cf. REGNAULT, 1907 (b), p. 29, fig. 4 et p. 33, fig. 19-20.

25. *Enciclopedia dell'arte antica*, t. VI, p. 206, fig. 229b.

26. Voir chap. 7, pp. 167 et 182-183.

27. Ce vase a été trouvé en 1995, lors des fouilles dirigées par Paolo Brocato. Document photographique procuré par Gaspare Baggieri. Cf. BAGGIERI, 1998, p. 81.

28. Parfois il est délicat de trancher entre l'accouchement dans cette position et les attouchements lubriques de Baubô. Cf. SCHEFOLD, 1954, col. 217-223.

29. MORGOULIEFF, 1894; HUNDSDÖRFER, 1983; GOUREVITCH D., 1988. La diversité des positions est particulièrement bien attestée dans la série des statuettes chypriotes, conservées notamment au musée de Nicosie, au Louvre et au Metropolitan Museum.

30. Leurs noms sont précisés sur l'inscription accompagnant les bas-reliefs représentant d'un côté l'activité du mari (saignée ou petite chirurgie) et de l'autre celle de l'épouse.

31. Ostie, *Museo degli scavi*, Inv. 5603; plaque d'une tombe du IIe siècle ap. J.-C.; cf. CAPPARONI, 1930, p. 260; GOUREVITCH D., 1968, p. 545.

32. L'objet se trouvait au Musée archéologique de Zadar jusqu'à la Deuxième Guerre mondiale. Les archives du musée en possèdent le cliché.

33. DEMAND, 1994 et 1995. L'auteur défend l'idée bizarre que les scènes de mort en couches glorifient les sages-femmes figurées dans l'exercice de leurs fonctions. C'est pourquoi elle ne prend pas en considération les stèles du même type que le n° 4507 du Musée archéologique national d'Athènes (cf. KALLIPOLITIS, 1968). Cf. aussi SORGE, 1995.

34. Par exemple, les monuments à Killaron (*Louvre*, MA 3115; cf. DEVAMBEZ, 1955, fig. 2; VEDDER, 1988, p. 164 et pl. 21, 1, et DEMAND, 1995, p. 276) et à Pheidestraté (Athènes, *Musée archéologique national*, NM 1077; cf. CONZE, 1893, t. I, n° 308, pl. LXXIV) ainsi qu'un lécythe de Copenhague (*Ny Carlsberg Glyptotek* 2564; cf. VEDDER, 1988, pp. 168-169 et pl. 22, 1, et DEMAND, 1995, p. 276).

35. Par exemple, les monuments à Théophantè (Athènes, *Musée archéologique national*, NM 1055; cf. CONZE, 1893, t. I, n° 309, pl. LXXV; HOLLÄNDER, 1912, p. 272, fig. 165; VEDDER, 1988, p. 166 et pl. 21, 2;

DEMAND, 1995, pp. 276-277, pl. 1) et à Nikoménéia (Athènes, *Musée du Céramique*, P 290; cf. RIEMANN, 1940, pl. 6, 25; VEDDER, 1988, pl. 22, 2).

36. Athènes, *Musée archéologique national*, NM 749; cf. CONZE, 1893, t. I, pl. LXX; VEDDER, 1988, p. 162 et pl. 23, 1, et DEMAND, 1995, pp. 279-280, pl. 3.

37. Deux en marbre (Alexandrie, *Musée gréco-romain*; cf. VEDDER, 1988, pl. 23.2, et DEMAND, 1994, p. 279 et pl. 5) et une en calcaire sculpté et peint (New York, *The Metropolitan Museum*, 04.17.1; cf. BROWN, 1957, p. 15 et pl. 2, fig. 2). Blanche Brown remarque la trace bleue d'une fenêtre, les tissus rouge et bleu dont s'enveloppe le bas du corps de la femme, des linges et un oreiller blancs sur le lit, tandis que la parturiente aux cheveux bruns a le teint mat.

38. Volos (Thessalie), *Musée archéologique*, couloir A, stèle n° 1. Cf. ARVANITOPOULOS, 1908, pp. 147-149, et 1928, pp. 146-149, fig. 170-173 et planche en couleurs; voir aussi PFUHL, 1923, II, p. 903, et GOUREVITCH D., 1988, p. 48.

39. SAMBON, 1895, p. 216.

40. Voir l'article récent de HANSON, 1995, pp. 281-299, avec une ample bibliographie et la description d'une amulette inédite, propriété de l'auteur.

41. Athènes, *Musée Bénaki*, Inv. 12789.

42. Châlon-sur-Saône, *Musée Vivant Denon*, CA 371 (*Catalogue des bronzes figurés antiques*, 1983, p. 32); cf. GOUREVITCH D., 1984, fig. en face de la p. 176.

43. Un petit bronze du Musée Granet d'Aix-en-Provence (Inv. 934 Gibert), rappelle à la fois le type évoqué ici et la Baubô dont il est question dans le chapitre 7; cf. OGGIANO-BITAR, 1984, n° 350.

44. *Louvre*, D 1143 (CA 5231); BESQUES, 1971-1872, III, p. 166, fig. 230c; cf. REGNAULT, 1907 (b), p. 33, fig. 22; GOUREVITCH D., 1988, p. 42.

45. BENEDUM, 1971. Cet objet appartenait alors au Dr Pournaropoulos.

46. Communication d'Ernst Pfuhl à la séance de juillet 1904 de la Société archéologique de Berlin (*Jahrbuch des Deutschen archäologischen Instituts*, 19, 1904, pp. 185-187).

47. VAN STRATEN, 1981, p. 137, n° 44.4.

48. DIAKONOFF, 1979, p. 152, n° 33, et fig. 9; VAN STRATEN, 1981, p. 138, n° 47.1.

49. Athènes, *Musée archéologique*, fresque minoenne, datant d'environ 1500 av. J.-C.

50. Un exemple typique, provenant d'Agia Triada, est conservé au Musée archéologique d'Héracléion (Inv. 18642).

51. COULOMB, 1978.

52. Par exemple *Louvre*, D 1165, et Budapest, *Musée des Beaux-Arts*, T 347.

53. *Louvre*, D 1149; terre cuite hellénistique de Smyrne; BESQUES, 1971-1972, III, fig. 231b; cf. REGNAULT, 1907 (b), pp. 31-32, fig. 18, et GOUREVITCH D. et M., 1963, p. 2752, fig. 4.

54. C'est, en effet, l'opinion de PENSO, 1984, p. 312, fig. 166.

55. Szombathely, *Musée*, Inv. 54.329, 186. Cf. FETTICH, 1920-1922, fig. 8, et CASTIGLIONE, 1965, fig. 79.2.

56. Dijon, *Musée archéologique*, Inv. D'Arb 931 ; cf. DEYTS et MARTIN, 1966, n° 116, et DEYTS, 1994.

57. BERNARD et VASSAL, 1958, p. 335.

58. Dijon, *Musée archéologique*, Inv. 75.2.189 ; cf. Auteurs divers, *Médecine antique*, Lausanne, 1981, n° 115, p. 157.

59. PENSO, p. 312, fig. 164 et 165.

60. HADDOW, 1936, pp. 1018-1019, fig. 3. Ce diagnostic est repris notamment par HOLLÄNDER, 1912, p. 300, fig. 192, et par VAN STRATEN, 1981, p. 140.

61. New York, *The Metropolitan Museum of Arts*, The Cesnola Collection, 74.51.2854.

62. WELLS, 1964, pp. 76 et 267, signale déjà cette erreur d'interprétation.

63. *Louvre*, D 586 ; BESQUES, 1971-1972, III, p. 98, fig. 124a. Cette interprétation est confortée par un autre relief, intact (*Louvre*, D 738) ; cf. BESQUES, 1971-1972, III, fig. 142b.

64. HÖLLANDER, 1912, p. 301, fig. 193, et KÜNZL et ZIMMERMANN, 1994, p. 195, n° 91, pl. 69.

65. HOLLÄNDER, 1912, p. 301, fig. 194 ; MEYER-STEINEG et SUDHOFF, 1921, p. 55, fig. 35 ; BRUNN, 1928, p. 51, fig. 54 ; GRECO, 1960 (b), p. 1245, fig. 4.

66. Iéna, *Institut für Geschichte der Medizin*, Inv. V 13. Pour l'histoire et la situation actuelle de cet objet, cf. HABRICHT *et al.*, 1981, et KÜNZL et ZIMMERMANN, 1994, pp. 194-195, n° 90, pl. 68.

67. Aetios d'Amide rappelle l'historique et décrit la technique de cette intervention chirurgicale (*Libri medicinales*, XVI 45).

68. *Louvre*, D 1158, BESQUES, 1971-1972, III, p. 168, fig. 232g. Une autre figurine du même musée (D 1245) représenterait, selon REGNAULT, 1907 (b), pp. 32-33, fig. 17, le résultat de l'ablation des deux seins ayant entraîné une dépression au niveau de l'appendice xiphoïde. À ce diagnostic du médecin s'oppose à juste titre l'opinion de l'archéologue qui voit dans cette dépression un défaut technique (BESQUES, 1971-1972, III, p. 175).

69. DOITEAU, 1925. On le constate particulièrement bien sur les deux bronzes de Riace, découverts en 1972.

70. Dans les cas de phimosis gênant, on opérait avec une technique remarquable.

71. MCMANUS, 1976, et STEWART, 1976. Voir aussi MÉTRAUX, 1995, p. XIII.

72. GOUREVITCH M. et D., 1967, p. 878, fig. 5.

73. SELIGMANN, 1912, et SLANE et DICKIE, 1993.

74. PLINE, XXVIII, 39.

75. Rome, *Museo nazionale romano delle Terme*, MN 14622. Pour d'autres exemples, cf. SAMBON, 1895, p. 148 ; REGNAULT, 1908 (c), fig. 5 ; HOLLÄNDER, 1912, p. 312 ; DECOUFLÉ, 1964, p. 7 et pl. III ; PENSABENE *et al.*, 1980, pl. 105-106 ; BAGGIERI et VELOCCIA, 1996, fig. 54, 55 et 58 ; FORSÉN, 1996, p. 45, n° 1.33, fig. 27.

76. Baggieri, Grmek et Capasso, 1995, p. 75 ; Baggieri et Veloccia, 1996, pp. 22-23, fig. D.01.

77. *Digestae*, XLVIII, 8, 11.

78. Celse, VII, 25, 1.

79. Città Castellana, *Museo archeologico* ; cf. Baggieri, Grmek et Capasso, 1995, p. 75 ; Baggieri et Veloccia, 1996, pp. 23-24, fig. 53.

80. Madrid, *Museo arqueológico nacional*, Inv. 6426 ; ex-voto en terre cuite provenant de Calvi ; cf. Regnault, 1910 (a), p. 263.

81. Cos, *Musée archéologique* ; cf. Laurenzi, 1938, pp. 73-80, fig. 46-48, et, pour l'interprétation citée, Benedum, 1975.

82. Selon Laurenzi, 1938, ce serait une scène de magie érotique et selon Wagenseil, 1964, l'homme écroulé serait victime d'une morsure de serpent ou atteint d'une affection non précisée et traité par un remède tiré du serpent.

83. Brugg, *Vindonissa-Museum*.

84. Speidel, 1991.

85. Par exemple, l'homme qui, sur la fresque de la Maison des Vettii à Pompéi, pèse son membre viril (cf. Papadopoulos et Kelami, 1988). Au domaine de la caricature appartient aussi l'image de l'ithyphallique infibulé (cf. Jeanselme, 1934). Sur l'utilisation de la fibule pour empêcher l'activité sexuelle, cf. Holländer, 1912, p. 345, fig. 248, et Benedum, 1970, pp. 21 et 25, fig. 2 (statuette en bronze conservée au Vatican et représentant un musicien infibulé).

86. Hamonic, 1898 (a), pp. 222-224.

87. *Louvre*, D 1183 ; Besques, 1971-1972, III, p. 170, fig. 236a ; cf. Giuliani, 1986, pp. 717-718, fig. 18. D'après Besques, ce serait la réplique d'un bronze alexandrin du IIIe siècle av. J.-C.

88. Bartsocas, 1980, pp. 157-159, fig. 3.

89. *Louvre*, D 1209, Besques, 1971-1972, III, p. 172, fig. 241a. Un ex-voto gallo-romain en pierre de la forêt d'Halatte représente un cas similaire (Esperandieu, 3882, 3) ; cf. Regnault, 1910 (c).

90. *Louvre*, D 1204, 1205, 1206, 1207 et 1208 ; Besques, 1971-1972, III, pl. 240 et 241.

91. Regnault, 1909 (d).

92. Regnault, 1908 (c) et 1909 (d).

93. *Louvre*, D 1203, terre cuite hellénistique de Smyrne ; Besques, 1971-1972, III, p. 172, fig. 240b ; cf. Regnault, 1909 (d), fig. 3 ; Gourevitch D. et M., 1963, p. 2752, fig. 5 ; Giuliani, 1986, p. 705, fig. 8.

94. Alexandrie, *Musée gréco-romain*, Inv. 19473 ; cf. Panayotatou, 1927, p. 45, fig. 29.

95. Jacobelli, 1995, pp. 57-60, fig. 48, pl. IX, et Clarke, 1998, pl. 16.

96. Senlis, *Musée d'Art* ; Esperandieu, 3876 (3). Ce geste n'a rien d'obscène : d'autres malades l'adoptent pour montrer leurs genoux douloureux.

97. Senlis, *Musée d'Art* ; Esperandieu, 3876 (1), 3876 (5), 3876 (11), etc. ; cf. Regnault, 1910 (c).

98. Dijon, *Musée archéologique*, cf. Deyts, 1983, pp. 82-83 et 135, pl. VI et XIII.

99. Hellmut Helwin compare l'aspect de l'un des ex-voto de la forêt d'Halatte comportant des bourses tuméfiées avec un patient moderne souffrant d'œdème de famine ; cf. HELWIN, 1973, pp. 438-439.

100. Senlis, *Musée d'Art* ; cf. ESPERANDIEU, 3876 (4). Un cas semblable : ESPERANDIEU 3876 (6). Cf. GOUREVITCH M. et D., 1967, p. 878, fig. 4a.

101. GALIEN, *Des lieux affectés*, I 1.

102. *Louvre*, D 1210 ; BESQUES, 1971-1972, III, fig. 241c.

103. REGNAULT, 1909 (d), p. 19, fig. 1.

104. Tarquinies, *Museo nazionale ;* cf. BAGGIERI et VELOCCIA, 1996, p. 59, fig. 49.

105. Cf. par exemple TITE-LIVE, 27, 37, 5 et 31, 12, 6.

106. Il n'empêche que, sur les fresques de la Maison des Vettii à Pompéi, la réaction du voyeur, Pan ou Silène, comporte un mélange d'attirance et de dégoût. Cf. FREDRICK, 1995, p. 281, fig. 13 et 14.

107. L'hermaphrodisme est amplement traité par DIEKE, 1956, JONES, 1958, et DELCOURT, 1958 et 1966. Pour l'iconographie, cf. RICHER, 1892 et 1926 ; MEIGE, 1895 (a, b et d) ; NASS, 1911 ; HOLLÄNDER, 1912, pp. 247-255 ; BARTSOCAS, 1985 ; BAUMANN, 1986 ; KUNZE et NIPPERT, 1986, pp. 54-55 ; HAZARD et PERLEMUTER, pp. 137-185 ; GARLAND, 1995, pp. 119-120, et A. AJOOTIAN, in KOLOSKI-OSTROW et LYONS (réd.), 1997, pp. 220-242.

108. PLINE, XXXIV, 80.

109. Amsterdam, *Allard Pierson Museum*, Inv. 11 ; cf. MOORMANN, 1989, pp. 14-19.

110. Fouilles dirigées par Giorgio Buchner (Musée de Lacco Ameno).

111. DIODORE DE SICILE, fr. XXXII, 10-11. D'autres cas d'hermaphrodisme sont mentionnés par PLINE, VII, 36, et AULU-GELLE, IX, 4, 15. Cf. BRISSON, 1986, p. 31, et LONGO, 1993.

112. Voir chap. 5, pp. 125-126. Cf. FREDRICK, 1995, fig. 10.

113. GOUREVITCH D., 1982 ; KEULS, 1993, p. 371, fig. 314.

114. PAUSANIAS, I 6. Pour l'iconographie conservée, cf. SCHAUENBURG, 1960, pp. 57-76 ; KEMP-LINDEMANN, 1975, pp. 39-60 ; TOYNBEE, 1977, pp. 348-349, fig. 4, et FREDRICK, 1995, p. 281, fig. 12.

115. BÉRARD, in LISSARRAGUE et THÉLAMON (réd.), 1983, p. 118 ; JOURDAIN-ANNEQUIN et BONNET, 1996 (en particulier pp. 89-131). Sur le transvestisme d'Héraclès et d'Achille, cf. aussi SILVEIRA CYRINO, 1998.

116. NEVEROV, 1994, n° 27.

117. Athènes, *Musée archéologique national*, 9683 ; cf. DOVER, 1978, R 699 ; J. L. DURAND et F. LISSARRAGUE, in LISSARRAGUE et THÉLAMON (réd.), 1983, pp. 153-167 ; KEULS, 1993, p. 68 et fig. 49.

CHAPITRE XIII

Les pièges et les acquis de l'iconodiagnostic

1. HABRICH *et al.*, 1991.

2. Sur ce point, cf. VAN STRATEN, 1981, pp. 129-132.

3. ZIMMERMANN et KÜNZL, 1991 ; KÜNZL et ZIMMERMANN, 1994.

4. USCHMANN, 1970 ; KRAUSSE et NÖTLICH, 1990, pp. 122-124.

5. BAGLIONI, 1937.

6. KÜNZL, 1994.

7. GOUREVITCH D., 1968.

8. BAGLIONI, 1950, pp. 138-139, fig. 5-7.

9. SIGERIST, 1961, p. 316, fig. 8.

10. FREL, 1984, fig. 62.

11. *Ibid.*, p. 13.

12. Lettre du 29 janvier 1998.

13. E. BRAUN, « Bacco giovanne dalla spalla mozza », *Monumenti e Annali dell'Istituto archeologico di Roma*, 1854, p. 82.

14. LONGPÉRIER, 1866, pp.147-148.

15. ROMANO, 1980, pp. 81-82..

16. Voir chap. 12, pp. 322-323.

17. HOLLÄNDER, 1912, p. 315.

18. RAGGE et MUNIER, 1994, p. 815.

19. LINDEN, 1994, p. 714.

20. GOUREVITCH et GRMEK, 1994 (b), p. 228.

21. MEYER-STEINEG et SUDHOFF, 1921, p. 82.

22. HABRICH *et al.*, 1991, n° 94, p. 68.

23. Rome, *Villa Albani*, n° 704. Cf. HOLLÄNDER, 1912, p. 309, fig. 203.

24. *Louvre*, D 1072 ; BESQUES, 1971-1972, pl. 217g. Pour la queue des satyres et des faunes, cf. FÉRÉ, 1890.

25. Rome, *Antiquarium comunale*, Inv. 2652. SAMBON, 1895, pp. 216-217 ; repris par MEIGE, 1895 (c), p. 269. Cf. aussi HOLLÄNDER, 1912, pp. 307-308, fig. 201 et 202 ; GUIART, 1928, pp. 74-75 ; ONGARO, 1978, pp. 751-752 ; PENSO, 1984, p. 269, fig. 142 ; BAGGIERI et VELOCCIA, 1996, p. 49, fig. 27.

26. PENSO, 1984, p. 268, fig. 142.

27. HELLWIN, 1973, p. 441.

28. MARTINI, 1990, p. 19.

29. Rome, *Antiquarium comunale*, Inv. 5411. Cf. SAMBON, 1895, p. 147 ; MEIGE, 1895 (c), p. 260 ; HOLLÄNDER, 1912, p. 304, fig. 196 ; BAGGIERI et VELOCCIA, 1996, p. 37, fig. 2.

30. MARTINI, 1990, p. 12, fig. 2.

31. *Corpus Inscriptionum Latinarum*, XI, I, 1305.

32. ONGARO, 1978, pp. 752-754, fig. 3-5.

33. Vatican, *Museo Gregoriano Etrusco*, Inv. 13854.

34. Corinthe, *Musée archéologique* ; cf. ROEBUCK, 1951, pl. 32.

35. Naples, *Museo archeologico nazionale*, Inv. 21942. Cf. GUIART, 1928, p. 74; HOLLÄNDER, 1912, p. 303, fig. 195; ONGARO, 1978, p. 754, fig. 6; PENSO, 1984, p. 337, pl. XXVIII; CIAGHI, 1993, pp. 253-254, fig. 180; BAGGIERI et VELOCCIA, 1996, p. 38, fig. 3.

36. WELLS, 1985, p. 41.

37. *Ibid.*, pp. 42-43.

38. DUGAS, 1937, p. 5.

39. ROSELLI, 1998. Voir chap. 11, pp. 306-307.

40. HERRLINGER, 1967.

41. *Bibliothèque nationale*, Parisinus graecus 2248, fol. 610.

42. GRMEK, 1998, pp. 414-425, pl. I-III.

43. Voir chap. 1, pp. 24-25.

44. GRMEK (réd.), 1995.

45. Voir chap. 3, pp. 87-88.

46. GRMEK, 1969.

47. Malheureusement, le tableau du peintre Théorus représentant « un homme qui se mouche » est perdu et son auteur n'a pas trouvé d'épigone (cf. PLINE, XXXV, 144).

48. RAININI, 1995. L'auteur remarque que les ex-voto en forme de corps humain sont relativement rares dans le temple de Méphitis à Valle d'Ansanto et dans des sanctuaires similaires.

49. Voir chap. 7, pp. 185-187.

50. *Inscriptiones Graecae ad res Romanas pertinentes*, I, 39.

51. Voir chap. 9, pp. 224-225.

BIBLIOGRAPHIE

Anonyme, *Greek vases. Molly and Walter Bareiss Collection*, Malibu, The
J. Paul Getty Museum, 1983.
    – *Mozaeik der Antieken. Oog in oog met Grieken, Etrusken en
Romeinen*, Leiden, Rijskmuseum van Oudheden, 1990.

Auteurs divers, *Letteratura e arte figurata nella Magna Grecia*, Taranto,
Museo nazionale, 1966.
    – « Les terres cuites grecques », *Histoire et archéologie. Les dossiers*,
n° 81, 1984.
    – *Médecine antique. (Catalogue de l'exposition à l'occasion du
IVe Colloque hippocratique)*, Lausanne, Musée historique, 1981.
    – *Lexicon iconographicum mythologiae classicae*, Zürich et Mün-
chen, Artemis, 1981-1997, 8 volumes.
    – *La cité des images. Religion et société en Grèce antique*, Paris, Fer-
nand Nathan, 1984.
    – *L'œil dans l'Antiquité romaine*, Lons-le-Saunier, Centre jurassien
du patrimoine, 1994.
    – *À l'ombre du Vésuve. Collections du Musée national d'archéologie
de Naples*, Paris, 1995.

ACHTELIK, H. L., *Orthopädie in der Kunst (Römerzeit)*. Dissertation, Hei-
delberg, 1980.
ADRIANI, Achille, « Microasiatici o alessandrini i grotteschi di Mahdia ? »,
*Mitteilungen des Deutschen archäologischen Instituts, Römische Abtei-
lung*, 70, 1963, 80-92.
AELLEN, Christian, CAMBITOGLOU, Alexander, et CHAMAY, Jacques,
Le peintre de Darius et son milieu. Vases grecs d'Italie méridionale,
Genève, 1986 (*Hellas et Rome*, 4).
ALBIZZATI, Carlo, « Una fabbrica vulcente di vasi a figure rosse »,
Mélanges d'archéologie et d'histoire, 37, 1918-1919, 107-178.

ALESHIRE, Sara B., *The Athenian asklepieion; the people, their dedications and the inventories*, Amsterdam, J. C. Giben, 1989.

ALEXANDER, Gustav, « Zur Kenntniss der etruskischen Weihgeschenke mit Bemerkungen über die anatomischen Abbildungen im Altertum », *Anatomische Hefte*, vol. 30, fasc. 90, 1905, 155-198.

ALFÖLDI, Andreas, « The portrait of Caesar on denarii of 44 B.C. », *Centennial Publication of the American Numismatic Society*, 1958, 27-44.

AMADUCCI, Paolo, « Il sarcofago greco-romano rinvenuto presso la chiesa di S. Vittore in Ravenna », *Bolletino d'Arte*, 1907, fasc. 4, 1-9.

AMANDRY, Pierre, « Héraclès et l'hydre de Lerne », *Bulletin de la Faculté des lettres de Strasbourg*, 30, 1951-1952, 293-324.

AMANDRY, Pierre, et AMYX, Darrell A., « Héraclès et l'hydre de Lerne dans la céramique corinthienne », *Antike Kunst*, 25, 1982, 102-116.

AMBERGER-LAHRMANN, Mechthild, *Anatomie und Physiognomie in der hellenistischen Plastik dargestellt am Pergamonoltar*, Stuttgart, Steiner, 1996.

ANDERSON, S. Ry, « The eye and its diseases in antiquity », *Acta Ophthalmologica*, 72, 1994, Suppl. 213, 1-123.

ANDREAE, Bernard, *L'art de l'ancienne Rome*, Paris, Mazenod, 1973.
    – (réd.), *Phyromachos-Probleme*, Mainz, Philipp von Zabern, 1990.

ANDREAU, Jean, *Les affaires de Monsieur Jucundus*, Rome, École française de Rome, 1974.

ANDRONIKOS, Manolis, « Vergina. The royal graves in the Great Tumulus », *Athens Annals of Archaeology*, 10, 1977, 40-72. – Trad. française : *Les tombes royales de Vergina*, Athènes, 1980.
    – *Vergina, the royal tombs and the ancient city*, Athènes, Ekdotiki Athenon, 1984.

ANGEL, John Lawrence, *People of Lerna. Analysis of a prehistoric Aegean population*, Washington, Smithsonian Institution, 1971.

ANGELETTI, Luciana R., *et al.*, « Healing ritual and sacred serpents in classical antiquity : a biological substrate ? », *The Lancet*, juillet 1992, 223-225.

ANTONI, Nils, « A relief in the Lateran Museum at Rome », *Acta psychiatrica et neurologica scandinava*, 108, 1956, Suppl., 29-33.

ARIAS, Paolo Enrico, « Il grande cratere di Euphronios di New York », *Annali della Scuola normale superiore di Pisa*, sér. 3, t. 3, 1973, 999-1011.

ARIAS, Paolo Enrico, et HIRMER, Max, *Le vase grec*, Paris, Flammarion, 1962.

ARIETI, James A., « Nudity in Greek athletics », *Classical World*, 68, 1975, 431-436.

ARTELT, Walter, « Der verkannte Katakombenbefund. Ezechiels Vision der Auferweckung oder Anatomieszene », *Rheinischer Merkur*, 1957, n° 23, 7 juin.

ARVANITOPOULOS, Apostolos S., « Hê stêlê tês Hêdistês », *Archaiologiki efimeris*, 1908, 146-149.
    – *Graptai stêlai Dêmêtriados-Pagasôn*, Athènes, 1928.

Asbell, Milton B., « Research studies in dental history. The dental art of ancient Scythia », *Journal of the American College of Dentists*, 15, 1948, n° 2.

Aschoff, Ludwig, « Die Sambonsche Sammlung römischen Donarien », *Mitteilungen für die Geschichte der Medizin und Naturwissenschaften*, 2, 1903, 1-8.

Ashmole, Bernard, « Menander : an inscribed bust », *American Journal of Archaeology*, 77, 1973, 61, pl. 11-12.

Atallah, Wahib, *Adonis dans la littérature et l'art grecs*, Paris, Klincksieck, 1966.

Atermann, Kurt, « Why did Hephaestus limp ? », *American Journal of Diseases of Children*, 109, 1965, 381-392.

Audin, Amable, *Catalogue du Musée de la civilisation gallo-romaine à Lyon*, Lyon, 1982.

Auguet, Roland, *Cruauté et civilisation ; les jeux des Romains*, Paris, Flammarion, 1970.

Aurigemma, Salvatore, *L'Italia in Africa. Le scoperte archeologiche. Tripolitania. I mosaici*, Roma, 1960.

Avezzu, Guido, *Il ferimento e il rito ; la storia di Filottete sulla scena attica*, Bari, Adriatica, 1988.

Babelon, Ernest, *Catalogue des camées antiques et modernes de la Bibliothèque Nationale*, Paris, Leroux, 1897.

Bader, Françoise, « Introduction à l'étude des mythes indo-européens de la vision : les Cyclopes », in E. Campanile (réd.), *Studi indoeuropei*, Pisa, Giardini, 1985, 9-50.

Baggieri, Gaspare, « Religiosità e medicina degli Etruschi », *Le Scienze*, n° 360, 1998, 76-81.

Baggieri, Gaspare, Grmek, Mirko D., et Capasso, Luigi, « On the paleopathology depicted in a collection of Roman votive terracottas », *Journal of Paleopathology*, 7, 1995, 75.

Baggieri, Gaspare, et Veloccia, Maria Luisa (réd.), *Speranza e sofferenza nei votivi anatomici della antichità*, Roma, Giorgio Bretschneider, 1996.

Baglioni, Silvestro, « Conoscevano gli antichi l'uso del forcipe ostetrico ? », *Fisiologia e medicina*, 8, 1937, 169-175.

— « Per la storia del clistere », *Atti e memorie dell'Accademia di storia dell'arte sanitaria*, série 2, 16, 1950, 127-141.

Bailey, Donald Michael, *A catalogue of the lamps in the British Museum, III. Roman provincial lamps*, London, British Museum, 1974.

Bailly, Laurence, « Les ex-voto oculistiques, témoins du culte de l'eau guérisseuse en Gaule romaine », in *L'œil dans l'Antiquité romaine*, Lons-le-Saunier, 1994, 61-74.

Balboni, D., « Di una singolare scena graffita nella catacomba di Domitilla », *Rivista di archeologia cristiana*, 31, 1955, 253-259.

Balensiefen, Lilian, « Achills verwundbare Ferse », *Archäologischer Anzeiger*, 111, 1996, 545-546.

Ballabriga, Alain, « Le malheur des nains. Quelques aspects du combat des grues contre les pygmées dans la littérature grecque », *Revue des études anciennes*, 81, 1981, 57-75.

BALTZER, Margot, « Die Alltagsdarstellungen der treverischen Grabdenkmäler », *Trierer Zeitschrift*, 46, 1983, 7-151.

BARATTE, François, « La coupe en argent de Castro Udiales », *Caesarodunum*, 26, 1992, 43-54.

BARNETT, Richard D., « Polydactylism in the Ancient World », *Biblical Archaeological Review*, 16, 1990, 46-51.

BARR-SHARRAR, Beryl, « Towards an interpretation of the Dionisiac frieze on the Derveni krater », in *Bronzes hellénistiques et romains. Tradition et renouveau, Actes du 5e Colloque international sur les bronzes antiques*, Lausanne, 1979, 55-59 et pl. 24-27.

— « Dionysos and the Derveni krater », *Archeology* (New York), 35, n° 6, 1982, 13-19.

BARTOCCINI, Renato, « Arte e religione nella stipe votiva di Lucera », *Japigia* (Bari), 11, 1940, 184-213 et 241-288.

BARTOLONI, Gilda, « Alcune terrecotte votive delle collezioni medicee ora al Museo archeologico di Firenze », *Studi etruschi*, 38, 1970, 257-270.

BARTON, Carlin A., « The scandal of the arena », *Representations*, 27, 1989, 1-36.

— *The sorrows of the ancient Romans. The gladiator and the monster*, Princeton, Princeton University Press, 1993.

BARTSOCAS, Christos S., « Hephaestos and clubfoot », *Journal of the History of Medicine*, 27, 1972 (a), 450-451.

— « Achondroplasia », *Archeiôn tis Hellinikis paidiatrikis hetaireias (Acta Societatis Paediatricae Hellenicae)*, 35, 1972 (b), 578-580.

— « Kleidokraniake dysostosis par'Omirô », *Archeiôn tis Hellinikis paidiatrikis hetaireias (Acta Societatis Paediatricae Hellenicae)*, 36, 1973, 107-109.

— « Apeikonisis syndromôn kata tous hellinistikous chrônous », *Paidiatriki*, 38, 1975, 310-312.

— « I syggenis hyperplasia tôn epinefridiôn stin Archaia Hellada », *Paidiatriki*, 43, 1980, 157-160.

— « An introduction to ancient Greek genetics and skeletal dysplasias », in C. J. PAPADATOS et C. S. BARTSOCAS, *Skeletal dysplasias*, New York, Alan R. Liss, 1982, 3-13.

— « Goiters, dwarfs, giants and hermaphrodites », in C. J. PAPADATOS et C. S. BARTSOCAS, *Endocrine genetics and genetics of growth*, New York, 1985 (Coll. *Progress in Clinical and Biological Research*, 200), 1-18.

BASTIEN, Pierre, *Le buste monétaire des empereurs romains*, Wetteren, Édition Numismatique Romaine, 1992-1994, 3 vol.

BATTIN, Jacques, « Malformations et maladies génétiques dans l'art et les cultures », *Histoire des sciences médicales*, 30, 1996, 309-321.

BAUCHHENSS-THÜRIEDL, Christa, *Der Mythos von Telephos in der antiken Bildkunst*, Würzburg, Triltsch, 1971.

BAUMANN, Evert Dirk, « Ueber die Hundswut im Altertume », *Janus*, 1928, 137-151.

BAUMANN, Hermann, *Das doppelte Geschlecht. Studien zur Bisexualität in Ritus und Mythos*, Berlin, Reimer, 1986.

BAYER, Eva, *Fischerbilder in der hellenistischen Plastik*, Bonn, Habelt, 1983.

BAŽANT, Jan, « Roman deathmasks once again », *AION (archeol)*, 13, 1991, 209-218.

BAZOPOULOU-KYRKIANIDOU, Euterpe, « What makes Hephaestus lame ? », *American Journal of Medical Genetics*, 72, 1997, 144-155.

BEATTY, William K., « Medical numismatic notes. XV. Some medical aspects of Greek and Roman coins », *Bulletin of the New York Academy of Medicine*, 50, 1974, 85-95.

BEAZLEY, John D., *Etruscan vase-painting*, Oxford, Clarendon Press, 1947.

– « Geras », *Bulletin antieke beschaving*, 24-26, 1949-1951, 18-21.

– *Attic black-figure vase-painters*, Oxford, Clarendon Press, 1956.

– *Attic red-figure vase-painters*. 2e éd., Oxford, Clarendon Press, 1963, 3 vol.

BEDELLO, Margherita, *Capua preromana. I. Terrecotte votive I-II*, Roma, Parise Badoni, 1963-1971, 2 vol.

BENEDUM, Jost, « Ohrverletzungen an Athleten auf Darstellungen des Altertums und ihre Beziehung zur medizinischen Literatur der Zeit », *Gesnerus*, 25, 1968, 11-28.

– « Fibula - Naht oder Klammer ? », *Gesnerus*, 27, 1970, 20-56.

– « Antike Krankheitsvotive und eine unbekannte Weihgabe aus dem Asklepiosheiligtum von Athen », *Medizinische Monatsschrift*, 25, 1971, 514-518.

– « Zum sogenannten Symposionrelief von Kos », *Medizinhistorisches Journal*, 10, 1975, 247-272.

– « Die Augenanomalie an einem römischen Bildnis », *Medizinhistorisches Journal*, 16, 1981, 446-452.

– « Zu einem Augenvotiv aus römischer Zeit », in *Zusammenhang. Festschrift für M. Putscher*, Köln, 1984, vol. I, 23-32.

BENNDORF, Otto, *Die Metopen von Selinunt mit Untersuchungen über die Geschichte, die Topographie und die Tempel von Selinunt*, Berlin, Guttentag, 1873.

BENOÎT, Fernand, « Ob lumen receptum », *Latomus*, 12, 1953, 77-84.

– « Nouveau document d'époque chrétienne sur l'illumination », *Latomus*, 16, 1957, 348-349.

BENOÎT, Fernand, et GAGNIÈRE, Sylvain, « Pour une histoire de l'ex-voto », *Arts et traditions populaires*, 1954, 23-34.

BÉRARD, Claude, « Le corps bestial. Les métamorphoses de l'homme idéal au siècle de Périclès », *Études de Lettres*, 1983, fasc. 2, 43-54.

– « L'image de l'Autre et le héros étranger », in *Sciences et racisme*, Lausanne, Université de Lausanne, 1986, 5-22.

– « Le cadavre impossible », *AION (archeol)*, 10, 1988, 163-169.

BERGER, Ernst, *Das Basler Arztrelief. Studien zum griechischen Grab und Votivrelief um 500 v. Chr. und zur vorhippokratischen Medizin*, Basel-Mainz, Philipp von Zabern, 1970.

BERGMARK, Gustav, « Jehles och Scheuermanns ryggradsförëndringar hos antika skulpturer (Les déformations de la colonne vertébrale dites de Jehle et de Scheuermann sur les sculptures de l'Antiquité) », *Nordisk Medicin*, 33, 1947, 325-326.

BERNABÒ BREA, Luigi, *Menandro e il teatro greco nelle terrecotte liparesi*, Genova, Sagep, 1980.

BERNARD, Robert, et VASSAL, Pierre, « Étude médicale des ex-voto de la Seine », *Revue archéologique de l'Est*, 9, 1958, 329-337.

BERNHARD, Oskar, *Griechische und römische Münzbilder in ihren Beziehungen zur Geschichte der Medizin*, Zürich, Füssli, 1926.

BESNIER, Maurice, *L'île tibérine dans l'Antiquité*, Paris, Thorin, 1902 (Coll. BEFAR, 87).

BESQUES, Simone, *Musée national du Louvre. Catalogue raisonné des figurines et reliefs en terre cuite grecs, étrusques et romains*, I-IV, Paris, Musées Nationaux, 1954, 1963, 1971-1972 et 1986.

BIANCHI BANDINELLI, Ranuccio, « Il ritratto nella Antichità », in *Enciclopedia dell'arte antica*, Rome, 1965, vol. 6, 695-738.

BIEBER, Margarete, *Die Denkmäler zum Theaterwesen in Altertum*, Berlin-Leipzig, Vereinigung wissenschaftlicher Verleger, 1920.

– *The sculpture of the Hellenistic age*. Édition révisée, New York, Columbia University Press, 1961 (a).

– *The history of the Greek and Roman theater*. Édition révisée, Princeton, Princeton University Press, 1961 (b).

– *Alexander the Great in Greek and Roman art*, Chicago, Argonaut Publishers, 1964.

– « The portraits of Alexander », *Greece and Rome*, N. s. 12, 1965, 183-188.

BINARD, Claire, *et al.*, *Visages mythiques de la cécité de l'Antiquité au Moyen Âge*, Bruxelles, 1992 (Numéro spécial de la revue VOIR).

BINSFELD, Wolfgang, *Grylloi. Ein Beitrag zur Geschichte der antiken Karikatur*, Dissertation, Köln, 1956.

BLANKOFF, B., « À propos de deux pièces étrusques d'époque hellénique à Volterra », *Le Scalpel*, 120, 1967, 279-293.

BLAZQUEZ, José Maria, « Terracotas del santuario de Calés (Campania) », *Zephyrus*, 12, 1961, 25-42.

BLIQUEZ, Lawrence J., « Prosthetics in classical antiquity : Greek, Etruscan, and Roman prosthetics », in W. HAASE et H. TEMPORINI (réd.), *Aufstieg und Niedergang der römischen Welt*, Berlin, Walter de Gruyter, 1996, t. 37/3, 2640-2676.

BLOCH, Ivan, « Zur Vorgeschichte des Aussatzes », *Verhandlungen der Berliner Gesellschaft für Anthropologie*, 31, 1899, 205-216.

BLOME, Peter, « Das gestörte Mahl des Phineus auf einer Lekythos des Sapphomalers », *Antike Kunst*, 21, 1978, 70-75.

BLÜMMEL, Carl, *Katalog der Sammlung antiker Skulpturen im Berliner Museum. VI. Römische Bildnisse*, Berlin, 1933.

BOARDMAN, John, *Athenian red figure vases*, London, Thames and Hudson, 1979.

– « An anatomical puzzle », *Archäologischer Anzeiger*, 93, 1980, 330-333.

– « Wine or water », *Oxford Journal of Archaeology*, 1, 1982, 237-238.

BODSON, Liliane, « Observations sur le vocabulaire de la zoologie antique : les noms des serpents en grec et en latin », *Documents pour l'histoire du vocabulaire scientifique*, 8, 1986, 65-107.

– « Les invasions d'insectes dévastateurs dans l'Antiquité gréco-romaine », in L. BODSON et R. LIBOIS (réd.), *Contributions à l'histoire des connaissances zoologiques*, Liège, 1991, 55-69.

BOEHRINGER, Robert et Erich, *Homer. Bildnisse und Nachweise*, Breslau, Hirt, 1939.

BONFANTE, Larissa, « Nudity as a costume in classical art », *American Journal of Archaeology*, 93, 1989, 543-570.

BONFANTE, Larissa, et THOMSON DE GRUMMOND, Nancy, « Wounded souls. Etruscan ghosts and Michelangelo's slaves », *Analecta Romana Instituti Danici*, 17-18, 1989, 99-116.

BONGHI JOVINO, Maria, *Capua preromana. I. Terrecotte votive III*, Roma, Parise Badoni, 1975.

– *Depositi votivi d'Etruria. I. Testo. II. Tavole*, Milano, Cisalpino-Goliardica, 1976.

BORD, Benjamin, « Les Amazones blessées dans la légende et dans l'art », *Aesculape*, 21, 1931, 160-168.

BORDA, Maurizio, *Iconografia cesariana*, Roma, Istituto di studi romani, 1957.

BOTHMER, Dietrich von, *The Amasis painter and his world, Vase-painting in sixth century B.C.*, Athens, 1985.

BOUCHER-COLOZIER, Stéphanie, « Un bronze d'époque alexandrine : réalisme et caricature », *Monuments et mémoires de l'Académie des inscriptions et belles-lettres (Fondation Piot)*, 54, 1965, 25-38.

BOULLET, Jean, « Symbolisme d'un mythe », *Aesculape*, 41, n° 2, 1958, 3-62.

BOURGEOIS, Claude, *Divona. I. Divinités et ex-voto du culte gallo-romain de l'eau*, Paris, De Boccard, 1991.

BOYANCÉ, Pierre, « Aristote sur une peinture de la Via Latina », *Mélanges Eugène Tisserand*, Città del Vaticano, 1964, t. IV, 107-124.

BRECCIA, Evaristo, *Terrecotte figurate greche e greco-egiziane del Museo di Alessandria*, Bergamo, Istituto italiano di arti grafiche, 1930-1934, 2 vol.

– *Le Musée gréco-romain d'Alexandrie, 1925-1931*, Bergamo, Istituto italiano di arti grafiche, 1932 (édition anastatique : Rome, L'Erma, 1970).

BRECKENRIDGE, James D., *Likeness. Conceptual history of ancient portraiture*, Evanston, North-Western University Press, 1968.

BREMMER, Jan N., « Greek maenadism reconsidered », *Zeitschrift für Papyrologie und Epigraphik*, 55, 1984, 267-286.

BRISSON, Luc, *Le mythe de Tirésias. Essai d'analyse structurale*, Leiden, Brill, 1976.

–   « Neutrum utrumque. La bisexualité dans l'antiquité gréco-romaine », in *L'Androgyne. Les Cahiers de l'hermétisme*, Paris, Albin Michel, 1986, 31-61.

BROMMER, Frank, « Herakles und Geras », *Archäologischer Anzeiger*, 67, 1952, 60-73.

–   *Vasenlisten zur griechischen Heldensage*, Marburg, N. J. Elwert, 1960.

–   *Denkmälerlisten zur griechischen Heldensage*, Marburg, Elwert, 1971-1976.

–   *Hephaistos, der Schmiedegott in der antiken Kunst*, Mainz, Philipp von Zabern, 1978.

–   « Der Selbstmord der Aias », *Archäologischer Anzeiger*, 100, 1985, 21-24.

BROPHY, Robert H. et Mary, « Deaths in the pan-hellenic games. II. All combative sports », *American Journal of Philology*, 106, 1985, 171-198.

BROWN, Blanche R., *Ptolemaic paintings and mosaics in the Alexandrian style*, Cambridge (Mass.), The Archeological Institute of America, 1957.

BROWN, Shelby S., « Death as decoration : scenes from the arena in Roman domestic mosaics », in A. RICHLIN (réd.), *Pornography and representation in Greece and Rome*, New York, 1992, 180-211.

BRUNN, Enrico, *I rilievi delle urne etrusche*. Vol. I : *Ciclo troico*, Roma, Salviucci, 1870.

BRUNN, Walter von, *Kurze Geschichte der Chirurgie*, Berlin, Springer, 1928.

BRUYNE, Luc de, « Aristote ou Socrate. À propos d'une peinture de la Via Latina », *Rendiconti della Pontificia accademia di archeologia di Roma*, 42, 1969-1970, 173-193.

BULAS, Kazimierz, *Les illustrations antiques de l'Iliade*, Lwow, Société polonaise de philologie, 1929.

BURGESS, Jonathan, « Achilles'heel : the death of Achilles in ancient myth », *Classical Antiquity*, 14, 1995, 217-243.

BURR THOMPSON, Dorothy, « Three centuries of Hellenistic terracottas », *Hesperia*, 23, 1954, 72-107.

BUSCHOR, Ernst, *Griechische Vasen*, Darmstadt, Wiss. Buchgesellschaft, 1969. Nouvelle édition : München-Zürich, Piper, 1975.

BYZANTINOS, G. P., « A votive relief to Asclepius », *Annual of the British School at Athens*, 11, 1904-1905, 147-150.

CAIRNS, Douglas L., « Veiling, *aidôs* and a red-figure amphora by Phintias », *Journal of Hellenic Studies*, 116, 1996, 152-158.

CALLATAŸ, François de, *Les tétradrachmes d'Orodès II et de Phraate IV*, Paris, 1994 (*Studia iranica*, Cahier 14).

CAMP, John McK., « Excavations in the Athenian agora, 1994 and 1995 », *Hesperia*, 65, 1996, 231-261.

CAPASSO, Luigi, *La médecine dans l'Antiquité*, Paris, 1986 (*Archéo Dossier*, 5).

CAPPARONI, Pietro, « La persistenza delle forme degli antichi "donaria" anatomici negli "ex-voto" moderni », *Bolletino dell'Istituto di storia italiana dell'arte sanitaria.*, 6, fasc. 2, 1927, 39-56.

– « Due importanti raffigurazioni a soggetto medico in una tomba del sepolcreto di Ostia-Porto recentemente scoperta », *Bolletino dell'Istituto di storia italiana dell'arte sanitaria*, 10, 1930, 260-265.

CARCOPINO, Jérôme, « Le tombeau de Lambiridi et l'hermétisme africain », *Revue archéologique*, 5e sér., 15, 1922, 1, 211-301.

CARLSEN, Jesper, *et al.*, *Alexander the Great. Reality and myth*, Roma, L'Erma, 1993.

CARPENTER, Thomas H., *Dionysian imagery in archaic Greek art*, Oxford, Clarendon Press, 1986.

CASTIGLIONE, Laszlo, « L'influence orientale dans des terres cuites de Pannonie (Hongrie) », in *Le rayonnement des civilisations grecque et romaine sur les cultures périphériques*, Paris, De Boccard, 1965, 361-364.

CATENI, Gabriele, *Volterra. Museo Guarnacci*, Pisa, Pacini, 1989.

CAUBET, Annie, « Archéologie et médecine : l'exemple de Chypre », in *Archéologie et médecine. Actes du Colloque d'Antibes (1986)*, Sophia Antipolis, Centre de recherches archéologiques, 1987, 189-201.

– « Archéologie et médecine : l'exemple de Chypre », *Histoire et archéologie, Dossiers*, n° 123, 1988, 76-81.

CAUBET, Annie, et HELLY, Bernard, « Ex-voto chypriotes au Musée du Louvre », *Revue du Louvre*, 1971, 331-334.

CAUMONT, Arcisse de, « Les ex-voto gréco-romains en chêne trouvés par M. Dupuis (à Châtillon-sur-Loing) », *Bulletin monumental*, 1861, 348-350.

CAZANOVE, Olivier de, « Lucus stimulae. Les aiguillons des bacchanales », *Mélanges de l'École française de Rome, Antiquité*, 95, 1983, 55-113.

– « Ex-voto de l'Italie républicaine : sur quelques aspects de leur mise au rebut », in J.-L. BRUNAUX, *Les sanctuaires celtiques et le monde méditerranéen*, Paris, Errance, 1991, 203-214.

CÈBE, Jean-Pierre, *La caricature et la parodie dans le monde romain antique*, Paris, De Boccard, 1966.

CESARINI, Arturo, « Traiano e la medicina militare di Roma », *Atti e memorie dell'Accademia di storia dell'arte sanitaria*, 3, 1937, 9-25.

CHAMAY, Jacques, « Des défunts portant bandages », *Bulletin antieke beschaving*, n° 52-53, 1977-1978, 247-251.

– *Mythologie grecque. La guerre de Troie*, Genève, Musée d'art et d'histoire, 1984.

CHAMAY, Jacques, et CAMBITOGLOU, Alexandre, « La folie d'Athamas par le peintre de Darius », *Antike Kunst*, 23, 1980, 35-43.

CHAMOUX, François, « Sur un bas-relief de Cyrène », in *Studies presented to David M. Robinson*, Washington, Washington University Press, 1951, 694-701.

– « De Soissons à Lambiridi », *Bulletin de la Société des antiquaires de France*, 1961, 37-38.

– « Perdiccas », in *Hommage à Albert Grenier*, Bruxelles, Latomus, 1962, 386-396.

CHARBONNEAUX, Jean, *Les terres cuites grecques*, Paris, Raynaud, 1936.

– *La sculpture grecque classique*, Paris, Édition de Cluny, 1946, 2 vol.

CHARCOT, Jean-Martin, et DECHAMBRE, Amédée, « De quelques marbres antiques concernants des études anatomiques », *Gazette hebdomadaire de médecine et de chirurgie*, 4, 1857, 425-429, 457-461 et 513-518.

CHARCOT, Jean-Martin, et RICHER, Paul, *Les difformes et les malades dans l'art*, Paris, Lecrosnier et Babé, 1889.

CHARITONIDIS, Serafim, KAHIL, Lily, et GINOUVÈS, René, *Les mosaïques de la maison de Ménandre à Mytilène*, Berne, 1970 (*Antike Kunst*, Beiheft 6).

CHERVIN, Arthur, « Démosthène était-il bègue ? », *Chronique médicale*, 5, 1898, 466-477.

CHURCHILL, Edward Delos, « Wound surgery encounters a dilemma », *Journal of Thoracic Surgery*, 35, 1958, 279-290.

    – « Chest wounds in ancient sculpture », *Journal of the History of Medicine*, 26, 1971, 304-305.

CIAGHI, Silvia, *Le terrecotte figurate da Cales del Museo nazionale di Napoli*, Roma, L'Erma, 1993.

CIANI, Maria Grazia, « Lessico e funzione della follia nella tragedia greca », *Bolletino dell'Istituto di filologia greca (Padova)*, 1, 1974, 70-110.

CLARET, Alphonse, « Notes sur quelques documents relatifs à des ex-voto de l'époque gallo-romaine », *Bulletin de la Société française d'histoire de la médecine*, 3, 1904, 103-105.

CLARKE, John R., *Looking at lovemaking. Construction of sexuality in Roman art*, Berkeley, University of California Press, 1998.

CLAUSS, James J., et JOHNSTON, Sarah I. (réd.), *Medea. Essays on Medea in myth, literature, philosophy and art*, Princeton, Princeton University Press, 1997.

CLEMENTELLI, Mariaclara, et JALONGO, Augusto, « La "formula corporea" nella scultura dell'antica Grecia », *Rivista di anatomia artistica*, 1, n° 3-6, 1967, 43-54.

COARELLI, Filippo, *Da Pergamo a Roma. I Galati nella città degli Attalidi*, Roma, Quasar, 1995.

COARELLI, Filippo (réd.), *Fregellae II. Il santuario di Esculapio*, Roma, Quasar, 1986.

COCHE DE LA FERTÉ, Étienne, « Les Ménades et le contenu réel des représentations de scènes bachiques autour de l'idole de Dionysos », *Revue archéologique*, 6ᵉ sér., 38, fasc. 2, 1951, 11-23.

    – « Le verre de Lycurgue », *Monuments et mémoires de l'Académie des inscriptions et belles-lettres (Fondation Piot)*, 48, fasc. 2, 1956, 131-162.

    – « Penthée et Dionysos. Nouvel essai d'interprétation des *Bacchantes* d'Euripide », in R. BLOCH (réd.), *Recherches sur les religions de l'Antiquité classique*, Genève-Paris, 1980, 105-207.

COHEN, Beth, « Perikles' portrait and the Riace bronzes. New evidences for schinocephaly », *Hesperia*, 60, 1991, 465-502.

COLONNA, Giovanni (réd.), *L'altorilievo di Pyrgi. Dei ed eroi greci in Etruria*, Roma, L'Erma, 1997.

COMELLA, Anna Maria, *Il materiale votivo tardo di Gravisca*, Roma, Giorgio Bretschneider, 1978.

- «Tipologia e diffusione dei complessi votivi in Italia in epoca medio- e tardo-repubblicana », *Mélanges de l'École française de Rome, Antiquité*, 93, 1981, 717-804.

- *Il deposito votivo presso l'Ara della Regina*, Roma, Giorgio Bretschneider, 1982.

- «Riflessi del culto di Asclepio sulla religiosità popolare etrusco-laziale e campana di epoca medio- e tardo-repubblicana », *Annali della Facoltà di Lettere e Filologia di Perugia*, 20, 1982-1983, 217-244.

- *I materiali votivi di Falerii*, Roma, Giorgio Bretschneider, 1986.

COMELLA, Anna Maria, et STEFANI, Grete, *Materiali votivi del santuario di Campetti a Veio*, Roma, 1990 (« Archaeologica », n° 84).

CONNELLY, Joan B., *Votive sculpture of Hellenistic Cyprus*, Nicosia, Department of Antiquities of Cyprus, 1988.

CONNOR, Peter J., « The dead hero and the sleeping giant by the Nikosthenes painter at the beginnings of a myth », *Archäologischer Anzeiger*, 99, 1984, 387-394.

CONNOR, Walter Robert, « Seized by the nymphs. Nympholepsy and symbolic expression in classical Greece », *Classical Antiquity*, 7, 1988, 155-189.

CONZE, Alexander Leopold, *Die attischen Grabreliefe*, Berlin, Spemann, 1893-1900.

CORDIER, Raymond, « L'épine au pied dans l'art antique », *Aesculape*, 26, n° 6, 1936, 140-144.

CORNER, George W., « Physician and pupils in a fourth century painting », *Proceedings of the American Philosophical Society*, 101, 1957, 245-248.

CORROCHER, Jacques, « Les eaux thermales de Vichy dans l'Antiquité », in A. PELLETIER (réd.), *La médecine en Gaule*, Paris, Picard, 1985, 25-38.

CORVISIER, Jean-Nicolas, *Santé et société en Grèce ancienne*, Paris, Economica, 1985.

- « Eau, paludisme et démographie en Grèce péninsulaire », in R. GINOUVÈS *et al.* (réd.), *L'eau, la santé et la maladie dans le monde grec*, Athènes-Paris, 1994 (Suppl. *Bulletin de correspondance hellénique*), 297-319.

COSTANTINI, Sara, *Il deposito votivo del santuario campestre di Tessennano*, Rome, Giorgio Bretschneider, 1995.

COULOMB, Jean, « À propos de l'art plastique minoen. Données anatomiques et iconométriques », *Revue archéologique*, 1978, 205-226.

- « Les Minoens et l'anatomie humaine », *Histoire des sciences médicales*, 15, 1981, 81-89.

COURBIN, Paul, « Un fragment de cratère protoargien », *Bulletin de correspondance hellénique*, 79, 1955, 1-49, pl. I.

CRIGHTON, Angus, « The old are in a second childhood: age reversal and jury service in Aristophanes "Wasps" », *Bulletin of the Institute of Classical Studies*, 38, 1991/1992, 59-80.

CRISAN, E., « Ex-voto anatomiques de Veies au musée historique de Cluj », *Acta Musei Napocensis (Cluj)*, 7, 1970, 489-499.

CRISTOFANI, Mauro, *et al.*, *Urne volterrane*. Vol. 1. *I complessi tombali*, Firenze, 1975 (*Corpus delle urne etrusche di età ellenistica*, Serie I).

CROCKER, Kyle Robert, « The lame smith : parallel features in the myths of the Greek Hephaestus and the Teutonic Wayland », *Archaeological News*, 6, 1977, 67-71.

CULTRERA, Giuseppe, « Hydria a figure rosse del Museo di Villa Giulia », *Opere d'arte*, 1938, pl. 1-3.

CUMSTOCK, Mary, et VERMEULE, Cornelius, *Greek, Etruscan and Roman bronzes in the Museum of Fine Arts, Boston*, Greenwich (Conn.), Graphic Society, 1971.

CUNLIFFE, Barry (réd.), *The temple of Sulis Minerva at Bath*. Vol. 2 : *The finds from the sacred spring*, Oxford, 1988.

CURTIUS, Ludwig, *Pentheus*, Berlin, Walter de Gruyter, 1929.

  – « Physiognomik des römischen Porträts », *Die Antike*, 1931, 226-254.

DAREMBERG, Charles, *La médecine dans Homère*, Paris, Didier, 1865.

DARMON, Jean-Pierre, « Philoctète à Nabeul (une "retractatio") », *Bulletin de la Société des antiquaires de France*, 1989, 232-239.

DASEN, Véronique, « Dwarfism in ancient Egypt and classical Antiquity. Iconography and medical history », *Medical History*, 32, 1988, 253-276.

  – « Dwarfs in Athens », *Oxford Journal of Archaeology*, 9, 1990, 191-207.

  – *Dwarfs in ancient Egypt and Greece*, Oxford, Clarendon Press, 1993.

  – « Les jumeaux dans le monde gréco-romain : théories médicales et iconographie », *Medicina nei secoli*, N. s., 7, 1995, 301-321.

  – « Multiple births in Graeco-Roman Antiquity », *Oxford Journal of Archaeology*, 16, 1997 (a), 49-63.

  – « Autour de l'estropié du Musée d'art et d'histoire de Genève », *Gesnerus*, 54, 1997 (b), 5-22.

  – « Des Molionides à Janus : les êtres à corps ou à parties multiples dans l'Antiquité classique », in H.-K. SCHMUTZ (réd.), *Phantastische Lebensräume, Phantome und Phantasmen*, Marburg, 1997 (c), 119-141.

DAUFRESNE, Charles, *Épidaure. Les prêtres, les guérisons*, Thèse de médecine, n° 232, Paris, 1909.

DAUMAS, Michèle, « L'amphore de Panaguristé et les sept contre Thèbes », *Antike Kunst*, 21, 1978, 23-31.

DAUX, Georges, « Chronique des fouilles en 1957. Céphalonie », *Bulletin de correspondance hellénique*, 82, 1958, 728-731.

  – « Sur une épigramme de Céphalonie », *Bulletin de correspondance hellénique*, 87, 1963, 636-638.

DAVARAS, Costis, *Guide to Cretan antiquities*, Park Ridge, N.J., Noyes Press, 1976.

DAVIES, Mark I., « The suicide of Ajax, a bronze Etruscan statuette from the Käppeli collection », *Antike Kunst*, 14, 1971, 148-157.

  – « Ajax and Tekmessa. A cup by the Brygos painter in the Bareis collection », *Antike Kunst*, 16, 1973, 60-70.

  – « Ajax at the bourne of life », in *Eidôlopoia*, Roma, Giorgio Bretschneider, 1985, 83-117 (« Archaeologica », n° 61).

DEBRU, Armelle, « Consomption et corruption : l'origine et le sens de *tabes* », *Mémoires du Centre Jean Palerne*, 7, 1988, 19-31.

– *Le corps respirant. La pensée physiologique chez Galien*, Leiden, Brill, 1996.

DECHAMBRE, Amédée, « Caractères de la figure d'Alexandre, éclairés par la médecine », *Gazette médicale de Paris*, 18, 1851, 717-720 et 745-748.

– *Caractères des figures d'Alexandre le Grand et de Zénon le stoïcien éclairés par la médecine*, Paris, Masson, 1852.

DECOUFLÉ, Pierre, « Introduction à l'étude des mannequins anatomiques : l'incision du corps humain dans la plastique archaïque », *La Semaine des Hôpitaux*, 37, 1961, 3608-3620.

– *La notion d'ex-voto anatomique chez les Étrusco-Romains. Analyse et synthèse*, Bruxelles, Latomus, 1964.

DE LAET, Sigfried Jan, et DESITTERRE, Marcel, « Ex voto anatomici di Palestrina del Museo archeologico dell'Università di Gand », *L'Antiquité classique*, 38, 1969, 16-27.

DELCOURT, Marie, *Héphaïstos ou la légende du magicien*, Paris, Les Belles Lettres, 1957.

– *Hermaphrodite. Mythe et rites de la bisexualité dans l'Antiquité classique*, Paris, Presses Universitaires de France, 1958.

– *Oreste et Alcméon. Étude sur la projection légendaire du matricide en Grèce*, Paris, Les Belles Lettres, 1959.

– *Hermaphroditea. Recherches sur l'être double, promoteur de la fertilité dans le monde classique*, Bruxelles, Latomus, 1966.

DEMAND, Nancy, *Birth, death and motherhood*, Baltimore, Johns Hopkins University Press, 1994.

– « Monuments, midwives and gynecology », in Ph. VAN DER EIJK, H. F. J. HORSTMANSHOFF et P. H. SCHRIJVERS (réd.), *Ancient medicine in its socio-cultural context*, Amsterdam, Atlanta, 1995, vol. I, 275-290.

DE MARTINO, Ernesto, *La terra del rimorso*, Milano, Il Saggiatore, 1960.

– Trad. française : *La Terre du remords*, Paris, Gallimard, 1966.

DENOYELLE, Martine, *Le cratère des Niobides*, Paris, Musée du Louvre, 1997.

DENTZER, Jean-Marie, *Le motif du banquet couché dans le Proche Orient et le monde grec du VIIᵉ au IVᵉ siècle avant J.-C.*, Rome, École française de Rome, 1982 (Coll. BEFAR, 246).

DEONNA, Waldemar, *Les statues de terre cuite en Grèce*, Paris, Fontemoing, 1906.

– *Les statues de terre cuite dans l'Antiquité (Sicile, Grande Grèce, Étrurie et Rome)*, Paris, Fontemoing, 1908.

– « Essai sur la genèse des monstres dans l'art », *Revue des études grecques*, 28, 1915, 288-349.

– « Les origines de la représentation humaine dans l'art grec », *Bulletin de correspondance hellénique*, 50, 1926, 319-382.

D'ERCOLE, Maria Cecilia, *La stipe votiva del Belvedere a Lucera*, Roma, Giorgio Bretschneider, 1990.

DE RIDDER, André, *Catalogue des vases peints de la Bibliothèque Nationale*, Paris, Imprimerie nationale, 1901.

DETIENNE, Marcel, et VERNANT, JeanPierre, *Les ruses de l'intelligence. La métis des Grecs*, Paris, Flammarion, 1974.

DEVAMBEZ, Pierre, « Le motif de Phèdre sur une stèle thasienne », *Bulletin de correspondance hellénique*, 79, 1955, 121-134.

DEVEREUX, Georges, *Baubo, la vulve mythique*, Paris, Godefroy, 1983.

DE WAELE, Ferdinand Joseph, « The sanctuary of Asclepios and Hygieia at Corinth », *American Journal of Archaeology*, 37, 1933, 417-451.

DEYTS, Simone, « Note préliminaire sur les sculptures anatomiques en bois trouvées aux Sources de la Seine », *Revue archéologique de l'Est*, 16, 1965, 245-258.

 — « À propos d'une statue en bois des Sources de la Seine », *Revue archéologique de l'Est*, 21, 1970, 437-460.

 — *Les bois sculptés des Sources de la Seine*, Paris, CNRS, 1983, (*Gallia*, Suppl. 42).

 — « Cultes et sanctuaires des eaux en Gaule », *Archeologia* (Warszawa), 37, 1986, 9-30.

 — « Les ex-voto de guérison en Gaule », *Histoire et Archéologie, Dossiers*, n° 123, 1988, 82-87.

 — *Le sanctuaire des Sources de la Seine*, Dijon, Musée archéologique, 1985.

 — *Un peuple de pèlerins. Offrandes de pierre et de bronze des Sources de la Seine*, Dijon, 1994 (Suppl. 13 de la *Revue archéologique de l'Est*).

DEYTS, Simone, et MARTIN, Roland, *Ex-voto de bois, de pierre et de bronze du sanctuaire des Sources de la Seine*, Dijon, Musée archéologique, 1966.

DIAKONOFF, Irina, « Artemidi Anaeiti anestesen. The Anaeitis dedications in the Rijkmuseum van Oudeheden at Leiden and related material from Eastern Lydia. A reconsideration », *Bulletin antieke beschaving*, 54, 1979, 139-188.

DIEKE, Wilhelm, « Die antiken Hermaphroditen. Eine paramedizinische Studie », *Zentralblatt für Gynäkologie*, 78, 1956, 889-927.

DILLON, Matthew P. G., « The didactic nature of the Epidaurian iamata », *Zeitschrift für Papyrologie und Epigraphik*, 101, 1994, 239-260.

DILTHEY, Karl, « Tod des Pentheus. Kalenische Trinkschale », *Archäologische Zeitung*, N. S., 6, 1874, 79-85.

DI MARCO, Massimo, « La follia di Licurgo ; una reminiscenza eschilea in Timone (fr. 778 L.J.P.) », *MD (Materiali e discussioni, Pisa)*, 18, 1987, 167-175.

DI PALO, Francesco, *Dalla Ruvo antica al Museo archeologico Jatta*, Fasano, Schena, 1987.

DIRCKX, John H., « Julius Caesar and the Julian emperors. A family cluster with Hartnup disease », *American Journal of Dermatopathology*, 8, 1986, 351-357.

DOBLHOFER, Georg, et MAURITSCH, Peter, *Quellendokumentation zur Gymnastik und Agonistik im Altertum. 4. Boxen*, Wien, Böhlau, 1995.

DODDS, Eric R., *The Greeks and the irrational*, Berkeley, University of California Press, 1951. – Trad. française: *Les Grecs et l'irrationnel*, Paris, Aubier, 1965.

DOITEAU, Victor, « Comment faut-il porter le prépuce ? L'esthétique du prépuce selon l'art et les artistes », *Le Progrès médical*, 40, 1925, Supplément illustré n° 1, 1-6.

DOVER, Kenneth, *Greek homosexuality*, London, Duckworth, 1978.

DU BOURGUET, Pierre, *La peinture paléochrétienne*, Lausanne, Held, 1965.

DUCATI, Pericle, « Uno stamnos etrusco del sepolcreto della Certosa (Bologna) », *Studi Etruschi*, 8, 1934, 119-128.

DUGAS, Charles, « Tradition littéraire et tradition graphique dans l'antiquité grecque », *L'Antiquité classique*, 6, 1937, 5-26.

DUMONTET, Monique, et ROMEUF, Anne-Marie, *Ex-voto gallo-romains de la source des Roches à Chamalières*, Clermont-Ferrand, Musée Bargoin, 1980.

DUNBABIN, Katherine M. D., « Sic erimus cuncti... The skeleton in Graeco-Roman art », *Jahrbuch des Deutschen archäologischen Instituts*, 101, 1986, 185-255.

DUNBABIN, Katherine M. D., et DICKIE, M. W., « Invidia rumpantur pectora. The iconography of phthonos/invidia in Graeco-Roman art », *Jahrbuch für Antike und Christentum*, 26, 1983, 7-37.

DUVAL, Paul-Marie, « Médecins et médecine de Gaule », *Médecine de France*, 74, 1965, 10-15.

EDELSTEIN, Emma et Ludwig, *Asclepius. A collection and interpretation of the testimonies*, Baltimore, Johns Hopkins Press, 1945, 2 vol.

EGER, Jean-Claude, *Le sommeil et la mort dans la Grèce antique*, Paris, Sicard, 1966.

EGGER, Rudolf, « Zwei oberitalische Mystensarkophage », *Mitteilungen des Deutschen archäologischen Instituts, Römische Abteilung*, 4, 1951, 35.

EISLER, Robert, « Sur les portraits anciens de Cratès, de Diogène et d'autres philosophes cyniques », *Revue archéologique*, 1931, 1-13.

EMERY, Allan E. H. et Marcia, « Medicine and art: diagnosis and medical treatment », *Proceedings of the Royal College of Physicians (Edinburgh)*, 22 (4), 1992, 519-542.

ENGELMANN, Richard, « Die Io-Sage », *Jahrbuch des Deutschen archäologischen Instituts*, 18, 1903, 37-58.

ESPERANDIEU, Émile, *Recueil général des bas-reliefs, statues et bustes de la Gaule romaine*, Paris, Imprimerie Nationale, 1907-1949, 13 vol.

– « Les fouilles de la Croix-Saint-Charles au Mont-Auxois », *Mémoires de la Commission des antiquités de la Côte-d'Or*, 15, 1910, 225-280.

ESSER, Albert, « Vermitteln die Zugen der griechischen Bildwerke den Eindruck von blinden Augen », *Klinische Monatsblätter für Augenheilkunde*, 90, 1933, 537-540.

– *Cäsar und die julisch-claudischen Kaiser im biologisch-ärztlichen Blickfeld*, Leiden, Brill, 1958.

–   *Das Antlitz der Blindheit in der Antike*, 2e éd., Leiden, Brill, 1961.

ÉTIENNE, Robert, *Jules César*, Paris, Fayard, 1997.

FAHLBUSCH, Walter, « War Sokrates mit angeborener Syphilis belastet ? », *Dermatologische Wochenschrift*, 107, 1938, 1707-1709.

FANTAR, Mhamed H., *et al.*, *La mosaïque en Tunisie*, Paris-Tunis, C.N.R.S., 1995.

FAUDUET, Isabelle, « Les ex-voto anatomiques du sanctuaire de Bû », *Revue archéologique de l'Ouest*, 7, 1990, 93-100.

FAY, Temple, « 'The Head'. A neurosurgeon's analysis of a great stone portrait », *Expedition (Philadelphia)*, 1, n° 4, 1958-1959, 12-18.

FEDELI, Mario, « Alcune osservazioni di biotipologia senile nella iconografia etrusca al Museo nazionale di Villa Giulia », *Economia Umana*, 7, n° 5, 1956, 3-11.

FELLMANN, Berthold, *Die antiken Darstellungen des Polyphemabenteuers*, München, Fink, 1972.

FENELLI, Maria, « Contributo per lo studio del votivo anatomico. I votivi anatomici di Lavinio », *Archeologia classica*, 27, 1975, 206-252.

–   « Depositi votivi in area etrusco-italica », *Medicina nei secoli*, N. s., 7, 1995, 367-382.

FÉRÉ, Charles, « La queue des satyres et la queue des faunes », *Nouvelle iconographie de la Salpêtrière*, 3, 1890, 45-48.

FERRIN-SUTTON, Dana, « A series of vases illustrating the madness of Lycurgus », *Rivista di studi classici*, 23, 1975, 356-360.

FERRUA, Antonio, « Tre note d'iconografia paleocristiana. III. Il martirio in cattedra », in *Miscellanea Giulio Belvederi*, Città del Vaticano, Collezione Amici delle catacombe, 1954, 280-285.

–   « Una nuova catacomba cristiana sulla via Latina », *La Civiltà Cattolica*, 1956, 118-131.

–   *Le pitture della nuova catacomba della via Latina*, Città del Vaticano, Pontificio Istituto de Archeologia Cristiana, 1960.

–   *Catacombe sconosciute. Una pinacoteca del IV secolo sotto la via Latina*, Firenze, 1980.

FERRUA, L., et PINNA, A., « Il deposito votivo », in F. COARELLI (réd.), *Fregellae II. Il santuario di Esculapio*, Roma, 1986, 89-144.

FESTUGIÈRE, André Jean, « Initiée par l'époux », *Monuments et mémoires de l'Académie des inscriptions et belles-lettres*, 53, 1963, 135-146.

FETTICH, G. Nandor, « Statuettes grotesques en terre cuite au Musée de Szombathely », *Archaeologiai Értesitö*, 39, 1920-1922, Suppl., 1-5.

FINK, Josef, « Die römischen Katakomben an der Via Latina », *Antike Welt*, 7, 1976, 6-14.

FITTSCHEN, Klaus, *Katalog der antiken Skulpturen in Schloss Erbach*, Berlin, 1977.

FLACELIÈRE, Robert, et DEVAMBEZ, Pierre, *Héraclès, images et récits*, Paris, De Boccard, 1966.

FLASCH, Adam, « Phineus auf Vasenbildern », *Archäologische Zeitung*, 38, 1880, 138-145.

FLORESCU, Florea B., *Die Trajanssäule. Grundfragen und Tafeln*, Bucarest-Bonn, Akademie Verlag, 1969.

FORSÉN, Björn, *Griechische Gliederweihungen. Eine Untersuchung zu ihrer Typologie und ihrer religions- und sozialgeschichtlichen Bedeutung*, Helsinki, Institut finnois d'Athènes, 1996.

FRANK, S. T., « Aural sign of coronary artery disease », *New England Journal of Medicine*, 289, 1973, 327-328.

FREDRICK, David, « Beyond the atrium to Ariadne : erotic painting and visual pleasure in the Roman house », *Classical Antiquity*, 14, 1995, 266-287.

FREL, Jiri, *Death of a hero*, Malibu, Paul Getty Museum, 1984.

FRIIS JOHANSEN, Karsten, *Hoby Fundet. Nordiske Fortidsminder*, vol. II, Københaven, 1923.

    – « New evidence about the Hoby silvercup », *Acta Archaeologica*, 31, 1960, 185-190.

FRÖHNER, Wilhelm, *Terres cuites d'Asie mineure de la collection Julien Gréau*, Paris, Hoffmann, 1881.

FROHMANN, Clemens, « Votivgaben in der Antike, insbesondere bei Augenerkrankungen », *Zeitschrift für ärztliche Fortbildung*, 50, 1956, 133-135.

FRONIMOPOULOS, J. N., et LASKARATOS, Joannes G., « Some Byzantine chroniclers and historians on ophthalmological topics », *Documenta Ophthalmologica*, 81, 1992, 121-132.

FURFARO, D., « Materiale votivo classico del Museo Civico di Bologna », *Rivista di storia della medicina*, 7, fasc.2, 1963, 194-199.

FURTWÄNGLER, Adolf, *Beschreibung der geschnittenen Steine im Antiquarium (königliche Museen zu Berlin)*, Berlin, Speman, 1896.

    – *Die antiken Gemmen*, Leipzig, Giesecke und Dervient, 1900.

GAGGADIS-ROBIN, Vassiliki, *Jason et Médée sur les sarcophages d'époque impériale*, Rome, École française de Rome, 1994.

GAISER, Konrad, *Das Philosophenmosaik in Neapel*, Heidelberg, Carl Winter, 1980.

GALEAZZI, Olivio, « Gli ex-voto di Bithia : una interpretazione storico-medica », *Rivista di studi fenici*, 14, 1986, 185-199.

GALEONE, Angelo, « Stati patologici nell'arte greca », *Atti e memorie dell'Accademia di storia dell'arte sanitaria*, 4, 1938, 331-336.

GALIS, Leon, « Medea's metamorphosis » *Eranos*, 90, 1992, 65-81.

GALLET DE SANTERRE, Hubert, « Iconographie, littérature et religion en Grèce : le suicide d'Ajax », in R. ÉTIENNE, M. Th. Le DINAHET et M. YON, *Architecture et poésie dans le monde grec (Hommage à Georges Roux)*, Lyon, Maison de l'Orient méditerranéen, 1989, 231-245.

GALLI, Edoardo, « Del sacrificio funebre a Patroclo », *Ausonia*, 5, 1910, 118-127.

GALLINI, Clara, « Il travestimento rituale di Penteo », *Studi e materiali di storia delle religioni*, 34, 1963, 211-228.

GARLAND, Robert, *The eye of the beholder. Deformity and disability in the Graeco-Roman world*, London, Duckworth, 1995.

GAROFANO VENOSTA, Francesco, *Ex voto anatomici nella Capua pre-romana*, Caserta, Tipografia Russo, 1967.

GATTI LO GUZZO, Laura, *Il deposito votivo dell'Esquilino detto di Minerva Medica*, Firenze, Sansoni, 1978 (*Studi e materiali di etruscologia*, 17).

GENTILI, Gino V., *Mosaics of Piazza Armerina. The hunting scenes*, Milano, Arti grafiche Ricordi, 1964.

GERHARD, Eduard, *Auserlesene griechische Vasenbilder, hauptsächlich etruskischen Fundorts. I. Götterbilder; II-III. Heroenbilder; IV. Griechisches Alltagsleben*, Berlin, Reimer, 1840-1858.
   – *Etruskische Spiegel*, Berlin, Reimer, 1843-1897.

GEROULANOS, Stephanos, et BRIDLER, René, *Trauma. Wund-Enstehung und Wund-Pflege in antiken Griechenland*, Mainz, Philipp von Zabern, 1994.

GEROULANOS, Stephanos, JAGGI, F., et WYDLER, J., « Thoracopagus symmetricus. Zur Trennung von siamesischen Zwillingen in X. Jahrhundert n. Chr. durch byzantinische Aerzte », *Gesnerus*, 50, 1993, 179-200.

GHALIOUNGUI, Paul, et WAGNER, G., « Terres cuites de l'Égypte gréco-romaine de la collection P. Ghalioungui », *Mitteilungen des Deutschen archäologischen Instituts, Abteilung Kairo*, 30, 1974, 189-198.

GHIRON-BISTAGNE, Paulette, « Il motivo di Fedra nell'iconografia e la Fedra di Seneca », *Dionisio*, 52, 1981, 261-306.

GIAMPALMO, Antonio, « Testimonianze di patologia nella storia delle arti figurative », *Pathologica*, 84, 1992, 1-24.
   – « Orme e testimonianze di patologia nelle arti figurative », *Pathologica*, 86, 1994, 3-29.

GIGLIOLI, Giulio Quirino, *L'Arte etrusca*, Milano, Fratelli Treves, 1935.
   – « Una pelike attica da Cerveteri nel Museo di Villa Giulia a Roma con Herakles e Geras », in *Studies presented to David M. Robinson*, Washington, Washington University Press, 1953, 111-113.

GILMAN, Sander L., *Disease and representation. Images of illness from madness to AIDS*, Ithaca, Cornell University Press, 1988.

GIRARDON, Sheila, « Ancient medicine and anatomical votives in Italy », *Bulletin of the Institute of Archaeology, University College London*, 30, 1993, 29-40.

GIULIANI, Luca, « Die seligen Krüpel. Zur Deutung von Missgestalten in der hellenistischen Kleinkunst », *Archäologischer Anzeiger*, 102, 1987, 701-721.

GOLDEN, Mark, « Male chauvinists and pigs », *Les Échos du monde classique*, 32, n.s. 7, 1988, 1-12.

GOLDMAN, Hetty, « Two terracotta figurines from Tarsus », *American Journal of Archaeology*, 47, 1943, 22-34.

GOLDMAN, Leon, et SCHECHTER, C. G., « Art in medicine; peripheral facial palsy throughout ages », *New York State Journal of Medicine*, 67, 1967, 1331-1334.

GOUREVITCH, Danielle, « Le chien, de la thérapeutique populaire aux cultes sanitaires », *Mélanges de l'École française de Rome*, 1968, 247-261.

– « Pudeur et pratique médicale dans l'Antiquité classique », *La Presse médicale*, 76, 1968, 544-546.

– « Les représentations des soins donnés à Philoctète », *Clio Medica*, 7, 1972, 1-12.

– « Psychanalyse et vases grecs », *Mélanges de l'École française de Rome*, 90, 1978, 153-160.

– « Fantasmes érotiques et perversions d'objet dans la littérature gréco-romaine », *Mélanges de l'École française de Rome. Antiquité*, 94, 1982, 823-842.

– *Le mal d'être femme. La femme et la médecine dans la Rome antique*, Paris, Les Belles Lettres, 1984 (a).

– *Le triangle hippocratique dans le monde gréco-romain. Le malade, sa maladie et son médecin*, Rome, École française de Rome, 1984 (b). (Coll. BEFAR, 251.)

– « Le texte et l'image : apport au diagnostic en médecine classique », *Histoire et Archéologie, Dossiers*, n° 97, 1985 (a), 34-40.

– « L'obésité et son traitement dans le monde romain », *History and Philosophy of the Life Sciences*, 7, 1985 (b), 195-215.

– « Grossesse et accouchement dans l'iconographie antique », *Histoire et Archéologie, Dossiers*, n° 123, 1988, 42-48.

– « Les maladies de nos ancêtres », in Chr. LANDES (réd.), *Dieux guérisseurs en Gaule romaine. Catalogue de l'exposition*, Lattes, 1992, 81-88.

– « Une autre satyriasis. Médecine antique, philologie et histoire de l'art », *Medicina nei secoli*, N. s., 7, 1995, 273-279.

GOUREVITCH, Danielle et Michel, « Terres cuites hellénistiques d'inspiration médicale au Musée du Louvre », *La Presse médicale*, 71, 1963, 2751-2752.

– « Histoire d'Io », *L'Évolution psychiatrique*, 44, 1979, 263-279.

GOUREVITCH, Danielle, et GRMEK, Mirko D., « L'obésité et ses représentations figurées dans l'Antiquité », in *Archéologie et Médecine, Actes du Colloque d'Antibes (1986)*, Sophia Antipolis, Centre de recherches archéologiques, 1987, 355-367.

– « Les yeux malades dans l'art antique », in *L'œil dans l'Antiquité romaine*, Lons-le-Saunier, Musée, 1994 (a), 57-60.

– « Enigmatic statue », *Nature*, 372, 1994 (b), p. 228.

GOUREVITCH, Michel (par erreur indiqué comme GOUREVICH, J.), « Témoins d'argile. Une étude sur la signification des statuettes d'inspiration médicale créées dans le monde hellénistique il y a plus de deux mille ans », *Abbotempo*, 1, 1965, 16-21.

GOUREVITCH, Michel et Danielle, « Anatomie et religion chez les Étrusques », *La Presse médicale*, 73, 1965, 2961-2962.

– « Ex-voto pour la santé en Gaule romaine », *La Presse médicale*, 75, 1967, 877-879.

GRAINDOR, Paul, *Terres cuites de l'Égypte gréco-romaine*, Anvers, De Sikkel, 1939.

GRAVES, Robert, *Greek myths*, London, Cassell, 1958. – Trad. française : *Les Mythes grecs*, Paris, Fayard, 1967.

GRECO, Caterina, « Una terracotta da Montagna di Marzo e il tema della "vecchia ubriaca" », in *Alessandria e il mondo ellenistico romano (Studi in onore di A. Adriani)*, Roma, L'Erma, 1984, vol. III, 686-694.

GRECO, Enzo, « Gli ex-voto anatomici », *Minerva Medica*, 51, 1960 (a), 4406-4415.

— « La patologia nella antichità classica attraverso lo studio degli ex-voto anatomici », *Il Policlinico*, 47, 1960 (b), 1244-1248.

GREEN, Richard J., « Additions to Monuments illustrating old and middle comedy », *Bulletin of the Institute of Classical Studies*, 27, 1980, 123-131.

GREIFENHAGEN, Adolf, « Tityos », *Jahrbuch des Berliner Museen*, 1, 1959, 5-32.

GRIFFITH, John G., « The siege scene on the gold amphora of the Panagjurischte [sic] treasure », *Journal of Hellenic Studies*, 94, 1974, 38-49.

GRIFFITHS, Alan, « Arrows of desire : Iole and Leto on early fifth-century vases », *Bulletin of the Institute for Classical Studies*, 37, 1990, 131-133.

GRMEK, Mirko D., « Préliminaires d'une étude historique des maladies », *Annales Économie-Société-Civilisation*, 24, 1969, 1437-1483.

— « Die Wirbelsäule im Zeitgeschehen », *Medizinische Welt*, 25, 1974, 70-76.

— « L'hyperostose poreuse du crâne, les anémies héréditaires et le paludisme en Grèce », *Annales Économie-Société-Civilisation*, 1975, 1152-1185.

— « Les ruses de guerre biologiques dans l'Antiquité », *Revue des études grecques*, 1979, 140-163.

— *Les maladies à l'aube de la civilisation occidentale*, Paris, Payot, 1983. Deuxième édition : Paris, Payot, 1994.

— « Vestigia della chirurgia greca : il codice di Niceta e suoi discendenti », *Kos*, 1, 1984, 52-60.

— « Les *indicia mortis* dans la médecine gréco-romaine », in Fr. HINARD (réd.), *La mort, les morts et l'au-delà dans le monde romain*, Caen, Université de Caen, 1987, 129-144.

— « Déformations de la colonne vertébrale et affections rhumatismales dans l'art gréco-romain », in Th. APPELBOOM (réd.) : *Les affections rhumatismales dans l'art et dans l'histoire*, Bruxelles, Elsevier, 1988 (a), 16-22 (version originale « Deformities of the spine and rheumatic diseases in Greco-Roman art », in Th. APPELBOOM (réd.), *Art, history and antiquity of rheumatic diseases*, Bruxelles, Elsevier, 1987, 17-22 et 116-117).

— « Les affections de la colonne vertébrale dans l'iconographie médicale et les arts antiques », *Histoire et Archéologie, Dossiers*, n° 123, 1988 (b), 52-61.

— « La lèpre a-t-elle été représentée dans l'iconographie antique ? », in A. KRUG (réd.), *From Epidaurus to Salerno. Symposium held at Ravello, April 1990* (PACT, vol. 34), 1992, 147-156.

— « La malaria dans la Méditerranée orientale préhistorique et antique », *Parassitologia*, 36, 1994, 1-6.

— « Les représentations figurées de la consomption et du corps émacié dans l'Antiquité », *Medicina nei secoli*, N. s., 7, 1995, 249-272.

– « Albule oculorum : cataracte ou taies de la cornée », in C. Deroux (réd.), *Maladie et maladies dans les textes latins antiques et médiévaux*, Bruxelles, Latomus, 1998, 422-433.

Grmek, Mirko D. (réd.), *Histoire de la pensée médicale en Occident. 1. Antiquité et Moyen Âge*, Paris, Seuil, 1995.

Grön, Kristian, « Lepra in Literatur und Kunst », in J. Jadassohn (réd.), *Handbuch der Haut- und Geschlechtskrankheiten*, Berlin, 1930, vol. X/2, 806-842.

– « Leprosy and literature in art », *International Journal of Leprosy*, 41, 1973, 249-283.

Guiart, Jules, « La médecine n'est pas née dans les temples d'Esculape », *Biologie médicale*, 18, 1928, 49-77.

Gutiu, Ioan A., Galetescu, Emanoil, et Gutiu Laurentiu, « Diagonal earlobe crease : coronary risk factor, a genetic marker of coronary heart disease, or a mere wrinkle ? Ancient Greco-Roman evidence », *Romanian Journal of Internal Medicine*, 34, 1996, 271-278 (le même texte est paru en roumain, avec des portraits antiques, dans *Info-Medica*, n° 9, fasc. 31, 1996, 16-19).

Habrich, Christa, Künzl, Ernst, et Zimmermann, Susanne, *Theodor Meyer-Steineg (1873-1936), Arzt, Historiker, Sammler*, Ingolstad, Deutsches medizinhistorisches Museum, 1991.

Haddow, Alexander, « Historical notes on cancer from the mss. of Louis Westenra Sambon », *Proceedings of the Royal Society of Medicine*, 29, 1936, 1015-1028.

Hadzistelou-Price, Theodora, *Kourotrophos. Cults and representations of the Greek nursing deities*, Leiden, 1978.

Hafner, German, « Herakles-Geras-Ogmios », *Jahrbuch des Römisch-germanischen Zentralmuseums in Mainz*, 5, 1958, 139-153.

Hagen, Benno von, *Lyssa. Eine medizingeschichtliche Interpretation*, Jena, Fischer, 1940.

Halm-Tisserant, Monique, « La représentation du retour d'Héphaïstos dans l'Olympe », *Antike Kunst*, 29, 1986, 8-22.

– « Iconographie et statut du cadavre », *Ktema*, 18, 1993, 215-226.

– « Festin cannibale : la mère égorgeuse », *Kentron*, 10, 1994, 57-70.

Halperin, David M., Winkler, John J., et Zeitlin, Froma I. (réd.), *Before sexuality. The construction of erotic experience in the ancient Greek world*, Princeton, Princeton University Press, 1990.

Hamburger, Ove, « Un cas de paralysie infantile dans l'Antiquité », *Bulletin de la Société française d'Histoire de la médecine*, 10, 1911, 407-412.

Hamonic, Paul, « La caricature antique dans ses rapports avec l'anatomie pathologique », *Revue clinique d'andrologie et de gynécologie*, 4, 1898 (a), 222-224.

– « Un vase de pharmacie de l'époque gallo-romaine ayant vraisemblablement contenu un élixir odontalgique », *Revue clinique d'andrologie et de gynécologie*, 4, 1898 (b), 250-251.

HAMPE, Roland, et SIMON, Erika, *Griechische Sagen in der frühen etruskischen Kunst*, Mainz, Philipp von Zabern, 1964.

HAMPERL, Herwig, « Versuch der Deutung einer Wunderheilung von Epidauros », *Archäologischer Anzeiger*, 78, 1963, 90-94.

HANSON, Ann Ellis, « Uterine amulets and Greek uterine medicine », *Medicina nei secoli*, N. s., 7, 1995, 281-299.

HART, Gerald D., « Ancient coins and medicine », *The Canadian Medical Association Journal*, 94, 1966, 77-89 (a).

    – « Trichoepithelioma and the kings of ancient Parthia », *The Canadian Medical Association Journal*, 94, 1966, 547-549 (b).

    – « Even the Gods had goitre », *The Canadian Medical Association Journal*, 96, 1967, 1432-1436.

    – « A hematological artifact from 4th century Britain », *Bulletin of the History of Medicine*, 44, 1970, 76-79.

    – « Disease in the ancient world : the numismatic evidence », *Cornucopiae*, 1, n° 4, 1973, 51-66 (a).

    – « The diagnosis of disease from ancient coins », *Archaeology*, 26, 1973, 123-127 (b).

HARTWIG, Paul, « Der Tod des Pentheus », *Jahrbuch des Deutschen archäologischen Instituts*, 7, 1892, 153-164.

HASPELS, C. H. Emilie, « Terracotta figurine », *Bulletin antieke beschaving*, 26, 1951, 54-56.

HATT, Jean-Jacques, « Interprétation nouvelle du monument de Mavilly », in *Mélanges Carcopino*, Paris, Hachette, 1966, 491-506.

HATZOPOULOS, Miltiade B., et LOUKOPOULOS, Louisa D. (dir.), *Philippe de Macédoine*, Athènes, Ekdotike Athenon, 1982.

HAZARD, Jean, et PERLEMUTER, Léon, *L'Homme hormonal*, Paris, Hazan, 1995.

HECHT, Frederick, « Bes, Aesop and Morgante ; reflections of achondroplasia », *Clinical Genetics*, 37, 1990, 279-282.

HEIDENREICH, Robert, « Eine Dresdener Mantelstatue », *Archäologischer Anzeiger*, 3, 1972, 570-583.

HEINTZE, Helga von, « Die antiken Bildnisse Virgils », *Gymnasium*, 94, 1987, 481-497.

HEITZ, Jean, « Note sur un vase grec de l'Ermitage où sont figurées des opérations chirurgicales », *Nouvelle iconographie de la Salpêtrière*, 14, 1901, 528-530.

HELWIN, Hellmut, « Pathologische Befunde an menschlichen Darstellungen der ur- und frühgeschichtlichen Plastik », *Gegenbauers Morphologisches Jahrbuch*, 119, 1973, 434-445.

HENLE, Jane, *Greek myths. A vase painter's notebook*, Bloomington, Indiana University Press, 1973.

HERBIG, Reinhard, *Die jüngeretruskischen Steinsarkophage*, Berlin, Mann, 1952.

    – « Neue Studien zur Ikonographie des Gaius Julius Caesar », *Gymnasium*, 72, 1965, 161-174.

HERRLINGER, Rudolf, *Geschichte der medizinischen Abbildung*, vol. I, München, Moos, 1967.

HERTL, Michael et Renate, *Laokoon. Ausdruck des Schmerzes durch zwei Jahrtausende*, München, Thiemig, 1968.

HERZOG, Rudolf, *Wunderheilungen von Epidauros*, Leipzig, Dieterich, 1931.

HEURGON, Jacques, *La vie quotidienne chez les Étrusques*, Paris, Hachette, 1961.

HEYDEMANN, Heinrich, *Die Vasensammlungen des Museo Nazionale zu Neapel*, Berlin, Reimer, 1872.

HILLERT, Andreas, *Antike Aerztedarstellungen*, Frankfurt am Mein, Peter Lang, 1990.

HIMMELMANN, Nikolaus, *Drei hellenistische Bronzen in Bonn*, Wiesbaden, Steiner, 1975.

–   « Laokoon », *Antike Kunst*, 34, 1991, 97-115.

HIMMELMANN-WILDSCHÜTZ, Nikolaus, *Alexandria und der Realismus in der griechischen Kunst*, Tübingen, Wasmuth, 1983.

HITZIG, Hermann, et BLÜMNER, Hugo, *Pausaniae descriptio Graeciae*, vol. III, Leipzig, Reisland, 1907.

HÖLSCHER, Tonio, « Die Geschlagenen und Ausgelieferten in der Kunst des Hellenismus », *Antike Kunst*, 28, 1985, 120-136.

HOFFMANN, Herbert, « Eine neue Amphora des Eucharidesmalers », *Jahrbuch der Hamburger Kunstsammlungen*, 12, 1967, 9-34.

HOGGAN, Frances E., « The lepper terra-cotta of Athens », *Journal of Hellenic Studies*, 13, 1892, 101-103.

HOLTZMANN, Bernard, « Un Dionysos ivre, dispersé et mal entendu », *Revue des études anciennes*, 95, 1993, 247-256.

HOLLÄNDER, Eugen, *Plastik und Medizin*, Stuttgart, Enke, 1912.

HOOKER, Edna M., « The sanctuary and altar of Chryses in Attic red-figure vase-paintings of the late 5th and 4th century B. C. », *Journal of Hellenic Studies*, 70, 1950, 35-41.

HORNBOSTEL, Wilhelm, « Erwerbungen der Antikenabteilung im Jahre 1977 », *Jahrbuch der Hamburger Kunstsammlungen*, 23, 1978, 215-216.

HORNBOSTEL, Wilhelm, *et al.*, *Kunst der Antike. Schätze aus norddeutschem Privatbesitz*, Mainz, Philipp von Zabern, 1977.

HORSTMANNSHOFF, Herman F. J., *De pijlen van de pest. Pestilenties in de griekse wereld (800-400 v. C.)*, Amsterdam, Duphar, 1989.

HOVORKA, Oskar, « Zwei griechische Votivstelen aus Lydien », *Abhandlungen der 84. Versammlung deutscher Naturforscher und Aerzte (Münster in Westfalen, 1912)*, 2, 1913, 106-108.

–   « Altgriechische Heilvotive vom ärztlichen Standpunkte », *Archiv für Geschichte der Medizin*, 7, 1914, 347-352.

HOWARD, Seymour, « Laocoon rerestored », *American Journal of Archaeology*, 93, 1989, 417-422.

HÜBNER, Emil, « Das Bildniss des Seneca », *Archäologische Zeitung*, 38, 1881, 20-22.

HUNDSDÖRFER, Petra, « Die Gebärhaltung in der Antike », in H.-G. HILLEMANNS, H. STEINER et D. RICHTER (réd.), *Die humane, familienorientierte und sichere Geburt*, Stuttgart, Thieme, 1983, 349-357.

INGHIRAMI, Francesco, *Galleria omerica, o raccolta di monumenti antichi*, Fiesole, Poligrafia fiesola, 1831-1836, 2 vol. et planches.

JACKSON, Ralph P. J., *Doctors and diseases in the Roman Empire*, London, British Museum, 1988.

— « Waters and spas in the classical world », *Medical History*, Suppl. 10, 1990, 1-13.

— « Eye medicine in the Roman Empire », in W. HAASE et H. TEMPORINI (réd.), *Aufstieg und Niedergang der römischen Welt (ANRW)*, vol. 37.3, Berlin, Walter de Gruyter, 1996, 2228-2251.

JACOBELLI, Luciana, *Le pitture erotiche delle terme suburbane di Pompei*, Roma, L'Erma, 1995.

JACOBSTHAL, Paul, « Aktaions Tod », *Marburger Jahrbuch für Kunstwissenschaften*, 5, 1930, 1-23.

— *Die melischen Reliefs*, Berlin-Wilmersdorf, Keller, 1931.

JAEGER, Wolfgang, *Die Heilung der Blinden in der Kunst*, Constanz, Thorbecke, 1960.

— « Eye votives in Greek antiquity », *Documenta Ophthalmologica*, 68, 1988, 9-17.

JAHN, Otto, *Telephos und Troilos*, Kiel, Schwers, 1841.

— *Telephos und Troilos und kein Ende*, Leipzig, Breitkopf und Härtel, 1859.

JANNI, Ettore, *Etnografia e mito. La storia dei Pigmei*, Roma, Ateneo e Bizzarri, 1978.

JEANMAIRE, Henri, *Dionysos. Histoire du culte de Bacchus*, Paris, Payot, 1951. Deuxième édition : Paris, Payot, 1991.

JEANSELME, Édouard, « Sur une statuette de bronze représentant un castrat infibulé », *Aesculape*, 2, 1934, 182-183.

JOBBA, György, « Mi okozhatta Héphaisztosz sántaságát ? » (Pourquoi Héphaïstos était-il boiteux ?), *Communicationes de historia artis medicinae* (Budapest), 33, n° 117-120, 1987, 137-140.

JOHANNOWSKY, Werner, « Circelo, Casalbore e Flumeri nel quadro della romanizzazione dell'Irpinia », in *La romanisation du Samnium aux IIe et Ier siècles avant J.-C.*, Naples, Centre Jean Bérard, 1991.

JOHANSEN, Flemming S., « Antichi ritratti di Caio Giulio Cesare nella scultura », *Analecta Romana. Studi Danici*, 4, 1967, 7-68.

JONES, Howard W., et SCOTT, W. W., *Hermaphroditism, genital anomalies and related endocrine disorders*, London, 1958.

JONGSTE, Peter, *The twelve labours of Hercules on Roman sarcophagi*, Roma, L'Erma, 1992 (« Studia archeologica », 59).

JOUANNA, Jacques, « La maladie comme agression dans la Collection hippocratique et la tragédie grecque : la maladie sauvage et dévorante », in P. POTTER, G. MALLONEY et J. DESAUTELS (réd.), *Actes du VIe Colloque international hippocratique*, Québec, Éditions du Sphynx, 1990, 39-60.

— *Hippocrate*, Paris, Fayard, 1992.

JOURDAIN-ANNEQUIN, Colette, et BONNET, Corinne (réd.), *Héraclès, les femmes et le féminin*, Bruxelles-Rome, Institut historique belge de Rome, 1996.

JUETHNER, Julius, *Die athletischen Leibesübungen der Griechen*, Wien, Böhlau, 1965-1969, 2 vol.

JULLIEN, Émile, *Le Fondateur de Lyon. Histoire de L. Munatius Plancus*, Lyon, Université de Lyon, 1892.

KALLIPOLITIS, Vassilikos, « Une nouvelle stèle du Musée national d'Athènes », *Athens Annals of Archaeology*, 1, 1968, 85-89.

KANNGIESSER, Friedrich von, « Über die Todesursachen Alexander des Grossen und der römischen Kaiser Claudius, Trajan und Hadrian », *St. Petersburg Medizinische Wochenschrift*, 51, 1911, 584-585.

KARIDAS, P., *Das Amphiareion von Oropos in medizingeschichtlicher Sicht*, Dissertation, Erlangen-Nürnberg, 1968.

KAUKOLA, S., « The diagonal ear-lobe crease, a physical sign associated with coronary heart disease », *Acta Medica Scandinava*, Suppl., 619, 1978, 1-49.

KEBRIC, Robert B., *The paintings of the Cnidian lesche at Delphi and their historical context*, Leiden, 1983 (Suppl. *Mnemosyne*, n° 80).

KEMP-LINDEMANN, Dagmar, *Darstellungen des Achilleus in griechischer und römischer Kunst*, Bern-Frankfurt, Lang, 1975.

KEULS, Eva C., « Male-female interaction on fifth-century Dionisiac ritual as shown in Attic vase painting », *Zeitschrift für Papyrologie und Epigraphik*, 55, 1984, 287-296.
   – *The reign of the phallus. Sexual politics in ancient Athens*, Berkeley et Los Angeles, California University Press, 1993.

KHANOUSSI, Mustapha, « Ein römisches Mosaik aus Tunesien mit der Darstellung eines agonistischen Wettkampfes », *Antike Welt*, 22, 1992, 146-153.

KILLERICH, Bente, « Physiognomics and the iconography of Alexander the Great », *Symbolae Osloenses*, 63, 1988, 51-66.

KILMER, Martin F., *Greek erotica on Attic red-figure vases*, London, Duckworth, 1993.

KINDLER, W., « Die Facialislähmungen in der darstellenden Kunst von mehr als 2. Jahrtausenden », *Zeitschrift für Laryngologie und Rhinologie*, 40, 1961, 413-425.
   – « Die Fazialislähmungen in der darstellenden Kunst seit mehr als 4. Jahrtausenden », *Zeitschrift für Laryngologie und Rhinologie*, 48, 1969, 135-139.

KING, Cynthia, « Another set of siamese twins in the attic geometric art », *Archaeological News*, 6, 1977, 29-40.

KLAUSER, Theodor, « Compte rendu du livre de Ferrua, 1960 », *Jahrbuch für Antike und Christentum*, 1962, 177-184.

KLAWANS, Harold L., « The acromegaly of Maximinus I; the possible influence of a pituitary tumor on the life and death of a Roman emperor », in F. C. ROSE et W. F. BYNUM (réd.), *Historical aspects of neurosciences*, New York, Raven, 1982, 317-326.

KOCH, Guntram, « Verschollene Meleagersarkophage », *Archäologischer Anzeiger*, 88, 1973, 287-293.

KOERNER, Otto, *Ärztliche Kenntnisse in Ilias und Odysse*, München, Bergmann, 1929.

KOERTE, Alfred, « Bezirk eines Heilgottes », *Mittheilungen des Deutschen archäologischen Institutes in Athen*, 18, 1893, 231-256.
— *Ueber Personifikation psychologischer Affekte in der späten Vasenmalerei*, Berlin, Vahlen, 1874.
— *I rilievi delle urne etrusche*, Vol. II : *Ciclo troico*, Berlin, Reimer, 3 tomes, 1890, 1896 et 1916.

KOLLESCH, Jutta, et KUDLIEN, Fridolf, *Apollonii Citiensis in Hippocratis de articulis commentarius*, Berlin, 1965 (*Corpus Medicorum Graecorum*, XI 1, 1).

KOLOSKI-OSTROW, Ann Olga, et LYONS, Claire L. (réd.), *Naked truths. Women, sexuality and gender in classical art and archaeology*, London et New York, Routledge, 1997.

KOSSATZ-DEISSMANN, Anneliese, *Dramen des Aischylos auf westgriechischen Vasen*, Mainz, Philipp von Zabern, 1978.
— « Figurenvase in Gestalt einer trunkenen Alten », *Archäologischer Anzeiger*, 111, 1996, 527-536.

KOTT, Jan, *The eating of the Gods. An interpretation of Greek tragedy*, New York, Vintage Books, 1974.

KRAUSSE, Erika, et NÖTHLICH, Rosemarie, *Ernst-Haeckel Haus der Universität Jena*, Jena, Westermann, 1990.

KRUG, Antje, « Die Gemme eines Arztes », *Medizin-historisches Journal*, 17, 1982, 390-392.
— *Heilkunst und Heilkult. Medizin in der Antike*, München, Beck, 1993.

KUNZE, Jürgen, et NIPPERT, Irmgard, *Genetik und Kunst. Angeborene Fehlbildungen in verschiedenen Kulturepochen*, Berlin, Grosse, 1986.

KÜNZL, Ernst, « Notizen zu den Votiven der Sammlung Meyer-Steineg », in G. SABBAH, *Le latin médical*, Saint-Étienne, Université de Saint-Étienne, 1991, 111-115.
— « Die Geburt des Kaisers Augustus ? Zu den Hintergründen einer medizinhistorischen Fälschung », *Archäologisches Korrespondenzblatt*, 24, 1994, 403-405.

KÜNZL, Ernst, et ZIMMERMANN, Susanne, « Die Antiken der Sammlung Meyer-Steineg in Jena, Teil II », *Jahrbuch des Römisch-germanischen Zentralmuseum in Mainz*, 41, 1994, 179-198.

KURTZ, Donna Carol, *The Berlin painter*, Oxford, Clarendon Press, 1983.

KURTZ, Michal, et KURTZ, Cindy R., « The mystery of the Kul Oba vase : a Scythian treasure », *Bulletin of the History of Dentistry*, 23, 1975, 19-24.

KURUNIOTIS, Konstantin, « Goldschmuck aus Eretria », *Mitteilungen des Deutschen archäologischen Instituts, Athenische Abteilung*, 38, 1913, 289-328.

LABROUSSE, Michel, « Céramiques ornées d'Arezzo trouvées à Saint-Bertrand-de-Comminges », *Gallia*, 12, 1954, 301-321.

LACROIX, Léon, « Tradition littéraire et imagerie à propos de la mort d'Achille sur les peintures de vases », in J. SERVAIS, T. HACKENS et B. SERVAIS-SOYEZ, *Stemmata, Mélanges de philosophie, d'histoire et d'archéologie grecques offerts à Jules Labarbe*, Louvain-la-Neuve, 1987, 391-405.

LA GENIÈRE, Juliette de (réd.), *Epéios et Philoctète en Italie. Données archéologiques et traditions légendaires. Actes du colloque international du centre de recherches archéologiques de l'Université de Lille III* (1987), Paris, De Boccard, 1991.

LAHUSEN, Götz, « Zur Funktion und Rezeption des römischen Ahnenbildes », *Mitteilungen des Deutschen archäologischen Instituts, Römische Abteilung*, 92, 1985, 261-289.

– « Das Bildnis des Konsuls Cn. Cornelius Lentulus Marcellinus », *Archäologischer Anzeiger*, 100, 1985, 113-117.

LAIGNEL-LAVASTINE, Maxime (réd.), *Histoire générale de la médecine*, vol. III, Paris, Albin Michel, 1948.

LAMBRECHTS, Roger, « Un miroir étrusque inédit et le mythe de Philoctète », *Bulletin de l'Institut historique belge (Rome)*, 39, 1968, 5-29.

LANCHA, Janine, *Recueil général des mosaïques de la Gaule, III. Narbonaise; 2. Vienne*, Paris, 1981 (Xe Suppl. à *Gallia*).

LANÇON, Bertrand, *Maladies, malades et thérapeutes en Gaule à la fin de l'Antiquité*, Thèse de l'Université Paris IV, 1991.

– « La maladie dans les arts de l'Antiquité tardive : aspects d'un programme iconographique chrétien en Gaule et en Italie », *Medicina nei secoli*, N. s., 8, 1996, 1-12.

LANDES, Christian (réd.), *Dieux guérisseurs en Gaule romaine. Catalogue de l'exposition*, Lattes, Musée archéologique Henri Prades, 1992.

LANG, Mabel, *Cure and cult in ancient Corinth*, Princeton, American School of Classical Studies, 1977.

LANG, N., « Figurines de terre cuite au musée d'Aquincum, Budapest », *Regiségei*, 9, 1906, 3-32.

LANZI, Luigi, *Notizie della scultura degli antichi e dei vari suoi stili*, Fiesole, 1824.

LASER, Siegfried, *Archaeologia Homerica. Medizin und Körperpflege*, Göttingen, Vandenhoeck und Ruprecht, 1983.

LASKARATOS, Joannes, *Alexandros o Megas. Duo neoteres iatroistorikes protaseis gia to basilea ton Makedonôn*, Athènes, J. & J. Hellas, 1995.

LASKARATOS, John, et DAMANAKIS, Alexander, « Ocular torticollis : a new explanation for the abnormal head-posture of Alexander the Great », *The Lancet*, 347, 1996, 521-523.

LAUBSCHER, Hans Peter, *Fischer und Landleute. Studien zur hellenistischen Genreplastik*, Mainz, Philipp von Zabern, 1982.

LAUMONNIER, Alfred, « Terres cuites d'Asie Mineure », *Bulletin de correspondance hellénique*, 70, 1946, 312-318.

LAURENCIN-NICOLAS, Claude, « Quelques aspects du phénomène votif de l'Antiquité à nos jours ; terminologie et perspectives », *Archéologie et Médecine. Actes du Colloque d'Antibes* (1986), Sophia Antipolis, Centre de recherches archéologiques, 1987, 203-210.

Laurenzi, Luciano, « Monumenti di scultura del Museo archeologico di Rodi (IV) e dell'Antiquarium di Coo (II) », *Clara Rhodos*, 9, 1938, 9-121.
  –   *Ritratti greci*, Firenze, Sansoni, 1941 (réimpression 1990).
  –   « Menandro, Omero, Esiodo », *Rivista dell'Istituto nazionale di archeologia e storia dell'arte*, 4, 1955, 190-208.
Lavagne, Henri, *Operosa antra. Recherches sur la grotte à Rome de Sylla à Hadrien*, Rome, École Française de Rome, 1988 (coll. BEFAR, 272).
Lawrence, Marion, *The sarcophagi of Ravenna*, Roma, L'Erma, 1945.
Lebel, Paul, « Quelques sculptures votives du temple de Beire-le-Châtel », *Revue archéologique de l'Est*, 4, 1953, 319-328.
  –   « Supplément à l'étude médicale des ex-voto des Sources de la Seine », *Revue archéologique de l'Est*, 13, 1962, 220-223.
  –   « Trois reliefs gallo-romains du musée de Châtillon-sur-Seine », *Revue archéologique de l'Est*, 15, 1964, 237-243.
Lecaplain, Arthur, « Le Musée de l'École de Médecine de Rouen », *Aesculape*, 14, 1924, 1-6.
Lechat, Henri, *La sculpture grecque*, Paris, Payot, 1922.
Le Gall, Joël, *Recherches sur le culte du Tibre*, Paris, Institut d'Art et d'Archéologie, 1953 (a).
  –   *Le Tibre, fleuve de Rome dans l'Antiquité*, Paris, Presses universitaires de France, 1953 (b).
  –   « Des Romains demandaient au Tibre la guérison de leurs maux », *Archéologie et Médecine. Actes du Colloque d'Antibes (1986)*, Sophia Antipolis, Centre de recherches archéologiques, 1987, 257-268.
  –   « Le Tibre, fleuve guérisseur », *Histoire et Archéologie, Dossiers*, n° 123, 1988, 16-21.
Leigh, Matthew, « Wounding and popular rhetoric at Rome », *Bulletin of the Institute of Classical Studies*, 40, 1995, 195-212.
Leimbach, Rudiger, « Plutarch über das Aussehen Alexanders des Grossen », *Archäologischer Anzeiger*, 94, 1979, 213-220.
Leipen, Neda, « Grotesque head of a young man », *Antike Kunst*, 23, 1980, 154-158.
Lesky, Albin, « Eine neue Talos-Vase », *Archäologischer Anzeiger*, 88, 1973, 115-119.
Levi, Alda, *Le terrecotte figurate del Museo Nazionale di Napoli*, Napoli, 1926.
Levi, Doro, « The evil eye and the lucky hunchback », in G. W. Elderkin et R. Stilwell (réd.), *Antioch-on-the-Orontes*, vol. 3, Princeton, Princeton University Press, 1941, 220-232.
Leyenaar-Plaisier, Paula G., *Les terres cuites grecques et romaines. Catalogue de la collection du Musée national des Antiquités à Leiden*, Leiden, Rijksmuseum van Oudheden, 1979.
Libertini, Guido, « Una nuova rappresentazione del mito di Penteo », *Annuario della R. Accademia di Atene*, 1-2, 1939-1940, 139-145.
Linden, David E. J., « Statue enigma », *Nature*, 369, 1994, 714.
Lippold, Georg, « Zu den imagines illustrium », *Mitteilungen des Deutschen archäologischen Instituts, Römische Abteilung*, 52, 1937, 44-47.

Lissarrague, François, *Un flot d'images. Une esthétique du banquet grec*, Paris, Adam Biro, 1987.

Lissarrague, François, et Thélamon, Françoise (réd.), *Image et céramique grecque*, Rouen, Université de Rouen, 1983.

Littré, Émile, *Œuvres complètes d'Hippocrate*, Paris, Baillière, 1839-1861, 10 vol.

Livrea, Enrico, « La metamorfosi di Io », *Zeitschrift für Papyrologie und Epigraphik*, 52, 1983, 40-42.

Lloyd-Jones, Hugh, « Les Érynies dans la tragédie grecque », *Revue des études grecques*, 102, 1989, 1-9.

Loeper, Maurice, et Vallois, G., « Sur quelques représentations médicales de l'art grec », *Le Progrès Médical*, 39, 1924, Suppl. 1, 27-29.

Loewy, Emanuel, « Niobe », *Jahrbuch des Deutschen archäologischen Instituts*, 42, 1927, 80-136.

   – *Polygnot. Ein Buch von griechischen Malerei*, Wien, Schroll, 1929.

   – « Zu den Niobidendenkmälen », *Jahrbuch des Deutschen archäologischen Instituts*, 47, 1932, 47-68.

Lohmann, Hans, « Der Mythos von Amphiaraos auf apulischen Vasen », *Boreas* (Münster), 9, 1986, 65-82.

Longo, Oddone, « La damicella di Epidauro. Anatomie di travestiti », in R. Pretagostini (réd.), *Tradizione e innovazione nella cultura greca da Omero all'età ellenistica, Studi Bruno Gentili*, Roma, G. E. I., 1993, III, 1047-1055.

Longpérier, Adrien de, « Figurine de bronze du Cabinet de M. le Vicomte de Jessaint », *Revue archéologique*, 1, 1844-1845, 458-461.

   – « Observations sur une figure de Bacchus privée du bras gauche », *Revue archéologique*, 2e sér., 13, 1866, 145-151.

L'Orange, Hans Peter, « Ein Meisterwerk römischer Porträtkunst aus Jahrhundert der Soldatenkaiser », *Symbolae Osloenses*, 35, 1969, 8 8-97.

Lunsingh Scheurleer, Robert, *Grieken in het klein. 100 antiere terracotta's*, Amsterdam, Allard Pierson Museum, 1986.

Macchi, Sergio, et Reggi, Giancarlo, *Le condizioni di salute di Cesare nel 44 a. C.*, Lugano, Gaggini-Bizzozero, 1986.

Mach, Edmund von, « The death of Ajax; on an Etruscan mirror in the Museum of Fine Arts in Boston », *Harvard Studies in Classical Philology*, 11, 1900, 93-99.

Maffre, Jean-Jacques, « Quelques scènes mythologiques sur des fragments de coupes attiques de la fin du style sévère », *Revue archéologique*, 1982, 195-222.

Magnus, Hugo, *Die Darstellung des Auges in der antiken Plastik*, Leipzig, Seemann, 1892.

   – *Die antiken Büsten des Homer. Eine augenärztlich-ästhetische Studie*, Breslau, Kern, 1896.

Maisano, Maria Rosaria, « Ippocrate e Perdicca II. Esame storico di un topos medico-letterario », *Annali della Scuola normale superiore di Pisa*, 3e sér., 21, fasc. 1, 1992, 71-83.

MALET, Christian, *Histoire de la lèpre et de son influence sur la littérature et les arts*, Thèse de médecine, Paris, 1967.

MANDEL, Oscar, *Philoctetes and the fall of Troy. Plays, documents, iconography, interpretations*, Lincoln, University of Nebraska, 1981.

MARCADÉ, Jean, « Une représentation précoce de Thamyras et les muses dans la céramique attique à figures rouges », *Revue archéologique*, 1982, 223-229.

    – « Niobé ou Médée ? À propos d'un sacrophage antique d'Antalya », *Bulletin de la Société des antiquaires de France*, 1987, 247-258.

MARCHI, Maria Luisa, SABBATINI, Giulio, et SALVATORE, M., « Venosa : nuove acquisizioni archeologiche », in *Basilicata. L'espansionismo romano nel sud-est d'Italia*, Venosa, 1990.

MARCOMBE, David, et MANCHESTER, Keith, « The Melton Mowbray 'leper head' : an historical and medical investigation », *Medical History*, 34, 1990, 86-91.

MARIE, A., « Ex-voto médicaux », *Bulletin de la Société française d'Histoire de la médecine*, 3, 1904, 122-128.

MARSILI, Andrea, BREGANTE-MARSILI, Daniela, et SANTONI-RUGIU, Paolo, « The horned hand : an acquired deformity or just another Etruscan mystery ? », *British Journal of Plastic Surgery*, 33, 1980, 56-60.

MARTIN, Régis, *Les douze Césars*, Paris, Les Belles Lettres, 1991.

MARTINI, Carla, *Il deposito votivo del Tempio di Minerva Medica*, Roma, Fratelli Palombi, 1990.

MASSENZIO, Marcello, « Anomalie della personna, segregazione e attitudini magiche », in P. XELLA (réd.), *Magia. Studi di storia delle religioni in memoria di Raffaela Garosi*, Roma, Balzoni, 1976, 177-195.

MASSOW, Wilhelm von, *Die Grabmäler von Neumagen*, Berlin et Leipzig, Walter de Gruyter, 1932.

MATHESON, Susan B., *Dura Europos, The ancient city and the Yale collection*, New Haven, Yale University Art Gallery, 1982.

MATTEI, Marina, *Il Galata capitolino*, Roma, L'Erma, 1987.

MATTES, Josef, *Der Wahnsinn im griechischen Mythos und in der Dichtung bis zum Drama des fünften Jahrhunderts*, Heidelberg, Winter, 1970.

MAUDUIT, Christine, « Les morts de Philoctète », *Revue des études grecques*, 108, 1995, 339-370.

MAULE, Quentin F., et SMITH, Henry Roy William, *Votive religion at Caere. Prolegomena*, Berkeley-Los Angeles, University of California Press, 1959.

McHENRY, Lawrence C. jun., « Neurology and art », in F. C. ROSE et W. F. BYNUM (réd.), *Historical aspects of neurosciences*, New York, Raven, 1982, 481-519.

McMANUS, I. C., « Scrotal asymmetry in man and in ancient sculpture », *Nature*, 259, 1976, 426.

McNALLY, Sheila, « The Mainad in early Greek art », *Arethusa*, 11, 1978, 101-135.

    – « Ariadne and others : images of sleep in Greek and early Roman art », *Classical Antiquity*, 4, 1985, 152-192, pl. I-XXVI.

MEDVEI, Victor Cornelius, *A history of endocrinology*, Lancaster, MTP, 1982.

MEIGE, Henry, « L'hystérie dans l'art antique », *Internationale medizinische photographische Monatsschrift*, 1894 (a), 137-144 et 167-172.

– « Les possédés des dieux dans l'art antique », *Nouvelle iconographie de la Salpêtrière*, 7, 1894 (b), 35-64.

– « Deux cas d'hermaphrodisme antique », *Nouvelle iconographie de la Salpêtrière*, 8, 1895 (a), 56-64.

– « Les hermaphrodites antiques », *Journal des connaissances médicales*, 63, 1895 (b), 91-93 et 99-100.

– « Les ex-voto pathologiques dans les temples de l'Antiquité », *Journal des connaissances médicales*, 63, 1895 (c), 259-261, 270-271 et 279-280.

– « L'infantilisme, le féminisme et les hermaphrodites antiques », *Anthropologie*, 16, 1895 (d), 257-275, 414-432 et 529-548.

– « Les peintres de la médecine. Peintures murales de Pompéi : Énée blessé », *Nouvelle iconographie de la Salpêtrière*, 9, 1896 (a), 36-48.

– « Les nains et les bossus dans l'art », *Nouvelle iconographie de la Salpêtrière*, 9, 1896 (b), 161-188, et 14, 1901, 371-372.

– « La lèpre dans l'art », *Nouvelle iconographie de la Salpêtrière*, 10, 1897 (a), 418-470.

– « Le mal de Pott dans l'art antique », *Travaux de neurologie chirurgicale*, 2, 1897 (b), 98-119.

– « L'hystérie dans l'histoire et l'hystérie dans l'art », *La Presse médicale*, 17, 1909, 337-339.

– « Les fanons de la vieillesse dans la nature et dans l'art », *Aesculape*, 20, 1930, 188-190.

MERCANTI, Elisa, « Rappresentanze del mito di Atteone », *Neapolis*, 2, 1914, 121-134.

MERKE, Franz, *History and iconography of endemic goitre and cretinism*, Lancaster, MTP Press, 1984.

MERKELBACH, Reinhold, « Aurelia Artemisia aus Ephesos, ein geheilte Augenkranke », *Epigraphica Anatolica*, 20, 1992, 55-56.

MESK, Joseph, « Antiochos und Stratonike », *Rheinisches Museum*, 68, 1913, 366-369.

MESULAM, M. M., et PERRY, J., « The diagnosis of love-sickness ; experimental psychopathology without the polygraph », *Psychophysiology*, 9, 1972, 546-551.

MÉTRAUX, Guy, *Sculptors and physicians in fifth-century Greece*, Montreal, McGill-Queen's University Press, 1995.

METZGER, Henri, *Les représentations dans la céramique attique du IVe siècle*, Paris, De Boccard, 1951.

MEYBOOM, Paul G. P., « A mosaic portrait at Delos », *Bulletin antieke beschaving*, 54, 1979, 111-115.

MEYER, Hugo, *Medeia und die Peliaden. Eine attische Novelle und ihre Entstehung. Ein Versuch zur Sagenforschung auf archäologischer Grundlage*, Roma, Giorgio Bretschneider, 1980.

MEYER, Marion, « Alte Männer auf attischen Grabdenkmälern », *Mitteilungen des Deutschen archäologischen Instituts, Athenische Abteilung*, 104, 1989, 49-82.

MEYER-STEINEG, Theodor, *Darstellungen normaler und krankhaft veränderter Körperteile an antiken Weihgaben*, Jena, 1912 *(Jenaer medizinhistorische Beiträge*, fasc. 2).

MEYER-STEINEG, Theodor, et SUDHOFF, Karl, *Geschichte der Medizin im Überblick mit Abbildungen*, Jena, Fischer, 1921. Quatrième édition, 1950.

MICHAELIS, Adolf, *Ancient marbles in Great Britain*, Cambridge, Cambridge University Press, 1882.

MICHLER, Markwart, *Die Klumpfusslehre der Hippokratiker*, Wiesbaden, Steiner, 1963.

    – « Die Geburt der Aesthetik im alten Griechenland und ihre Beziehung zu bildender Kunst, Gymnastik and Medizin », in G. PFEIFER (réd.): *Die Aesthetik von Form und Funktion in der Plastischen-und Wiederherstellungschirurgie*, Berlin-Heidelberg, Springer, 1985, 11-44.

    – « Zum Hallux valgus in der Antike », in W. BLAUTH (réd.), *Hallux valgus*, Berlin-Heidelberg, Springer, 1986, 1-18.

MILANI, Luigi Adriano, *Il mitto di Filottete nella letteratura classica e nell'arte figurata*, Firenze, Le Monnier, 1879.

    – « Nuovi monumenti di Filottete e considerazioni generali in proposito », *Annali dell'Instituto di corrispondenza archeologica*, 53, 1881, 249-289.

MINTO, Antonio, *Il vaso François*, Firenze, Olschki, 1960.

MITARD, Pierre Henri, *Le sanctuaire gallo-romain de Genainville (Val-d'Oise)*, Guiry-en-Vexin, Centre de recherches archéologiques du Vexin français, 1993.

MOLLARD-BESQUES, voir BESQUES.

MONESTIER, Martin, *Les nains*, Paris, Simoën, 1977.

MONTANARI, Giovanna Bermond, « Il mito di Talos su un frammento da Valle Trebba », *Rivista dell'Istituto nazionale di archeologia e storia dell'arte*, 4, 1955, 179-189.

MOORMANN, Eric M., « Hermaphroditus marmoreus ; een marmeren Hermaphrodiet », *Allard Pierson Museum Amsterdam Mededelingenblad*, n° 46, 1989, 14-19.

MORENO, Paolo, *Scultura ellenistica*, Roma, Istituto poligrafico dello Stato, 1994.

MORET, Jean-Marc, « Iô apotautauromenê », *Revue archéologique*, 1990, 3-26.

MORGOULIEFF, Jacques, *Étude critique sur les monuments antiques représentant des scènes d'accouchement*. Thèse de médecine 1893-1894, n° 16, Paris, Steinheil, 1894.

MORLET, Antonin, « La malade de Vichy », *La Presse médicale*, 1943, 657.

    – *Vichy gallo-romain*, Mâcon, Buguet-Comptour, 1957.

MORSE, Dan, « Tuberculosis », in D. BROTHWELL et A. T. SANDISON, *Diseases in antiquity*, Springfield, 1967, 249-271.

Mozsolics, Amália, « Hephaistos sántasága » (Héphaïstos le boiteux), *Communicationes de historia artis medicinae* (Budapest), n° 78-79, 1976, 139-148.

Müller, Carl Werner, « Io und Argos auf einem frühkaiserlichen Wandmosaik », *Rheinisches Museum*, 129, 1986, 142-156.

Müller, Franz, *Die antiken Odyssee-Illustrationen in ihrer kunsthistorischen Entwicklung*, Berlin, Weidmann, 1913.

Mugione, Eliana, « La punizione di Atteone. Imagini di un mito tra VI e IV sec. av. C. », *Dialoghi di Archeologia*, 6, 1988, 111-132.

Munier, Francis, et Bérard, Claude, « Le rétinoblastome et ses représentations antiques », *Histoire et Archéologie, Dossiers*, n° 123, 1988, 72-74.

Munier, Francis, Pescia G., Balmer, A., Bérard, Claude, et Bucher, P., « Notes historiques sur le rétinoblastome : à propos de deux terres cuites antiques », *Revue médicale de la Suisse romande*, 107, 1987, 591-597.

Myres, John Linton, « The sanctuary site of Petsofa », *Annual of the British School at Athens*, 9, 1902-1903, 374-375.

Mysliwiec, Karol, et Szymanska, H., « Les terres cuites de Tell Atrib », *Chronique d'Égypte*, 67, 1992, 112-132.

Nagy, Helen, *Votive terracottas from the Vignaccia, Cerveteri, in the Lowie Museum of Anthropology, University of California (Berkeley)*, Roma, Giorgio Bretschneider, 1988.

Nakamura, R., et Delmas, André, « Remarques anatomiques sur les statues grecques et gréco-romaines du Musée du Louvre », *Archives d'anatomie pathologique*, 18, 1970, 319-324.

Nass, Lucien, « Les hermaphrodites dans l'Antiquité et aujourd'hui », *Aesculape*, 1911, 241-243.

Neugebauer, Karl Antun, *Die griechischen Bronzen der klassischen Zeit und des Hellenismus*, Berlin, Akademie Verlag, 1951.

Neuhauser, W., « Caesar's Zähne und das Blei. Ueber die Gründe der Zahnlosigkeit und der Unfruchtbrakeit im alten Rom », *Quintessenz*, 26, 1975, 149-151.

Neverov, Oleg, *Antichnie kamei* (Camées antiques), Saint-Pétersbourg, Iskusstvo-SPB, 1994.

Newhall Stillwell, Agnes, *Corinth*. XV. Part II : *The potters' quarter. The terracottas*, Princeton, American School of Classical Studies, 1952.

Newton, Charles Thomas, et Pullan, Richard Popplewell, *A history of discoveries at Halicarnassus, Cnidus and Branchidae*, London, Day and Son, 1862-1863.

Nicholls, Richard, « The drunken Herakles ; a new angle on an unstable subject », *Hesperia*, 51, 1982, 321-328.

Nicolaou, Ino, « Acteurs et grotesques de Chypre », in R. Étienne, M.-Th. Le Dinahet et M. Yon, *Architecture et poésie dans le monde grec. Hommage à Georges Roux*, Lyon, Maison de l'Orient, 1989, 269-284.

Ober, William B., « Can the leper change his spots ? The iconography of leprosy », *American Journal of Dermatopathology*, 5, 1983, 43-58 et 173-186.

OGGIANO-BITAR, Hélène, *Bronzes figurés des Bouches-du-Rhône*, Paris, CNRS, 1984 (*Gallia*, Suppl. 43).

OLENDER, Maurice, « Aspects de Baubô. Textes et contextes antiques », *Revue de l'histoire des religions*, 202, 1985, 3-55.

OLIVIER, Albéric, « Une "tête de nègre" défigurée à Alésia », *Revue archéologique de l'Est*, 31, 1981, 250-255.

ONGARO, Giuseppe, « Tre ex-voto romani di interesse dermatologico », *Chronica dermatologica*, 9, 1978, 749-754.

OVERBECK, Joannes, *Abbildungen zur Gallerie heroischer Bildwerke der alten Kunst. Die Bildwerke zum thebischen und troischen Heldenkreis*, Braunschweig, Schwetschke, 1853.

PADEL, Ruth, « Women : model for possession by Greek daemons », in A. CAMERON et A. KUHRT (réd.), *Images of women in antiquity*, London-Canberra, 1983, 13-19.

PAILLER, Jean-Marie, « Raptos a diis homines dici : les Bacchantes et la possession par les Nymphes », in *Mélanges offerts à Jacques Heurgon*, Paris, 1976, II, 731-742.

PAIRAULT, Françoise-Hélène, *Recherches sur quelques séries d'urnes de Volterra à représentations mythologiques*, Rome, École française de Rome, 1972.

PANAYOTATOU, Angélique, « Terres cuites d'Égypte de l'époque gréco-romaine et maladies », *Actes du VIe Congrès international d'Histoire de la médecine*, Leyde et Amsterdam, 1927, 41-47.

PAPADOPOULOS, Ilias, et KELAMI, Alpay, « Priapus and priapism. From mythology to medicine », *Urology*, 32, 1988, 385-386.

PAPASTAMOS, Dimitris E., « He autoktonia eis ten archaian parastatiken technen », *Archaiologikon Deltion*, 25, 1970, 36-53, pl. 16-22.

PAPAXENOPOULOS, A., *Zypriotische Medizin in der Antike*, Dissertation, Würzburg, 1981.

PARIS, Pierre, « Fouilles au temple d'Athéna Cranaia. Des ex-voto », *Bulletin de correspondance hellénique*, 1887, 405-444.

PASQUALI, Giorgio, « Omero, il brutto e il ritratto », *Critica d'Arte*, 5, 1940, 25-35.

PATON, James M., « The death of Thersites on an Apulian amphora in the Boston Museum of Fine Arts », *American Journal of Archaeology*, 12, 1908, 406-416.

PATRUCCO, Roberto, *Lo sport nella Grecia antica*, Firenze, Olschki, 1972.

PAUTASSO, Antonella, *Il deposito votivo presso la porta Nord a Vulci*, Roma, Giorgio Bretschneider, 1994.

PAZZINI, Adalberto, « Il significato degli ex-voto ed il concetto della divinità guaritrice », *Rendiconti dell'Accademia Nazionale dei Lincei, Classe Scienze morali*, 1935, 42-79.

    — « Storia dell'obesità », *La Clinica terapeutica*, 17, 1959 (a), 520-525.

    — « Storia dell'infarto del miocardio », *Pagine di Storia della Medicina*, 3, 1959 (b), n° 1.

    — *La medicina nella storia, nell'arte, nel costume. I. Il mondo antico*, Milano, Bramante, 1968.

PENN, Raymond George, *Medicine on ancient Greek and Roman coins*, London, Batsford, 1994.

PENSABENE, Patrizio, RIZZO, Maria Antonietta, ROGHI, Maria, et TALAMO, Emilia, *Terrecotte votive dal Tevere*, Roma, L'Erma, 1980.

PENSO, Giuseppe, *La médecine romaine. L'art d'Esculape dans la Rome antique*, Paris, Dacosta, 1984.

PERDRIZET, Paul, *Bronzes grecs d'Égypte de la collection Fouquet*, Paris, Bibliothèque d'Art et d'Archéologie, 1911.

— *Les terres cuites grecques d'Égypte de la collection Fouquet*, Nancy-Paris, Berger Levrault, 1921, 2 vol.

— « Le mort qui sentait bon », *Annuaire de l'Institut de philologie (Mélanges Bidez)*, 2, 1934, 719-727.

PERROT, Georges, *La Grèce archaïque. La céramique d'Athènes*, Paris, Hachette, 1914.

PETRAKIS, Nicholas L., « Diagonal earlobe creases, type A behavior and the death of emperor Hadrian », *The Western Journal of Medicine*, 132, 1980, 87-91.

PETROCCHI, Mario, et CALCAGNI, Colomba, « La femme dans l'art préhistorique ; interprétation historique et médicale », *Medicina nei secoli*, 3, Suppl., 1966, 72-82.

PFISTERER-HAAS, Susanne, *Darstellungen alter Frauen in der griechischen Kunst*, Frankfurt am Main, Lang, 1989.

PFUHL, Ernst, *Malerei und Zeichnung der Griechen*, München, Bruckmann, 1923.

PHILIPPART, Hubert, *Iconographie des* Bacchantes *d'Euripide*, Paris, Les Belles Lettres, 1930.

PICARD, Charles, *Manuel d'archéologie grecque. La sculpture. I. Période archaïque*, Paris, Picard, 1935.

— « Parrhasios et le Philoctète du skyphos d'Hoby », *Revue archéologique*, 6e sér., 18, 1941, p. 153.

— « D'un tesson arétin trouvé à Saint-Bertrand-de-Comminges à l'un des skyphoi d'argent du trésor d'Hoby », in *Hommages Deonna*, Bruxelles, Latomus, 1957, 371-374.

PIGEAUD, Jackie, *La maladie de l'âme. Étude sur la relation de l'âme et du corps dans la tradition médico-philosophique antique*, Paris, Les Belles Lettres, 1981.

— *L'Art et le vivant*, Paris, Gallimard, 1995.

PILLING, Carl, *Quomodo Telephi fabulam et scriptores et artifices veteres tractaverunt*, Dissertation, Halle, 1886.

PIRSIG, Wolfgang, « Auffällige Nasenformen in der römischen Porträtplastik aus der spätrepublikanischen bis in die frühkonstantinische Zeit », *Zeitschrift für Laryngologie und Rhinologie*, 51, 1972, 779-784.

PIRSIG, Wolfgang, HELIDONIS, Emmanuel, et VELEGRAKIS, George, « Medicine and art : facial palsy depicted in archaic Greek art in Crete », *American Journal of Otolaryngology*, 16, 1995, 141-142.

PIRSIG, Wolfgang, et PENTZ, Sibylle, « 2500 years of nosebleeding in art », *Rhinology*, 32, 1994, 151-157.

PLEKET, Henry Willy, « New inscriptions from Lydia », *Talanta,* 10-11, 1978-1979, 75-91.

POCHMARSKI, Erwin, *Dionysische Gruppen,* Wien, Oesterreichischer archäologischer Institut, 1990.

POINSSOT, Louis, et LANTIER, René, « Les mosaïques de la "Maison d'Ariadne" à Carthage », *Monuments et Mémoires de l'Académie des Inscriptions et Belles-Lettres (Fondation Piot),* 27, 1924, 69-86.

POLIAKOFF, Michael B., *Combat sports in the Ancient World. Competition, violence and culture,* New Haven, Yale University Press, 1987.

POMTOW, Heinrich, « Delphische Neufunde. III. Hippokrates und die Asklepiaden in Delphi », *Klio,* 15, 1917, 303-338.

PONTIUS, Anneliese A., « Icono-diagnosis, a medical-humanistic approach, detecting Crouzon's malformation in Cook Islands' prehistoric art », *Perspectives in Biology and Medicine,* 27, 1983, 107-120.

–   « Stone-age art, "Venuses" as heuristic clues for types of obesity : contribution to "iconodiagnosis" », *Perceptual and Motor Skills,* 63, 1986, 544-546.

PONTRANDOLFO, Angela, ROUVERET, Agnès, et CIPRIANI, Marina, *Les tombes peintes de Paestum,* Paestum, Fondazione Paestum, 1997.

POTTER, Timothy W., « A Republican healing sanctuary at Ponte di Nona near Rome and the classical tradition of votive medicine », *Journal of the British Archaeological Association,* 138, 1985, 23-40.

–   *Una stipe votiva da Ponte di Nona,* Roma, Giorgio Bretschneider, 1989.

POTTIER, Edmond, « Une clinique grecque au ve siècle (vase attique de la collection Peytel) », *Monuments et Mémoires de l'Académie des Inscriptions et Belles-Lettres (Fondation Piot),* 13, 1906, 149-166.

–   *Vases antiques du Louvre,* Paris, Hachette, 1897, 1901 et 1922.

POURNAROPOULOS, Georgios K., « I iatrikî stî Minôikî Krîtî », *Parnassos,* 23, 1981, 41-56.

PRAG, A. J. N. W., « Reconstructing King Philip II : the "nice" version », *American Journal of Archaeology,* 94 (2), 1990, 237-247.

PRAG, A. J. N. W., MUSGRAVE, Jonatan H., et NEAVE, R. A. H., « The skull from tomb II at Vergina ; king Philip II of Macedon », *Journal of Hellenic Studies,* 104, 1984, 60-78.

PRESS, Ludwika, « The worship of healing divinities and the oracle in the second millenium B. C. from a study in Aegean glyptic art », *Archeologia* (Wroclaw), 29, 1978, 1-15.

PSICARI, Jean, « Sophocle et Hippocrate. À propos du Philoctète à Lemnos », *Revue de philologie,* 32, 1908, 95-100.

QUEYREL, François, « Une nouvelle image du Laocoon », *Revue des études anciennes,* 95, 1993, 301-315.

QUEYREL-BOTTINEAU, Anne, « Figurine en terre cuite de Myrina » et « Figurines naturalistes », in *Anatolie antique. Fouilles françaises en Turquie. Catalogue de l'exposition,* Paris, Bibliothèque Nationale, 1989, 73-75 et 80-82.

RAFFAELLI, Renato (réd.), *Rappresentazioni della morte,* Urbino, Quatro venti, 1987.

RAGGE, Nicola K., et MUNIER, Francis L., « Ancient neurofibromatosis », *Nature*, 368, 1994, 815.

RAININI, Ivan, *Il santuario di Mefite in Valle d'Ansanto*, Roma, Giorgio Bretschneider, 1995.

RAVAISSON-MOLLIEN, Charles, « La critique des sculptures antiques au musée du Louvre », *Revue archéologique* 32, 1876, 145-157.

REEDER WILLIAMS, Ellen, « A terracotta Herakles at the Johns Hopkins University », *Hesperia*, 51, 1982, 357-364.

REGNAULT, Félix, « Les grotesques antiques devant la médecine », *Revue encyclopédique*, 1899, 269-272.

— « Les terres cuites grecques de Smyrne au Louvre », *Revue encyclopédique*, 1900 (a), 589-590.

— « Les terres cuites grecques de Smyrne », *Bulletin et mémoires de la Société d'anthropologie de Paris*, 5e sér., 1, 1900 (b), 467-477.

— « L'achondroplasie et les nains dans l'art ancien », *Archives générales de médecine*, 79, 1902, 232-255.

— « Les figurines antiques devant l'art et la médecine », *Medicina*, 4, 1907 (a), 1-15 et 21-28.

— « La gynécologie dans l'iconographie antique », *Revue de gynécologie et de chirurgie abdominale*, 11, 1907 (b), 25-38.

— « L'œuvre pathologique des coroplastes de Smyrne », *La Presse médicale*, 15, 1907 (c), 856-859.

— « Enfants idiots et arriérés dans l'iconographie antique », *Revue de l'hypnotisme et de la psychologie physiologique*, 22, 1907-1908, 107-114, 145-150 et 168-173.

— « Une collection de terres cuites pathologiques de l'époque alexandrine », *Compte rendu du Congrès de l'Association française pour l'avancement des sciences* (Clermont-Ferrand), 1908 (a), 878-884.

— « L'œuvre pathologique des coroplastes de Smyrne. Une collection de terres cuites pathologiques de l'époque alexandrine (collection Fouquet) », *Compte rendu du Congrès de l'Association française pour l'avancement des sciences* (Clermont-Ferrand), 1908 (b), 884-894.

— « Les maladies des organes génito-urinaires dans l'iconographie antique », *Annales des maladies des organes génito-urinaires*, 26, 1908 (c), 1848-1859.

— « Les idiots dans l'art grec », *L'Avenir médical*, 5, 1908 (d), 179-182.

— « Déformations crâniennes décrites par les anciens », *La France médicale*, 55, 1908 (e), 214-216.

— « Laryngologie, rhinologie et otologie dans l'iconographie antique. Terres cuites grecques smyrniotes », *Archives internationales de laryngologie, otologie et rhinologie*, 28, 1909 (a), 195-201, 556-558 et 929-931.

— « La syphilis est-elle représentée sur les terres cuites grecques de Smyrne ? », *Bulletin de la Société d'anthropologie de Lyon*, 18, 1909 (b), 33-39.

— « Terres cuites pathologiques de Smyrne », *Bulletin de la Société française d'histoire de la médecine*, 8, 1909 (c), 344-346.

– « Les maladies honteuses dans l'art antique », *L'Avenir médical*, 6, 1909 (d), 19-21.

– « Collection d'ex-voto romains du Musée archéologique de Madrid », *Bulletin et mémoires de la Société d'anthropologie de Paris*, 6ᵉ sér., 1, 1910 (a), 258-264.

– « Divinités pathologiques », *Bulletin de la Société française d'histoire de la médecine*, 9, 1910 (b), 169-177.

– « Les ex-voto médicaux du Musée de Senlis », *L'Homme préhistorique*, 8, 1910 (c), 267-270.

– « Les ex-voto pathologiques romains », *L'Homme préhistorique*, 8, 1910 (d), 321-336.

– « Les ex-voto médicaux gallo-romains », *L'Homme préhistorique*, 9, 1911 (a), 101-102.

– « La collection de terres cuites pathologiques du Dr Fouquet », *Aesculape*, 1911 (b), 142-143.

– « L'ivresse dans l'Antiquité », *Aesculape*, 1911 (d), 164-165.

– « Les maladies des yeux dans l'art antique », *La Presse médicale*, 1911 (e), 247-249.

– « Terre cuite grecque représentant une femme médecin en consultation », *Bulletin de la Société française d'histoire de la médecine*, 13, 1914, 47-48.

– « Ex-voto polysplanchniques de l'Antiquité », *Bulletin de la Société française d'histoire de la médecine*, 20, 1926, 135-150.

REINACH, Adolphe, *Textes grecs et latins relatifs à l'histoire de la peinture ancienne (Recueil Milliet)*. Deuxième édition. Introduction et notes par Agnès ROUVERET, Paris, Macula, 1985.

REINACH, Salomon, *Répertoire de la statuaire grecque et romaine*, Paris, E. Leroux, 1897 (I-III), 1913 (IV), 1924 (V) et 1930 (VI). Nouvelle édition, Roma, L'Erma, 1969.

– *Répertoire des vases peints grecs et étrusques*, Paris, Leroux, 1899-1900, 2 vol.

– *Répertoire des reliefs grecs et romains*, Paris, Leroux, 1909-1912, 3 vol.

– « Un portrait mystérieux », *Revue archéologique*, 5ᵉ sér., 5, 1917, 357-368 (Sénèque).

– « Les vases d'argent de Cheirisophos au Musée de Copenhague », *Gazette des Beaux-Arts*, 2, 1923, 129-134.

– *Monuments nouveaux de l'art antique*, Paris, Kra, 1924.

REISCH, Emil, *Griechische Weihgeschenke*, Wien, Gerolds Sohn, 1890.

RENARD, Marcel, « Note d'iconographie paléo-chrétienne », *Latomus*, 16, 1957, 293-313.

REUS, Werner, « Das Bild des Uterus in der griechisch-römischen Antike und ihrer Ueberlieferung », *Gynäkologisch-geburtshilfliche Rundschau*, 32, 1992, 165-168.

– « Irrige Annahmen im archäologischen Befund antiker Gynäkologie », *Gynäkologisch-geburtshilfliche Rundschau*, 33, 1993, 34-38.

RICHARDSON, Bessie Ellen, *Old age among the ancient Greeks*, Baltimore, Johns Hopkins Press, 1933.

RICHER, Paul, « Les hermaphrodites dans l'art », *Nouvelle iconographie de la Salpêtrière*, 5, 1892, 385-388.

    – *L'art et la médecine*, Paris, Gaultier, Magnier et Cie, 1902.

    – *Nouvelle anatomie artistique du corps humain*. Vol. V : *Le nu dans l'art. L'art grec*, Paris, Plon, 1926.

RICHTER, Gisela M., *Catalogue of the Greek and Roman antiquities in the Dumbarton Oaks collection*, Cambridge (Mass.), 1956.

    – *Greek portraits. II. To what extent were they faithfull likenesses ?*, Bruxelles, Latomus, 1959.

    – *Greek portraits. III. How were likenesses transmitted in ancient times? Small portraits and near-portraits in terracotta, Greek and Roman*, Bruxelles, Latomus, 1960.

    – *The portraits of the Greeks*, London, Phaedon Press, 1965, 3 vol.

    – *Engraved gems of the Greeks and the Etruscans*, London, Phaedon Press, 1968.

    – *Engraved gems of the Romans*, London, Phaedon Press, 1971.

RICHTER, Gisela M., et HALL, Allan Richard, *Red-figured Athenian vases in the Metropolitan Museum*, New Haven, 1936.

RIEMANN, Hans, *Archäologisches Institut des Deutschen Reiches. Die Skulpturen vom 5. Jahrhundert bis in römische Zeit*, Berlin, Walter de Gruyter, 1940.

RIVIÈRE, Émile, « Prothèse chirurgicale chez les Anciens. Deux jambes de bois à l'époque gallo-romaine », *Gazette des hôpitaux civils et militaires*, 56, 1883, 1053-1055.

ROBERT, Carl, *Bild und Lied. Archäologische Beiträge zur Geschichte der griechischen Heldensage*, Berlin, Weidemann, 1881.

    – *Die antiken Sarkophag-Reliefs*. Vol. II. *Mythologische Cyklen*. Vol. III/1-3. *Einzelmythen*, Roma, L'Erma, 1897-1939 (2e éd. 1969).

ROBERT, Fernand, *Homère*, Paris, Presses Universitaires de France, 1950.

ROBERTSON, Martin, *La peinture grecque*, Genève, Skira, 1959.

    – « The death of Talos », *Journal of Hellenic Studies*, 97, 1977, 158-160.

    – « A muffled dancer and others », in A. CAMBITOGLOU (réd.), *Studies in honour of A. D. Trendall*, Sydney, 1979, 129-134.

ROCCHIETTA, Sergio, « Gli ex voto anatomici presso gli Etruschi », *Minerva Medica*, 57 (Varia), 1966, 348-356.

RODENWALDT, Gerhart, « Köpfe von den Südmetopen des Parthenon », *Abhandlungen der Deutschen Akademie der Wissenschaften in Berlin, Philologisch-historische Klasse*, 1948, 11-12.

ROEBUCK, Carl, *Corinth. XIV. The Asklepieion and Lerna*, Princeton, American School of Classical Studies, 1951.

ROLLE, Renate, *Die Welt der Skythen, Stutenmelker und Pferdebogner. Ein antikes Volk in neuer Sicht*, Luzern, Buchner, 1980.

ROMANO, Eileen, « L'éphèbe de Sélinonte, un "raté" retouché par les Anciens », *L'Histoire*, n° 19, 1980, 81-82.

ROMEUF, Anne-Marie, « Ex-voto en bois de Chamalières et des Sources de la Seine. Essai de comparaison », *Gallia*, 44, 1986, 65-89.

ROSELLI, Amneris, « Tra pratica medica e filologia ippocratica : il caso della *Peri arthron pragmateia* di Apollonio di Cizio », in G. ARGOUD et J.-Y. GUILLAUMIN (réd.), *Sciences exactes et sciences appliquées à Alexandrie (IIIe siècle av. J.-C.-Ier siècle ap. J.-C.)*, Saint-Étienne, Centre Jean Palerne, 1998, 217-231.

ROSNER, Edwin, « Die Lahmheit des Hephaistos », *Forschungen und Fortschritte*, 29, 1955, 362-363.

ROSCHER, Wilhelm Heinrich, *Ausführliches Lexikon der griechischen und römischen Mythologie*, Leipzig, Teubner, 1884-1909.

ROUQUETTE, Paul, « Les ex-voto médicaux d'organes internes dans l'Antiquité romaine, I-II », *Bulletin de la Société française d'histoire de la médecine*, 10, 1911, 504-519, et 11, 1912, 270-287.

— « Les ex-voto médicaux d'organes internes dans l'Antiquité romaine, III. Ex-voto d'organes de la génération (organes femelles) », *Bulletin de la Société française d'histoire de la médecine*, 11, 1912, 370-414.

— « L'utérus gravide d'une statue grecque et l'ex-voto de grossesse dans l'Antiquité romaine », *Revue d'anthropologie*, 22, 1912, 290-294.

ROUSE, William Henry Denham, *Greek votive offerings. An essay in the history of Greek religion*, Cambridge, Cambridge University Press, 1902.

ROUSSEAU, Michel, « Des "Vénus paléolithiques" à l'aube du "miracle grec" », *Histoire de la médecine*, 20, 1970, 1-44.

ROUVERET, Agnès, voir REINACH, Adolphe.

ROUVIER-JEANLIN, Micheline, *Les figurines gallo-romaines en terre cuite au Musée des Antiquités nationales*, Paris, CNRS, 1972.

ROYER, Jean, « Le mythe cyclopéen et les réalités », *Contributions à l'histoire de l'ophtalmologie*, 33, 1990, 87-90.

RUDOLPH, Werner, « Sportverletzungen und Sportschäden in der Antike », *Das Altertum*, 22, 1976, 21-26.

RÜEHFELL, Hilde, *Das Kind in der griechischen Kunst*, Mainz, Philipp von Zabern, 1984.

RUFFER, Marc, « On dwarfs and other deformed persons », *Bulletin de la Société d'archéologie d'Alexandrie*, 13, 1910, 170-171.

RUMPF, Andreas, *Chalkidische Vasen*, Berlin, Walter de Gruyter, 1927.

— « Parrhasios », *American Journal of Archaeology*, 55, 1951, 1-12.

SADURSKA, Anna, *Les tables iliaques*, Warszawa, Panstwowe Wydawnictwo Naukowe, 1964.

SALETTI, Cesare, « Il ritratto di Cesare da Velleia », *Ostraka. Rivista di antichità*, 5, 1996, 139-144.

SALOMONSON, Jan Willem, « Der Trunkenbold und die trunkene Alte », *Bulletin antieke beschaving*, 55, 1980, 65-135.

SAMBON, Louis W., « Donaria of medical interest in the Oppenheimer collection of Etruscan and Roman antiquities », *British Medical Journal*, 1895, 2, 146-150 et 216-219.

SANTANGELO, Maria, *Musei e monumenti etruschi*, Novara, Agostini, 1960.

SARIAN, Haiganuch, « Morte e sono na arte grega : notas de iconografia funerária », *Classica* (São Paolo), 7-8, 1994-1995, 63-73.

SASSATELLI, Giuseppe, *Corpus speculorum Etruscorum. Italia. I. Bologna*, Roma, L'Erma, 1981.

SAUSER, G., « Von der Gestalt der Venus von Willendorf », *Anthropologischer Anzeiger*, 80, 1965, 205-208.

SAVIGNONI, Luigi, « Il sacrificio funebre a Patroclo rappresentato in un vaso falisco e in altri monumenti », *Ausonia*, 5, 1910, 128-145.

— « La purificazione delle Pretidi », *Ausonia*, 8, 1912, 145-178.

SCARPI, Paolo, « Melampus e i "miracoli" di Dionysos. Un'ipotesi di lavoro », *Mélanges Brelich*, Rome, 1980, 431-444.

SCHADEWALDT, Hans, « Art et médecine dans l'Antiquité grecque et romaine », in J. ROUSSELOT (réd.), *Les sources de l'art. La médecine*, Paris, 1966, 42-65.

SCHADEWALDT, Hans, *et al.*, *Kunst und Medizin*, Köln, Du Mont Schauberg, 1971.

SCHATZ, Friedrich, *Die griechischen Götter und die menschlichen Missgeburten*, Wiesbaden, Bergmann, 1901.

SCHAUENBURG, Konrad, « Herakles und Omphale », *Rheinisches Museum*, 103, 1960, 57-76.

— « Herakles und die Hydra auf attischem Schallefuss », *Archäologischer Anzeiger*, 86, 1971, 162-178.

— « Zur Telephossage in Unteritalien », *Mitteilungen des Deutschen archäologischen Instituts, Römische Abteilung*, 90, 1983, 339-357.

SCHEFOLD, Karl, *Die Bildnisse der antiken Dichter, Redner und Denker*, Basel, Schwabe, 1943. Nouvelle édition : 1996.

— « Zwei Tonstatuetten von Kreissenden in Privatbesitz », *Jahrbuch des Deutschen archäologischen Instituts*, 69, 1954, 217-223.

— *Myth and legend in early Greek art*, London, Thames and Hudson, 1966.

— « Sophokles' Aias auf einer Lekythos », *Antike Kunst*, 19, 1976, 71-78.

SCHEFOLD, Karl, et JUNG, Franz, *Die Sagen von den Argonauten, von Theben und Troja in der klassischen und hellenistischen Kunst*, München, Hirmer, 1989.

SCHEID, John, « Épigraphie et sanctuaires guérisseurs en Gaule », *Mémoires de l'École française de Rome, Antiquité*, 104, 1992, 25-40.

SCHETINO NOBILE, Carla, *Il pittore di Telefo*, Roma, De Luca, 1969.

SCHIASSI, Filippo, *De pateris antiquorum*, Bologna, I. de Franceschis, 1814.

SCHLEGEL, Karl Friedrich (réd.), *Der Körperbehinderte in Mythologie und Kunst*, Stuttgart, Thieme, 1983.

SCHMIDT, Margot, « N° 70. Rotfiguriger Glockenkrater » et « Eine unteritalische Vasendarstellung des Laokoons Mythos », in E. BERGER et R. LULIES, *Antike Kunstwerke aus der Sammlung Ludwig*, t. I, Basel, 1979, 182-185 et 239-248.

SCHNEIDER, Lambert A., *Assymetrie griechischer Köpfe vom 5. Jht. bis zum Hellenismus*, Wiesbaden, Steiner, 1973.

SCHWARTZ, E., « Su due dipinti vascolari rappresentanti la morte di Atteone ed Ercole bambino che strozza i serpenti », *Annali dell'Instituto di corrispondenza archeologica*, 54, 1882, 290-299.

SCHWARZENBERGER, Erkinger, « The portraiture of Alexander », in *Alexandre le Grand, Image et réalité*, Genève, Fondation Hardt, 1976, 223-267.

SCOBIE, Alex, « Slums, sanitation, and mortality in the Roman world », *Klio*, 68, 1986, 399-433.

SÉCHAN, Louis, « La légende d'Hippolyte dans l'Antiquité », *Revue des études grecques*, 14, 1911, 105-151.

    – *Études sur la tragédie grecque dans ses rapports avec la céramique*, Paris, Champion, 1927 (2ᵉ tirage 1967).

SEEBERG, Axel, « Two Pseudo-Seneca replicas in Oslo », *Symbolae Osloenses*, 35, 1959, 98-112.

    – *Corinthian komos vases*, London, 1971 (*Bulletin of the Institute of Classical Studies*, Suppl. n° 27).

SELIGMANN, Siegfried, « Antike Malocchio-Darstellungen », *Archiv für Geschichte der Medizin*, 6, 1912, 94-119.

SELLWOOD, David, *An introduction to the coinage of Parthia*, London, Spink and son, 1971. Deuxième édition : London, 1980.

SEMERIA, Alessandra, « Per un censimento degli asklepieia della Grecia continentale e delle isole », *Annali della Scuola normale superiore di Pisa*, 3ᵉ s., 16, 1980, 931-958.

SESTIERI, Pellegrino Claudio, « Riflessi di drammi eschilei nella ceramica pestana », *Dionisio*, 22, 1959, 40-51.

SHAPIRO, Harvey Allan, « Notes on Greek dwarfs », *American Journal of Archaeology*, 88, 1984, 391-392.

    – *Personification in Greek art. The representation of abstract concepts 600-400 B. C.*, Zürich, Akanthus, 1993.

SICHTERMANN, Hellmut, *Griechische Vasen in Unteritalien aus der Sammlung Jatta in Ruvo*, Tübingen, Wasmuth, 1966.

SIEFERT, Helmut, « Inkubation, Imagination und Kommunikation im antiken Asklepioskult », *Katathymes Bilderleben*, Wien, Huber, 1980, 324-345.

SIGERIST, Henry E., *A History of medicine*, II, New York, Oxford University Press, 1961.

SILVEIRA CYRINO, Monica, « Heroes in d(u)ress : transvestism and power in the myths of Herakles and Achilles », *Arethusa*, 31, 1998, 207-241.

SILVERMAN, Frédéric N., « De l'art du diagnostic des nanismes et du diagnostic des nanismes dans l'art », *Journal de radiologie*, 63, 1982, 133-140.

SIMON, Bennett, *Mind and madness in ancient Greece*, London, Cornell University Press, 1978.

SIMON, Erika, « Die Typen der Medeadarstellung in der antiken Kunst », *Gymnasium*, 61, 1954, 203-227.

SIMON, Erika, *et al.*, *Führer durch die Antikenabteilung des Martin von Wagner Museums der Universität Würzburg*, Würzburg, 1975.

SKODA, Françoise, « Le marasme dans les textes médicaux grecs ; sens et histoire du mot », *Revue des études grecques*, 107, 1994, 107-128.

SKOOG, Tord, « A head from ancient Corinth », *Bulletin of the History of Dentistry*, 19, 1971, 50-54.

SLANE, Kathleen W., et DICKIE, M. W., « A Knidian phallic vase from Corinth », *Hesperia*, 62, 1993, 483-505 et pl. 85-86.

SLIM, Hédi, « Masques mortuaires d'El-Jem (Thysdrus) », *Antiquités africaines*, 10, 1976, 79-92.

SMALL, Jocelyn P., « The death of Lucretia », *American Journal of Archaeology*, 80, 1976, 349-360.

SMITH, Cecil H., « Vase with representation of Herakles and Geras », *Journal of Hellenic Studies.*, 4, 1883, 96-110.
  – *Catalogue of the Greek and Etruscan vases in the British Museum.* Vol. III : *Vases of the finest period*, London, British Museum, 1896.

SMITH, R. R. R., *Hellenistic sculpture*, London, Thames and Hudson, 1991.

SMITH, Wesley D., « So-called possession in Prechristian Greece », *Transactions of the American Philological Association*, 96, 1965, 403-426.

SMOOT, Jean J., « Literary criticism on a vase painting : a clearer picture of Euripides' Hippolytus », *Comparative Literature Studies*, 13, 1976, 292-303.

SORGE, Elena, « La donna e la maternità nei monumenti funerari attici », *Medicina nei secoli*, N. s., 7, 1995, 323-338.

SOUQUES, Achille, « Maccus, Polichinelle et l'acromégalie », *Nouvelle iconographie de la Salpêtrière*, 9, 1896, 375-380.

SPEIDEL, Alexander, « Habui tremorem. Ein derber Witz auf einem Unheilabwehrenden Relief aus dem Legionslager Vindonissa », *Jahresbericht der Gesellschaft Pro Vindonissa*, 1991, 81-84.

SPIVEY, Nigel Jonathan, *The Micali painter and his followers*, Oxford, Clarendon Press, 1987.

SPRENGEL, Kurt, *Versuch einer pragmatischen Geschichte der Arzneykunde*, Halle, Gebauer 1792-1803, 5 vol. – Édition française : *Histoire de la médecine, depuis son origine jusqu'au XIXe siècle*, Paris, Deterville et Desoer, 1815, 6 vol.

SPRENGER, Maja, et BARTOLONI, Gilda, *Die Etrusker. Kunst und Geschichte*, München, Hirmer, 1977.

STADEN, Heinrich von, « The mind and skin of Heracles : heroic diseases », in D. GOUREVITCH (réd.), *Maladie et maladies. Histoire et conceptualisation (Mélanges M. D. Grmek)*, Genève, Droz, 1992, 131-150.

STAFFORD, Emma J., « Aspects of sleep in Hellenistic sculpture », *Bulletin of the Institute of Classical Studies*, 38, 1991-1993, 105-120.

STAROBINSKI, Jean, *Les trois fureurs*, Paris, Gallimard, 1974.

STEFANATO, Catherine, « Philoctetes by Sophocles : a case for diagnosis », *Journal of the Royal College of Physicians, London*, 23, 1989, 176.

STEVENSON, William Edward III, *The pathological grotesque representations in Greek and Roman art*, Dissertation, University of Pennsylvania, 1975.

STEWART, Andrew F., « Scrotal asymmetry : an appendix », *Nature*, 262, 1976, 155.

–   «The canon of Polykleitos: a question of evidence», *Journal of Hellenic Studies*, 98, 1978, 122-131.

–   *Faces of power: Alexander's image and Hellenistic politics*, Berkeley, University of California Press, 1993.

–   *Art, desire and the body in ancient Greece*, Cambridge, Cambridge University Press, 1997.

STIBBE, Conrad Michael, *Lakonische Vasenmaler des sechsten Jarhunderts v. Chr.*, Amsterdam, North Holland, 1972.

STIEDA, Ludwig, «Ueber alt-italische Weihgeschenke», *Mitteilungen des Deutschen archäologischen Instituts, Römische Abteilung*, 14, 1899, 230-243.

–   «Anatomisches über alt-italische Weihgeschenke (Donaria)», *Anatomische Hefte*, 16, fasc. 50, 1901, 1-83.

SVOBODA, Bedrich, «Argenterie romane in una tomba barbarica della Cecoslovacchia», *Archeologia* (Roma), 4, n° 33-34, 1966, 133-138.

SWIFT RIGINOS, Alice, «The wounding of Philip II of Macedon; fact and fabrication», *Journal of Hellenic Studies*, 114, 1994, 103-119.

STRANDMAN, B., «The Pseudo-Seneca problem», *Opuscula Academica* (Stockholm), 19, 1950, 53-93.

SUPPAN, Alfred, «Der sterbende Krieger von Ephesos aus dem Pollionymphaeum. Eine Darstellung von Wundstarrkrampf aus der Antike unter Berücksichtigung kriegschirurgischer Aspekte», *Antike Welt*, 17, n° 2, 1986, 38-44.

TABANELLI, Mario, *Chirurgia nell'antica Roma*, Torino, Minerva medica, 1956.

–   «Conoscenze anatomiche ed ex-voto poliviscerali etrusco-romani di Tessennano presso Vulci», *Rivista di storia della medicina*, 4, 1960, 293-313.

–   *Gli ex-voto poliviscerali etruschi e romani*, Firenze, Olschki, 1962.

–   *La medicina nel mondo degli Etruschi*, Firenze, Olschki, 1963.

TCHERNETSKI, O. E., «Novii arkheologitcheskii pamiatnik skifskoi meditsini» (Nouveau document archéologique de la médecine scythe), *Sovetskoe zdravookhranenie*, 1976, n° 2, 79-81.

THÉODORIDÈS, Jean, *Histoire de la rage. Cave canem*, Paris, Masson, 1986.

THÉVENOT, Émile, «Le monument de Mavilly (Côte d'Or); essai de datation et d'interprétation», *Latomus*, 14, 1955, 78-99.

THOMASEN, Anne-Liese, «Philoktet - ein Thema mit Variationen», *Clio Medica*, 18, 1983, 1-20.

THOMPSON, voir BURR THOMPSON.

TIBÉRIOS, M., «Mia nea parastasî tou athlou tou Hîraklî me tî Lernaia hydra» (Une nouvelle représentation du combat d'Héraclès contre l'hydre de Lerne), *Archaiologiki efimeris*, 1978 (1980), 109-118.

TORELLI, Mario, *L'Arte degli Etruschi*, Roma-Bari, Laterza, 1992.

TORELLI, Mario, et POHL, Ingrid, «Veio. Scoperta di un piccolo santuario etrusco in località Campeti. D. La stipe votiva», *Atti della Accademia nazionale dei Lincei. Notizie degli scavi di Antichità*, 27, 1973, 227-258.

TOSCHI, Paolo, *Bibliografia degli ex-voto italiani*, Firenze, Olschki, 1970.

TOUCHEFEU-MEYNIER, Odette, *Les thèmes odysséens dans l'art antique*, Paris, De Boccard, 1969.

 – « Lecture des images mythologiques. Un exemple d'images sans texte : la mort d'Astyanax », in F. LISSARRAGUE et F. THÉLAMON (réd.), *Images et céramique grecque. Actes du Colloque de Rouen*, Rouen, 1983, 21-27.

TOYNBEE, Jocelyn M., « Greek myth in Roman stone », *Latomus*, 36, 1977, 343-412.

 – *Roman historical portraits*, London, Thames and Hudson, 1978.

TRENDALL, Arthur Dale, *The red-figure vases of Lucania, Campania and Sicily*, Oxford, Clarendon Press, 1967.

 – *The red-figure vases of South Italy and Sicily*, London, Thames and Hudson, 1989.

TRENDALL, Arthur Dale, et WEBSTER, Thomas B. L., *Illustrations of Greek drama*, London, Phaedon Press, 1971.

TREU, Georg, *De ossium humanorum larvarumque apud antiquos imaginibus*, Dissertation, Berlin, 1874.

TYBOUT, R. A., « Antieke en latere pest in beeld », *Hermeneus*, 51, 1979, 81-104.

UHLENBROCK, Jaimee P., *The coroplast's art : Greek terracottas of the Hellenistic world*, New York, College Art Gallery, 1990.

USCHMANN, Georg, « Theodor Meyer-Steineg und das Schicksal seiner Jenaer medizin-historischen Sammlung », *Actes du XXIIe Congrès International d'Histoire de la Médecine*, Bucarest, 1970, 513-514.

VAGNETTI, Lucia, *Il deposito votivo di Campetti a Veio*, Firenze, Sansoni, 1971.

VAN HOOFF, Anton J., *From autothanasia to suicide. Self-killing in classical antiquity*, London, Routledge, 1990.

 – « Icons of ancient suicide : self-killing in classical art », *Crisis*, 15, 1994, 179-184.

VAN HOORN, Gerardus, *De vita atque cultu puerorum monumentis antiquis explanatio*, Amsterdam, 1909.

VAN KREVELEN, D. A., « Quintus Smyrnaeus und die Medizin », *Janus*, 51, 1964, 178-183.

VAN STRATEN, Folkert T., « Daikrates' dream. A votive relief from Kos and some other kat'onar dedications », *Bulletin antieke beschaving*, 51, 1976, 1-38.

 – « Gifts for the Gods », in H. S. VERSNEL, *Faith, hope and worship*, Leiden, 1981, 65-151.

 – « Votives and votaries in Greek sanctuaries », in *Le sanctuaire grec*, Genève, Fondation Hardt, 1992, 247-290.

VANDVIK, Eirik, « Ajax the insane », *Symbolae Osloenses*, 11, 1942, 169-175.

VASSAL, Pierre, « Le pèlerinage aux Sources de la Seine chez les Gaulois ; les ex-voto médicaux du Musée de Dijon », *Ethnographie*, 1960, 110-128.

 – « Les ex-voto médicaux gallo-romains des Sources de la Seine », *Le Fureteur médical*, 25, 1966, 153-160.

VATIN, Claude, « Ex-voto de bois gallo-romains à Chamalières », *Revue archéologique,* 1969, 103-114.

–   « Wooden sculpture from Gallo-Roman Auvergne », *Antiquity,* 46, 1972, 39-42.

VAUTHEY, Max, MOREAU, J. H., et VAUTHEY, Paul, « À propos de certaines figurines en terre blanche : ex-voto thermal représentant un homme le bras gauche en écharpe », *Revue archéologique du Centre,* 7, 1968, 147-153.

VAUTHEY, Max, et VAUTHEY, Paul, « Les ex-voto anatomiques de la Gaule romaine (essai sur les maladies et infirmités de nos ancêtres) », in A. PELLETIER (réd.), *La médecine en Gaule,* Paris, Picard, 1985, 111-117.

VEDDER, Ursula, « Frauentod-Kriegertod im Spiegel der attischen Grabkunst des 4. Jh. v. Chr. », *Mitteilungen des Deutschen archäologischen Institutes, Athenische Abteilung,* 103, 1988, 161-191 et pl. 21-25.

VELEGRAKIS, George, SKOULAKIS, C., *et al.,* « Otorhinolaryngological diseases in the Minoan era », *Journal of Laryngology and Otology,* 107, 1993, 879-882.

VERMEULE, Emily, « The Boston Oresteia crater », *American Journal of Archaeology,* 70, 1966, 1-22.

–   *Aspects of death in early Greek art and poetry,* Berkeley et Los Angeles, California University Press, 1979.

VERNANT, Jean-Pierre, et VIDAL-NAQUET, Pierre, *Œdipe et ses mythes,* Bruxelles, Complexe, 1988.

VERNHET, Alain, « Un four de la Gaufresenque », *Gallia,* 39, 1981, 33-34.

VERTET, Hugues, « Sur des ex-voto gallo-romains et modernes », *Revue archéologique de l'Est,* 13, 1962, 224-225.

VEYNE, Paul, « L'obscénité et le "folklore" chez les Romains », *L'Histoire,* n° 46, 1982, 42-49.

–   « Titulus praelatus ; offrande, solennisation et publicité dans les ex-voto gréco-romains », *Revue archéologique,* 1983, 281-300.

VIERNEISEL, Klaus, « Die Berliner Kleopatra », *Jahrbuch der Berliner Museen,* 22, 1980, 5-33.

VINET, Ernest, « Vase d'Actéon », *Revue archéologique,* 10, 1849, 460-475.

VISMARA, Cinzia, « Sangue e arena. Iconografie di supplizi in margine a "Du châtiment dans la cité" », *Dialoghi di archeologia,* 3 sér., 1987, 135-155.

VLAHOGIANNIS, Nicholas, « Disabling bodies », in D. MONTSERRAT (réd.), *Changing bodies, changing meanings,* London et New York, Routledge, 1998, p. 13-36.

VOGEL, Julius, *Szenen euripideischen Tragödien in griechischen Vasengemälden,* Leipzig, Veit, 1886.

VULPI, Lidia, « Lezione di medicina-filosofia in una pittura della catacomba della via Latina », *Annali della Facoltà di Lettere e Filosofia di Bari,* 37-38, 1994-1995, 225-233.

WACE, Alain John B., « Grotesque and the evil eye », *Annual of the British School at Athens,* 10, 1903-1904, 103-114.

WAGENSEIL, Ferdinand, « Medizinische Deutungsversuche zweier griechischer Reliefs », *Sudhoffs Archiv,* 48, 1968, 97-110.

WAGONER, George W., « An Etruscan bronze statuette depicting a posterior superior dislocation of the hip », *Annals of Medical History*, 1, 1929, 599.

WALTERS, Henry Beauchamp, *Catalogue of the terra-cottas in the British Museum*, London, British Museum, 1903.
– *Catalogue of the engraved gems in the British Museum*, London, British Museum, 1926.

WEBSTER, Thomas Bertran Lonsdale, *Der Niobidenmaler*, Leipzig, Keller, 1935.

WEISS, Carina, « Neues aus der Gemmensammlung. 2. Sokrates auf einem Lagenstein », *Archäologischer Anzeiger*, 1996, 554-556.

WEITZMANN, Kurt, *Studies in Classical and Byzantine manuscript illustration*, Chicago-London, University of Chicago Press, 1971.

WELLS, Calvin, *Bones, bodies and disease. Evidence of disease and abnormality in early man*, London, Thames and Hudson, 1964.
– « The Ptolemaic jaw », *Applied Therapeutics*, 9, 1967, 768-771.
– « A sanctuary at Ponte di Nona. A medical interpretation of the votive terracotas », *Journal of the British Archaeological Association*, 138, 1985, 41-47.

WIEDEMANN, Thomas, *Emperors and gladiators*, London, Routledge, 1992.

WILLERS, Dietrich, « Vom Etruskischen zum Römischen. Noch einmal zu einem Spiegelrelief in Malibu », *Getty Museum Journal*, 14, 1986, 21-36.

WILSON, Edmund, *The wound and the bow*, New York, Oxford University Press, 1965.

WILSON, Roger J. A., *Sicily under the Roman Empire*, Warminster, Aris and Phillips, 1990.

WINKLE, Stefan, « Die Tollwut im Altertum », *Die gelben Hefte*, 11, 1971, 34-44.

WINSOR LEACH, Eleanor, « Metamorphoses of the Acteon myth in Campanian painting », *Mitteilungen des Deutschen archäologischen Instituts, Römische Abteilung*, 88, 1981, 307-327.
– « The politics of self-presentation : Pliny's letters and Roman portrait sculpture », *Classical Antiquity*, 9, 1990, 14-39.

WINTER, Franz, *Die Typen der figürlichen Terrakotten*, Berlin-Stuttgart, Spemann, 1903, 3 vol.

WINTZER, Inge, « Diesmal keine Pygmäen. Die Zwergfiguren und ihre Partnerdarstellungen in der Casa del Labirinto », *Rivista di studi pompeiani*, 1, 1987, 51-74.

WITKOWSKI, Gustave Joseph, *Curiosa de médecine*, Paris, Le François, 1920.

WROTH, Warwick, *British Museum. Catalogue of coins. Parthia*, London, British Museum, 1903.

WUILLEUMIER, Pierre, *Musée d'Alger. Supplément*, Paris, E. Leroux, 1928.

WUNDERLICH, Silvia A., « Greek art and Greek medicine », *Bulletin of the Medical Library Association*, 32, 1944, 324-331.

YALOURIS, Nikolaos, « Le mythe d'Io. Les transformations d'Io dans l'iconographie et la littérature grecques », *Bulletin de correspondance hellénique*, Suppl. XIV, Paris, 1986, 3-23.

YAVETZ, Zvi, *César et son image*, Paris, Les Belles Lettres, 1990.

YOELI, M., « A facies leonina of leprosy on an ancient Canaanite jar », *Journal of the History of Medicine*, 10, 1955, 331-335.

ZANKER, Paul, *The mask of Socrates. The image of the intellectual in Antiquity*, Berkeley, University of California Press, 1995.

ZAZOFF, Peter, *Etruskische Skarabäen*, Mainz, Philipp von Zabern, 1968.

ZIELINSKY, Tadeusz, « De Tiresiae Acteonisque infortuniis », *Eos*, 29, 1926, 1-7.

ZIMMERMANN, Susanne, « Theodor Meyer-Steineg (1973-1936), Medizinhistoriker und Augenarzt in Jena », *Würzburger medizinhistorische Mitteilungen*, 10, 1992, 459-464.

ZIMMERMANN, Susanne, et KÜNZL, Ernst, « Die Antiken der Sammlung Meyer-Steineg in Jena, Teil II », *Jahrbuch des Römisch-germanischen Zentralmuseum in Mainz*, 38, 1991, 515-540.

ZINSERLING, Gerhard, « Altrömische Traditionelemente in Porträtkunst und Historienmalerei der ersten Hälfte des dritten Jahrhundert », *Klio*, 41, 1963, 196-220.

ZINSERLING, Verena, « Die Anfänge griechischer Porträtkunst als gesellschaftliches Problem », *Acta Antiqua*, 15, 1967, 283-295.

ZINSERLING-PAUL, Verena, « Zum Bild der Medea in der antiken Kunst », *Klio*, 61, 1979, 407-436.

TABLE DES ILLUSTRATIONS

INDEX

Index des noms de personnes

Index des noms de localités *

---

* Localités où sont conservés les objets considérés.

TABLE DES MATIÈRES